U0144788

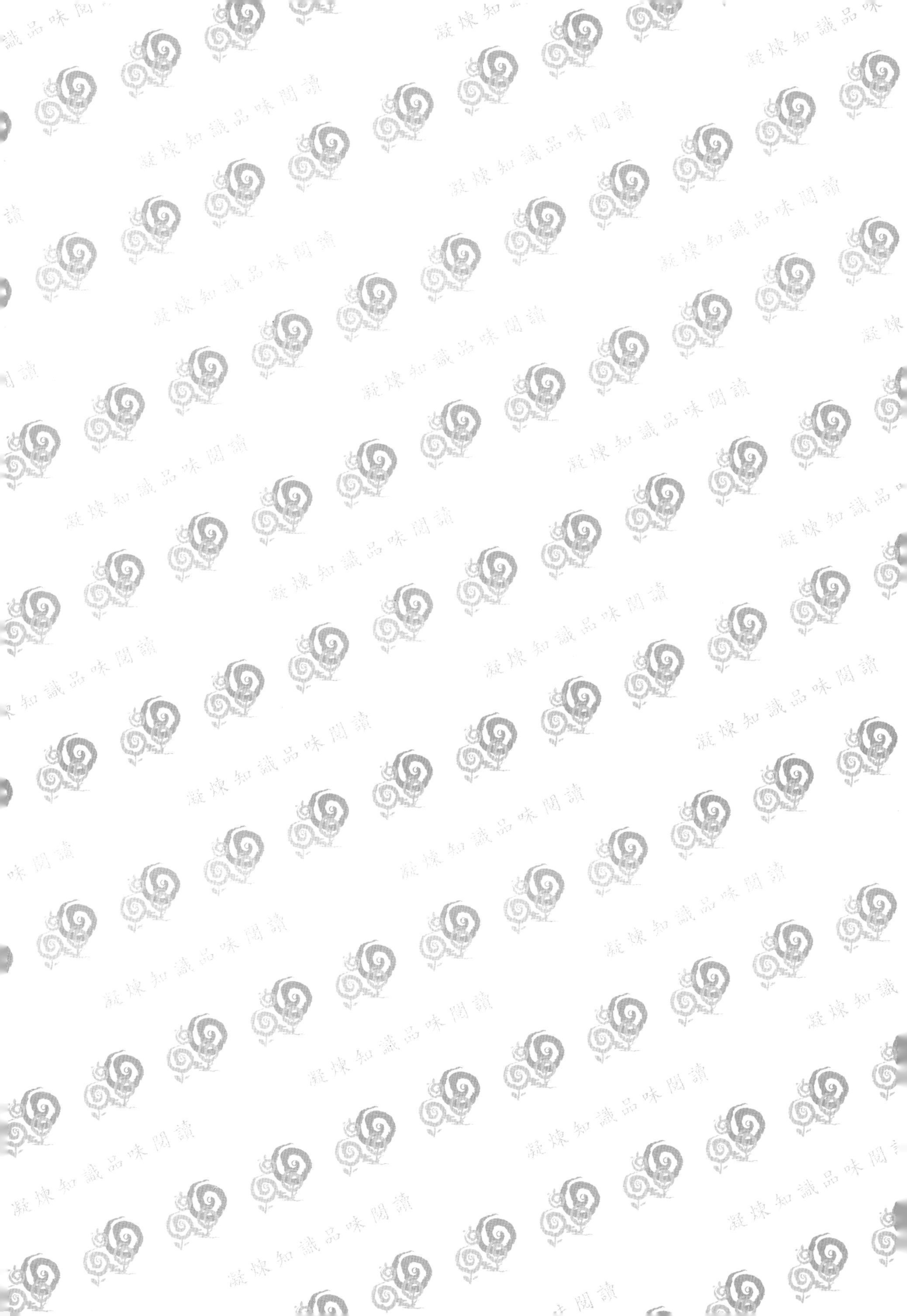

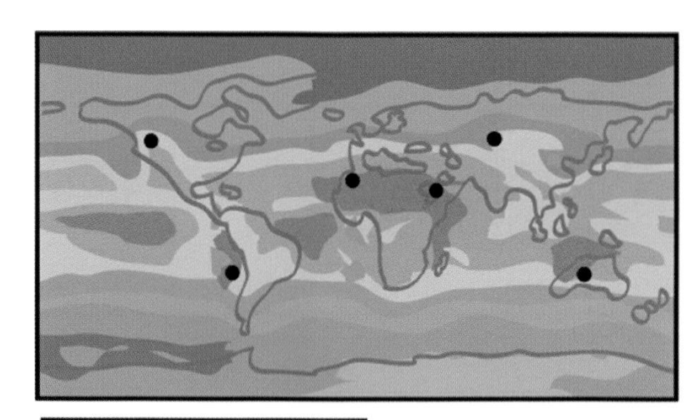

0 50 100 150 200 250 300 350 Σ● -18 TWe

內文 P.75 圖 5.1 地球太陽能資源地圖

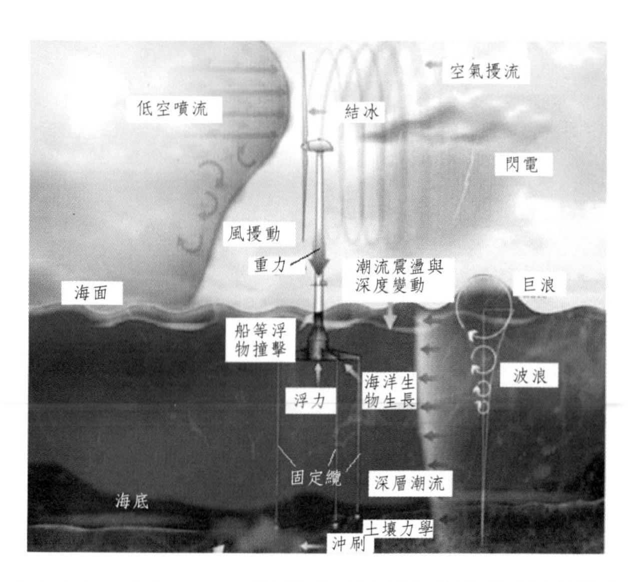

內文 P.161 圖 7.4 一部海域風機所面對的各項環境因子

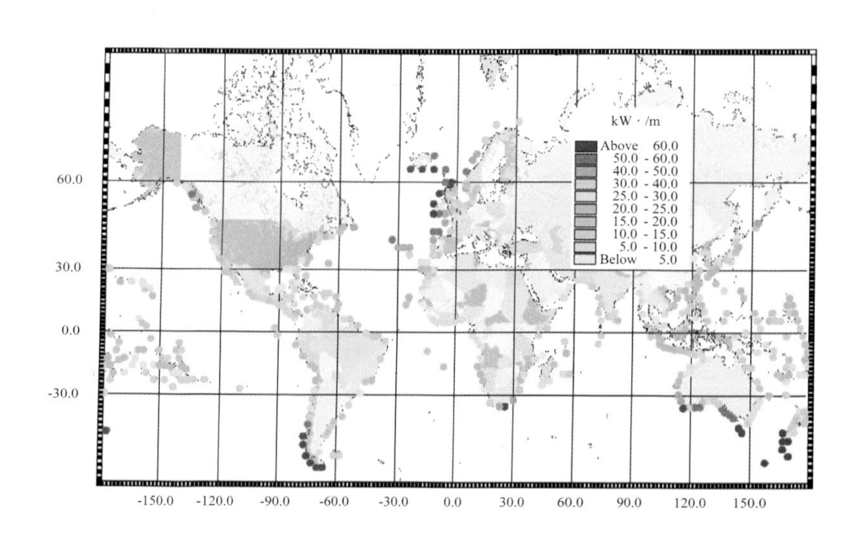

內文 P.193 圖 8.2 全球波浪能分佈情形

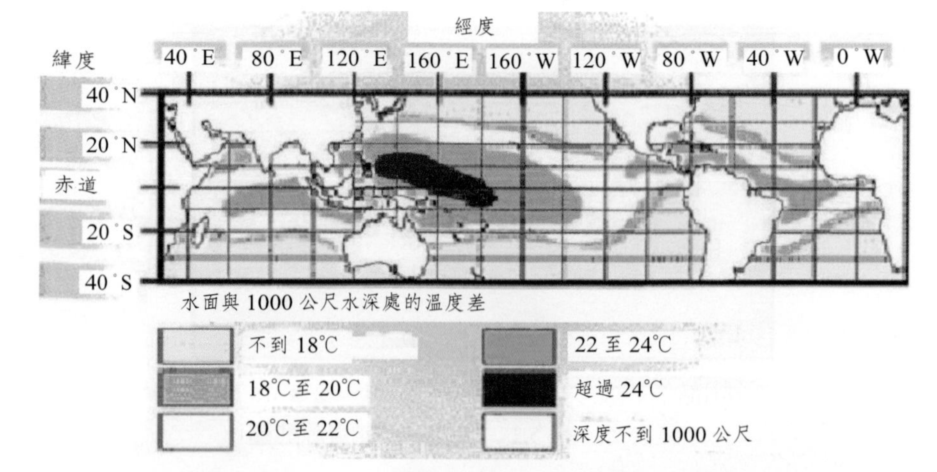

內文 P.236 圖 10.1 **地球上表層與深層海水溫度差的分佈情形**

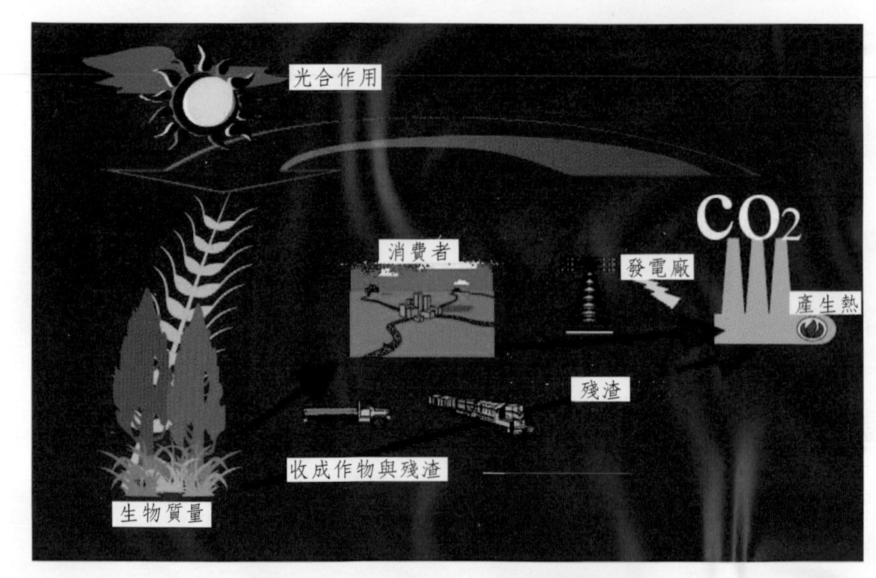

內文 P.259 圖 11.3 **生物質量流向**

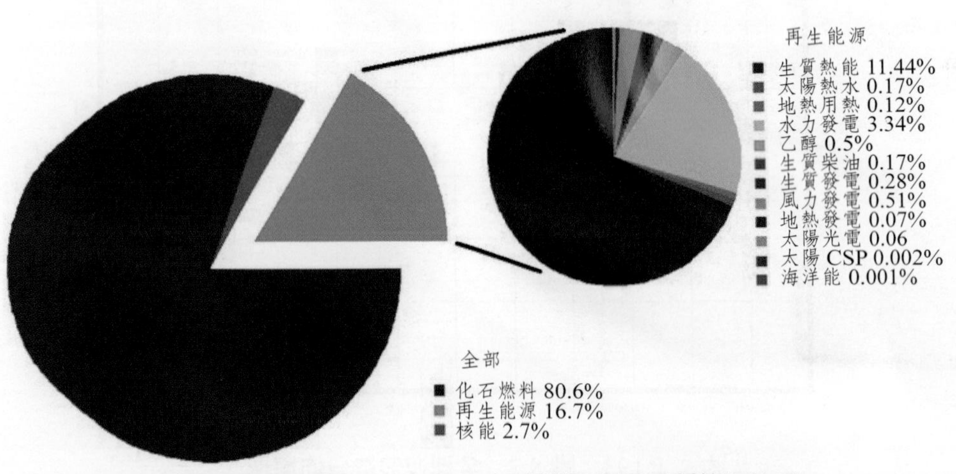

內文 P.298 圖 12.5 2010 **年全世界所用各種能源比重**

再版序言

放眼全球，再生能源的使用繼 2009 年下滑後隨即於次年反彈，在電力、熱及運輸等各使用部門都強勁爬升，使其所供應的能源估計在 2010 年佔了全球最終耗能的 16%。在這年，全球新增的電力容量 194 兆瓦（GW）當中，估計有一半來自再生能源。這使其同時在該年供應了全球電力近 20%，並於 2011 年初期達到全部供電來源容量的四分之一。

2010 年德國的核能發電占全國供電的 22.4%，次年卻減到 17.7%。和我們一樣，德國的核能自從 1969 年，頭一座核能電廠商業運轉以來，就是個具有高度爭議的政治議題。幾十年來的辯論，也包括究竟何時該將此技術完全淘汰。而此議題在 2007 年因為俄羅斯 Belarus 能源爭議而重新受到矚目，直到 2011 年繼日本福島核災之後，全國對於其未來能源的看法終算趨於一致。

2011 年 5 月 30 日，德國正式宣佈計劃在十一年內完全放棄核能。總理梅克爾說：「作為一個工業化大國，我們可透過朝向有效率且可再生的能源，達成此一轉型」。梅克爾同時指出，日本儘管是個工業化且具高科技的國家，在面對核災時仍顯現無助。接著，德國的 Heinrich Boll Stiftung 於 2012 年 11 月 28 日公開了英文版的德國能源轉型（German Energy Transition）一書，其關鍵論點包括：

- 德國能源轉型雖頗具野心，但卻行得通。
- 推動德國能源轉型，靠的是民眾和社群。
- 能源轉型是德國在戰後最大的基礎建設計畫。其強化了經濟，並創造出新的就業機會。
- 德國的能源轉型，不僅在於維繫其工業基礎，並且在於迎合一個更綠的未來。
- 法規和開放市場提供了投資的確定性，並讓小業者得以和大公司競爭。
- 德國證實了對抗氣候變遷及淘汰核能電廠，可以是一體兩面。
- 德國的能源轉型，比起一般所討論的要來得廣泛。其所改變的，不僅包含再生能源電力，並且還涵蓋在運輸和住宅部門所用的能源。
- 德國能源轉型將持續下去。
- 對於德國，能源轉型是可以負擔的，而其他國家，可能會更容易負擔得起。

儘管各國可能因為國情與科技水平的差異，對未來的能源各有不同的選擇，但可以確定的是，其所選擇的能源，對於環境品質、人民健康、社會公益及經濟發展，所可能帶來的福、禍，不管在哪國都是一致的。

台灣的能源爭議也從未間斷。既得利益者、熱情民間團體、具特定目的的政客等，往往各執一詞，難以溝通。而所謂討論，也未得到足以讓能源政策穩健往前推進的結果。

再生能源在最近幾年，無論在市場、投資產業及政策上都變化迅速，因此相關的認知也很容易落後於現實狀況。本書再版當中，一方面是提供更新的資料，同時也對全球再生能源的未來提供預測與初步分析。

華健

2013年　秋

前　言

迎接氫經濟時代的來臨

自 1970 年代初以來，全球科技發展成果令人驚艷，同時全世界人口成長了五成，全球都市化的速度也超乎預期。然而展望未來，人類卻亟待扭轉發展方向。

以下觀念也許可用來解釋當今我們所憂慮的全球變遷：地球已脫離了永續發展（sustainable development）的狀態，也就是我們所留給後代的自然資源，正持續的減少中。依照倫敦基金會（London Trust）的創始人之一 Herbert Giradet 的估計，倫敦的生態足跡（ecological footprint）將近 2,100 萬公頃，是該城市本身面積的 125 倍，幾乎是整個英國所具有生產力面積的總合。另外一個針對波羅的海沿海 29 個城市的研究顯示，其平均生態足跡比這些城市自身面積的 200 倍還大。近年來，全球其他國家，如亞洲各國也逐漸顯露其足跡有後來居上的態勢。

依照此發展趨勢，世界能源需求將在短期內倍增。但，能源是否可以乾淨、安全，且可靠的供應，卻正是今天人類共同面對的大問題。就算僅以目前的能源供給與消耗量估算，其已經造成人體健康與自然環境的惡化。先進國家之間已有廣泛共識，長期而言，世界能源體系必然要轉型為無碳的氫經濟（Hydrogen Economy），以期同時解決化石燃料（fossil fuel）在環境與能源安全上的諸多問題。為達此目標，首先需面對的問題之一，便是如何在符合經濟有效的前提下，以既有能源架構，兼顧永續（sustainability）。

過去二十年，包括傳統化石能源（fossil energy）與替代性潔淨能源（alternative clean energy）在內的各類型能源，競相爭取市場。一些在台灣能源政策當中至今仍一直不被看好的風能（wind energy）與太陽（solar energy）能等再生能源（renewable energy）將可望和節能（energy conservation）與能源效率（energy efficiency），一起被列為全球主流。本書在於協助讀者了解，在這同時面對能源、經濟和環境挑戰的年代，善用各種再生能源的各種選擇，以及用來滿足生活需求的可能性。

華健　吳怡萱

2008年　秋

能源單位表

在討論能源的數量時，所面對的數字範圍可能會從很小很小到很大很大。因此以 10 的冪次（包含正次與負次）表達能源的數量，也就很常見了。而進一步縮減表達方法，靠的便是字首（prefixes）。在單位之前加上這些字首，便表示乘上該單位。表 1 所列為最常用的從大到小的字首。

表 1　字首

符號	字首	相當於乘上	等於是
E	exa-	10^{18}	One quintillion
P	peta-	10^{15}	One quadrillion 千兆
T	tera-	10^{12}	One trillion 兆
G	giga-	10^{9}	One billion 十億
M	mega-	10^{6}	One million 百萬
k	kilo-	10^{3}	One thousand 千
h	hecto-	10^{2}	One hundred 百
da	deca-	10	Ten 十
d	deci-	10^{-1}	One tenth 十分之一
c	centi-	10^{-2}	One hundredth 百分之一
m	milli-	10^{-3}	One thousandth 千分之一
μ	micro-	10^{-6}	One millionth 百萬分之一
n	nano-	10^{-9}	One billionth 十億分之一

電力的基本單位是瓦特或瓦（watt），也就是每秒鐘轉換一焦耳（Joule, J）能量的比率，亦即一瓦 - 小時 = 3.6 kJ。瓩（kilowatt, kW）如今雖已廣用於發電機和馬達，但馬力（horsepower, hp）仍常用於汽車引擎。另外，迄今表達質量、長度、速度、面積、及體積仍常採用傳統的單位。以下表所列為在本書和其他許多能源相關文獻上，最常用到的單位之間的轉換因子。

表 2　能量

	MJ	GJ	KWh	toe	tce
1MJ =	1	0.001	0.2778	2.4×10^{-5}	3.6×10^{-5}
1 GJ =	1000	1	277.8	0.024	0.036
1kWh =	3.60	0.0036	1	8.6×10^{-5}	1.3×10^{-4}
1 toe =	42 000	42	12 000	1	1.5
1 tce =	28 000	28	7800	0.67	1

表 3　功率

比率	焦耳		每年千瓦 - 小時 (kW-hr/yr)	每年油當量 oe/yr	每年煤當量 ce/yr
	每小時	每年			
1 kW	3.6 MJ	31.54 GJ	8760	0.75 toe	1.1 tce
1 GW	3.6 TJ	31.54 PJ	8.67×10^{9}	0.75 Mtoe	1.1 Mtce

表 4　其它的數量

數量	單位	相當於 SI	反算
質量	1 lb（磅，pound）	= 0.4536 kg	1 kg = 2.205 lb
	1 t（公噸，tonne）	= 1000 kg	1 kg = 10^{-3} t
長度	1 ft（呎，foot）	= 0.3048 m	1 m = 3.281 ft
	1 yd（碼，yard）	= 0.9144 m	1 m = 1.094 yd
	1 mi（哩，mile）	= 1609 m	1 m = 6.214×10^{-4} mi
速度	1 km hr^{-1}（kph）	= 0.2778 m s^{-1}	1 ms^{-1} = 3.600 kph
	1 mi hr^{-1}（mph）	= 0.4770 m s^{-1}	1 ms^{-1} = 2.237 mph
	1 節（knot）	= 0.5144 m s^{-1}	1 ms^{-1} = 1.944 節
面積	1 英畝（acre）	= 4047 m^2	1m^2 = 2.471×10^{-4} 英畝
	1 公畝（hectare, ha）	= 10^4 m^2	1m^2 = 10^{-4} 公畝
體積	1 公升（liter, l）	= 10^{-3} m^3	1 m^3 = 1000 升
	1 加侖（gal, 英國）	= 4.546×10^{-3} m^3	1 m^3 = 220.0 加侖
	1 加侖（gal, 美國）	= 3.785×10^{-3} m^3	1 m^3 = 264.2 加侖（美國）
能量	1 eV（電子伏特）	= 1.602×10^{-19} J	1 J = 6.242×10^{-18} eV
功率	1 HP（馬力，horse power）	= 745.7 W	1kW = 1.341 HP

目　錄

第一章
能源與永續

不燒汽油的手推式割草機既健康又潔淨，堪稱「永續割草機」。

過去幾個世紀以來，人類早該對於大量使用化石燃料，在環境與社會方面所造成的負面效果，像是空氣污染或礦災以及能源短缺，發出關切的聲音。但一直到了 1970 年代，當石油價格急遽攀升，同時環保意識覺醒，人們才開始正視化石燃料終將枯竭，以及持續用它，可能對地球生態環境和全球氣候造成未知後果的事實。

第二次世界大戰後的核能發展，激發了人們對於核能既便宜、豐富且乾淨，能夠取代化石燃料的期待。不過，近年來基於對其成本、安全、廢料及核武擴張等的嚴重顧慮，核能發展暫告停滯。

供給地球上每個人安全、潔淨且穩定的能源，是人類當前所共同面對的最大挑戰之一。人類從有文明以來，代代相傳與發展便一直受能源的使用所左右。十九、二十世紀期間，人類懂得了如何從化石燃料當中擷取密集的能源，而帶動了工業革命。世界上有一部分人也因此獲益、受惠，過起了舒適甚至奢華的生活。直到進入千禧年之前，我們開始認清一個事實，那就是，如果想要長久持續滿足我們對能源的需求，就非得對全球能源供應體系，做出革命性的改變不可。

能源和永續

人們這幾十年來，基於對化石燃料與核燃料永續性問題的關切，而重新產生對再生能源的興趣。在理想情形下，一種永續能源（sustainable energy）應該是：一方面不會隨著持續使用而很快耗竭，同時不會帶來嚴重的污染排放或其它環境問題，並且也不嚴重危及健康與社會正義。然實際上，也只有少數幾種能源符合上述理想。不過本書接下來幾章當中要介紹的再生能源，一般而言仍比化石燃料與核能，較為永續。也就是說，它們大體上是不會消耗殆盡，而且一般所排放的溫室氣體（greenhouse gas, GHG）或其它污染物也較少，對健康也較無害。

今天我們在台灣使用化石燃料，幾乎已經到了上癮而無法自拔的地步，排放二氧化碳（CO_2）的程度，也越來越嚴重。從圖 1.1 可看出，1990 年到 2012 年間，台灣整體燃料燃燒帶來的二氧化碳總排放當量（CO_2e）從 108 百萬公噸（MT）持續成長至 2007 年的 253 百萬公噸，2008 至 2009 年間受全球金融風暴影響減至 230 百萬公噸，到了 2011 年隨即回升至 251 百萬公噸。台灣每人每年二氧化碳排放量，除了在 2008 至 2009 年間因金融風暴短暫下降外，持續從 5.73 公噸大幅增加為 10.9 公噸，在全世界排名第 16，在亞洲地區則居第一。圖 1.2 所示為台灣各部門燃燒燃料（不含用電）二氧化碳排放量的成長趨勢。

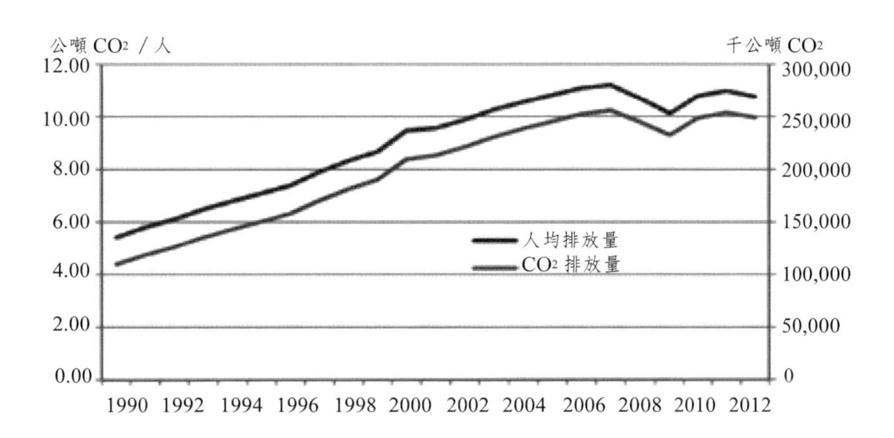

圖 1.1　1990-2012 年間台灣人每年燃燒燃料排放的二氧化碳量與人均排放量的消長情形

資料來源：經濟部能源局 2013 年 6 月

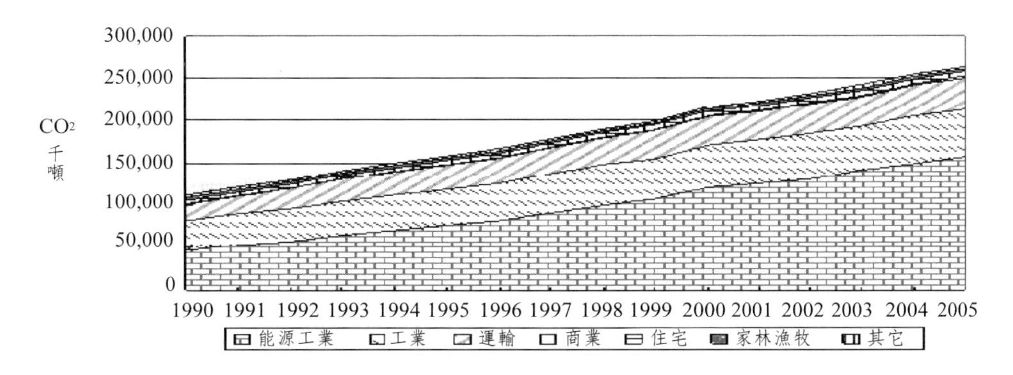

圖 1.2　台灣各部門燃燒燃料（不含用電）所排放的 CO_2 量的成長趨勢

嚴重依賴燃燒化石燃料的一個很重要因素，便是人類長期以來所建立的化石燃料相關基礎設施。雖然大家對於化石燃料供應的疑慮從來沒有斷過，但也因為不斷發現新的礦源，加上先進探勘技術的充分運用，這類顧慮往往被指為太過誇張。但這些礦產的存量還是有一定限度，除非尋求替代能源，否則終有枯竭的一天。

何況這些化石能源在地球上並非均勻分佈，而是只集中在少數國家或地區，因此為爭奪能源而發動戰爭也就不足為奇。像是 1970 年代的石油危機和 1990 年代的波斯灣戰爭都是明顯的例子，而化石能源所伴隨的類似，甚至更為嚴重的問題，也就因此一直潛藏著。而因為這些原因所帶來的油價高漲，更對全球經濟與社會造成震撼與不安。

化石燃料的開發與儲運過程，也對人體健康和環境造成威脅。例如煤礦災變及石油或天然氣海上鑽油平台爆炸事件，時至今日，仍在世界各地時有所聞。而油輪（oil tanker）觸礁導致海上溢油（oil spill）污染，造成漁業和觀光資源的損失及生態浩劫，也經常登上媒體頭條新聞。至於化石燃料燃燒所排放到大氣的硫氧化物（SOx）、氮氧化物（NOx）等污染物，對於人體和環境的危害雖然嚴重，卻往往被輕易忽視。至於其燃燒所產生的 CO_2，更是造成全球暖化（global warming）與氣候變遷（climate change）等效應的人為排放 GHG 當中的最大宗。

RE 小方塊——奧運的永續啓示

回顧過去幾十年，許多主辦城市都試圖將奧運會辦得既綠又符合永續。在此舉最近兩屆奧運為例，想想在盛會之後，除了感嘆運動員的傑出表現和場面的絢麗之外，還在我們心目中還留下了甚麼？

2008 年北京奧運，所提出的奧運場館「零排放、零污染」主要包括：

- 在奧運場館區積極開發地熱能源；
- 奧運村全部採用高效、節能的建築材料，太陽能供應熱水，及太陽光電電池路燈；
- 建成 10 萬 kW 北京康西風電場，每天發電 60 萬 kWh，專門供應奧運場館；

- 推行潔淨交通，汽車零排放、採用燃料電池，鼓勵騎自行車；
- 鼓勵機關、團體、商店、旅遊飯店、企業和學校等使用綠色電力，凡達一定數量的單位，頒發榮譽牌；
- 調整北京農村能源結構，大力發展生態農業、太陽能溫室、生物能源、節能、沼氣工程等。

接著，2012 年倫敦奧運也在其「一個地球奧林匹克」永續概念當中，大力落實「減法」。例如用水和住房比起一般標準，分別減了百分之四十和百分之三十。

此外 2012 年倫敦奧運，可謂樹立了一個「永續奧運」的模式，首先是減少運動會碳足跡（carbon footprint）。其碳足跡從建造階段便開始計測，並持續到整個運動會過程中的能源使用。以自行車場館為例，其賽道以經過森林管理委員會永續認證的木料建成，並且百分之百採用自然通風。整個運動會所用能源，百分之二十皆由風與太陽等再生能源供應。而在現場當遇到無法安裝風力發電機組的情形則對住家、商店及學校，投資改裝一些具高能源效率的設施，以降低耗電。

倫敦奧運會的另一項創舉是會場中不允許汽車通行。如此一來，大家也就必須在區域外就停妥車，改搭大眾交通工具。而倫敦的交通基礎設施也因此得以升級，提供了未來更好的大眾運輸系統。倫敦奧運並以「零垃圾運動會」作為目標，透過徹底的管理措施，改變了一些行之有年的陋習。

倫敦奧運大會場址原為工業化年代所遺留下的貧窮工業區，流過的河流和附近多處土地都曾受汙染。奧運之後，這塊地區的河川變清，公園綠地重生，並且還新生出許多既好住又符合永續的社區，當中提供了數以千計符合能源效率與永續建設條件的平價住宅。重要的是，整個地區都有機會循此模式，持續朝永續方向發展。而受到奧運的影響，當地居民受到鼓舞，紛紛穿上運動鞋、拿出球開始運動，追求健康生活。

最近常常聽到的「永續性」一詞，是繼 1987 年聯合國布倫特蘭委員會（Brundtland Commission）的報告「Our Common Future」當中提出之後，流行開的。該委員會將永續性，特別是永續發展（sustainable development）定義為「能滿足當前需要，而又不損及後代子孫用來滿足其本身需要的能力」。

從能源的範疇來看，永續意味著擷取以下能源：

- 不會因持續使用而大幅消耗；
- 其使用不致伴隨著對環境造成大幅傷害的污染物；以及
- 其使用不致對健康與社會公平正義造成永久性的嚴重危害。

迎接氫經濟時代的來臨

圖 1.3 所示為 1850 年至 2150 年之間，全球能源系統發展情形；圖 1.4 所示為台灣初級能源供給預測。對於台灣和許多國家而言，在未來二十年內逐步擴大使用氫以攜帶能源，可同時化解對能源安全、全球氣候變遷，以及空氣品質惡化的疑慮。由於從各種本地能源皆可產生氫，國內對於國外能源的依賴亦得以紓解。此外，轉換氫的副產品，一般而言對於人體健康與環境皆屬無害。前瞻未來（2020 年）使用的能源，國際間已普遍達成以下共識：

- 氫將用於電冰箱大小的燃料電池（fuel cell, FC）單元上，以產生家用電與熱。
- 燃燒氫或以氫燃料電池帶動的車輛將逐漸普及，其排氣管只會排放水。
- 以天然氣產生氫的加氫站將逐漸在都市設立，以供應氫車（hydrogen car）所需。
- 採用小型氫槽的微燃料電池（micro FC）將普遍使用在包括輕便發電機、電動單車，以及吸塵器等各種用途上。
- 大型 250 kW 固定燃料電池將用於備用電力，供應電網（power grid）的電力需求。

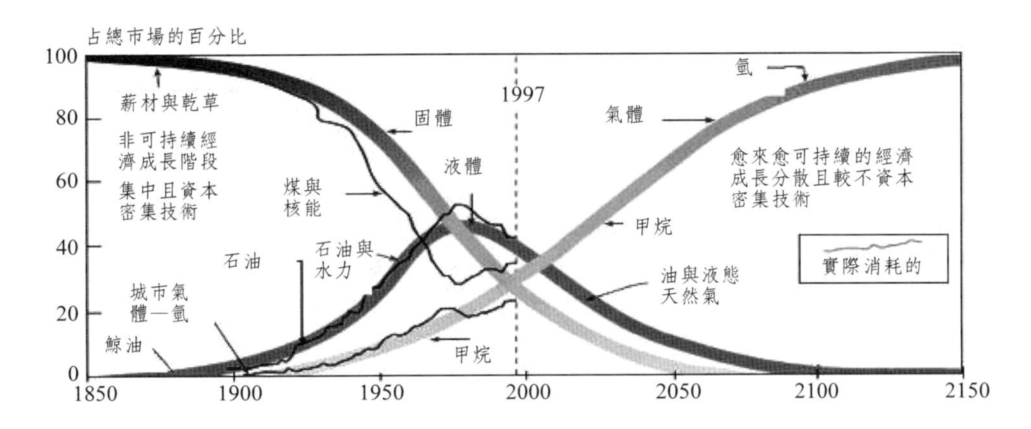

圖 1.3　1850 年至 2150 年之間全球能源系統發展情形

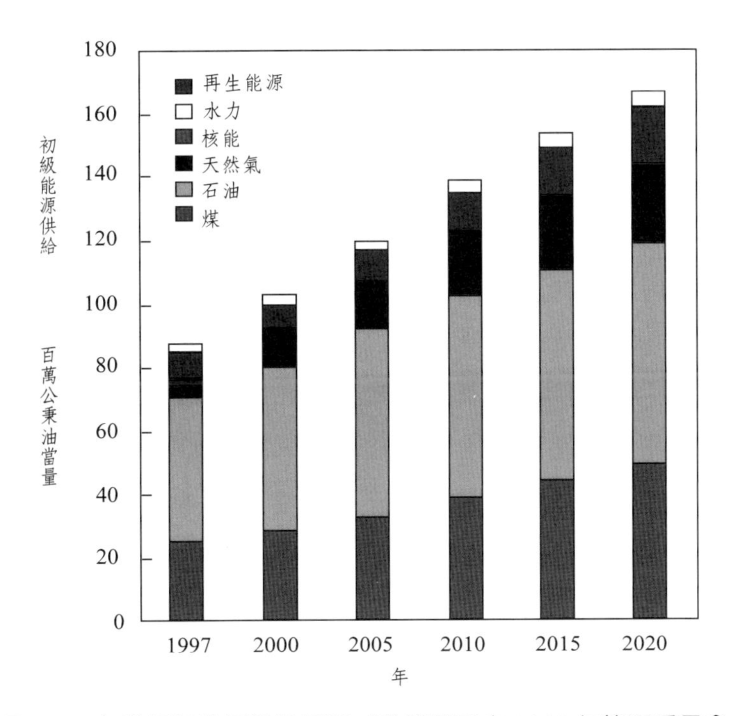

圖 1.4　台灣初級能源供給預測（數據擷取自 1998 年能源委員會）

即便氫能的優點很多，實現氫經濟勢將面臨諸多挑戰。首先，其不如汽油和天然氣早已具備必要的基礎條件，因此氫能需要龐大先期投資。其次，儘管目前氫的生產、儲存及輸送方面的技術，早已用於化工和煉油等工業，將既有的氫儲存與輸送技術擴大應用在能源上，仍嫌昂貴。且由於目前的政策並不在於促進將現有能源在環境與安全上的外部成本納入考量，氫在能源市場上的競爭力也很難提升。

RE小方塊——讓象牙塔綠起來

一般認為，相較於煙囪高聳、廢水暗管交錯的工廠等污染源，一所大學對於環境的衝擊算是小的。然事實上，一般大學多半會產生放射性、固態的，以及有害的廢棄物；同時也消耗大量的食物、金屬、紙、燃料、水，以及電，甚至對空氣、水及土地都造成某種程度的污染。

照說，任何一所大專院校都應該認真看待其在環境上所造成的衝擊，並極力符合，進而超越所受到的規範與要求。而作為教育未來國家社會前途所繫的學生的一個機構，大學在本能上更應該鞭策自己，落實對自然環境造成最小衝擊的期許。畢竟，從大學畢業的學生，可能進入各行各業，對該行業造成影響。透過讓自己校園「綠」一點，一所大學可以教育並示範其對於自然環境警惕與管理的原則，同時也增加當地與全球的未來環境得以改善的機會。

如今已有許多能對氣候作出反映，且具高效能的建築技術，都可在學校新建或整修時派上用場。這些技術，在能源消耗上可獲致比一般傳統建築低50%至90%的結果。同時，這些綠建築（green architecture）還能改善工作條件與產量。

大學算得上是最大耗能用户之一，同時其成本與能源節約的機會也相當大。而減輕能源成本最有效的方法，莫過於在能源並不能帶來任何好處時，將能源系統關掉。不管是管理現有的系統或設計新的，都應特別強調系統控制的輕鬆和簡單。例如宿舍的水加熱應該是一大耗能開銷，而省下熱水成本的最簡單方法之一，便是減少熱水用量。大多數的情形，這只需稍微改變生活習慣，而幾乎不需增加任何投資，即可做到。

第二章
綜觀再生能源

以氫燃料電池作為動力的氫公車（Hydrogen bus）是綠都市（Green city）的指標。

儘管一直到工業革命開始前不久，人類從太陽、柴火、水和風當中擷取能源的技術，一直都在進步當中，但煤和石油這兩種最多、最早的化石燃料的優勢，卻隨著時代的演進而愈發顯著。此高度密集的能源自問世以來，即很快取代了原先工業國家在家裡、工業和交通系統上，所用的木材、風和水。

當前全世界嚴重仰賴的煤、石油及天然氣，供應了全世界四分之三的能源。這些化石燃料皆非可再生（non-renewable）；也就是說，它們都是從有限的來源當中所擷取，終究會耗盡。而且在此之前都會變得太貴而難以負擔，或者對環境造成太大的損害，以致環境的復原需付出過於高昂的代價。相反的，像是風和太陽等再生能源，卻能夠不需要持續補充，而不至耗盡。

化石燃料與核燃料（nuclear fuel）一般被歸類為非再生能源（nonrenewable energy），主要是因為它們就算蘊藏量再怎麼豐富，終有耗盡的一天。相對的，有些能源像是水力（hydropower）或生物能（bioenergy），卻可藉著大自然的過程持續補充，而生生不息，我們將它們歸類為再生能源。所以我們也可說，使用再生能源，其實是能源的一種流通（flow），而使用化石能源，則是既有能源存量的消耗（consumption）。

第一節　再生能源世界現況

根據 2011 年全球再生能源現況報告（Renewables 2011 Global Status Report），全球所使用的再生能源繼 2009 年下滑後，隨即於次年反彈，並在電力、熱及運輸等各使用部門都強勁爬升。使其所供應的能源，估計在 2010 年佔全球最終耗能的 16%（如圖 2.1 所示）。若將水力發電包含在內，其占全球發電容量的 19%（如圖 2.2 所示）。

在這年，全球新增加的電力容量 194 兆瓦（GW）當中，估計有一半來自再生能源。這使其同時在該年供應了全球供電近 20%，並於 2011 年初期達到全部供電來源容量的四分之一（如圖 2.3 所示）。其中以風力發電的新增容量居首，其次是水力發電和太陽光電。生質能及地熱發電與產熱也呈現強勁的成長趨勢。大多數再生能源技術，無論是相關設備的製造、銷售及安裝，在2010 年也都有進一步的成長。

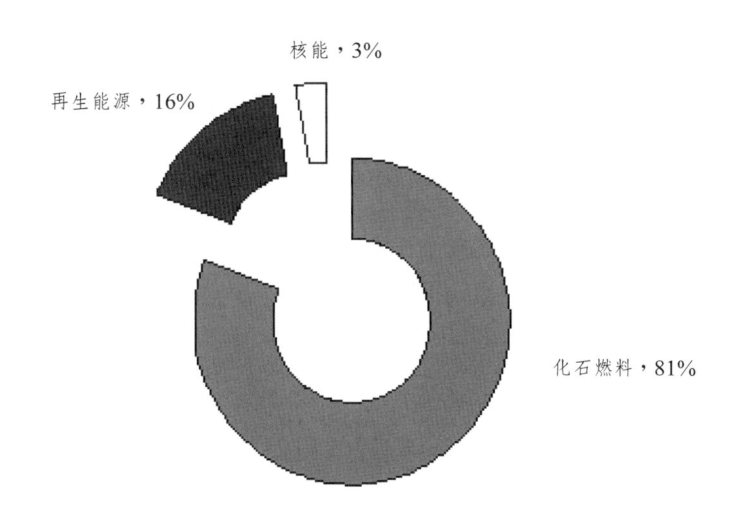

圖 2.1　各類型能源於 2010 年在全球最終耗能當中所占比率

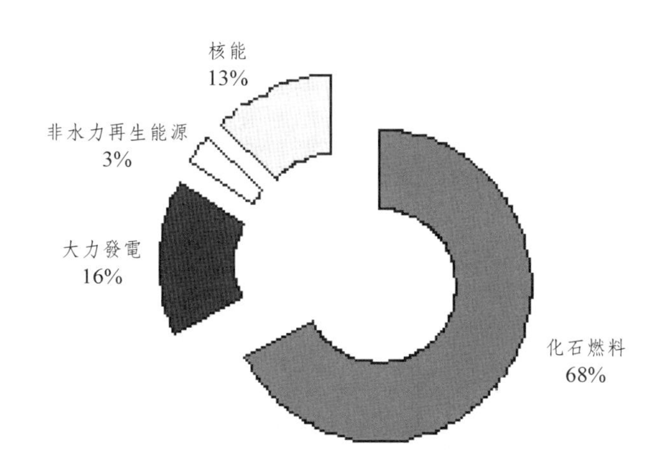

圖 2.2　各類型能源於 2010 年在全球發電容量當中所占比率

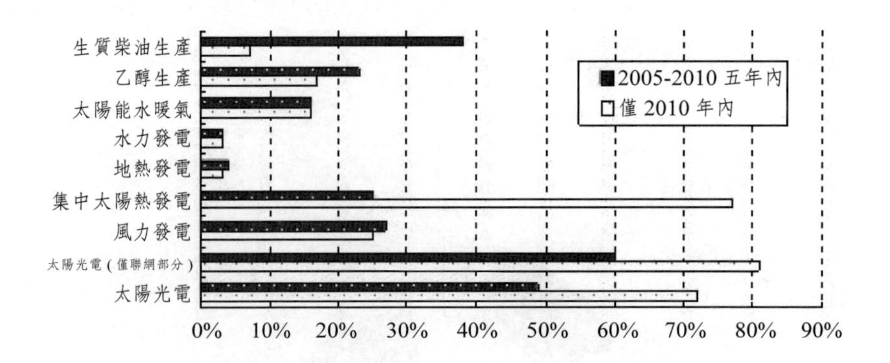

圖 2.3 各類型再生能源在 2005 年至 2010 年之間的平均年增率

全球再生能源並有大型化的趨勢。1963 年出現在日本燈塔上，容量僅 242 W 的太陽能陣列，便是當時世界上最大的。美國於 1980 年代，最早在加州愛爾特蒙特關（Altmont Pass）興建當時世界上最大的風力電場，風機為 150 kW，後來才陸續增大到 3.5 MW、5 MW，如今甚至還要更大。至於太陽能計畫也從原來離網家用，擴大到工商建築，如今已達到電廠規模的太陽能場（solar farm）。

現今許多國家，包括熱與運輸等應用在內的再生能源佔有率，皆快速攀升。表 2.1 所示為截至 2010 年底，既有再生能源容量排名前五名國家；表 2.2 所示則為在 2010 年當中，全世界新增再生能源前五名的國家。在此就 2010 年略舉實例如下：

- 在美國，相較於 2009 年再生能源占國內所生產初級能源增加了 5.6%，達到近 10.9%（其核能占 11.3%）；
- 中國新增再生能源聯網容量計 29 GW，使其總共達到 263GW，較 2009 年增加了 12% 。再生能源在其總安裝電力容量當中佔約 26%，為其 2010 年最終耗能的 9% 以上。
- 德國的最終總耗能當中，源自於再生能源所占比率達 11%，相當於占總耗電的 16.8%、熱能（大多源自生物質量）與運輸燃料消耗的 9.8% 。其再生能源當中，風力發電占將近 36%，接下來是生物質量、水力發電、及太陽光伏（PV）。

- 另有許多國家的風力發電，在其電力需求當中所占比率也都有增加，包括丹麥（22%）、葡萄牙（21%）、西班牙（15.4%）、及愛爾蘭（10.1%）。
- 全世界在 2005 年底到 2010 年期間，包括太陽光伏、風力發電、聚集式太陽熱電（CSP）、太陽熱水系統及生物燃料等諸多再生能源技術，每年平均成長在大約在 15% 至 50% 之間。
- 生物質量與地熱發電亦成長強勁。

大多數再生能源技術相關設備的製造、銷售及安裝，也都在 2010 年有更進一步的成長。太陽 PV 技術成本隨著產量大增而降低的幅度，也相當明顯。風機與生物燃料加工技術成本的降低也都有助於其成長。

表 2.1　截至 2010 年底既有再生能源容量排名前五名國家

排名	不含水力的再生能源發電容量	包含水力的再生能源發電容量	風力發電	生質能發電	地熱發電	太陽光電	太陽熱水／熱
1	美國	中國	中國	美國	美國	德國	中國
2	中國	美國	美國	巴西	菲律賓	巴西	土耳其
3	德國	加拿大	德國	德國	印尼	日本	德國
4	西班牙	巴西	西班牙	中國	墨西哥	義大利	日本
5	印度	德國／印度	印度	瑞典	義大利	美國	希臘

表 2.2　2010 年新增再生能源排名前五名的國家

排名	對新增容量投資	風力發電	太陽光電	太陽熱水／熱	乙醇生產	生質柴油生產
1	中國	中國	德國	中國	美國	德國
2	德國	美國	義大利	德國	巴西	巴西
3	美國	印度	捷克	土耳其	中國	阿根廷
4	義大利	西班牙	日本	印度	加拿大	法國
5	巴西	德國	美國	澳大利亞	法國	美國

第二節　再生能源的優缺點

再生能源最主要還是源自於太陽輻射（solar radiation）的巨大能量，是人類所使用最古早，卻同時也是最現代的能量形態。其有許多不同的定義，在此僅舉其中一、二為例。1986 年 Twidell 與 Weir 將再生能源定義為：從自然環境源源不絕的來源所獲取的能源；或是 2000 年 Sorensen 所定義：更新和消耗的速率相同的能量流通。

簡單的說，再生能源的兩個最大好處為其可以長期不斷的供應，以及其不產生酸雨（acid rain）並且與全球氣候變遷無關，同時對空氣產生的衝擊也極小。具體來說，其優點包括：

- 除一些生物質量（biomass）以外，燃料成本很低，甚至可省去，
- 計畫與建造的前置作業時間短，
- 模組廠（modular plant）的尺寸相對較小，
- 相較於化石燃料，可降低對環境的影響，
- 不具消耗性資源的基礎，
- 較具工作密集度的潛力，
- 大眾接受度較高，以及
- 生產潛力分散。

至於其缺點包括：

- 投資成本相對較高，
- 有些相關技術較不成熟或商業化程度偏低，
- 地理分佈不平均，
- 有些資源僅能間斷性供應，
- 大眾對於土地利用、生物多樣性、鳥和感官方面的顧慮，以及
- 對於生物質量和以廢棄物所產生的能源，在燃料供應方面的環境議題。

第三節　源自於太陽的能源

不難想見，再生能源的主要來源還是太陽。太陽的能量無論是直接的太陽輻射形態，或是間接的，像是生物能、水或風等形態，其實也都是最早人類社會所賴以運作的能源基礎。當年我們的祖先燧人氏第一次生火，便是擷取由太陽所驅動，從水和大氣當中的二氧化碳所創造出，植物的光合作用過程當中的能量。後來的社會又接著開發出，從太陽對海洋和大氣加熱，所造成移動的水和風當中擷取能量的方法，用來碾穀、灌溉莊稼和推動船舶。接著，隨著文明更加進步和複雜，優秀的建築師也著手藉由加強對自然熱與光的利用，充分利用太陽的能量去設計建築物，而得以減輕人工取暖和照明能量的需求。

直接太陽能

大多數的再生能源都直接或間接來自於太陽。日光或太陽能可直接用來對住家和其它建築物加熱或照明，用來發電、用來加熱水、進行太陽能冷卻，以及各式各樣的工作與商業用途。

太陽加熱

我們可採取三種不同的方式利用陽光所提供的能量。其中的一種是以太陽收集器（solar collector）將太陽輻射轉換成熱。此熱可用來為空間取暖，或用來作為特定的製造加工。如果太陽能可在這些用途上取代一部分電力，當然也就可以減輕整體發電容量（generating capacity）的需求。太陽熱水器（solar water-heater）早已商業化，國內外也都使用中。有些國家會藉著賦稅優惠等方法釋出使用太陽能熱水器的誘因，相當有效。採用所謂被動方式利用太陽能作為空間暖氣來源，在全世界也相當受歡迎。

和建築物結合的太陽熱水系統有兩個主要部分：一個太陽收集器，加上一個儲存櫃，一般是以一平板收集器（panel collector），即一又薄又平的方形箱子加上透明蓋子，面對太陽，架設在屋頂。太陽對收集器內的吸收板加熱，亦即對在收集器內管子內的流動流體加熱。在收集器與儲存櫃之間移動熱流體，靠的是泵或重力系統，而一旦水受熱即有自然循環（natural circulation）的傾向。在收集器管子內也可採用不同於水的流體的系統，通常是藉由通過櫃內的盤管（coil）來對水加熱。

許多大型商用建築利用太陽收集器，所供應的不僅止於熱水。太陽加熱系統尚可用來為這些建築取暖。在寒冷氣候下，太陽通風系統可用以預熱進入建築的空氣。而天熱時，從太陽收集器所獲取的熱，甚至可用以提供冷卻建築所需要的能源。

太陽電池

另一種利用太陽能的方法，是將陽光利用太陽光電電池（photovoltaic cell, PV cell）直接轉換成為電，這些電池集合起來便成了太陽能板（solar panel）。我們可以在屋頂上裝上少數的太陽能板，提供獨立建築所需要的電，或者也可以大規模採用組成龐大的系統，供應大量電力。至於 PV 系統所能提供的電能，仍需取決於能夠提供陽光的量。陽光的密集與否，隨一年當中各季節在一天當中各時段，以及天空雲霧的覆蓋程度而定。目前，如果負載還小或者電力不容易供應到的偏遠地區，自 PV 發出的電，比起傳統發電技術要來得便宜。而隨著一些技術等方面的突破，PV 系統的發電成本正持續下降，相對於傳統發電也愈來愈具競爭力。而隨著政府與企業的積極研發，PV 系統可望更為有效率且負擔得起。

畢竟，相較於傳統發電方式，PV 系統的環保顧慮極少。地面大型 PV 陣列（array）最主要的環境衝擊在於對視覺的影響，這可藉著融入周遭環境的設計，獲得解決。

PV 或稱為光伏電池系統，在於將日光轉換成電。一個 PV 電池包含了吸收日光的半導體（semi-conductor）材料。太陽能從材料的原子擊鬆電子，使電子從材料流出，以發出電。PV 電池一般都結合成 40 個電池組成的模組（module）。大約每十個這類模組可架成一個 PV 陣列。PV 陣列可用來發電、供應單獨建築，或者也可結合好幾組，成為一座發電廠（power plant）。除此之外，一座發電廠也可採用使用太陽熱發電的一套聚集式太陽發電系統（concentrating solar power system, CSP system）。其以鏡子收集陽光並聚焦以產生高密度熱源。此熱源可產生蒸汽，接著再轉換成為機械出力，以驅動發電機。

日照採光

第三種利用太陽的方法便是透過對住家、商業及工業建築，作一些巧妙的設計，採集現成的日光。採集自然光線可以在兩方面節約能源：不僅減少了照明所耗的能源，在夏天也可因為少了開燈所產生的熱，並可同時減輕空調的能源需求。

風 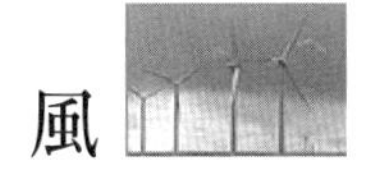

太陽對低緯度的熱帶地區較為直射，對高緯度地區較斜射，因而對熱帶地區的加熱，也就多於對極地的。如此一來導致大量熱，由洋流和大氣帶著流向極地。此氣流當中的能量可藉由像是風機（wind turbines）加以擷取。風力在最近一、二十年才大規模發展，但卻也是當今發展最快的一種再生能源發電方式。

太陽的熱也會帶起風，我們可藉由風機擷取其中的能量。風在通過裝在一根迴轉軸上，設計成像飛機推進螺旋槳的葉片時，其中的風能可轉換成電。隨著風不斷吹動葉片，發電機軸也跟著轉動而發出電。風力發電取決於三項因素，即葉片的長度和設計、空氣的密度及風速。葉片的形狀和位置，因應設計可以充分利用不同的風速。因此，在不同風速的範圍當中，各風機所能產生的電力，也就各不相同。風力則與葉片的長度成正比。而由於冷空氣密度較高，其也較能夠吹動葉片。由於風機的出力和風速的立方成正比，風速實為風機能否成本有效運轉的關鍵。一般而言，風機位置愈高所能擷取的風能也就愈多。

風能相關環境議題

風能對於環境兼具正、負面影響。最主要的好處是使用此技術不會帶來空氣污染。例如：燃煤電廠便會排放 SO_2、NOx、CO_2、微粒及重金屬等污染物到大氣當中。即便燃燒比起煤乾淨得多的天然氣的火力電廠（thermal power plant），也不免要排放 NOx 和 CO_2。火力電廠的這些大氣排放物，會造成危及湖泊、溪流及森林的酸雨。火力發電廠的排放物還會同時形成影響人體健康的臭氧。至於所排放的 CO_2 則與地球暖化、氣候異常有直接關聯。

由於風力發電不需用到水，其它像是火力電廠與核能電廠（nuclear power plant）對水體造成的熱污染（heat pollution）等負面影響，也得以免除。當然，風能也不會對於像是地下水（ground water）和地表水（surface water）等水資源的利用與供應造成影響。風能不會產生固體廢棄物（solid wastes），因此其運送處理和儲存也都可一併免除。除此之外，從社會與經濟的觀點來看，風力也有諸多優點。風能一般比起燃燒技術會需要較大的工作量。1992 年美國紐約州能源辦公室的研究結果顯示，以單位電力瓦數計算，風力所創造的工作機會比燃燒瓦斯的火力電廠多 66%，比燃煤火力電廠多 27%。從經濟的觀點來看，風力沒有任何與燃料價格有關的風險。而也正因為風力發電用不到燃料，其發電成本可完全不受燃料價格高漲的影響。

撞死鳥和蝙蝠的風險是風能最主要的環保顧慮之一。過去歐美一些國家都有鷹、小鳥和蝙蝠撞上風機葉片和塔架的紀錄。這個議題也因此愈來愈受爭議。然而隨著愈來愈多相關研究結果的出爐，風機對鳥和蝙蝠所造成的影響，可藉著審慎選擇場址得以降至最低。其它與風能相關的議題，還包括對噪音和對房地產價格的負面影響等。噪音的問題也有不少研究正在進行當中，至於和房地產價格的關聯，則因為其它影響因子太多，很難確定。

水力

流動的水也可產生能量進而轉換成電，此為水力發電（hydropower）。太陽的熱和風接下來又會讓水蒸發，當這些水蒸氣轉換成了雨或雪降臨地面，又順勢流到溪流和江河之中，其位能（potential energy）又可藉築壩蓄集，接著透過驅動水輪機（hydro turbine），達到發電的目的。

抵達地球的太陽輻射當中，有一大部分都被海洋所吸收，一面將它加熱，一面又將水氣蒸發到大氣當中。水氣冷凝成雨水注入江河，我們可在江河當中築壩，並裝設水輪機，擷取水的位能。水力於二十世紀當中在各國持續成長，目前供應全世界近六分之一的電力。

流動的水可在通過類似船舶推進螺槳的葉片時產生能量，進而驅動串在同一根軸上的發電機而轉換成電，此即為水力發電。其以水壩控制水流。縱然水力電廠不致產生造成溫室效應與酸雨等的大氣排放物，但水庫的建造與運轉，卻免不了會改變河川流域的人和生態棲息地。

海洋能 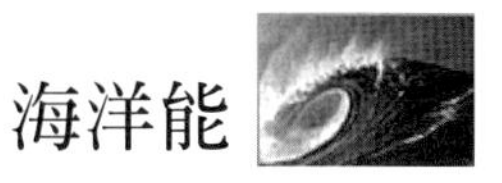

在海洋當中也可產生源自於太陽的熱能，和來自潮汐和波浪的機械能（mechanical energy）。當風持續與拂海面，波浪隨之大作。如今已有許多裝置可用來擷取波浪當中的能量，同時也有許多國家，正投入波浪能（wave energy）發電的研發與推廣當中。

生物能 

陽光製造出雨、雪，同時也造就了植物的生長。組成這些植物的便是生物質量（biomass）。生物質量可用來發電、作為運輸燃料或其它化學品。生物質量在這些方面的應用，便可稱為生質能（biomass energy）。生物能是另一種從太陽能發揚光大的產物。太陽輻射透過植物的光合作用，將水和大氣中的二氧化碳轉換成碳水化合物，而成為許多更複雜化合物的基礎。木材與其它形式的生物燃料（biofuel）的生物質量，是世界上，尤其是開發中國家的主要能源。另外在有些國家，從生物來源產出的液態和氣態燃料為其主要能源，而生物燃料亦可擷取自木材等廢棄物。

嚴格界定，生質能指的是近來生長而不是已化石成煤、石油或天然氣的植物材質當中的能量。生物質量可和煤同樣直接燃燒以加熱水，產生蒸汽。其也可以在經過氣化（gasification）之後再燃燒，一如天然氣。當然這些生物質量的來源也包括了建造或拆除計畫，或是木器工廠所產生的廢木料。其也可能包括能源作物（energy crops）。燃燒生物質量的大氣排放物，比起從燒煤或燒油所產生的要來得少。但燃燒生物質量仍會產生主要的溫室氣體——二氧化碳，一如燃燒煤和天然氣。至於以栽種植物取代燃燒植物材質，則可形成 CO_2 的封閉循環（closed cycle），而得以避免增加大氣當中整體 CO_2 量。比起煤，使用生物質量所產生的 NOx 和灰（soot）都較少些，而汞等毒性元素也少得多。有些情況是將木料與煤在鍋爐內一道燃燒，此有助於降低各種大氣排放物（atmospheric emissions）的量，這類過程即所謂的共燃（co-firing）。

與煤共燃是目前用得最多的一種生物質量技術，其潛力依各燃煤電廠的特性而有所不同。要將燃煤電廠改成與生物質量共燃便需對其鍋爐和其燃料處理過程進行變更。而生物質量燃料的供應，也必須先獲得確保，無虞短缺。

還有一些生物質量技術，像是有的發電廠燒的是打碎的木屑或者是將木屑和天然氣共燃。另外兩個較新的生物質量技術也趨於成熟。一個是將生物質量轉換成氣體再燃燒。另一個則是將植物在地面以上的部分整棵採收，隨即燒掉。無論所採用的技術為何，根本上都必須先確保生物質量燃料供應無虞。電廠如果純粹只燒生物質量，其所需要的供應量會比共燃的要大得多。

根據評估，針對合乎環保的生物質量火力電廠的可能燃料供應優先次序如下：

1. 木器工業的殘料，例如鋸木場的鋸木屑（saw dust）與殘渣（residues）和家具廠的廢料、木粒（pellets）等；
2. 城鎮、森林或農業殘料，及伐木收成或都市路樹修剪的植物殘餘物；
3. 木本或草本能源作物，即在田裡採取可持續性種植專門用來轉換成電力的農作物；

4. 從天然林地所採收的大小木材作為燃料。此一選擇在環保議題上最為複雜，而應儘量避免。

氫 

在許多有機化合物和水當中都可找到氫，是地球上最豐富的元素。但在自然狀態下它是一種氣體，往往和其它元素結合在一起，像是和氧結合成水。而只要將氫和另一元素分開，就能拿來燃燒或者轉換成電。

第四節　非太陽再生能源

有些再生能源是不依賴太陽輻射的，即潮汐能（tidal energy）和地熱能（geothermal energy）。從地球內開採出地熱能可以有多種用途，包括發電和為建築物取暖與冷卻。而潮汐能則是由月球和太陽對地球的重力拉扯，轉換成機械能。

潮汐能

潮汐能（tidal energy）經常會被人和波浪能混為一談，但其實二者來源是不同的。潮汐能是藉著建造一座水壩，在漲潮時將水位升高而取水儲存，接著再讓水通過發電渦輪機再流回海裡發電。其也可用來擷取水面下，主要源自於潮湧的強勁水流。開發這類能源的裝置有多種，有如水下的風機一般的洋流渦輪機（marine current turbine）便是雛型之一。

地熱能

地球內部的熱，是地熱能的來源。此一內部高溫，於地球形成之初隨重力收縮（gravitational contraction）而產生，接著又隨著地心當中的放射性材質的衰變，而持續增強。

在有些熱岩很接近地表的地方，熱岩會對地下水層加熱。好幾個世紀以來，這些能量都一直提供人們作為熱水和蒸汽。在一些國家，地熱蒸汽被用來發電，還有一些國家，則是以地熱井的熱水來加熱取暖。如果抽取這些蒸汽或熱水的速率，超過了其周遭熱岩所能補充的，該地熱場址將告冷卻，而必須另外鑿孔。既是如此，地熱也就算不上是再生能源了。當然，我們也可以設法讓抽取的比補充的慢些，這樣便可維持其一直處於可再生的狀態。

以廢棄物作爲能源 

從廢棄物產生能源可以有兩個立即效果。首先為其藉由燃燒以降低廢棄物的量，其次是其轉換成電而回收了其中的能源。可作為前述燃料主要的兩種類型廢棄物包括：

- 掩埋廠氣體（landfill gas），及
- 廢水處理廠氣體（wastewater treatment plant gas）。

儘管在台灣等地，大部分垃圾都採取焚化處置，然過去長期以來絕大多數城鎮垃圾皆採取掩埋處置。而由於對於環境的顧慮，掩埋場場址也都極難覓得。因此，固體廢棄物也就必然要朝以下方向努力：

- 在源頭減量（reduce），
- 重複使用（reuse），
- 回收（recycle），
- 堆肥（composting），
- 結合能源回收的廢棄物燃燒，及
- 結合能源回收的垃圾掩埋。

回收除了可減少需要進一步處置的固體廢棄物量外，同時也會分出一些可燃材質，而可能降低燃燒回收熱能的經濟性。影響是否以廢棄物作為能源的因素有好幾個。最後決定其是否恰當、是否可行，以及是否經濟，尚須依各種情況的基礎而定。有些發電廠會將某些特定廢棄物和其主要燃料如煤或燃油，一

道使用。這些實例包括造紙廠的殘渣和廢輪胎做成的燃料。垃圾掩埋廠和廢水處理廠所產生的氣體本來也就都需要燒掉，而電力也就成了燃燒這些氣體的附加產品。

第五節　永續未來的再生能源

政府在政策上對再生能源使用者提供賦稅優惠等誘因，對於再生能源的吸引力，會有所提高。同時，在政策上強化污染標準以提高傳統發電方式的成本，對於再生能源發電系統的經濟性，也會產生巨大影響力。除此之外，政府對再生能源的研發提供財力贊助，對於再生能源系統的成本有效性，也可產生顯著提升作用。

目前我們可看到再生能源在全世界的初級能源（primary energy）當中，已能提供相當大的比例。在本書最後一章，將會進一步說明本世紀後半段全世界的能源當中，將會有遠高於目前的比例，是由再生能源所提供的。

我們可以期待的是，到了 2020 年，許多先進國家，乃至全世界的能源系統，比起今天將會更為多樣。而電力系統仍將以市場為導向的電網作為主軸，與大型電場的供電取得平衡。只不過與今天不同的是，有些大型電場將會是位於海域，所擷取的能源包括了波浪、潮汐和風等。大致上，岸上的一些小型風場，仍會繼續發電。這些電力市場，勢將有能力解決其間歇性（intermittent）等發電問題，靠的是在某些天候狀況下，非得減低或切斷這些來源時，採用的備用容量。

到時會有許多的在地發電，其中一部分來自於中、小型的地方或社區的電廠。其燃料可能是在當地種植的生物質量，或是源自於當地的廢棄物，或者也有可能是當地的波浪和潮汐發電機。這些除了供應當地輸配網路外，還可將多餘的容量賣到電網當中。同時，這些電廠所產生的熱，也可供當地生活所用。

到時會有許多的，像是源自熱電共生（cogeneration）的小型發電場、建築物用的燃料電池或是PV。這些也都可隨時發出額外的容量，賣回到當地的輸配電網當中。

到時的新家，都會被設計成僅需用到很少的能源，甚至可達到零碳排放（zero carbon emission）的建築。而既有的建築，也都會採納愈來愈多的能源效率措施。很多建築，就算不發電賣回到當地的電網當中，也都會建立至少可減低其對電網的需求的能力，例如藉著利用太陽加熱系統，以供應其所需要的熱水等。

在本書當中，我們將介紹各個主要再生能源的物理原理、有關的主要技術與成本、對環境造成的衝擊、來源的規模潛力及其未來前景。在第四章當中，我們首先要介紹的，正是大多數再生能源的基礎：太陽能。

第三章
能源的儲存與傳遞

燃料電池汽車的引擎蓋底下已經不再是汽／柴油引擎。

2012 年六月，聯合國在巴西里約熱內盧舉行的 Rio+20 永續發展會議所著眼的，在於讓工業化國家規劃並調整朝向永續未來。在此永續性當中最具挑戰性的，在於有效率的使用再生能源。而達此目標的關鍵，便在於在產生的過程中儲存這些能量，並在需要時提供出來的能力。

目前的能源網絡系統主要僅在於配送能源，對於過剩能源的儲存則極缺乏彈性，只能任其輕易流逝。而電能儲存，往往也因此成為風與太陽能發電等再生能源推展的一大障礙。由於風與太陽能源都有不測的特性，趁其產生能量時善加儲存，便成為改變這類能源成為可靠能源的一大關鍵。

第一節　能源儲存概念

各國與全世界能源永續之確保，不能單純只依賴減少耗能及生產潔淨能源。其同時尚須顧及，如何將能源從產生源送到用戶手上。而將能源從一點移到另一點，或是將能源配送到使用處，皆與是否能最有效且明智的使用能源，息息相關。

冷卻、加熱及電力

傳統發電方式的效率其實是很低的，燃料當中所具有的能量，真正用上的大概只有三分之一。而即便擁有較高效率的熱轉換設備，將能源用在加熱或冷卻等需求上，若是熱與電的系統分別獨立，整體效率也僅有 45%。圖 3.1 所示微渦輪機（microturbine）為附設於高速發電機上的小型引擎。其可以天然氣（natural gas）或生物燃料（bio-fuel）驅動，在功能上可同時供應電和熱。

若能將冷卻、加熱及電力（cooling, heating, and power, CHP）整合在一起，就能明顯有效率許多。CHP 技術能從單一能源當中，同時產生電與熱能。這類系統將一般發電機當中會浪費掉的熱回收，再用它來產生這些當中的至少一樣：蒸汽、熱水、暖氣及溼度調節或冷卻。而藉著利用 CHP 系統，本來得用來在另一分開的單位產生熱或蒸汽的燃料和相關成本，也就省下來了。

圖 3.1　附設於高速發電機上的微渦輪機

如前面所述，在傳統從燃料產生電的過程當當中，有三分之二的輸入能量，都流失到了環境。藉著回收並再利用這些廢熱（或應稱為餘熱），CHP 系統的效率可達到 60% 至 80%。這些額外「省」下來的高效率還有許多其它好處，包括減少了氮氧化物、硫氧化物、汞等重金屬、懸浮微粒及二氧化碳等大氣排放。

其實 CHP 一點也算不上是新技術。1900 年代初期，便已有許多工廠使用 CHP 設施。然而，後來因為個別發電業者，在發電的成本與可靠性上的改進，加上愈來愈多的相關法規相繼推出，導致大多數 CHP 設施，因為要配合能更方便買到的電，而一一放棄。僅有少數產業，像是造紙業與煉油業，仍持續維持 CHP 運轉，一部分原因是其很高的蒸汽負擔，以及可從中取得的燃料附加產品（by-products fuels）。直到 1970 年代末期，美國產業界因應其公共電力規範政策法（Public Utilities Regulatory Policy Act, PURPA）當中，所包含的促進能源效率技術當中的 CHP，而重拾對 CHP 的興趣。

近年來隨著技術上的提升，導致接連開發出，適用於各種產業等用途上的一系列有效率而且多元的系統。而在發電技術，尤其是先進的燃氣渦輪機與內燃機上的改進，也讓新型電廠得以既縮小尺寸，同時增加出力。如今，除了有許多用於分散發電的燃氣技術（gas-fueled technologies）亦可用於 CHP 外，其它能量儲存技術還包括：

- 電池（batteries），
- 壓縮空氣（compressed air），
- 飛輪（flywheel），
- 抽蓄水力（pumped hydro），
- 超電容（supercapacitors），
- 超導磁能（superconducting magnetic energy）。

上列各技術皆分別有其特殊優勢及操作特性。例如抽蓄水力（只要地形、地質及環境等條件允許）最適用於大型整體性電能儲存。有的抽蓄水力發電站，能夠供應達 1800 MW 之電力，延續長達四至六小時。

能源的儲存

在實際狀況下對於電的需求，很少是歷經一段時間都一直維持不變的。而在電力需求小的期間所多出來的電，其實可以存到能源儲存裝置裡頭。這些儲存的能量，可以留著等到需求高的期間再提供出來，減輕這段期間整體電力系統的負荷。

能源儲存系統可藉著降低尖峰期間（peak hour）的需求，以改進電力系統的效率與可靠性，同時也更有機會能充分利用再生能源技術。為維持充足的保留發電容量以隨時供電，會需要獨立系統操作器（independent system operator, ISO）。許多再生能源，例如風和太陽，皆屬間歇性，所以它們也就無法隨要隨送。儲存再生能源，可以讓供給更為貼近需求。例如，與風機搭配在一起的儲能系統，可隨時在起風時，將擷取到的能源儲存起來，再賣到價格較好的能源市場上。至於太陽能發電系統，更可利用儲存系統，使其無論白天或黑夜都有電可用。

總之，藉由降低尖峰時段的需求及提供更有彈性的能源選擇，能量儲存不僅有助於供電的成本有效性（cost effectiveness）、可靠性（reliability）、電力品質與效率、其並有助於降低發電及輸配電力對於環境與社會所造成的衝擊。

鉛酸電池

鉛酸電池（圖 3.2）是最常見的一種電池類型。除了用於汽、機車上，發電廠和用電戶往往也都以其作為緊急備用電力來源。

傳統的鉛酸電池，都以平板鉛及氧化鉛浸在含 35% 硫酸和 65% 水的溶液中。此溶液即為能造成化學反應，產生電子的電解液。另外也可用各種其它的元素，來改變板子的密度、硬度及孔隙率。傳統的設計後來有做過一些改變，像是：

- 調整閥鉛酸電池（valve-regulated, VRLA）一密封且不需將水倒出，比起一般鉛酸電池較不需要保養，
- 乳膠型鉛酸電池一以乳膠而非液體填充，如此較不會溢出。

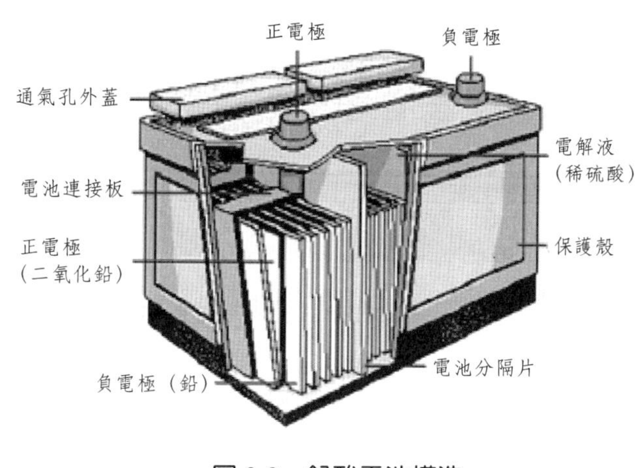

圖 3.2　鉛酸電池構造

流電池

流電池（flow batteries）的作動原理和鉛酸電池類似，只不過其電解質（electrolyte）是儲存在外部容器當中，電流視需要在電池堆（battery cell stack）當中循環流通。次外部的電解質儲存槽（reservoir）可視需要擴充，並視方便置於適當位置。有些流電池會用上兩種不同的電解質，分開存放。

流電池最大好處，是其儲電容量僅受到電解質儲存槽容量的限制。如此一來，其得以在電網上的負載平衡應用（load-leveling applications）上，提供很高的電力和很高的電池容量。

先進電池

電池是最常見的電能儲存裝置。像是圖 3.3 所示，用在油電混合車（hybrid car）上的鋰電池模組（lithium battery module），比起同樣容量的鉛酸電池（lead-acid batteries）要小許多。

圖 3.3　油電混合車上的鋰電池模組

較先進的電池技術包括鋰離子（lithium-ion）、鋰聚合物（lithium polymer）、鎳氫（nickel metal hydride）及硫化鈉（sodium sulfur）等類型。先進電池能提供比鉛酸電池為小的「足跡」（footprint，亦即佔用空間較小）。其目前一般用於大規模供電太貴了些，而大都只在工廠當中，作為較佳電力品質及備用電力。目前也用在一些消費性商品或汽車上。筆記型電腦所用的鋰離子電池比傳統電池多出一倍的電力。硫化鈉電池可在高溫等嚴峻狀況下運轉。

壓縮空氣能量儲存

壓縮空氣能量儲存（compressed air energy storage, CAES）實際上為一儲

存能量與發電的混合式（storage/power hybrid）系統。其使用離峰電力來驅動一馬達／發電機，以驅動壓縮機，將壓縮空氣充入地下儲槽，像是岩洞或廢棄礦坑當中。一旦到了用電尖峰，該過程即進行逆轉。壓縮空氣回到地面，以天然氣在燃燒器當中加熱，並透過高壓與低壓膨脹器，以驅動馬達或發電機，發出電來。

在傳統的燃氣渦輪機（gas turbine）當中，用來驅動渦輪機的空氣，會以天然氣壓縮並加熱。CAES 技術所需天然氣較少，因為其所用的空氣已被壓縮。目前 CAES 這類設施還很少見。

RE 小方塊——壓縮空氣動力車

法國 MDI 於 2004 年 12 月發明了以壓縮空氣趨動的「空氣車」("air car")，可以既安靜又零排放，最快以 110 公里時速，行駛達 200 公里。它最大的優點，就是不需燒油就能跑。該車自 1994 年起即具備雛型，引擎為二行程，由相當於車胎壓力 150 倍的壓縮空氣趨動。在加氣站，它需要的充氣時間大約三、四分鐘；但在家裡，用 220 伏特的空壓機充飽空氣，大約需三個半鐘頭。充氣估計大約花不到台幣 80 元。雖然行駛時零排放，但充氣所耗電力的潛藏環境成本，仍需由發電廠那端付出。

飛輪

飛輪指的是一個高速迴轉的轉盤，能將動能儲存起來。飛輪可以和一個用來加速飛輪，以儲存能量的電動馬達，和一個用來從儲存在飛輪當中的的能量，發出電的一部發電機的裝置相結合。飛輪轉的愈快，所保留下的能量就愈多。而藉著減慢飛輪，即可擷取其中能量。

飛輪的由來已有數千年。當今飛輪使用以碳纖維作成的複合轉子（composite rotor）。該轉子具有很高的強度與密度比值，並可在一真空室（vacuum chamber）當中迴轉，以將空氣動力損失減至最小。而若能進一步使用超導電磁軸承，更可近乎完全免除摩擦損失。

飛輪可慢慢的或者快快的釋出動力，讓它們可以作為低動力應用上的備用動力系統，或者用來支援高動力應用上的短期動力品質。其受溫度波動的影響很小，所占空間也很小，比起電池，所需要的保養較少，且也很耐用。

抽蓄水力

抽蓄水力設施利用離峰電力（off-peak power），將水從低位水庫泵送到高位水庫。當水從高位水庫釋出，即可推動水輪機發電。

如此一來，離峰電能可以重力形式，長久儲存在高位水庫當中。而兩個高低水庫並用，即可長期儲存大量電能。

由於大型核能與燃煤電廠若經常起起停停，所造成效率耗損很嚴重，抽蓄水力能正可緩和此波動的電力需求，維持在基本負載的發電量之下。而此亦可作為意外跳電情況下的緊急供電。

超電容

超電容屬電化學儲存裝置，有如超大號的普通電容器。其又名為過電容（ultracapacitors）或是電化學雙層電容器（electrochemical double-layer capacitors）。有別於電池的是，超電容是以一靜電力場（electrostatic field），而非化學形態儲存能量。

電池在內部化學反應過程當中充電，而當該化學反應逆向進行時，原來吸收的能量隨之釋出而放電。相反的，超電容在充電時並無化學反應，卻可讓電子集中或充斥在材料表面，而將能量儲存起來。

如此超電容也就得以很快的充電和放電，而且一般都可反覆充電好幾十萬次，而不像傳統電池，只能來回充放個幾百或幾千次。只不過，其電力只能供應很短一段時間，而且其自行放電率比起電池，也要高得的。其較常應用在啟動柴油卡車及鐵路機車上，以及在電動和油電混合車上，作為平順過度負荷和擷取煞車能量。其在電力系統上，最常用來作為不斷電供應，不同電源之間的銜接，有如飛輪一般。

最近有關儲存電能的一項研究，便在於將流電池與超電容原理，結合在一電化學儲存系統當中，作為供電來源。傳統的超電容以最小降解（degradation）高達百萬充電一放電週期的性能，提供高電力輸出。該電容能夠迅速補充並釋出電能，但與電池相較則嫌太少。無論是超電容或電池在此儲能方面的限制，致使其儲存能量的能力，密切取決於其所使用的電池或電容的尺寸。此技術可以好好應用在再生能源領域上，而可望提高既有電力系統的效率，改進電網的穩定性。

接下來的努力重點，在於就不同的奈米碳材料和電解質開發出新的泥漿狀陶瓷（slurry）組成，及其最佳流容（flow capacitor）設計。

超導磁能

超導磁能儲存（superconducting magnetic energy storage, SMES）系統，將能量儲存在藉由直流電流流通大超導材質線圈，超冷卻（super cooled）所產生的磁場當中。在低溫超導材料當中，電流幾乎不會遇到任何阻力，而大大提升了儲存容量。

SMES 系統幾乎可立即提供電力，且在很短時間內，即可輸出很大的電力。儘管當中少了會運動的部分，然 SMES 系統所含能量卻很小，而且時間很短，而其超冷技術（cryogenics）也是一大挑戰。目前一些研究皆著眼於找出，在不需要讓該系統那麼冷的情況下，仍能維持 SMES 的獨特品質。當今商業上已有以液態氦冷卻的低溫 SMES，而以液態氮冷卻的「高溫」（只是沒那麼冷）的 SMES，也正在研發當中。

SMES 系統目前用在彌補，像是一些在從聯網電力切換到備用供電過程中可能發生的，電力品質及短期電力喪失等問題。其也一直用在電網支援，幫助防止電壓潰散、電壓不穩及系統解聯（outages）。

地下熱能儲存

最常用的地下熱能儲存技術，用的便是地下水層熱能儲存（aquifer thermal energy storage）。這技術利用天然地層（例如砂、砂岩或石灰岩層），作為暫時儲存熱或冷的儲存介質（如圖 3.4 所示）。在這當中，熱能的傳遞，是藉著將地層當中的地下水抽出，再將它在溫度改變之後，注回到鄰近地層當中。

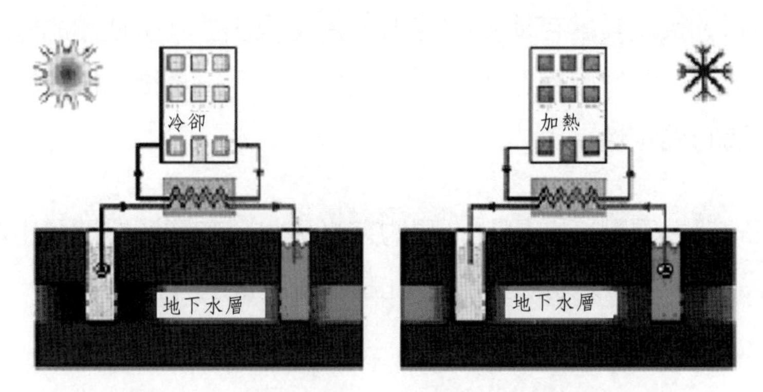

圖 3.4　以地下水層，作為熱或冷的儲存介質

目前世界各國有好幾百個這類地下水層熱能儲存計畫正進行中。大多數這類應用，都大致是將冬天的冷度儲存起來，準備到了夏天用來冷卻大型辦公大樓或工業製程。這類儲存技術愈來愈受重視，理由很簡單：用在冰箱上的電費可省下將近 75%，而回收期往往還不到五年。不過這類應用的主要條件，還是在於既有的、適合的地質狀況。

其它的地下熱能儲存技術，還包括像是鑽孔儲存（borehole storage）、洞穴儲存（cavern storage）及坑洞儲存（pit storage）等。而選擇這些技術，終究主要還有賴於當地的地質狀態。

相變化材質與化學反應

顯熱熱能儲存（sensible heat energy storage）雖然有相當便宜的好處，但其能量密度低，而且會隨溫度而釋出能量。為能克服這些缺點，相變化材料（phase-change material, PCM）便可用來儲存熱能。相的變化過程可以是熔化或是蒸發。相較於顯熱儲存的 5 kWh/m^3，熔化的過程的能量密度大約為 100 kWh/m^3。圖 3.5 所示為用以儲存能量，在儲存櫃內的塑膠膠囊和 PCM。PCM 也可裝在各種不同形狀的容器當中，其中一種常用的容器為裝在櫃子當中的塑膠結（plastic nodule, STL）。在櫃子當中，裝有能熔化或固化 PCM 的熱傳流體（一般為水）。市面上已有的各種不同的 PCM，熔點介於 –21 ℃到 120 ℃之間。

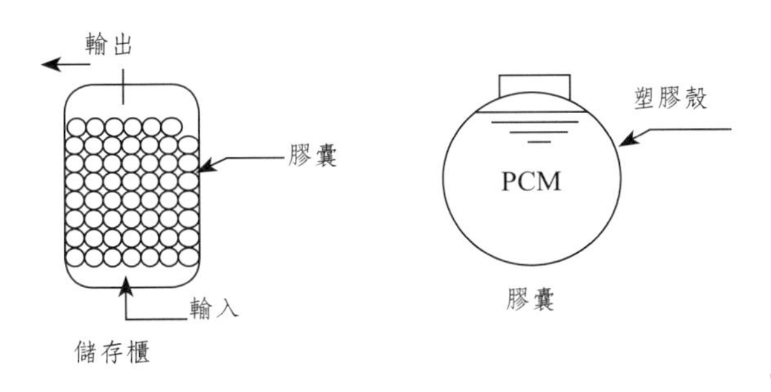

圖 3.5　在儲存櫃內的塑膠膠囊和 PCM

相變化材質和化學反應，也可用在小型加熱與冷卻目的上，像是比薩加熱器（蠟）和日本溫酒器（$CaO + H_2O \rightarrow Ca(OH)_2$），及暖手包（醋酸鈉 trihydrate）。

水櫃

最為人知的熱能儲存技術首推熱水櫃了。用熱水櫃來節約能源的實例有，像是太陽能熱水系統，及用在共生系統（cogeneration system）上的能量供應系統。用在供水系統上的電熱熱水櫃在於壓平尖峰用電，進而改進供電效率。

第二節　電能儲存

儲電需求

電能儲存愈來愈受重視，主要有幾個理由，包括全世界電力規範環境的改變、工商業和家庭愈來愈依賴電力、再生能源成長以符合電力需求，以及前所未有在環保上的嚴格要求。

電能儲存得以讓發電和需求脫鉤。而正因電力需求會隨每時、每天和每個季節變動，這點對於電力業者而言，尤其重要。此外，發電，特別是源自於再生能源，也同樣會有短期（超過幾秒）和長期（例如每小時、每天和每季）相當大的變化。

因此，在電力網絡當中融入如圖 3.6 所示的電能儲存系統，可帶來廣泛的益處。比方說，往往在推廣再生能源過程當中，會因其在輸出上間斷的特性，而受到限制。而這些再生能源若能與電能儲存系統整合在一起，便得以進一步藉著其為初級能源和減少排放等優勢，而在市場上占一席之地。同時，發電對於環境的衝擊，本來就受到老舊而低效率電廠的運轉很大的影響。尤其當其目的，是在於壓平尖峰用電時。將電網與儲存系統作適當的整合，可減少這類電廠的需求。最後，社會前所未有對於可靠且潔淨，適用於更廣泛用途供電的依賴，也對供電品質造成前所未有的嚴格要求。電能儲存系統對於朝向滿足客戶這方面的需求，正可作出很有價值的貢獻。圖 3.7 所示即為一部具機動性，用來改進電力品質系統的拖車。

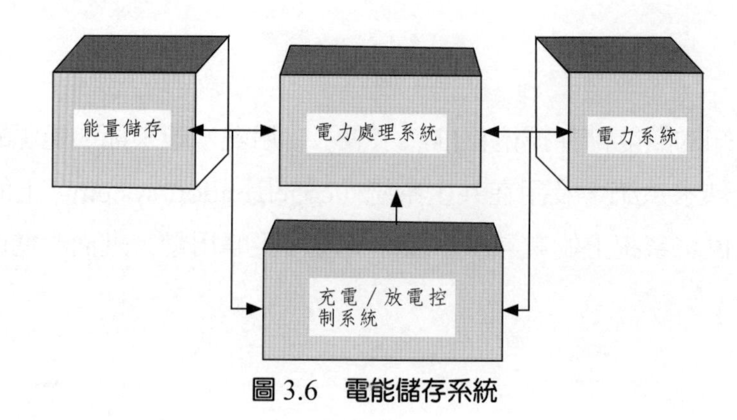

圖 3.6　電能儲存系統

圖 3.7　用來改進電力品質系統的拖車

智慧型電網

歐盟、美國、日本為因應未來的電網需求，提出了智慧型電網（smart grid）的架構，主要在於因應分散型能源大量加入，這使得未來的電力型態將異於傳統。其有以下特點：

- 透過數位科技將電送達消費者家中，藉以節能、降低成本，並提高可靠度與透明度。
- 許多國家政府認定其有助於能源獨立、全球暖化、及應付緊急狀況等問題。
- 智慧型電網的構想是，先將其插入插座，再將家電插在其上。如此該裝置可將家中電器用電的時間與用電量，隨時報告給電力公司。
- 電力公司則可將在尖峰時段多收的費用收益，用來優惠離峰時段的用電。
- 如此在開始實施的一段時間，一般電費帳單會上漲，強迫消費者努力盡可能在尖峰時段減少用電，而得以減輕電費。
- 未來再進一步透過一些方法，消費者還可讓電力公司（供電端）清楚的知道正在用電的每一樣東西。如此可在有需要時，選擇性的關掉你家裡的某些電器，卻不致於需要全部斷電。
- 如此一來，當然也會引起一些隱私的問題。

透過最佳化，其能夠從既有系統當中產生更多電力，降低浪費的流通電流，而能讓較低成本發電來源的配送最大化。地方電力輸配與地區間能源流通經過和諧搭配，可使電網資源更有效利用，並避免電網負荷過大，能源儲存需求也可免除。

除此之外，由於所有電力來源都可相連，而可以讓消費者選擇一般來源或再生能源。總之，目前消費者若想知道他正用多少電還很困難，而快速發展中的智慧型電網裝置，可讓消費者隨時監測用電情形，而得以立即反應，盡量用得少一點，減少電費開支。更重要的是，其可以明確指出尖峰與離峰用電時刻，讓消費者選擇合適的用電時段，且在發電端也得以在不同時段選擇合適能源密度的發電系統。

RE 小方塊——相變化冷卻材料

筆記型電腦的冷卻方式每個品牌不盡相同。大多數都是在中央處理器（CPU）到達某個高溫或執行特定動作時，就啓動風扇。若電腦的CPU 過熱，電腦的容量也隨之滑落。

利用一小片的 PCM 放在電腦下面有助於冷卻電腦。由於室溫比 PCM 的熔點要低，其熱的「存量」可以在電腦關掉後重新再生。其結果是：

- 風扇啓動的時間，可以從原來的電腦啓動後 20 分鐘，延後到 4 小時，
- 電腦耗能減少 25%，進而得以延長電池的運轉時間，
- 電腦（其 CPU）的壽命可望因較低的溫度而延長。

第三節　分散型電能

分散能源（distributed energy, DE）技術，在一個國家的能源組合（energy portfolio）當中，愈來愈重要。我們可利用它來滿足基本負載電力（base load power）、尖峰電力（peak power）、備用電力（backup power）、偏遠電力（remote power）、電力品質，以及冷卻與加熱需求。

分散型發電機為小型的模組型發電機，一般都位於靠近用電負載的位址。而這正是它勝過大規模、資本密集、集中型發電廠的最大優勢。同時，分散型發電機還可藉由設置較小、較具燃料彈性且較靠近能源用戶，而得以避免電力輸配損失，並提供用戶多一種選擇。

許多分散型電力系統，由於已能做到低噪音、低排放，而得以設置在用電的建築內部，或緊鄰位址。如此一來，得已大幅簡化一般必須將電力送達住宅或工、商業區等的問題。

分散型電力系統，可供應愈來愈多公司和消費者可靠且高品質的電力需求，以帶動運轉極為敏感的數位設備。同時，其還可在尖峰的高電價期間，提供有彈性且又不那麼貴的電力來源。

分散型電力系統技術得以使用多種燃料，包括天然氣、柴油、生質燃料、燃料油、丙烷、氫、陽光，以及風等。

能源管理

分散能源管理技術當中，包括能源儲存裝置以及降低整體電力負載的方法。

能量儲存

能量儲存技術，對於高科技產業所要求的電力品質與可靠性甚為重要。儲存的能量可作為緊急電力及尖峰節約等所需。能源儲存同時可藉著提供較多的負載伴隨能力（load-following capability），對風能和太陽能發電等再生能源技術提供支持。這些對於其它分散型能源裝置而言，是很重要的。

負載減輕

當供電受到限制同時電價又持續上揚，電力業者與其客戶也就跟著有了減少消耗電量的壓力與誘因。而也正由於減輕負載具有免去或推遲電廠新建的潛在效果，其不僅能使電力公司獲益，同時能源消費者也能因為避免了一些能源成本，而從中獲益。

減輕電力負載，可藉由改進終端設備與裝置的使用效率，或藉由將電力負載轉換到替代能源，例如利用源自地熱或太陽的熱，對水和建築內部空間加熱，達到目的。

以下為一些用來降低耗電的商業化技術實例：

能源效率：藉著改進對能源設備與系統的依賴，得以使用較少的能源輸入，而仍得到相同輸出。能源效率廣泛涵蓋了各種措施和應用。其中有些可以既簡單又不貴，像是在家裡填密縫隙，以減輕寒冬來臨時屋內的熱量損失和改裝抗氣候的窗戶等。而有些則會是比較昂貴的，就像是在整個社區加裝 LED 路燈與交通號誌燈或負載感知系統等。

地熱泵：地熱或是地下來源的熱泵（heat pump）在於在地質條件許可的情況下，利用地底約數公尺深的穩定溫度，將其泵送到地面以供應空調：取暖、冷卻及溼度調整。當然，這也可提供作為水的加熱，以補充或取代傳統的熱水器。

被動太陽建築設計：利用結構體的窗戶、牆壁及地板，以收集、儲存和在寒冬配送太陽的熱，並得以在夏季排出太陽熱。其同時可使用於室內照明的日光達到最大。不同於主動太陽加熱系統的是，其並不使用像是泵、風扇或電控等機電裝置，以使太陽熱流通。被動太陽的建築設計，結合朝南大窗及能吸收和緩慢釋出太陽熱的建材。其一般都會結合自然通風及懸吊屋簷，以期能在夏季將最強的太陽輻射阻擋掉。

太陽熱水系統：利用太陽能來加熱水，幾乎都會和傳統熱水器結合併用。其有的直接以太陽能加熱水，或者是對像是防凍劑之類的液體加熱，再間接透過一熱交換器對水加熱。經太陽加熱的水便可儲存備用。另一傳統熱水器可視實際需要，提供額外的加熱。

蒸散空氣收集器：這是將黑色、挖孔的金屬板裝設在建築物的朝南牆上，以擷取太陽熱，來為建築取暖。這可在既有牆壁和面板之間建立一道空間，在日照充足的日子裡，即便屋外空氣很冷，黑色的面板也會迅速吸收太陽能，同時加熱起來。這時可以一個風扇或鼓風機，將流通的空氣透過收集器上的數百個小孔往上推送，通過收集器與朝南牆面之間的空間。藉由收集器所吸收的太陽能量，可將流通於其中的空氣加熱，最高達到 22℃。

RE 小方塊——踏式手提電腦

雖然有適用於缺電地區的太陽能手提電腦，但實際上在那些地方卻很少有人負擔得起。或許我們可以有一種電腦，既不需要依賴從外部供電，又能讓一些窮鄉僻壤的人，也能負擔得起。終於，在阿富汗出現了這款電腦。腳踏式電腦所需要的電，正是靠腳踏供應的。據稱，只要有腳的人，即使是三年級小朋友，坐上去就能使用這台電腦。

第四節　替代燃料與能源分散

替代燃料

替代燃料（alternative fuels），簡單的講就是不須依賴石油作為燃料的之一種彈性燃料。它主要的好處就是可以不須或減輕對進口石油的依賴，同時降低有害排放物。替代燃料主要包括：

- 生物燃料（biofuels），
- 氣體燃料（gaseous fuels），
- 氣體轉成液體燃料（gas-to-liquid fuels），
- 電（electricity）。

生物燃料是從生物質量來的。現今車用生物燃料，一般都與石油混合在一起。例如 E85 含 85% 的乙醇和 15% 的石油。而 B20 則是一種混出來的生物柴油（biodiesel），含 20% 的生物燃料和 80% 的柴油。純生物柴油（B100）雖然也可使用，但目前尚需要在汽車引擎上做一些修改，同時也不太適合在寒天使用。

氣體燃料包括天然氣和氫，以及氫與天然氣燃料的混合物。天然氣分成兩種類型：壓縮天然氣（compressed natural gas, CNG）和液化天然氣（liquefied natural gas, LNG）。有些天然氣車（瓦斯車）只能燃燒天然氣，而有些雙燃料天然氣車則有兩套分開的燃料系統，如此可以選擇使用天然氣或汽、柴油。

氫目前仍處演進階段，不像天然氣已臻成熟。迄今已有許多內燃機汽車，能很有效的使用純氫和天然氣的混合物。至於氫燃料電池車（hydrogen FC vehicle）則尚未商業化。

氣體燃料可轉換成液體燃料，進而煉製成汽油與柴油。這類氣體轉成的液體燃料亦即費雪燃料（Fischer-Tropsch fuel）。電亦可用作交通燃料。其可用來驅動插電混合電動車（plug-in hybrid electric vehicles）的電瓶。至於氫燃料電池車輛，則是利用從氫與氧在燃料電池堆（FC stack）當中結合，所進行的化學反應而產生的電來驅動。

能源分散

能源分散技術可藉由降低必須透過長途高壓電線輸送（如圖 3.8 所示）的量，以舒緩傳輸瓶頸。能源分散涉及各種小型可結合負載管理與能源儲存系統，以改進供電品質與可靠性的發電模組技術。由於其設在或接近能源消耗之處，所以稱之為「分散的」（distributed）；而不同於傳統「集中的」（centralized）系統，電需集中於遙遠的大規模電廠發出，再從電纜傳下來到用戶。

圖 3.8　連接長途高壓電線的輸配電塔

落實分散能源，可以簡單到只在用戶處裝設小型獨立的發電機，以提供備用電力。或者其也可以是相當複雜的系統，與電網高度整合在一起，且包括發熱與發電、能源儲存及能源管理系統。消費者有時適用小型在地的發電機，或者也可能由電力公司或其它第三者公司擁有與營運。

分散能源涉及一系列各種不同的技術，包括風機、太陽能、燃料電池、小型渦輪機、往復引擎、負載減輕技術，以及電池儲存系統。聯網分散能源的有效利用，也可能需要電力電子界面與聯繫及控制裝置，以使發電單元得以有效傳遞與運轉。當今用得最普遍的分散能源技術，特別是備用電力的應用，便是柴油與汽油發電機了。然而，相較於天然氣與再生能源發電機，其產生的污染相當嚴重(包括廢氣排放與噪音)，而許多國家的地方政府也因此限制其使用。

分散能源同時還有舒緩傳輸線路擁塞、減輕電價波動的衝擊、強化電力安全性，以及對電網提供較大穩定性的潛在作用。相較於傳統的集中發電廠，分散發電機較小，而能提供集中發電所無法提供的獨特效益。這些效益當中有很多是因為發電單元本身就已經是模組，而得以使分散的電力很有彈性。其可以針對需要的地點與需要的時段，提供電力。且由於其一般都依賴天然氣或是再生能源，比起大型發電廠，其既安靜又少污染，而適合於在有些地點就地裝設供電。

使用分散能源技術可帶來較高的效率及較低的能源成本，特別是應用在冷暖氣與電力結合（CHP）的情形。CHP 系統可和熱水、工業加工的熱、空間冷暖氣、冷藏及改進室內空氣品質與舒適度的溼度控制，一起供電。

聯網的分散能源，也能用在支援並強化集中模式的發電傳輸及配送。雖然中央發電廠持續對電網提供大部分的電力，分散能源卻可用以滿足地方供電線路或主要用戶的尖峰需求。電腦化的控制系統，一般透過電話線路操作，即可分散發電機依需要進行發電。

分散能源愈來愈受歡迎的情形，讓我們聯想到過去近三十年來，電腦系統的演進歷史。最早我們僅能依賴大型主系統電腦（mainframe），在外面布設了本身並無處理能力的工作站（workstations）。而時至今日，我們所主要依賴的，是配備了龐大數量桌上型個人電腦的少數幾個功能很強的伺服器網絡，這些都已幾乎能完全滿足終端使用者資訊處理的需求。

傳統的發電，效率都明顯不足，大約僅用到燃料當中所具有能量的三分之一。即便是同時應用在冷卻和加熱，而且即便是高效率的熱能轉換設備，其熱和電分別獨立的系統的效率，也不過大約 45%。

CHP 的效率就高得多。CHP 能從單一能源同時產生電和熱能。這類系統一般都可回收在發電機當中，原來會浪費掉的熱，接著再用它來生產以下至少其中一樣：蒸汽、熱水、空間加熱取暖、溼度調整或是冷卻。藉著利用一套 CHP 系統，本來各自獨立用來產生熱和蒸汽的單元，也就可以省掉了。

另外，像是光伏太陽熱電場及風機，皆屬非傳統、在環境考量上具吸引力的，可用來發電的能源。有很多擁有豐富再生能源(日照充足又多風)的地區，偏偏離主要的負載中心都很遠。雖說終究可將電力透過高壓傳輸電纜，輸送到數百公里的長途外，但實際上總是問題重重。此時，分散能源系統便很容易成為解決這些問題的良方。

RE小方塊——發電廠的「效率」指的是什麼？

一座將燃料轉換成熱，再轉換成電的發電廠，例如燃燒煤等化石燃料的火力電廠和核能電廠，我們可以用一熱的比值，來衡量其效率。這個熱比值指的便是：該發電廠的發電機每產生一度，或一千瓦小時（kWh）的電，所需用掉的能量。而淨發電（net generation）指的，便是一座發電廠的發電機，供應到連結到該電廠的電力傳輸線的電量。其中，該電廠本身用來維持發電機，及其他像是燃料供應系統、冷卻系統、鍋爐給水系統及污染防治系統等設備運轉所消耗掉的，亦需一併納入計算。

第四章
太陽能與太陽加熱

常見於小船上的太陽光電系統，白天吸收陽光充電，便足以供應晚間需要用上的航行燈等小功率電器。如此便可以不必讓發電機引擎運轉了，既安靜、乾淨，又可省下油錢。

雖然太陽能既充足又源源不絕，但卻在地球廣大的表面上分布得相當稀薄。因此要使陽光有用，便須用到具有相當大面積的收集器。同時由於抵達地面的太陽能多變且間斷，便必須搭配太陽能儲存系統，以從太陽獲取最大效益。太陽能主要可應用在以下幾個地方：

- 空間的冷、暖氣，
- 生活熱水，
- 工業製程加熱，
- 發電。

近幾年數據充分顯示，隨著技術的突破、成本的壓低，太陽能在世界整體和許多國家的成長速度，都遠超過預期。其中太陽熱能應用容量，已攀升至各種再生能源的第二位，僅次於風能。

第一節　太陽所擁有的能量

太陽由內部核心的氫氣和外層的氦氣雙層氣體所組成。幾百萬年以來，核心氫氣不斷燃燒產生氦氣外層。在這過程當中，便不斷產生能量，圖 4.1 所示為太陽核融合的過程。太陽能從太陽往外輻射到太空，其中一部分到達地球。此能量的移動稱為太陽輻射（solar radiation）。從太陽輻射出來的能量，以比原子還小，稱為光子（photons）的濃縮粒子釋出。當這些一堆堆的能量移動時，就如同不可見的波（waves）一般，波長在 160 至 1,500 奈米（nanometer）之間。圖 4.2 所示為太陽光波長與輻射能量之間的關係。

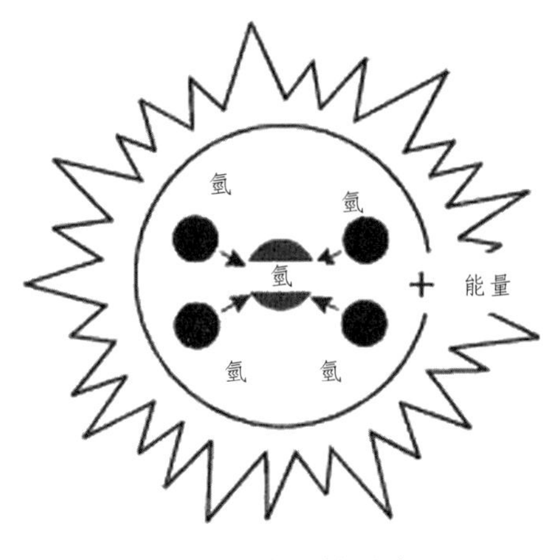

圖 4.1　太陽核融合

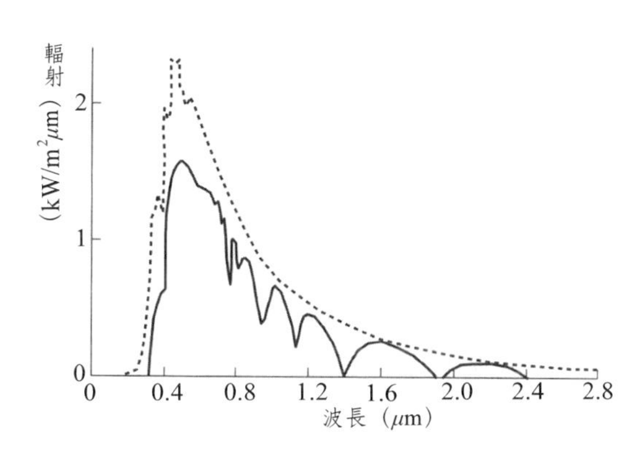

圖 4.2　太陽光波長與輻射能量之間的關係

太陽的能量輻射到地球大氣層之後，究竟有多少能量會穿透大氣層，以及到達地球表面，在一年當中不同時段的不同部分的能量，都取決於許多因素。

可用的太陽能

地球上真正無虞匱乏的，就屬太陽所產生的能量。圖 4.3 所示為分佈於全球各地的平均太陽能量。而其在地球上儲存與流通的能量，遠超過人類所需要的。以下列舉幾個簡單事實：

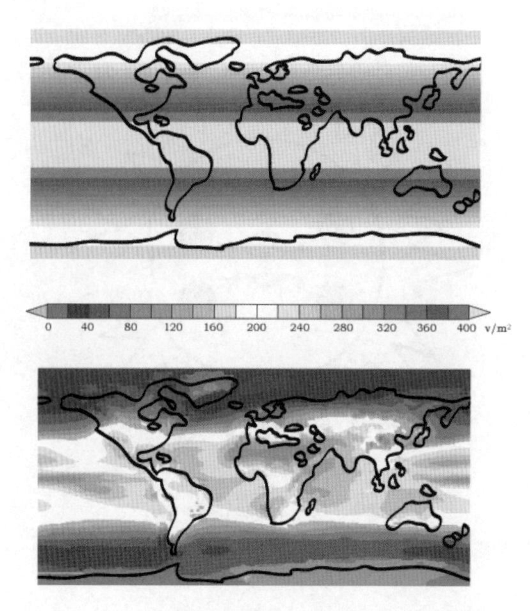

圖 4.3 分佈於全球各地的平均太陽能量

- 每分鐘從太陽送到地球上的能量，比起全世界每年所消耗化石燃料當中的能量，猶有過之。
- 熱帶海洋每年吸收 560GJ（十億焦耳）太陽能，是全世界每年耗能的 1,600 倍。
- 平均而言，地球上的植物吸收了抵達地球太陽能的 0.1%。

太陽能的優缺點

優點

- 極豐沛。與人類平均 15 兆瓦（tetrawatts）的耗能相比，從太陽照抵地球表面的 89 千兆瓦（petawatts）能量極其豐沛。此外，在諸多再生能源當中，太陽能發電的電力密度（power density）（全球平均 170 W/m^2），算是最大的。
- 在使用太陽電力的過程當中為無污染。最終所產生的廢棄物與排放物，以既有的污染防治措施，即可充分掌控。而末端使用再生技術（end-of-use recycling technologies）也正開發當中。

- 在初期建立之後，其相關設施幾乎不須維護或照顧。和既有的其它電力技術相較，太陽能發電場一經投資建造，日後的運轉成本相當低。
- 與聯網或燃料運送困難、昂貴或不可能的情況相較，太陽能發電具經濟競爭性。實例包括人造衛星、孤島社區、偏遠位置的地區或越洋船舶。
- 太陽能發電在聯網之後，可取代尖峰需求期間電費最高的電力，可降低電網負荷，並可免於正當停電或當地電力需求很高時，耗用當地的蓄電池電力，這類應用可透過淨電表（net metering）得到鼓勵。使用時間淨電表（time-of-use net metering）用在小型太陽能電池系統上，最受歡迎。
- 聯網的太陽能電力可在當地使用，如此可將輸配損失（大約 7.2%）減到最小。

缺點

- 與目前電網相較，太陽能電太貴。
- 電力密度有限：採用效率為 7 至 19.7% 的太陽能板，平均日間約 3 至 9Wh/m^2。
- 不像核能或化石燃料火力電廠，其實際上僅能將太陽能轉換成另一種形態能源（例如：蓄電池或電解水以產生氫），用於驅動交通工具，
- 太陽能電池所產生的直流電（DC），必須轉換成交流電（AC），以適用於既有的輸配電網，轉換過程中將損失 4 至 12% 的能源。

太陽能是從太陽的光獲取可用能量的技術。人類在許多傳統技術上使用太陽能，其實已經過好幾個世紀，而在偏遠地區或太空等缺乏其它動力來源的情況下，太陽能更是被廣泛的使用。

若要為我們所用的能源追本溯源，太陽可算得上是地球上所有能源的根源。它供給最根本的系統和循環所需要的動力，進而形成了圍繞在我們周遭的整個世界。

這點在前面所述再生能源上特別明顯，例如蘊藏於海洋當中的洋流能和波浪能等都可追溯到太陽。但一般談到太陽能時，我們指的是直接擷取太陽的光

能或熱能，用來提供熱水、暖氣、冷氣、建築照明或是轉換成其它能源，例如電的型式。由於擷取太陽的熱和光，二者所牽涉的技術和應用大不相同，因此本書將它們分別在本章和下一章分開討論。

第二節　太陽能技術分類

目前太陽能的應用範圍很廣，但大致不外二種形態：

- 直接使用太陽的熱（例如：加熱水、建築物取暖、烹煮），
- 利用太陽發電（例如：太陽能電池、熱機）。

至於太陽能技術可從很多方面來分類，本節首先針對直接或間接及主動或被動分別討論。

直接或間接

一般而言，直接太陽能僅涉及一道太陽光轉換。產生出可用的能量形式包括：

- 日光撞擊太陽能電池產生電（如圖 4.4 所示）；
- 日光使產生某熱量取暖；
- 日光打在某太空船的太陽帆（solar sail）上，直接轉換成施於帆上的力道，使太空船移動；
- 太陽打在光車輪（light mill）上，造成葉輪旋轉，產生機械能（此類應用極少）；
- 在一直接太陽能熱水器當中，水在太陽收集器當中加熱，可用於生活供水系統。

太陽能電池可直接從太陽光產生電，但一般而言，間接太陽能則需涉及數道太陽光轉換，才產生出可用的能量形式：

圖 4.4　太陽能電池可直接從陽光生電

- 植物透過光合作用將太陽能轉換成化學能。所產生的生物質量（biomass）可直接燃燒產生熱或電，或者也可加工成乙醇、甲烷及氫等生物燃料；
- 水力發電水壩及風機是由於太陽能與地球大氣起作用，導致的天氣現象所作動的；
- 海洋熱能發電（ocean thermal energy production）是利用海洋深度當中的熱梯度（thermal gradients）來發電。而此溫度差實由陽光所造成；
- 化石燃料終究是來自地質年代之前，植物從太陽所獲取的能量；
- 在一間接太陽能熱水器當中，在太陽收集器當中的流體經加熱後，將擷取的熱透過熱交換器傳到另一分開的日常供水系統。

利用太陽能，首先試想：用甚麼方法擷取太陽的熱會比較有效？

這要分成低溫和高溫兩種不同的目標來看。大多數低溫太陽加熱系統靠的是，所用玻璃（glazing）傳遞可見光輻射而阻擋紅外線輻射的能力。至於高溫太陽能加熱系統靠的便是鏡子。

主動或被動

當今我們可以透過許多不同的設計技巧（即被動太陽能，passive solar），以及技術（即主動太陽能，active solar）擷取太陽的能量。其中有些方法其實人類已經使用了好幾個世紀。例如一棟建築可以利用被動太陽能設計，在冷天儘量獲取熱，在暖和的日子裡則將熱阻擋在戶外，同時又能為屋裡的人提供舒適的自然光線。如此建築能充分利用太陽能，而將需要外加來取暖和冷卻的能源和耗電減到最小，使成為具能源效率的建築，進而追求將其它再生能源應用在這棟建築上的目標。

被動太陽加熱、冷卻及日照

如果是利用太陽光來為一棟建築物取暖，通常是不需要用到太陽收集器（solar collector）的。有些建築在設計上，就已經在於讓它成為被動太陽加熱的建築。被動太陽能和日光的建築設計，通常都會用上像是朝南的大型窗戶，以及能先吸收太陽的熱，接著緩慢釋放出來的建材。這類建材可充分用在牆壁和地板上，讓它們在白天充分吸熱，到了晚上則緩慢放出熱，這種過程稱作直接獲取（direct gain）。

如果在設計上能妥善利用自然對流（natural convection）原理，就能以最少的外加能源，達到冬暖夏涼的效果。被動太陽加熱，可以完全不用任何機械方法。而被動太陽設計，也可結合自然通風達到冷卻的目的。其中窗戶，是整個被動太陽能設計的關鍵。具備這類被動太陽加熱的設計通常也都將日照採光（daylighting），一併納入到建築物的設計裡頭。而所謂日照採光，也只不過是充分利用天然陽光來照亮建築內部。

許多人會在整修自家屋子時加裝一間朝南的採光室（sunroom），以充分利用陽光的熱與光。而採光室同時也可用來幫忙為屋裡其它部分通風。位於採光室低處的通風管可將起居室裡的熱空氣引進，然後從採光室頂部的上通風管排出屋外。

許多大型商業建築可利用太陽能收集器，提供熱水及暖氣。其同時可利用太陽能通風系統，在冬季來臨時預熱進入建築的空氣。在夏天，太陽能收集器所收集的熱甚至還可用來冷卻該棟建築。

被動加熱

被動太陽加熱（passive solar heating）一詞，往往有兩種不大一樣的意思。狹義的講，這指的是直接吸收太陽能到建築物當中，好讓用來取暖的能源可以省一點。被動太陽能暖氣系統，一般靠的就是和建築物結合的太陽能收集器，不必用到風扇或幫浦。而廣義來說，這指的是經過整合的低耗能建築設計的整套完整過程。若是應用在寒帶地區，即使是在冬天，只需要相當小的被動太陽能就能達到相當好的取暖效果。如此一來，也就大大降低了對化石燃料的依賴，及所需要耗費的運轉成本（最高可省到 50%）。

在寒帶地區，理想的設計會以朝南的窗戶讓太陽熱進到屋裡，同時藉由隔熱來防寒。但在熱帶或亞熱帶地區，設計的策略便應該是讓光線進到屋內，同時將熱排除在屋外。

最簡單的被動設計，便是在冬季裡，白天讓陽光直接照到屋裡，幫建築物加熱。這太陽的熱，可儲存在水泥、石板等材料當中，接著到了晚上再緩慢釋出熱。

適當的建築座向，應該會讓最長的一道牆，由西到東，讓太陽的熱在冬天儘量進到屋裡，但在夏天卻又儘量減少。若再加上遮陽棚，則可進一步減少夏天的太陽熱，但在冬天卻可讓多一點太陽進到屋裡。在被動太陽設計當中，最佳的窗戶對牆的面積比為 25% 至 35%。

Trombe 牆（Trombe walls）是一被動太陽加熱及通風系統，包括一個夾在一片窗戶和面向太陽的牆壁之間的一道空氣通道。太陽在白天加熱這道空氣，讓它通過通氣管在牆壁的頂部和底部之間形成自然循環，同時將熱儲存在其中。到了晚上，這片 Trombe 牆便將儲存的輻射熱釋放出來。一片 Trombe 牆包含 20 到 40 公分厚、塗覆深色吸熱塗料的磚（石）牆。離磚石牆大約 2 到 15 公分的距離，再蓋上一層或二層玻璃。照在牆上的太陽熱，會相當有效的儲存在玻璃和深色塗料之間的空間。住家利用太陽熱的簡易方法之一，便是採用朝南的窗戶再加上 Trombe 牆。

被動太陽冷卻

許多被動太陽能設計都包括了用來冷卻的自然通風。這靠的是安裝一些可調節的窗戶，再加上位於房子向風側，稱為翼牆（wing walls）的與牆垂直的面板，如此可加速自然微風在屋裡流通。另一種被動太陽冷卻裝置是熱煙囪（thermal chimney）。顧名思義，其狀如煙囪，用來將屋內的熱空氣經由此，藉著自然流通從屋頂排出屋外。

日光照明

日照採光不外利用自然太陽光照亮室內。除了南向窗戶及天窗（skylights），位於接近屋頂尖端的一系列明樓聯窗（clerestory windows），也可幫忙將光線引進北向房間及屋子上層。而開放式的「隔間」，更有機會讓光線照透整間屋子。至於工、商業建築，若能充分利用日光，則不僅可省下不少電費，並可提供優質光線，進而促進生產量與人員健康。從一些研究結果可看出，在學校充分利用日光，甚至可改進學生的成績與出席情形。

日照採光不只可直接節約用在照明系統上的能源，其同時還可減少冷卻負荷的需求。同時，儘管量化不易，但相較於人為造成的光線，自然光線對於生理和心理狀況都有其助益。

提供日照功能的方法，包括建築的座向、開窗方向、外部遮陰、鋸齒狀屋頂（sawtooth roofs）、明樓聯窗、光柵（light shelves）、天窗及採光管（light tubes）等。這些功能雖然都可融入現成的建築結構當中，不過要能和一套將炫光、熱獲取、熱散失及使用時間等因素，一併納入考量的太陽設計（solar design）整合在一起，才最能收效。建築界逐漸認清日照採光是永續設計（sustainable design）上的一項關鍵。

混合日照（hybrid solar lighting, HSL）指的是利用能追蹤太陽的聚焦鏡子，來捕捉陽光的日照系統。這些收集來的日光，再透過光纖傳遞到建築內部，以搭配傳統照明。

日光節約時間(daylight saving time, DST)也可視為太陽能利用方法之一。以美國加州為例，估計 DST 可省下加州總耗電的 0.5%（3400 M Wh），及尖峰用電的 3%（1000 MW）。不過這類估計也有人質疑。例如在 2000 年，部分的澳洲在冬季（平均日照時間較夏季長）末開始實施了 DST，結果整體耗電並未減輕，不過尖峰負荷倒是因而減輕了。

主動太陽能加熱

其實以太陽能供應上述熱的需求，還可以更直接一些。這要靠一些主動太陽技術去獲取太陽光，接著用它來產生熱或是電。主動太陽加熱技術（activesolar heating）可為一棟建築取暖、加熱水，或甚至生產工業製程所需要用到的蒸汽。圖 4.5 所示為太陽加熱器的熱傳遞情形。這類系統最明顯的地方，就是通常裝在屋頂是一片片分開的，用來擷取太陽輻射能的太陽收集器(solar collector)。圖 4.6 所示為太陽加熱系統，圖 4.7 所示為太陽收集器鏡子。這類收集器看起來都相當簡單，加熱溫度也低，通常只用在提供住家或游泳池的熱水。

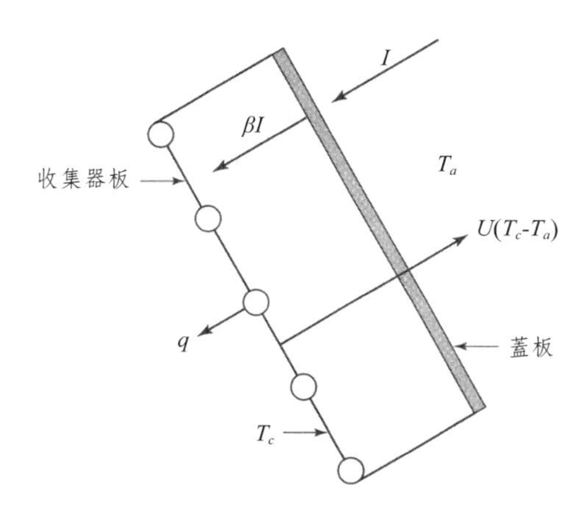

圖 4.5　太陽加熱器熱傳過程

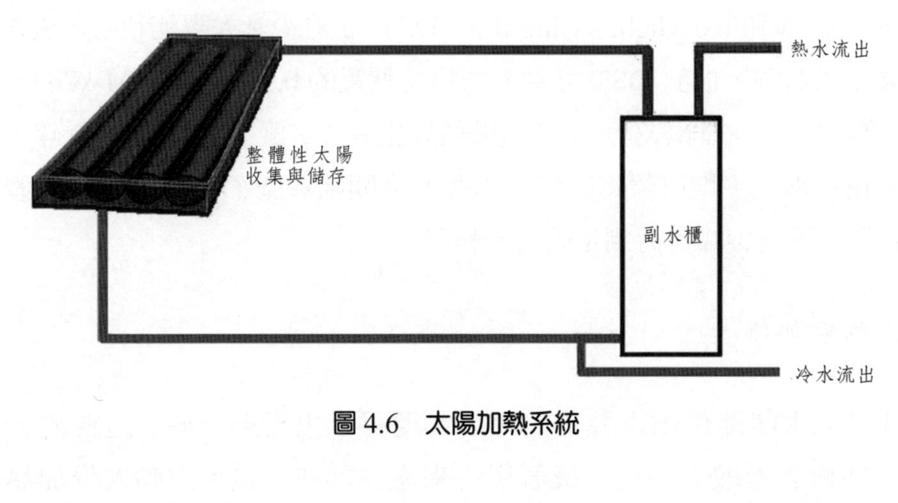

圖 4.6　太陽加熱系統

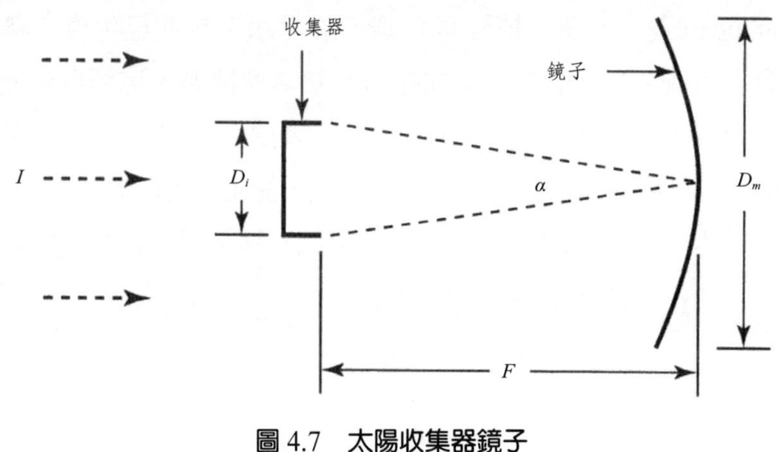

圖 4.7　太陽收集器鏡子

太陽能熱水系統

全球太陽加熱的容量，在 2010 年估計增加了 25 GWth，達到將近 185 GWth。一般提及太陽加熱，首先會讓人聯想到的，多半是裝在屋頂的太陽能熱水器。中國大陸持續寡佔世界的太陽熱水器的市場。歐洲的市場則因經濟衰退而萎縮，但仍居世界第二。中國大陸所裝設的，幾乎全僅用於熱水，在歐洲則有朝向同時供應熱水和暖氣的較大型複合系統的趨勢。他們大多用的是簡單平板收集器，基本型式有二：泵送（pumping）和熱虹吸（thermosyphon），如圖 4.8 所示。圖 4.9 所示，為以色列耶路撒冷裝在屋頂的太陽熱水器。圖 4.10 所示，為正在屋頂進行安裝的熱虹吸照片。

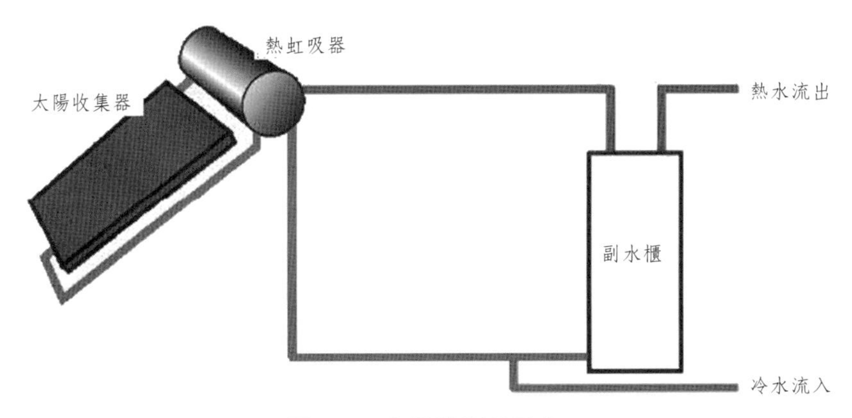

圖 4.8　太陽熱虹吸示意

圖 4.9　以色列耶路撒冷裝在屋頂的太陽熱水器

圖 4.10　屋頂的熱虹吸

夏天我們到水裡游泳，從淺水區游到深水區，會很明顯感覺到水變得蠻冷的，這主要是因淺水區水底太陽可以照得到，也就是可以加熱得到，深水區就不然。另外，也有在夏天打開冷水龍頭，卻因水管在陽光下曝曬，而流出熱水的經驗。這都是一種天然的太陽熱水方式。所以用太陽來加熱建築或游泳池裡所需要用的熱水，應該都不是難事。

太陽熱水系統（solar hot water systems）是利用陽光來將水加熱。這類系統可用來加熱生活用水、供應暖氣或是加熱游泳池等。太陽能熱水系統主要包含三個部分：太陽收集器（太陽熱水器）、儲存水櫃，再加上循環管路。太陽能熱水器可分成三種基本類型：

- 批次系統（batch systems）：主要只是個讓陽光直接加熱的水櫃。這類系統古老但簡單，而水櫃冷得也很快；
- 主動系統（active systems）：利用泵來循環水或是熱傳流體；
- 被動系統（passive systems）：利用自然循環來循環熱傳流體，又稱作熱虹吸系統（thermosiphon systems）。

太陽能熱水器以太陽透過吸收板（absorber plate），來加熱收集器裡的水或是其它傳熱流體。一般這類系統比起傳統熱水系統，可省下大約三分之二的能源需求。一般都是將太陽能熱水器的水管，接到既有的熱水器水管上。當從太陽能熱水器來的水比原來設定的溫度高時，既有的熱水器可不需啟動。而一旦水溫不足時，家裡原有的熱水器隨即啟動接上，補足其間溫度的不足。進一步採用高溫太陽能熱水器，則可提供具高能源效率的熱水，而進一步滿足大型工、商設施所需。

簡單平板收集器（simple flat-plate collector）由薄而平的長方形箱子，加上面向太陽的透明蓋子所組成。在箱子裡有準備加熱的水或類似汽車防凍劑等流體在小管子裡流通。這些小管子貼在漆成黑色，用來吸熱的吸收板上。當箱子熱了起來，便逐漸加熱管子裡的流體。

儲存櫃便是用來儲存這些熱液，同時作為熱水器，所以必須要隔熱良好。

如果整個系統用的熱媒不是水，那便需要在櫃裡設置加熱盤管（heating coil）讓這熱媒流體流通，以加熱儲存櫃裡的水。

如前面所述，太陽能熱水器有兩種基本型式：泵送和熱虹吸，若要嚴格區分，其分別代表了主動和被動熱水系統。前者利用泵將水在太陽收集器與儲存櫃之間輸送；後者依賴的則是重力和冷熱水之間的自然循環。

在熱虹吸太陽能熱水系統當中，有一水櫃置於太陽能收集器上方。當太陽能收集器對水加熱，較輕的熱水順勢上升到水櫃內，而較重的冷水則持續往下補充到收集器當中。

疏放系統

在寒帶地區，為防止收集器內水結冰膨脹導致收集器受損，皆會在收集器內裝設電動閥，當溫度低於冰點時，會自動開啟將裡面的水疏放掉。另一種稱為疏放回系統，則不同於上述系統。其功能在於，當循環泵停止運轉時，隨即自動將收集器內的水疏放掉。

游泳池系統

在太陽能加熱游泳池當中，其以游泳池本身當作儲水櫃儲存熱水，泳池的過濾泵持續將水泵入太陽能收集器，維持循環。

太陽能收集器

平板收集器

如前面所介紹的，最普通的太陽能熱水系統收集器便是平板收集器，通常安裝在屋頂。當熱逐漸在收集器內建立起來，小管內流體隨之受熱，再以管子送進儲水櫃加熱其中的水。

真空管收集器

另一種能有效擷取太陽能的收集器為真空管收集器（evacuated tube collectors），包含成排的平行玻璃管，各管內都有一覆蓋了特殊塗料的收集器。日光進入了玻璃管，透過吸收器加熱其中的流體。由於這些收集器在製造過程當中將玻璃管之間都維持一定的真空，而有助於加熱到極高的溫度（77℃至 177℃），而適用於工商業等大規模用途。

聚集收集器

聚集型收集器（concentrating collector）為一拋物線槽型反射器，能將陽光集中到一個吸收器或接收器上以，供應熱水或蒸汽。這通常應用於工商業用途。

蒸散型太陽收集器

蒸散型太陽收集器（transpired solar collector）是一種由穿孔的向陽（朝南）、覆蓋著一片深色金屬牆壁（如圖 4.11、4.12 所示）組成的主動太陽取暖和通風系統。該牆可作為一個太陽熱收集器，將吸入建築通風系統的外部空氣預先加熱，接著透過收集器上的開孔將此熱空氣吸入建築內部。這類系統成本不高，在商業用途上可達 70% 的效率，大多數都可在 4 到 8 年內回收。實際例子包括：工商建築通風系統的空氣預熱，以及農業上的穀物乾燥等。

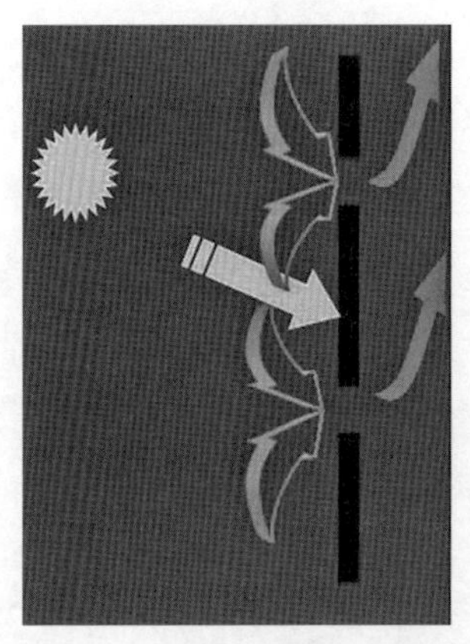

圖 4.11　蒸散收集器原理示意

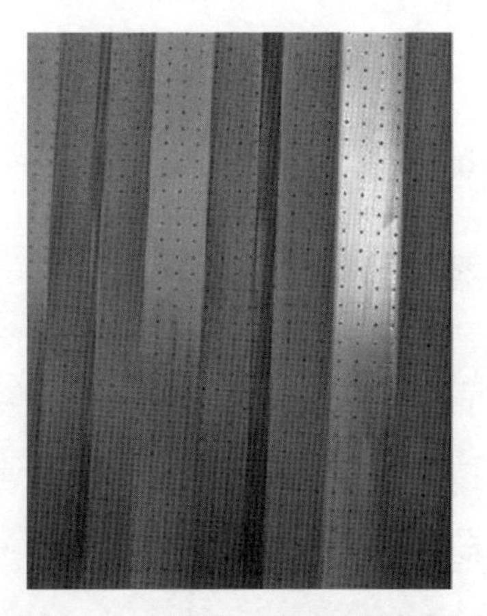

圖 4.12　蒸散收集器實體照片

太陽能熱水與冷暖氣

太陽熱機

太陽熱機（solar thermal engine）是上述主動太陽能加熱的升級版。其利用較為複雜的太陽收集器來產生高溫，足以產生用來驅動渦輪機的蒸汽，進而發電。這類機器樣式很多，只不過全世界 90% 從太陽熱所發的電，都源自於位於美國加州 Mojave 沙漠的單一電廠。

太陽能鍋

在開發中國家，被動太陽能的熱往往是擷取來煮飯的。如圖 4.13 所示的太陽能鍋（solar cookers），幾乎可煮任何一般爐子能煮的食物。其基本構造是一個隔熱的盒子，上方加一個玻璃蓋子，太陽光經過集中後照到盒子裡，留在盒子裡的熱就因此加熱要烹煮的食物。

這類盒子過去用在烹煮、低溫殺菌（pasteurization）及水果裝罐（canning）等方面一直都相當成功。太陽烹煮，對許多開發中國家而言，不僅減輕了當地薪火的需求，同時也可保持生活中健康的呼吸環境，助益相當大。如今，全世界已有很多不同類型，充分融入科學原理的設計。

圖 4.13　太陽能鍋可用來取代生火煮飯

批次加熱器

這類系統也可稱為為批次加熱器（batch heater）與麵包盒（bread box）。其組成包括一個大約 160 公升的經過隔熱處理的櫃子，內部以玻璃作為襯裡，外部則漆上黑色塗料。整個櫃子通常架在屋頂或放在地上太陽照得到的地方，再接上水管將冷水供應到櫃子裡。如此一來，整個櫃子將有如一個太陽收集器，充分擷取太陽的熱將水加熱，供應屋內所需。

聚集式太陽能

太陽熱能可透過熱交換器及一部熱機來發電，或是應用在其它工業製程當中。聚熱式太陽能發電（CSP）技術，為利用鏡子等反射材料，來將太陽能集中。此經過集中的熱能也可接著轉換成電。

圖 4.14　與史德林引擎結合的集中收集器

技術

缽型收集器

太陽能在聚集收集器當中轉換成的熱，足以用來將水轉換成蒸汽（一如火力和核能電廠）以驅動蒸汽機。聚集收集器可能是拋物面缽型收集器（trough collectors）或電力塔（power tower）。拋物面缽型系統利用曲面鏡子，將陽光聚焦在裝滿油或其它流體的吸收管（absorber tube）上。其整個加熱單元，可如同一部太陽追蹤器（sun tractor）一般作動。該熱油或其它媒介流體將水煮沸產生蒸汽，再以此蒸汽「吹」動蒸汽渦輪機（steam turbine），進而帶動發電機發電。自 1985 以來，位於美國加州 Mojave 沙漠的九座發電廠，即以此稱為太陽發電系統（solar electric generating systems, SEGS）的拋物面缽型收集器（圖 4.14），進行全面商業運轉。

電力塔

電力塔系統是利用一大片，稱為向日鏡（heliostats）的太陽追蹤鏡（suntracking mirrors），將陽光聚集照到的動力塔的頂部，加熱其中接收器內的流體。美國早期的一座示範電場，太陽一號（Solar One）所用流體為水，經加熱所產生的蒸汽用來驅動渦輪機來發電。該電場後來進一步改裝成如圖 4.15 所示的太陽二號（Solar Two），流體改用融鹽（molten salt）。其目的在將熱儲存在熱鹽當中，以備在需要時才用來煮水、產汽，進而驅動渦輪機發電。

碟／引擎系統

碟／引擎系統（dish/engine system）利用碟型鏡子來收集並集中太陽熱，到一個接收器上。此接收器在將收到的太陽能傳遞給一部熱機（heat engine），通常為屬於外燃機的史德林引擎（Stirling cycle engine），其將熱轉換成機械能，進而帶動發電機發電。此接收器、熱機及發電機可整合成一體，正對著鏡碟的焦點。另一種做法稱為開放布雷登循環（open Brayton cycle），其將空氣通過接收器內的多孔隙介質，空氣在此受熱膨脹，接著送入另一部燃氣渦輪機，來驅動發電機發電。

圖 4.15　太陽能集中電力塔——太陽二號

直到最近，太陽能史德林（solar Stirling）系統一直保持著將太陽能轉換成電的紀錄（每平方米 - 瓩，達 30%）。雖然這類集中系統藉著太陽追蹤器直接對準太陽，但在陰天情況下卻幾乎不能發電。此一紀錄曾被波音公司 Spectrolab 的所謂集中器太陽電池（solar cell），宣稱轉換效率達 40.7% 所打破。

太陽上抽塔

一個太陽上抽塔（solar updraft tower）也稱作太陽煙囪（solar chimney）（但為了迴避與化石燃料間的污名關係的聯想，有許多人反對使用該名稱），為相對低技術層次的太陽熱電廠。於此，空氣流通過很大的農業玻璃屋（直徑 2 至 8 公里），被太陽加熱，接著引導向上來到一對流塔，接著又自然上升驅動發電的渦輪機。

能源塔

能源塔（energy tower）藉由將水噴向受太陽加熱的塔頂，水因蒸發而冷卻空氣，使其密度升高，造成下抽作用，而得以驅動塔底的風機。其需要的是乾熱氣候及大量的水（可能用上海水）等條件，倒不需用到太陽上抽塔所需要的大型玻璃屋。

太陽能池塘

太陽能池塘（solar pond）為相對低科技、低成本的擷取太陽能措施，只不過是以一池水將太陽能收集並儲存。其原理是在一池塘內加入三層的水（如圖 4.16 所示）：

- 表層水低鹽含量；
- 中間隔熱層有一鹽份梯度，形成一密度梯度，藉著水裡的自然對流，而減少熱交換；
- 底層為一高鹽度層，能達到 90℃的溫度。

由於太陽能池內鹽含量不同，而有不同的密度，同時也可避免形成對流流動，否則會將熱傳到表面及其上方的空氣當中而散失。集中在高鹽份底層的熱，可用來作為建築物取暖、工業製程、發電或其它目的。圖 4.17 所示為位於加拿大維多利亞省的 Pyramid Hill 太陽能池。在圖上可看到池岸有許多管子伸到水池裡。如此一來，淡水可在池底循環讓池內鹽水加熱。在池裡漂浮在水

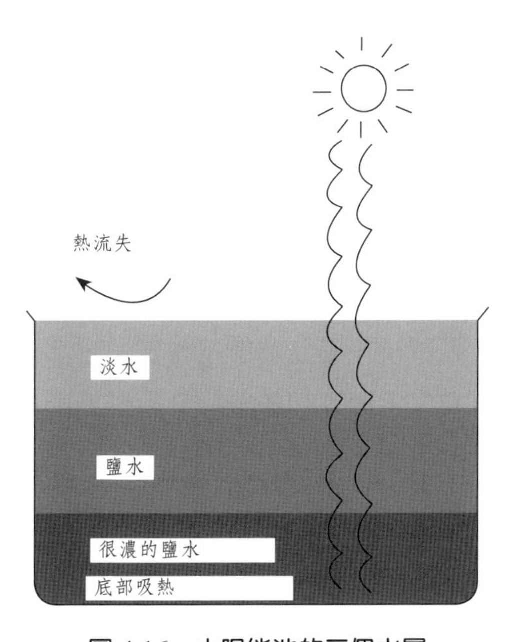

圖 4.16　太陽能池的三個水層

圖 4.17　加拿大維多利亞省的 Pyramid Hill 太陽能池

面的塑膠圓圈，則是用來減輕風所造成的對流效果。

太陽化學

太陽化學（solar chemical）指的是藉著吸收陽光擷取太陽能，以驅動一吸熱性或光電化學的化學反應。迄今除了雛形，並未建立大規模系統。這是以傳統太陽熱收集器，驅動化學分解反應的一項措施。阿摩尼亞在高溫下，藉由催化劑分解為氮和氫永久儲存，接著再重新結合以釋出儲存的熱。

另一種方法是利用聚焦日光，提供分解水所需能量，並在有鋅等金屬催化劑存在的情形下，透過光電析（photoelectrolysis）成為氫和氧。在此領域當中，也有針對半導體及使用過度金屬化合物，特別是鈦、鈮（niobium）及鉭（tantalum）等氧化物的研究。不幸的是，這些材質的效率都很低，因為其需要紫外光線以驅動水的光電析，而目前所用材質，也都需要電壓以從表面產生氫氣和氧氣。最近的研究，主要著眼於能夠利用較低能量的可見光，同樣能讓水進行分解反應的材料的開發。事實上太陽熱能同時也具備了能直接用來驅動需要相當大量熱的化學過程。

相關議題

鏡子技術

聚集器（concentrators）是利用薄薄的塑膠或玻璃的正面或反面，貼上鋁或銀作為反射面。最近的研究，正致力於開發一些像是先進的高分子薄膜（polymer films）等新的反射材質，其生產成本比玻璃便宜。這是將具延展性反射薄膜套在一個環上，另一片膜張開在背後而形成一具部分真空度的空間，如此一來該膜便被迫張開形成球型，而成為一理想的能聚集太陽的形狀。

混合系統

目前有些研究正進行將太陽能與天然氣二種能源在動力塔當中混搭使用的實驗。而也有類似整合太陽與化石燃料，混合用在開發前面所述碟／引擎系統的研究。這些研究的目的，無非要讓系統能不受日照中斷影響，而維持連續運轉。

製造成本

集中式太陽能是當今所有大規模太陽能發電系統當中最便宜，而有可能提供具競爭力電價的一種發電方式。因此，像是美國等有些國家的政府產業界和電力業者都建立了夥伴關係，共同的目標在於致力降低集中太陽能技術的製造成本。

應用

工商建築可以採用和用於住家相同的光伏、被動加熱、日光，以及水加熱等技術。同時這些非住家建築，還可採用一些不適合用在住家的太陽能技術。這些技術包括通風空氣預熱（ventilation air preheating）、太陽加工加熱（solar process heating）及太陽冷卻（solar cooling）等。

太陽通風系統

許多大型建築都需要依賴外加通風來維持室內的空氣品質和溫度。在寒冷的季節裡，加熱空氣會消耗大量能源。而太陽通風系統，便可在此預熱空氣，省能又省錢。這類系統通常採用一套蒸散收集器（transpired collector），其中有一片薄薄的黑色金屬板，架在朝南的牆上來吸收太陽的熱。空氣在板子當中的許多小孔流通，在板後流通的空氣和此加熱的空氣混合而加熱，此經過加熱的空氣隨即從頂部被吸到通風系統當中，供應到室內。

太陽加工加熱

太陽加工加熱系統則是在於提供大量大型建築暖氣所需要的熱水。一般這類系統涵蓋大面積，架在地面的收集器、泵、熱交換器、控制器，以及一個或好幾個儲存櫃。通常這樣一套系統可以供應熱水及暖氣給大型機構，像是學校、辦公大樓、監獄及軍事基地等。

前面所提到的兩種類型的太陽收集器—真空管收集器及拋物面槽收集器，可以在高溫下達到高效率。真空管收集器是一個當中有許多雙層玻璃管，和用來加熱內管當中流體的反射器的淺形箱子。雙層玻璃之間的真空在於維持流體的熱度。拋物面槽收集器則一個長長、矩形、有弧度的鏡子，將太陽光聚焦到位於槽中央的管子，將當中的流體加熱。

太陽收集器所收集來的太陽熱也可用於冷卻建築。比較容易理解的想法是，利用太陽熱作為能源來冷卻建築，就如同冷氣機使用電能，透過冷凍的化學原理，達到將熱從一個空間當中移除，使它涼下來的目的，是一樣的。

太陽能也可與蒸發式冷卻器（evaporative cooler）結合，透過所謂乾燥劑冷卻（desiccant cooling），適用於潮濕氣候下的冷卻。

主動太陽冷卻

從冷凍原理我們知道當水蒸發時，周遭的空氣會跟著冷卻下來。所以，一般適合於熱且乾的氣候的蒸發式冷卻系統，便可藉著太陽技術帶動。而在潮濕氣候地區，同樣的蒸發概念可用在乾燥劑蒸發冷卻系統（desiccant evaporative cooling）來冷卻空氣。只不過，其尚需涵蓋一個用來乾燥進來的空氣的乾燥器轉輪。源自於建築的廢熱、天然氣或太陽能技術，也都能用來對乾燥轉輪進行再生處理。蒸發冷卻是一種無氟氯碳化物（CFC），且具能源效率的商用建築冷卻方法。在吸收太陽冷卻過程當中，其吸收裝置利用天然氣或者是一個大型太陽收集器等熱源，來蒸發冷媒。

RE 小方塊——太陽能交通

以鼓勵開發實用的太陽動力車作為目標的的世界太陽挑戰（World Solar Challenge）大賽，橫越澳洲總計 3021 公里路程。參與這項盛會的有來自全世界工業界與大學的隊伍。在 1987 年頭一次比賽當中，奪標者平均時速為 67 公里，到 2005 年提升到 100km/h 以上。除了車輛以外，包括台灣在內，世界各地不乏努力於將太陽能應用在驅動飛機和船舶（如照片所示）等交通工具的實例。

荷蘭 Nuna 團隊所建造的太陽動力車努那三號（*The Nuna 3*）

Helios 是目前世界上飛的最高的太陽能飛機

第五章
太陽能電池

張開一片片太陽光電板，具供電功能的太陽能「樹」。

以半導體材料（semiconducting materials）做成的光伏（photovoltaic, PV）或稱為太陽能電池，可直接將太陽光轉換成為電。我們日常所用的太陽能手錶、計算機等，靠的便是最簡單的太陽能電池。至於用來照亮屋子、街道或是能與電網聯結的，便需要較複雜的系統。還有就是用在偏遠地區，像是公路旁的緊急電話、遙測、管路的陰極保護（cathodic protection）防蝕系統，以及很少數的一些離網（off grid）住家用電，都已有很好且成熟的太陽能應用實例。而更進一步的例子，就是用來推動人造衛星和太空船的運行。

截至 2011 年底，全世界 PV 的裝置容量達 69 GW。此 PV 容量每年能發出 850 億度電，足以供應二千萬家戶用電。歐洲太陽光電產業公會（European Photovoltaic Industry Association, EPIA）於 2012 年五月出版的「全球太陽光電 2016 年展望」，提出幾個重點：

- 2011 年聯網的 PV 系統，從 2010 年的 16.8 GW 成長到 29.7 GW。如今就全球裝置的各類型再生能源容量而言，PV 居第三位，僅次於水力和風力發電。
- 歐洲仍持續寡占全球 PV 市場。其自 2010 年的 13.4 GW 上升到 2011 年的 21.9 GW；2011 年的新增容量占全球市場的 75%。
- 義大利（9.3 GW）居 2011 年市場之首，德國（7.5 GW）次之，二國合計占全球過去一年當中市場成長的六成。
- 2011 年歐洲以外的市場當中，中國大陸（2.2 GW）居首位，接著是美國（1.9 GW）。
- 2010 年全球新增 PV 容量逾 1 GW 的有三國，2011 年增加至六國，其依序為：義大利、德國、法國、中國、日本、美國。

第一節　PV 資源與利用

PV 資源

地球上整體的 PV 資源可謂相當龐大，如圖 5.1 所示為地球上太陽能資源的分佈情形。地圖上的顏色所顯示的是在 1991 年到 1993 年之間，能夠提供給地面上的平均太陽能。以下是一個簡單實例的計算結果。

假設某 PV 模組的平均效率為 10%，裝設在佔地球表面 0.1% 的面積（大約為 500,000 平方公里，也就是地球上沙漠總面積的 1.3%）上，那麼，這些 PV 所能發出的電力，便足以供應目前全世界所需總電力。當然，實際上還須將一些限制納入考慮，才能算出真正能供應到我們手上的電力。

太陽輻射以每平方米 1,366 瓦（W/m^2）比率到達地球的上大氣層（upper atmosphere）。在這太陽輻射行經大氣層的途中，當中的 6% 會反射掉，16% 會被吸收，結果在赤道的尖峰輻射可達到 1,020 W/m^2。大氣的平均狀況(雲、塵埃、污染物）會將此已經歷阻隔的部分當中的 20% 透過反射，3% 透過吸收，而進一步削減。大氣的狀況不僅減輕了到達地球表面的量，同時也藉由擴散（diffusion）照射進來的光，而影響阻隔部分的品質，並改變其光譜。

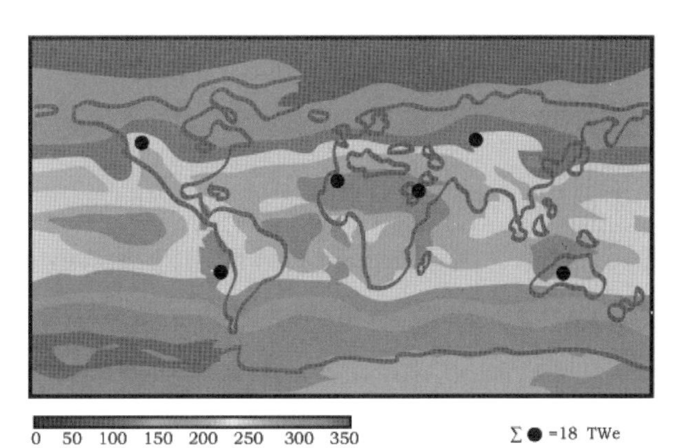

圖 5.1　**地球太陽能資源地圖**

太陽能量在穿過地球的大氣層之後，大部分都成了可見光和紅外光輻射的形式。植物利用太陽能，透過光合作用製造出化學能。人類則在燃燒木材或化石燃料時，或者是食用植物時，利用了這能量。

國際能源總署（International Energy Agency, IEA）於 2002 年將大多數歐洲國家、日本、澳洲、美國及加拿大等 14 國，納入一項相當詳盡的研究當中，結論指出，將 PV 整合到既存的電網當中，所能貢獻到國家發電的潛在比率，可以從 15%（日本）到 60%（美國）不等。在 IEA 的計算當中，任何有裝設問題的表面及任何因為座向、傾斜、陰影等前面所述不利因素，以致輸出低於其最佳系統 80% 的情況，都一概加以剔除。

目前，光伏板一般可轉換 15% 的入射陽光成為電。因此，以美國為例，一塊太陽能板平均能傳遞 19 至 56 W/m^2，或相當於每天 0.45 至 1.35 kWh/m^2 能量。

最近有人關心起全球黯淡無光（global dimming）的問題，這指的是因為污染物的影響，造成到達地球表面的陽光減少了。這問題牽連到懸浮微粒污染和全球暖化、氣候變遷等問題，但也同時因為其存在可能導致未來所能提供的太陽能減損而引發關切。太陽能減少的量，以 1961 年至 1990 年這段時間來看，能提供的太陽能的量少了大約 4%，大部分是由於從雲反射回外太空的部分增加了。

太陽能電池的應用

光伏電池是利用太陽能撞擊材料當中的電子，使其脫離原子，在材料當中流通，以產生電。如圖 5.2 所示，一般太陽能電池大約每 40 個電池（cells）組成模組（PV modules）；大約每 10 個模組結合成邊長好幾公尺的光伏陣列（PV arrays）。這些平板 PV 陣列，可以固定的角度朝南架設，或者也可架在一個太陽追蹤裝置上，使一天當中所捕捉到的陽光達到最大。一般家庭用電大約 10 至 20 個 PV 陣列可滿足，至於大型工廠等產業設施，則可能須用到上百個

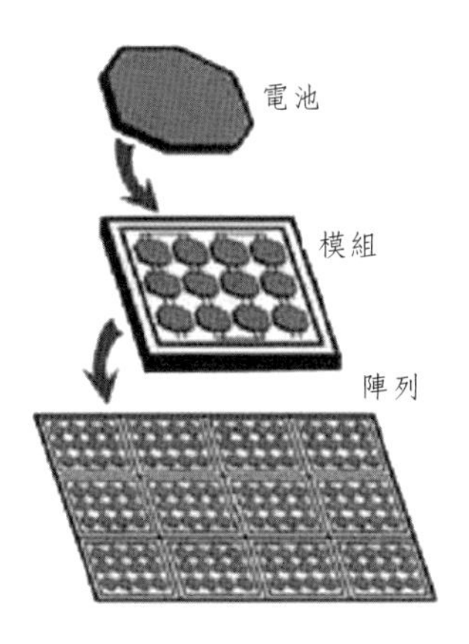

圖 5.2　從電池組成模組，再結合成光伏陣列

陣列，聯接在一起成為一個大型 PV 系統（PV system），若再擴而大之，則可成為一座電場。

這裡所稱的電池並不同於一般所認識的「電池」（battery），其為薄薄（約 0.3mm）的一片「矽晶片」，有如比名片還薄的玻璃片。商品化的太陽能電池（或太陽能晶片）可分為：單結晶矽太陽能電池（single crystal）、多結晶矽太陽能電池（polycrystal）、及非結晶矽太陽能電池（amorphous）三類。

目前以單晶矽和非晶矽為主的光電板，在製造技術上屬最成熟，擁有最大的市場佔有率。主要原因在於單晶效率最高，非晶價廉、無需封裝、生產最快。相對的，多晶的切割及下游再加工就較不那麼容易。最近十多年，薄膜光電池（thin film PV）如硒化銅銦鎵（$CuIn(Ga)Se_2$）、碲化鎘（CdTe）、多晶矽（pc-Si）和非晶矽（a-Si）的發展迅速，光電轉換效率也快速提高。

太陽光伏技術是利用某些特定材料的電氣特性，將太陽能轉換成為電。由於在環保上所顯現的效益，以及規模與可用性的快速成長，其在最近一、二十年逐漸受到世人矚目。作為一種多元可擴充且獨立的電力來源，光伏可應用於相當廣泛的技術、建築及系統等任何需要能源的地方。以下先看幾個當今光伏應用實例。

消費性產品

一些採用光伏技術的產品，像是掌上型計算機和手錶等，在市面上已有相當一段時間。通常在其頂端都有一條太陽能電池條，只要有太陽光或燈光即可驅動。

全世界太陽能電池產量在2003年一年當中成長了32%。在2000年和2004年之間，全世界太陽能容量每年成長60%。接下來雖仍將持續成長，但自2004年末期以來，全世界出現提煉好的矽的原料缺料的情況，暫時阻礙了成長。

住戶和商業建築

當今歐美國家光伏的最大市場，當屬在住家架設太陽能板了。這主要應該是因為其可以很實際的依照屋子的外觀需求及電力負荷，裝設任何尺寸的太陽能板，來為該住戶供電。另外在一些辦公大樓、博物館、社區活動中心、購物中心及工業區建築的屋頂，也都很容易看到較大規模的太陽能電池裝置。事實上，大型建築採用太陽能電池，所能獲致的效益往往更高。除此之外，某些特殊商業建築，像是醫院、實驗室及高科技廠房等，通常都需要裝設可靠的備用電力，以防萬一斷電。而光伏電池便是在現場提供緊急電力的可行選擇。

當然，大型建築若採用光伏電池供電，其大氣排放及所需要的空氣污染防制、溫室氣體減量等負擔，也都可因此減輕。

偏遠地區

近年來光伏電池市場的發展，對於許多人們用電的機會和形態，起了很大的改變。這主要指的還是世界上很多原本與電網無緣的地方。光伏電池提供給這些地方，可以用較低的成本，來擴充電網的一項選擇。這類實例還包括偏遠地區的通訊站、鐵公路信號等的電力需求。

太空與海洋應用

最早的光伏電池市場，是 1950 和 1960 年代的太空工業。迄今，幾乎所有人造衛星上所用的用來產生動力或推動人造衛星的太陽陣列，都一直表現得很好。大多數人造衛星和太空船所配備的，都是矽晶或高效週期表上第三、四族元素（Group III-IV）電池，但近來人造衛星已開始使用薄膜非結晶太陽能板（amorphous-silicon-based solar panels）。圖 5.3 和圖 5.4 所示分別為 PV 應用在太空梭與太空船上的情形。圖 5.5 所示為太陽帆船，圖 5.6 所示則為應用於海域平台的 PV 陣列。

圖 5.3　PV 應用在太空梭

圖 5.4　PV 應用於太空船上的情形

圖 5.5　太陽帆船

圖 5.6　海域平台上的 PV 陣列

第二節　光伏背後的科學

從光到電

圖 5.7 所示為從太陽光到電的情形。圖 5.8 所示為一片太陽能電池的發電原理。一如本章在一開始所提，光伏靠的是某些特定，稱為半導體材料的電氣特性。這些材料能將陽光轉換成為電，用得最多的便是矽。矽本身對電流的阻抗很大，但經過摻雜（doping）或和很少量的其它材料結合之後，矽的性質便PV 陣列大大改變，變得可接受正電荷或者是負電荷。

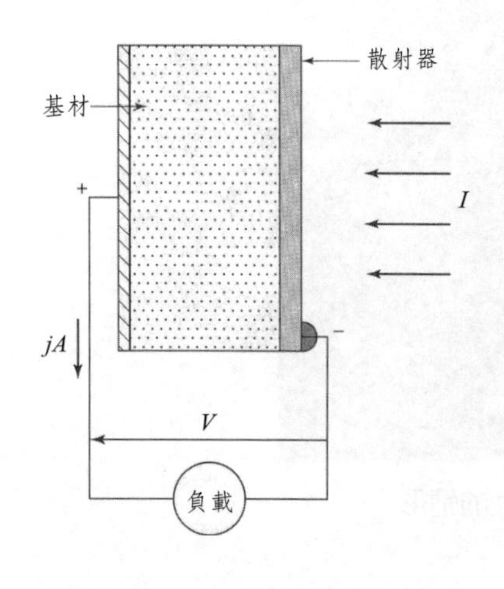

圖 5.7　太陽發電電路示意

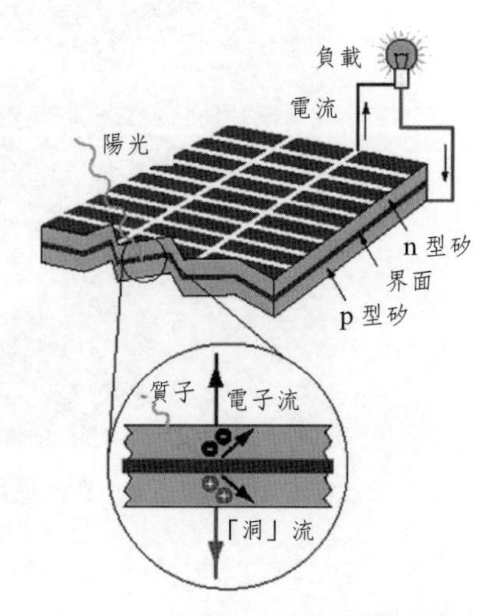

圖 5.8　太陽能電池的發電原理

若將一層帶正電的矽放在另一層帶了負電的矽上面，便形成的一個可讓電荷流通的電場（electrical field）。若再將此矽層和導電的金屬相接，這些電荷便可集中形成電流，而可進一步供應給用電的裝置。

接著我們就以矽為例，來看看半導體材料的一些基本性質，以及這些材料在光伏系統當中如何產生電。

圖 5.9 所示為將光子能量轉換成電的材料。半導體材料的關鍵性質，取決於原子（atom）的階層。我們已知，原子由質子（protons）、中子（neutrons）和電子（electrons）三種粒子所組成。同時我們知道，帶正電的質子和不帶電的中子構成了原子核（nucleus）。至於帶了負電的電子，在一不同階層的殼（shells）當中圍繞在原子核的周圍。不同的原子，便取決於其特殊的質子、中子和電子的數目。而其中又以電子，因其視原子種類而決定出特定帶電情形，而讓我們特別關切。

半導體的原子特性之所以有別於其它材料，便在於該原子最外層殼當中的電子數。所有原子的一個共同點在於在其每層殼當中，都需要一定數目的電子來維持其穩定。電子先從最內層殼開始填滿，最後剩下的便留在最外層殼上。原子的最外層殼，若有比實際需要多出或不足的電子，便會向其它原子去交換或者共用電子。

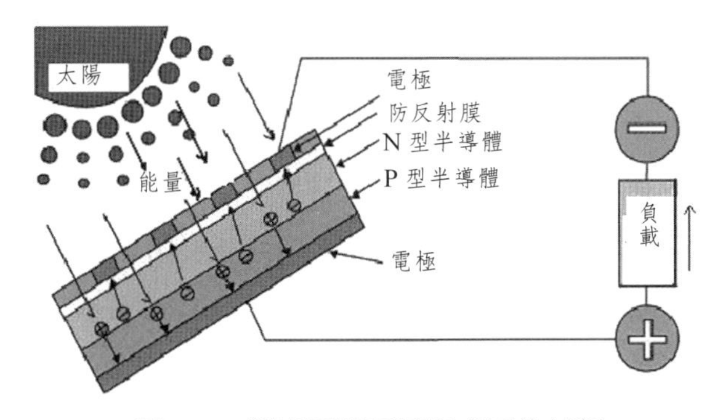

圖 5.9　將光子能量轉換成電的材料

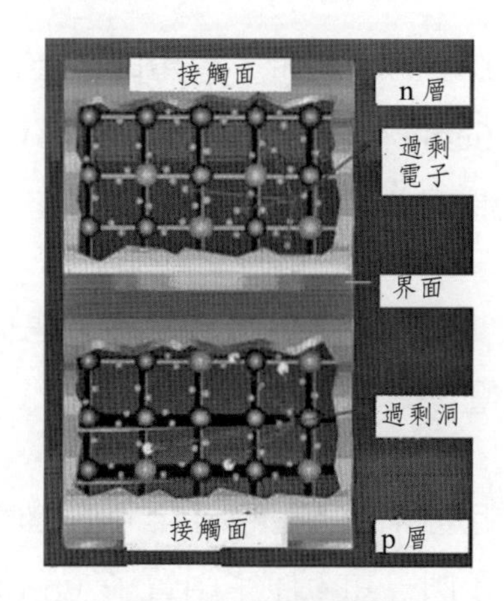

圖 5.10　矽晶結構

依照定義，一個矽原子有三層電子殼。為了讓這些殼能夠穩定，其第一層殼有兩個電子，第二層有八個電子。但最外層殼則僅有四個電子。因此，按照之前所講的，為了追求完全穩定，一個矽原子要不是一直想要另外獲取四個電子來填滿最外層殼，便是想去除掉原來在最外層殼的那四個電子。而既然每個矽原子都有這種需求，矽原子和矽原子也就很容易彼此結合，形成晶體結構（crystalline structure）。在此結構當中，各個矽原子彼此結合，既接受也共享著電子。結果每個矽原子的最外層殼也就都有了八個電子，而形成所有半導體材料所需具備的晶體構造（如圖 5.10 所示）。

改變材料以形成導電性

本來矽晶的結構便相當穩定，使之既不需要增加亦不需去除電子。但如此缺乏自由電子，也使其本身導電性很差，因而需要在此矽晶上做些修改，才能成為完美的半導體。這便要靠引進某種原子多出或是缺少一個電子的其它元素。當矽晶透過稱作摻雜的過程引進這些材料，該晶體便可接受一個正或負的電荷了。可接受帶正電的晶體稱作 p 型矽（p-type silicon），接受帶負電的矽便稱作 n 型矽（n-type silicon）。

形成電場

n 型和 p 型矽材料二者一旦形成，可擺在一起成為一個二極體（diode），或者是在二材料相接處形成一個電場。電子在其中僅能朝一個方向流通，亦即在該材料當中，僅有一個方向的電流。這點很重要。在帶正電的 p 型矽和帶負電的 n 型矽接觸的地方，兩端的電子和間隙開始相互作用。n 型矽當中多餘的電子被帶正電的 p 型矽吸引而移向它，而有些越過去的，則在 p 型矽表面形成帶負電。同樣的，在 p 型矽當中的間隙被吸引，往 n 型矽移動；有些越過的，便在 n 型矽的表面形成帶正電。

如此形成了電子在二材料之間的流通。電子可以因為受到 n 型矽表面正電的吸引，而從 p 型矽流入 n 型矽。但如果這些電子試圖反向，從 n 型矽流向 p 型矽，便會被 p 型矽表面的負電，斥回到 n 型矽裡頭。

光伏板（PV panel）當中的中心元素太陽能電池，便是靠此 n 型矽和 p 型矽配對而形成的。接著我們可以來看看，究竟當太陽能以光子的形態撞擊這電池時，會發生甚麼事？

太陽能先形成帶電荷

陽光以光子的形態，攜帶著很微小量的太陽能。當光子撞擊上光伏板時，其穿透過 n 型矽層，未遇上阻礙，再撞上 p 型矽層當中的原子。太陽光子的力道，足以將二極體附近原子當中的電子，從其鍵當中撞出。這些想找個地方去的電子，剛好受到 n 型矽層表面正電的吸引，開始穿越進入到此矽層當中。如此從一個原子移到另一原子的電子，便形成了帶電荷的電場。

將帶電變成電流

這些電子一旦越過來到 n 型矽，又還是無處可去。它們既不能越回到 p 型矽，也無法和在 n 型矽層當中的原子形成任何鍵。因為當中的電子，已經比它所需要的要來得多了。這時便可用上另一個光伏板。在所有的光伏當中，都會用上一條金屬導體條，來將在上述過程當中釋出的自由電子收集，並進一步集中。在電子往上越過 n 型矽層的過程當中，它們會被許多導體條當中的一條吸引，而電流也就因為電子的集中，而形成了。

然而，如果這些電子持續從 p 型矽層流入 n 型矽層和金屬導體條當中，很快的，電子也就不夠用來維持這個過程的進行。這時需要的是，將電子透過另一導體條或導體片，饋回到 p 型矽層當中。

因此，藉由將二導體條接上電流，便可形成一個同時進行使用和補充電子的循環。而我們可將此電流儲存在蓄電池當中，或接上電燈等任何用電的電負載，而好好利用這由光伏板所產生的電了。當然，實際上要讓這電供應到某個電負載上，還得加上許多步驟。但前面至少已經告訴了我們，光伏電流背後的一些基本概念。

效率受到的限制

儘管所有半導體材料都能和陽光當中的能量起作用，至於各材料所能用上的太陽能的多寡，便有所限制了。各半導體材料分別在一定波長範圍內與太陽光波作用，有的範圍大、有的小。不同的 PV 材料各有其不同的能量波段間隙（energy band gap）。與此波段間隙能量相等的光子會被吸收，以產生自由電子；至於能量比此波段間隙能量小的光子，則僅會穿透過該材料。各材料分別以其波段間隙或轉換效率（conversion efficiency）來代表此範圍，其由材料所產生的電量，除以打擊到該材料上的太陽能的量，計算得。圖 5.11 所示為其發電曲線。

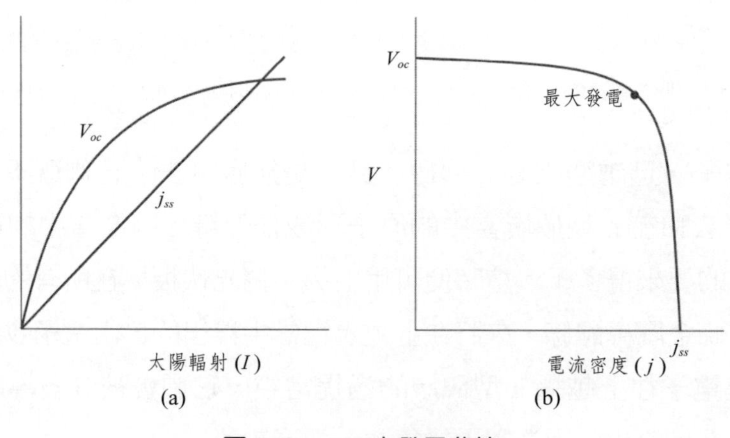

圖 5.11　PV 之發電曲線

光伏材料的波段間隙低，表示其可和波長範圍較廣的光譜起作用，而波段間隙高，則表示該材料僅能和較為有限的波長光譜作用。換言之，低轉換效率也就等於是高波段間隙，而高轉換效率所指亦即低波段間隙。

儘管算起來，低波段間隙材料與高轉換效率，可以從打到它身上的陽光當中利用到較多的能量，但材料如果波段間隙太低，卻又比較難以將其電荷轉換成為可用的電。同時，高波段間隙材料又無法和足夠的陽光作用。基於前述限制，波段間隙介於 1.1 電子伏特（eV）和 1.8eV 之間的材料，是在光伏上用的最多的，而 1.4eV 則屬理想波段間隙。

當打到光伏板的波長落在可用波長範圍以外時，這些光波當中有些光子，會在其到達半導體材料之前，就被光伏板上某些部分反射掉。至於到達的，則可能穿越其中，而未將電子逐出（dislodging），被帶正電的原子所吸收，而未對其造成干擾，或者是將電子從一個原子彈出，而被另一原子所吸收。

既然我們的目的在於儘可能從光伏系統獲得電，選擇所要安裝的光伏板的關鍵考量，便在於波段間隙和轉換效率。而目前太陽能技術最待克服的，也就是光伏板效率上的限制。一旦在這上面獲得突破，其經濟性也將跟著大幅提升。

從電池到板再到陣列

誠如前面有關 PV 背後的科學當中所述，一個光伏電池的形成，靠的是帶正電（p 型）矽層和帶負電（n 型）矽層相疊形成一個二極體，再將此二極體透過金屬導體將此三明治的頂端和底端相連形成電路。而一個實際的 PV 電池，還需要一種能抵抗反射的塗料，好讓更多陽光進到此矽三明治裡頭：

- 該二半導體材料所形成的三明治：光伏電池，大多為 n 型和 p 型矽。此電池對太陽能形成反應，而產生電能，
- 金屬導體條沿著頂端的 n 型矽層，捕捉到當能源打擊到電池時跑出的電並將其集中，成為電流。另一疊在底部 p 型矽層的金屬板，和回去的電流相

連，將電子饋回到電池內，

- 一片抵抗反射的薄片或塗料疊，直接貼在該矽三明治上。該薄片或塗料在於減少從玻璃反射開的陽光，讓更多陽光打到電池上，以增加太陽能板的效率，
- 儘管光伏電池是一光伏系統的中心元素，而我們實際用來讓一個或一組光伏電池好用的，還是光伏板。而此板一旦形成，其便可單獨或以一整組的板來帶動各種不同的電負載。

雖然不同類型的光伏結構各異，其通常都包括以下元素：

- 單獨的電池或整組的電池為光伏板的核心，
- 一片蓋在光伏電池上的玻璃，在於保護同時也讓陽光穿過，以到達電池，
- 一層抵抗反射的塑膠片，一方面在強化玻璃蓋板，同時在阻擋反射，
- 一片襯板（一般為塑膠）與外框，以形成整個光伏板，
- 安裝過程當中，要將這些片疊好，並小心保護以免受損。最後，當許多片板子連在一起，形成較大電路時，便成了光伏陣列。

第三節　技術類型

太陽能電池技術可從幾方面來分類，當今最普遍的技術便屬晶體 PV（crystalline PV），薄膜光伏電池（thin film PV）則緊跟在後。

太陽能電池在製作技術上的議題也很多。例如半導體材料往往會摻雜進一些如硼、磷等雜質，而使得其所反應光的頻率減弱。而在處理方式方面，會包括材料表面與氫作用（surface passivation），以及應用抗反射塗佈（antireflection coatings）。此外，將整個 PV 模組進行包覆（encapsulation）在一保護殼當中，也成為製程當中一種重要的步驟。

矽晶

矽晶（crystalline silicon, c-Si）為光伏電池商用材料之首要。其有多種應用類型：單矽晶（single-crystalline or monocrystalline silicon）、多矽晶（multicrystalline or polycrystalline silicon）、帶（ribbon）與片（sheet）矽及薄層矽（thin-layer silicon）。圖 5.12 所示為夾在玻璃板當中，每一個電池單元 66W 的單晶 PV 板。

生產矽經常用到的技術包括：柴氏長晶法（Czochralski,CZ method）、浮區法（float-zone, FZ method）及其它像是精密壓鑄（casting and die）或拉線（wire pulling）等方法。從矽當中去除不純物與不良品甚為重要，靠的是例如將表面與氫作用及讓不純物從矽當中擴散出來的化學熱處理（gettering）等方法。同時隨著該工業的成長，太陽能級矽料源（solar-grade silicon feedstock）的可獲取性和純度皆成為重要議題。

儘管自 1954 年以來，矽晶太陽能電池即已存在，迄今新的發明仍不斷開發出來，這包括：發射器包覆（emitter wrap-through, EWT）電池和自動對齊選擇發射器（the self-aligned selective-emitter, SASE）電池。

雖然最新的單晶矽 PV 效率已相當高，只不過由於其製造過程慢需要技術精良的作業員，同時又是勞力與能源密集，因而相當昂貴。另一個貴的理由是

圖 5.12　單晶 PV 板

大多數高效率電池，都須用極純的電子等級（electronic grade）的矽來製造。不過，PV 電池可以用較不純、較便宜的太陽能級的矽來製作，轉換效率僅略有減損。

在過去近二十年當中，一直有一些研發，試圖降低晶體 PV 電池及模組的價格，或是提升其效率。這包括採用多晶而不用單晶材料，將矽作成帶狀或片狀，或者是採用其它，例如砷化鎵（gallium arsenide）等晶體 PV 材料。

多晶矽

多晶矽主要由小單晶矽所組成。太陽能電池矽晶圓（wafers）可從好幾種不同的方法從多晶矽製作成。多晶太陽電能池雖然製作較單晶的簡單且便宜，電效率卻較低。但經過製程上的改進，讓光線可深深穿透到每個顆粒當中，其效率可大大提高。諸如此類的改進，已可讓商業化多晶 PV 模組效率超過 14%。

矽帶與矽片

矽帶與矽片（silicon ribbons and sheets）這種作法，會從矽鎔融（silicon melt）當中抽出將多晶矽製作成帶或片。

砷化鎵

晶體材料當中不是只有矽才適用於 PV。另一材料為所謂化合物半導體（compound semiconductor）的砷化鎵（GaAs）。GaAs 的晶體結構與矽的類似，只是它是由鎵和砷原子交替組成。照原理上來說，這應該是很適合應用在 PV 上的，因為它有很高的光吸收係數，所以所需要用的也就是薄薄的一片。

不過，GaAs 作成的電池比起矽電池要貴得多，一方面是因為製程還未充分開發，另一方面則是因為鎵和砷都是蠻稀有的材料。因此 GaAs 多半用在像是太空科技等，要求高效率而又不會嫌貴的用途上。而很多在太陽能車大賽當中獲勝的車子採用的也是 GaAs。

薄膜 PV

薄膜光伏電池採用一層層僅數微米（μm）厚的半導體材料，貼在一些不貴的像是玻璃、彈性塑膠或不銹鋼等材料上。用於薄膜的半導體材料包括：非晶體矽、硒化銅銦（copper indium diselenide, CIS）及碲化鎘。非晶體矽沒有晶體結構，曝露在光下會因 Staebler-Wronski 效應，而逐漸減損。表面與氫作用有助於降低此效應。由於薄膜所需要的半導體材料量，遠低於傳統光伏電池所需要的，薄膜的製造成本也因此遠低於矽晶太陽能電池的。

2012 年的 PV 材料仍以矽晶為主流（約佔 86%）。雖然薄膜模組的轉換效率已達 14%，但以其目前的價格，仍無法和 c-Si 技術的競爭。薄膜模組容量於 2011 有顯著提升。隨著各類型銅銦鎵硒（copper indium gallium diselenide, CIGS）生產能力的改進，其可望很快出現突破，當然理論上此尚賴更具吸引力的成本效益。

第三至五族技術

第三至五族技術（Group III-V Technologies），用的是週期表當中第三至第五族元素，無論是在正常陽光或經過集中的陽光下所呈現的轉換效率皆極高。這類當中的單晶電池通常都是以砷化鎵做的。砷化鎵可以與碘、磷、鋁等元素做成合金，可進一步做成對不同能量的陽光皆可作出反應的半導體。

其它最新 PV 技術

其它最新 PV 技術包括像是矽球（silicon spheres）、光電化學電池（photoelectrochemical cells）、第三代 PV 電池（"third generation" PV cells）及高效率多介面裝置等。

其中高效率多介面裝置堆（high-efficiency multijunction devices stack）將太陽能電池一個堆在一個上面，以將擷取和轉換的太陽能最大化。最頂的一層可擷取到具最高能量的光，然後將剩餘的傳遞到下層來吸收。這領域很多用的是砷化鎵及其合金，也有用 a-Si、CIS 及磷化銦鎵（gallium indium phosphide, GaInP）的。雖然已製造出雙界面電池（two-junction cells），大部分研究都著眼於三介面（thyristor）及四介面裝置等，使用例如 Ge 等材料，以擷取最低階的最低能的陽光。

第四節　讓光伏發揮功效

要讓一套完整的光伏系統能很有效率的發出電，並傳輸到最終使用者手上，進而發揮最大功效，還需取決於好幾個考慮因子和銜接技術（intermediately technologies）。這些要素包括：

- 能讓陣列獲致最佳的朝向陽光的架設結構，以及
- 同時能處理所發出的電，和用各種方式聯結到一個或不只一個，最終使用者手上的技術。

在光伏工業界，這些要素稱作系統的平衡（balance of system）元件，主要因為它們的角色在於為光伏板和其現場的最終用途之間進行搭配。接著我們先從兩方面來考慮光伏的安裝。

能獲致最大效率的陣列安裝

在一建築物上安裝一光伏陣列的最主要的一項考量，不外在所預備架設該系統的地方，究竟能提供多少太陽能。本來太陽的能量當中，就不是全部都可有效發出電來，更何況實際上，PV 電池的材料還會將泰半太陽能吸收或反射掉。因此，一般商業用太陽電池的效率約為 15%，也就是說打到電池上的陽光大約也只有六分之一能夠發出電來。既然效率如此之低，就只好用上大一些的電池陣列，成本也就隨著升高。所以提升太陽電池的效率，便成了 PV 業界的重大目標。圖 5.13 所示為 PV 的成本趨勢。

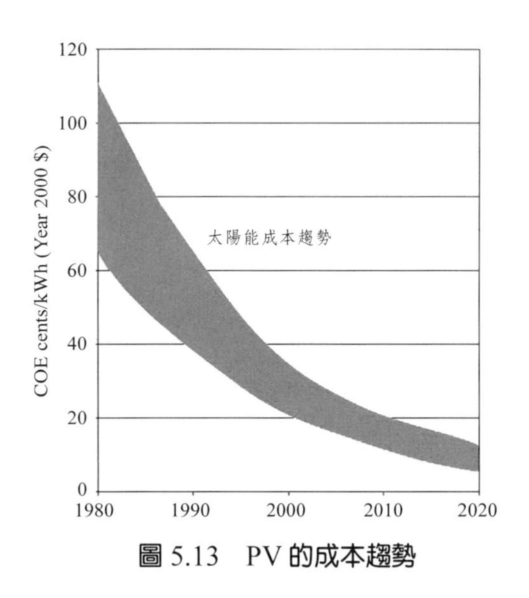

圖 5.13　PV 的成本趨勢

由於太陽電池在各板內互相連接，而同時板與板間亦彼此相連，所以當有任何樹蔭或其它建築的陰影，落在任何一個電池或一片板子上，都會大大降低整個系統的效率。這也是為什麼我們所看到的大多數太陽能陣列都是安裝在屋頂上。因為只有如此，一整天下來的太陽能才不致受到任何阻擋。

安裝 PV 的第二考量便是架設陣列的角度。首先要提醒的是，在一整天當中或在全世界各個不同地方，太陽能並不是以相同角度抵達的。位於北半球，夏日陽光幾乎是在頭頂上。不過，當到了冬天，太陽就斜掉了，太陽變得朝向南邊以較低空的路徑照過來，以致太陽僅能以一較小的銳角抵達地球表面。

儘管太陽的角度整年都在改變，還好我們對電的需求變動倒不大。為了讓太陽能角度涵蓋的廣些，一般在架設光伏系統時，都會採取一個同時能適應夏季「高懸」的太陽和冬季「低垂」太陽，好讓一整年下來能維持最大效率的角度。

有一個值得遵守的基本準則是，在某特定位置裝設光伏板，只要採取架設傾斜角度等於所在地緯度，也就可獲致最能配合太陽角度的效果。比如說，在北緯 25 度的台北某處架設光伏系統，以從南向傾斜個 25 度最為理想。

儘管一套光伏系統，就算沒有直接朝向太陽能的路徑也同樣能維持運轉，然越是接近該路徑，其運轉起來也就越有效率。當然，這個效率也有可能因為額外增加的某些特殊架設結構的成本，而很容易給抵消掉了。

架設結構

平架

平架（flat mounting）是最簡單的一種在屋頂安裝光伏的方式。在此情形下，光伏板只是很簡單的排成陣列，並以直接銜接或加重的構造，讓整個系統經得起強風，即可。

雖然效率上會有所損失，這類系統還是相當有效，對於商業或辦公建築，想以最小的成本安裝大型陣列的情形，此法不失為具吸引力的一項選擇。

架子結構

如圖 5.14 所示架子（rack）架設系統可讓陣列角度更容易控制。此系統是以一簡單的金屬架子，將陣列支撐成以所要的角度朝向南邊。此類架子系統，最適於用在平的屋頂或地面上。但若是在斜的屋頂上，就算只不過是些微傾斜，都可讓安裝工作變得很困難。

圖 5.14　架設太陽光電板的架設系統

柱架

柱子架設（pole mounting）與架子架設的情形類似，唯一的差別是，前者僅僅在地上以單根柱子支撐光伏陣列。這類系統最常用於偏遠位置，或者是最佳日照偏偏不能在建築物旁邊的情形。如本書第五章章名頁所示為一以單柱架設成樹形的 PV 陣列。

追蹤結構

顧名思義，追蹤結構（tracking structures）會經年累月的持續追蹤太陽的角度。追蹤結構有兩種類型：單軸與雙軸（one-axis & two-axis）。單軸的仍須以 42 度角朝南架設，可由東至西追蹤天空中的太陽。雙軸追蹤器則除了追蹤太陽每天的行徑外，也會追蹤其在一年當中行徑的變化。

這些系統固然在隨著角度改變情形下，要能最有效的捕捉直射陽光，仍需要一些比起一般架設結構更為昂貴，且需要經常維護的元件。其通常也就較適合用在須完全依賴直射陽光才能作動的，像是光伏聚集系統（PV concentrator systems）等技術上了。

從陣列到一負載間的連接

圖 5.15 所示為典型從光伏系統到負載的連接情形。由於光伏技術靠的是陽光，其所產生的能量，也就隨著能夠供應的太陽能量而改變。為能確保在需要時，光伏系統都能供電，便少不了可以暫存電力以備不時之需，或者是聯接到有像是當地電力公司等替代電力來源建築的一些額外裝置。

如果光伏系統的電力形式與所聯接建築的不同，情況就變得複雜了。光伏電力系統的電是直流電（DC），而一般建築則都依賴交流電（AC）。所以為了讓光伏電力可用起見，便須將直流電轉換成交流電，並須依不同聯接建築的情況加以調整。

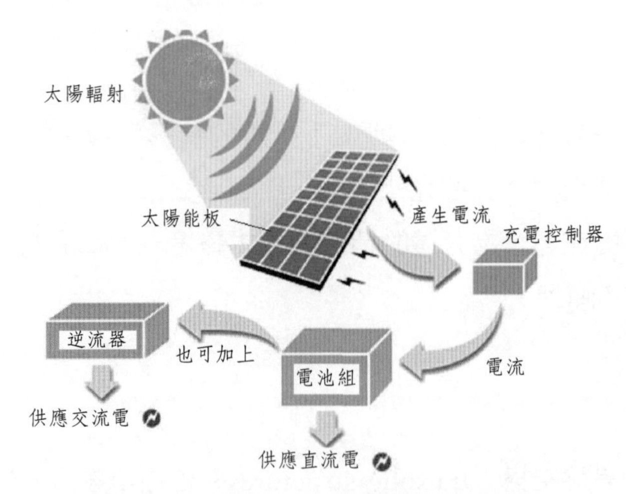

圖 5.15　從光伏系統到負載的連接情形

調整光伏系統與其負載之間關係的方法有好幾種。最單純的便是直接聯接，也就是直接以直流電聯到負載。這類系統很適合用在像是打水的泵和通風風扇等小型日間用途。但也由於前述一些複雜的實際狀況，大多數應用都還需加上一些額外裝置。

與電力公司聯接的系統

愈來愈多，而也正是最符合實際的光伏使用情況，是聯接到原本就由當地電力公司供電的建築。在如此安排下的建築，其一部分數量的電力由光伏系統供應，剩下的則來自電力公司。這類安排又稱作聯網（grid-connected）或是電力公司互動（utility-interactive）系統。

在夜間，當光伏系統暫停運轉，電全來自電力公司。到了白天，尤其是剛過中午，光伏系統可滿足大部分甚至全部的電力需求。在此情形下，有些多餘的電還可饋回到電力公司，從中在該建築的電費帳單當中獲取績效點數（credits），最後還從所產生的額外電力當中賺錢。在有些地方已經實施的這種措施稱作淨電表（net metering）。

聯接到電力公司系統並不需要用到很多額外的零件，不過從 DC 轉成 AC 的裝置卻是不可或缺的。此裝置稱為逆流轉換器（inverter），其從光伏系統接收 DC 電流，接著在饋入配電盤（distribution panel）時轉換成 AC 電流。此配電盤將來自光伏的電和來自電力公司的電結合，再配送到負載。如果是採用淨電表的情況，在系統中還須接上一個特殊的電表。

電瓶儲存系統

在沒有與電力公司聯接的情況下，可利用蓄電池儲存系統。在此安排下，所有光伏系統所發出的電都饋入一個電瓶，接著如果要用，就由此傳輸出去，若不用則儲存在其中。當然，太陽下山以後，該系統可在晚上將白天儲存妥當的電釋出，持續滿足用戶的需求。

電瓶系統還需要一個稱作充電調整器（charge controller）的元件，來調整來自光伏陣列的電的品質，再存到電瓶當中。這個充電調整器，可同時用來將電傳送到電瓶及另一分開的 DC 用電負載。

混合系統

混合系統（hybridsystem）用得較少，但還是可用來確保連續供電。很常見的一種混合系統，是將光伏與風或是汽／柴油引擎結合，而也可聯接到電力公司，來滿足其餘還需要的電力。

這類配置使用的組成和電瓶的相同，只不過另外加上一整流器（rectifier），作動方式和前述轉換器剛好相反。其將來自電力公司或其它搭配的 AC 電力來源，先轉換成 DC 電流，再饋入電瓶中。而此電瓶及其它裝置則在此，扮演前述電池儲存系統的角色。當然，來自電力公司的電也可作為備用電力，直接供應給用戶。

裝設光伏系統的相關資訊包括規劃、系統型式選擇、所需容量估算、聯接需求等方面，大致都可透過網路搜尋得到。

系統平衡元件

系統平衡（balance of system, BOS）元件包含了光伏系統當中，除了光伏模組以外的其它所有東西。BOS 元件可包括架設結構、追蹤裝置、電瓶、電力電子元件（包含一 inverter、充電控制器及一電網內部聯結）等裝置。

Inverter 有許多中文名稱，包括：電力轉換器、逆變器、逆流器、逆轉器、電力調節器、交／直流轉換器等，它算得上是 PV 發電系統和風力發電系統的核心。其品質不僅關係到發電效率，且也影響發電系統的維修成本。

PV 在全球的加速成長，有一部分應歸功於在相關技術上的加速發展。在任何的 PV 系統當中，inverter 同時扮演心臟與腦的角色，安全的將直流電轉換成為可直接在現場使用，或是饋入電網的交流電。過去在 PV 系統中，須分別安裝掌管安全、控制及通信的裝置。如今這些功能已緊密整合為一。這些受監控的保險絲、突波保護電路（surge protection circuits），及 DC 主開關等裝置，如今都整合在一機盒當中，即插即用，而得以很輕易裝接妥當、啟動、接著運轉。

聚集收集器

聚集式光伏收集器利用像是菲涅耳透鏡（Fresnel lens）、鏡子及鏡碟等裝置，將陽光集中照到太陽能電池上。特定的太陽能電池像是砷化鎵電池，能夠有效的將集中的太陽能轉換成電，使得每單位面積太陽收集器僅需要很少量的半導體材料。聚集收集器通常都是架在一套雙軸追蹤系統上，好讓收集器能持續對準太陽。

不過因為聚集收集器的鏡片須對準太陽，所以也僅限於用在日照最充足的地區。且其多半須配合使用複雜的追蹤裝置，所以也就只限用於發電廠、工業界或大型建築。

與建築整合的光伏

與建築整合的光伏（building-integrated photovoltaics, BIPV）材料，具有發電及結構材料的雙重功能。其可取代傳統建築上像是簾牆（curtain walls）、天窗（skylights）、天井窗（atrium roofs）、雨蓬（awnings）、屋瓦（roof tiles & shingles）及窗戶等部分。

獨立光伏系統

獨立光伏系統（stand-alone photovoltaic systems）可獨立於電網之外發電。在有些離網（off-the-grid）位址，距離電力線恐怕不過半公里遠，獨立的光伏系統仍有可能比延長電力線更為成本有效。獨立系統特別適用於偏遠及環境敏感地區，像是國家公園、渡假小屋及別墅等。在鄉下地區，小型獨立太陽陣列往往可用來供應農場照明、牧場圍籬通電及供水給牲口的太陽水泵等。直接聯結系統（direct-coupled systems）不需電力儲存，因為其僅限於在日間運轉。但大多數系統仍依賴電池蓄電，好讓系統在日間所發的電在夜間也能用上。有些稱為混合系統的，則是將太陽能與其它風或柴油引擎等動力結合在一起。

聯網光伏系統

前面所述聯網光伏系統亦稱為電網介面系統（grid interface systems），將過剩的電力透過電網饋回到電力公司，接著在住戶系統的供電低的時候，再從電力公司取得電力。雖然電網的內部連結的安排會相當困難，但卻可因而免除了電池儲存的需求。有些情況是，電力公司允許淨電表，讓所有人將多餘的電賣回給電力公司。

第五節　PV 相關議題

先進的太陽能電池

在太陽能市場轉趨樂觀之際，新世代的太陽能技術也更加受到矚目。目前研發當中的太陽能電池有很多種。染料敏化太陽能電池（dye-sensitized solar cells）採用一染料浸漬（dye-impregnated）的二氧化鈦層（titanium dioxide）來產生電壓，而不像一般用在大多數太陽能電池的半導體材料。這是因為二氧化鈦較為便宜，而比較有機會大幅降低太陽能電池的成本。其餘較為先進的還包括複合材料（或塑膠）太陽能電池（其中可能包含稱作 fullerences 的大型碳分子，以及可在有陽光的情況下直接從水產生氫的光電化學電池。

此外，南加州大學（University of Southern California, USC）的研究團隊，兩年前以石墨烯（Graphene）製作成一片有機太陽電池（organic solar cells, OPVs）所需要的透明且具彈性的導體層。由於其製造容易、輕薄、又有彈性，而得以很便宜的生產出太陽電池。USC 團隊已能做出 150cm^2 的石墨烯複合片，並可進一步做出具較高密度的彈性 OPV 電池。石墨烯比起另一種 OPV，碘錫氧化物（indium-tin-oxide, ITO）的一大優點便在於其不會像 ITO 電池承受不起，即便是很小的彎曲。

製作技術

太陽能電池製造廠商將太陽能電池稱為晶片，把晶片（或依設計所需要的電流進行晶片切割後）焊上箔條導線，再將許多焊好的晶片用箔條串聯成一組，再和太陽電池模板用封裝材料（EVA、tedlar）與低鐵質強化玻璃層層疊疊，一同放入層壓機（laminate）的機台上做真空封裝，製成模組（plane/panel）或稱太陽能板，將若干太陽能板組成列陣，接配上過充放保護控制器及深（循環）放電蓄電池（鉛鈣），以及將直流轉變為交流的逆轉流器，合起來稱為太陽能電力系統，又稱太陽能發電站。

保存維護

太陽能電池最主要的就屬轉換光能成電能的晶片部分了，而此部分也最容易破碎使用時要特別注意，勿使此部分受到壓迫而破碎，造成太陽能電池完全無法作用。

全球潛力

成長中的世界 PV 市場

圖 5.16 所示為 PV 的成長趨勢。圖 5.17 所示為 2010 年各主要國太陽光電國加在世界總容量當中所占百分比。回顧 2001 和 2002 年，世界 PV 產量每年成長分別都略低於 40%，使 2002 年 PV 產量估計達到 560 MWp。也就是說，PV 產量每兩年就加倍。而此膨脹情況在最近幾年還伴隨著 PV 工業的其它一些變化。1997 年美國製造的 PV 佔了世界最高比率（約 41%），日本次之（約 25%），歐洲整個約 23%，其餘 10% 分配到其它國家。但到了 2002 年，日本的 PV 世界佔有率竄升到最高，達 44%，歐洲大致不變，佔 25%，美國的反而落到大約 20%，剩下的 10% 則分佈於印度等亞洲國家和澳洲。

過去，亞太和中亞地區主要的太陽能應用，僅限於太陽能照明或是住宅用的小型規模。然而，未來太陽能需求，將會來自大型地面電站的廣泛使用。到了 2017 年，地面型的安裝數量，將會占亞太和中亞地區太陽能發電總量的 64%。從 2013 到 2017 年，泰國、馬來西亞、菲律賓、印尼和台灣，預計將分食 50% 亞太和中亞地區的累積太陽能需求。泰國成長動力來自快速的電力需求增加，和因財政壓力而生的停止能源進口要求。短期的太陽能需求，將會來自先前收購電價補貼方案（Adder Support Scheme）的專案儲備。

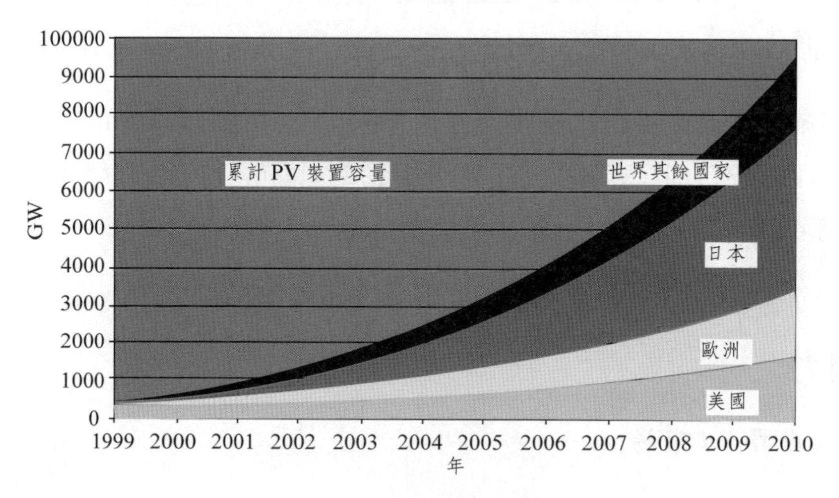

圖 5.16　PV 成長趨勢

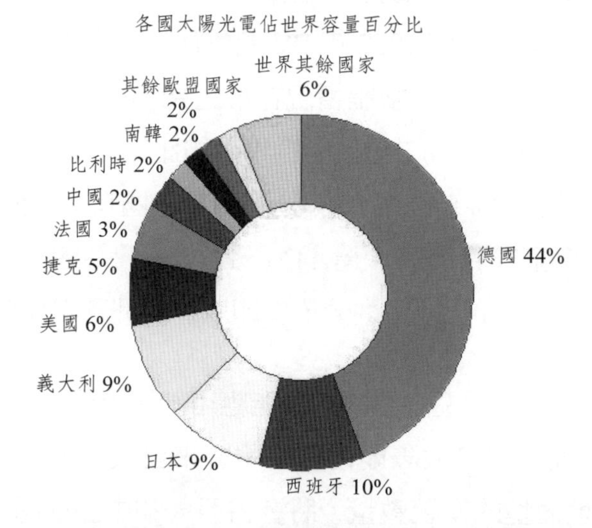

圖 5.17　2010 年各主要國太陽光電國家在世界總容量當中所占百分比

2002 年時，世界最大的 PV 製造廠為日本的聲寶（Sharp Corporation），光在那年，其 PV 電池產量就膨脹了 66%，達到 123MW。Sharp 瞄準了歐洲的 PV 市場，於 2003 年在英國威爾斯設廠。其它日本領導 PV 廠還包括三洋（Sanyo）、晶磁（Kyocera）及三菱（Mitsubishi）。歐洲的領導廠商包括 BP（英國石油公司）Solar、Shell（殼牌）Solar（與美國 Solarex 合作，如今為也是石油公司的美國 Amoco 所擁有）。迄今雖然近八成的太陽能電池需求都源自於歐洲，但卻有超過 55% 在中國大陸生產。

2012 的 PV 仍以矽晶領現各種材料。儘管薄膜模組的轉換效率已達 14%，其價格仍難敵 c-Si 技術的。主要在於矽晶價格低，加上 c-Si 技術的效率仍高於薄膜的。多矽市價約 \$50/kg 預計將持續下降。和許多當初剛問世時的預期背道而馳的是，薄膜 PV 模組的市場佔有率從 1999 年的 12% 跌到 2002 年的將近 6%。究其原因，主要可能在於一方面矽晶 PV 的性能提升，加上價格下跌，導致薄膜難以與之競爭使然。

為了強調 PV 對於世界所可能造成的重大貢獻，EPIA 與綠色和平組織（Greenpeace）於 2001 年出版了一份報告—太陽世代：在 2020 年之前 10 億人和 200 萬份工作的太陽電力（Solar Generation: Solar Electricity for over 1 Billion People and 2 Million Jobs by 2020）。其預測在 2020 年之前，全世界裝設的 PV 容量會剛剛超過 200 GW，供應給 10 億離網和 8,200 萬聯網的用戶。那時，PV 發出的電當中，將近六成會是位於非工業化國家，尤其是南亞和非洲。而 PV 工業可提供逾 200 萬個全職工作機會。該報告再進一步預測，到 2040 年，世界太陽能發電輸出可逾 9,000 TWh，幾乎滿足到時全世界電力需求的四分之一。圖 5.18 所示為 PV 工作機會的成長趨勢。

目前很多已開發國家已廣泛使用 PV 模組，主要是用在一些若採用傳統電網供電會很不方便或是太貴的地方。然而在很多開發中國家，其電網不是尚處草創階段，就是根本不存在，尤其是在鄉下地方，各種能源都相當昂貴。這時

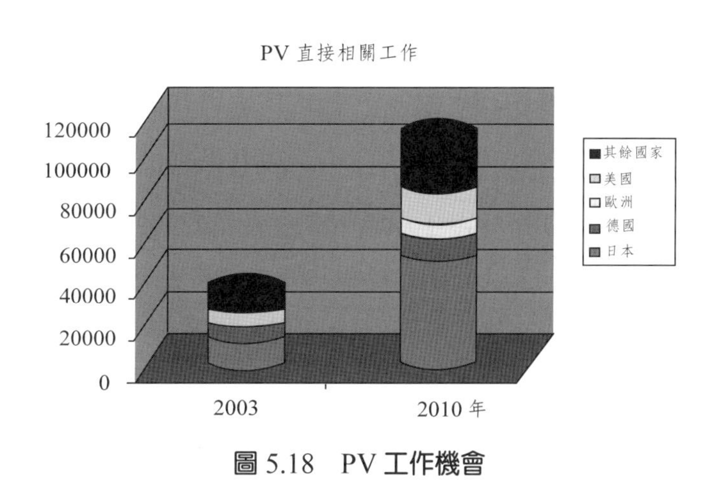

圖 5.18　PV 工作機會

光伏和其它形式的能源比起來就很有競爭力了，尤其是一些太陽輻射特別充沛的地方，這類應用發展迅速。其應用範圍包括，PV 打水、在醫療中心妥善保存疫苗所用的 PV 電冰箱、家庭和社區所用的 PV 系統、提供照明、收音機等系統及 PV 帶動的通訊系統、路燈等。

歐盟有鑒於 PV 具有大幅提升被世界銀行歸類為貧窮的一、二十億人口的生活水準的龐大潛力，於 1997 年提出再生能源起飛計畫（Planfor Takeoff）。並曾設定目標要在 2010 年之前，在歐洲增加 50 萬個架設在屋頂上的 PV 系統，同時預計在相同期間出口 50 萬個 PV 到開發中國家作為起頭。此一課題被納入聯合國 2002 年的一份報告 Power to Tackle Poverty 當中，強調 PV 和其它再生能源可以在負擔得起的價格下，滿足世界上最貧困人民所需。該份報告要求各國政府接受在下個十年當中，達成在開發中國家裝設 4.5 GW PV 系統的目標的挑戰。

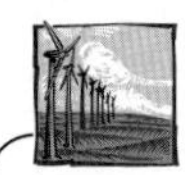

RE 小方塊——霾害之後的 PV 目標

正值歐洲的太陽能先驅國家，因經濟蕭條以至發展太陽能力不從心之際，中國大陸政府計畫將其太陽能發電裝置容量，從原訂於 2015 年達到 21 GW 提高到 35 GW。這項因應 2013 年初在北京等城市出現的嚴重危害性空氣污染的決定，可望協助紓解台灣 PV 製造商所面對的嚴重困境。

PV 對環境的衝擊及其安全

PV 對於環境所可能帶來的衝擊，可以說低於任何再生或非再生發電系統所帶來的。正常運轉下的 PV 系統，既不排放氣體或液體污染物，也沒有放射性物質。不過，如果是 CIS 或 CdTe 模組，其中含有很少量的毒性物質，所存在的風險是如果發生火災，會有很微量的這些化學品釋入環境。

PV 模組沒有會動的部分，所以機械上來講是安全的，且也不產生噪音。不過，既然有電氣設備，就免不了有觸電之虞，尤其是以高壓電運轉的大型

PV 系統。當然，只要裝設得好，即便在最壞情況下，其觸電危險都趕不上其它電氣設施。

一般家庭尺寸的 PV 系統可架設在屋頂而不須用到土地。但大型 PV 系統則必須裝設在地面上，而可能影響到視覺。在有些像是瑞士等國，將大型 PV 陣列沿著鐵路與公路裝設，作為噪音屏障。所以這麼一來，PV 還可降低整體的環境衝擊。

生產 PV 對環境的衝擊及其安全

製作 PV 矽對環境的衝擊可謂相當微小，除了工廠當中的偶發重大事故以外。大多數 PV 電池的基本材料—矽，本質上是無害的。不過仍有一些 PV 模組在製作過程中，會用上一些毒性化學品。鎘明顯是用於製作 CdTe 模組的材料。目前在製作 CIS 和 CIGS 模組上會用上少量的鎘，雖然最新的製程已可不用。

一如在任何化學製程，在設計和運轉 PV 製作廠的過程當中，必須時時慎重，以確保在事故或不正常運轉當中，產生任何化學品的污染。

此外，即便 PV 陣列的壽命可以相當長，但終究會面臨使用壽限，而必須妥善處置或者最好能回收。歐盟已具備 PV 模組回收法規草案，而有些廠商也已進行回收其 PV 模組，其材料亦可重複使用。此不僅有利於環境並可降低生產成本。

PV 系統的能源平衡

一般錯誤的觀念認為，PV 電池在其生命週期當中所產生的能源，幾乎等於其製造所耗能源。這在 PV 開發初期，在精煉單晶矽等製程當中確實是相當的能源密集，而這些電池的效率也相當低，導致其生命週期的能源產出偏低。

然而，隨著近年來較先進的 PV 製程問世，前面所提過能源平衡已改進許多。Alsema 與 Niewlaar 在其 2000 年發表的研究結果當中指出，PV 模組（包括框及支撐結構）的能源回收期，在歐洲的情況為二至五年，且未來可改進到一年半至二年。如果進一步採用潛藏能源較低的 PV 陣列支撐結構材料（像是木材），則可進一步改進 PV 系統的整體能源回收時間。

能源整合

就太陽能源的利用而言，台灣和中國大陸南方所處地理位置提供了相對優越的條件，亦即 PV 在夏季所能產生電力最大，正好有助於滿足夏季最高耗電的需求。而雖然 PV 的太陽能源可謂相當可靠（在白天），只不過大致上仍有賴晴朗的天空，否則通過的雲的確會在瞬間大幅降低 PV 輸出電力。

然而，終究只要是像 PV 這類輸出變動的容量在整體電網當中所佔比例還小（大多研究建議 10 至 20% 之間），其輸出波動也就不致於構成大問題。然而，在未來如果有另一項再生能源，例如風力，也加入發電組合當中，且合起來的發電容量佔超過 20% 的整體供電比率，則該發電組合就必須加入較大比率的能「快速應變」的像是水力或燃氣渦輪機等發電廠，並增加短期儲存及備轉容量（spinning reserve）。

這類顧慮使得有些分析家認為，除非有大量的廉價電能儲存，像 PV 這類間斷性再生能源並不能作出重大貢獻。儘管如此說法略顯誇大，但也確實如此，而也只有大量廉價的儲存，才能讓整合變得容易些。

而這正是近來，利用氫作為能源儲存與輸送的介質，突然引發高度興趣的主因之一。氫可利用 PV 或其它再生能源所發出的電，電解水而獲得。此扮演媒介角色的氫，可儲存起來，運送到任何用得到的地方，再透過燃料電池轉換回到電。

市場與價格

目前看來，PV 成長的關鍵限制因子倒不在於市場不足，而是在於全球適用矽材料料源的短缺。PV 業者已無法像過去依賴半導體業的多餘材料維持生存。2005 年已顯現生產不得不緩步下來的跡象，當時擔心長此以往將不樂觀。幸好，太陽能等級矽的供應業者仍舊信心十足，將藉投資新廠以滿足所需。

全球 PV 工業在 2010 年當中的產量和市場成長都超過一倍，估計增加了 17 GW 容量（2009 年還不及 7.3 GW），使全球總共達到近 40 GW，超過五年前總容量的七倍。根據 REW 於 2012 年的統計，全球所裝設的 PV 容量在 2011 年成長近 60%，總共達到 70 GW。受到電價持續上漲加上及 PV 系統成本持續下跌的雙重影響，長期以來令人期待的經濟規模，如今已在 PV 系統顯露跡象。

由義大利與德國為首的歐盟國家寡佔了全球 PV 市場。光是德國一國在 2010 年所新設的 PV 系統，便超過全世界在前一年所新設置的。整個趨勢則持續朝向發電場規模（utility scale）的 PV 場。這類系統總數已逾 5,000，幾乎占全球 PV 總容量的四分之一。

成本議題

生產光伏很貴，因為半導體材料很貴。要降低這部分的成本可靠著降低製造成本達到。而當製造量提升了，製造成本也隨即下降。廠商的目標擺在光伏系統中能達到損益平衡成本（break-even cost），即在系統當中其發電的成本等於從替代來源供應電的成本，加上將此電輸配到該廠址的成本。用來讓等於光伏系統安裝成本所需延長的電力線所需要的距離則稱為損益平衡距離（break-even distance）。

過去三十年來，PV 模組的價格下降逾二成。這要歸功於技術的進步，加上具規模的經濟性，而很可望接著讓成本再進一步大幅下降。根據預測，在 2020 年 PV 成本可下降五成，如此將在住家的應用上，具相當競爭力。

過去幾年來 PV 的製造持續轉往亞洲，全球排名前十五名製造廠當中便有十家在亞洲。因應價格下跌及劇烈變動的市場狀況，業者所採措施包括整併、擴大規模及朝向整體能源計畫的開發。台灣的 PV 出貨量，也在 2010 年底登上全球第三大。其中，多晶矽在 2008 年時，曾爆漲到每公斤 450 美元之上，當時 PV 製造廠瘋狂搶料、相繼訂下高價，擁有材料成為當時制勝的關鍵。當時全球的多晶矽廠，光是在台灣就有超過 10 家。

誘因與展望

不同國家和不同地方視個別情況所分別採用的規範以及財務誘因，像是稅率優惠（tax credits）、低率貸款、補助、特殊優惠電費，以及技術上的協助，皆有助於鼓勵安裝光伏系統。

儘管整個太陽能產業在近期內呈現指數成長，PV 的需求幾乎轉眼從 MW 成長到數 GW 的水平，但相較於傳統電力，其仍處萌芽階段。同時隨著誘因的快速消退及欠缺輸配條件等原因，其正面對嚴峻挑戰。

有關太陽光電、聚熱太陽發電（CSP）、或是聚焦光電（CPV）究竟何者會勝出的討論很熱烈，恐怕要看出高下仍言之過早。展望未來，在 PV 和 CPV 方面，關鍵在於降低成本。技術提升倒是次要，安裝的技術對所有技術而言，都會是一大關鍵。至於 CSP，假若其能克服儲熱的建置成本問題，則可望在電廠規模當中出現領先的實例。

RE 小方塊——太陽能飛機寫歷史

2012 年六月五日，五十四歲的瑞士精神科醫師皮卡德於破曉前駕駛太陽能推動的實驗飛機「太陽動力號」(Solar Impulse)，從西班牙首都馬德里起飛，展開跨洲首航。他以八千五百公尺的高度飛越直布羅陀海峽，飛往北非的摩洛哥首都拉巴特，全程超過二千五百公里，為人類太陽能飛行樹立里程碑。

太陽動力號是一架單座飛機，兩翼共鋪設一萬二千塊太陽能 PV 板，配備了四具由總重四百公斤的鋰聚合物蓄電池驅動的發動機。她不添加燃料日夜悄然無聲持續飛行，最高時速達七十公里。她的翼展和 A 三四〇空中巴士相當，長六十三公尺，重量接近一輛家用汽車的。她預定於二〇一四年挑戰環球飛行壯舉。

第六章
風能

美國於1980年代初期因應石油危機，在加州山谷間建立了世界最早的大型風場。

人類利用風能碾穀、打水及應用在其它機械的動力上，已有數千年的歷史。迄今全世界各地加起來有幾十萬部「風車」（wind mill）同時在運轉，其中大多數都用在泵送水。不過，當今風能這個主題之所以吸引人們的注意，主要還是在於風力是一種堪稱「無污染」的潔淨發電方式。

本章和下一章當中所稱之風機（wind turbine）與傳統所稱風車之主要區別，一部分在於用於發電的風機和用來發電的蒸汽渦輪機（steam turbine）與燃氣渦輪機（gas turbine）較為相近，卻迴異於碾穀或打水用的風車。

其實人類自十九世紀末期一開始，便嘗試以風來發電，而且在許多方面也都相當成功。到了 1930 年代，已開始生產用來為蓄電池充電的小型風機。然而也一直等到 1980 年代，這項技術才成熟到足以轉型成為，透過大規模產業來生產大型風力發電機的情況。至於其成本則自 1980 年代迄今穩定下滑。如今，即便化石燃料價格仍相對低廉，風能在各種發電方式當中，已堪稱最為成本有效的一種。其技術仍持續改進，以追求不僅更為廉價且更為可靠的目標。因此，我們可以樂觀的期待，在未來幾十年內，風能必然會在經濟上更具競爭力。

第一節　風力

風能技術的成長

根據世界兩大風能專業機構「歐洲風能協會（EWEA）」和「全球風能委員會（GWEC）」發布的數據，2009 年全球風電市場發展迅速，風力發電機總裝機容量達到 37500 兆瓦，相當於 23 座第三代核反應爐核電機組（EPR）的發電容量，平均年風電增長率高達 31%。世界風能市場裝機建設資金達 450 億歐元，提供了 50 萬個就業機會，每年可減少 2.04 億噸 CO_2 排放。

圖 6.1 所示，為 1995 年至 2010 年間，全世界風力發電容量的成長趨勢。

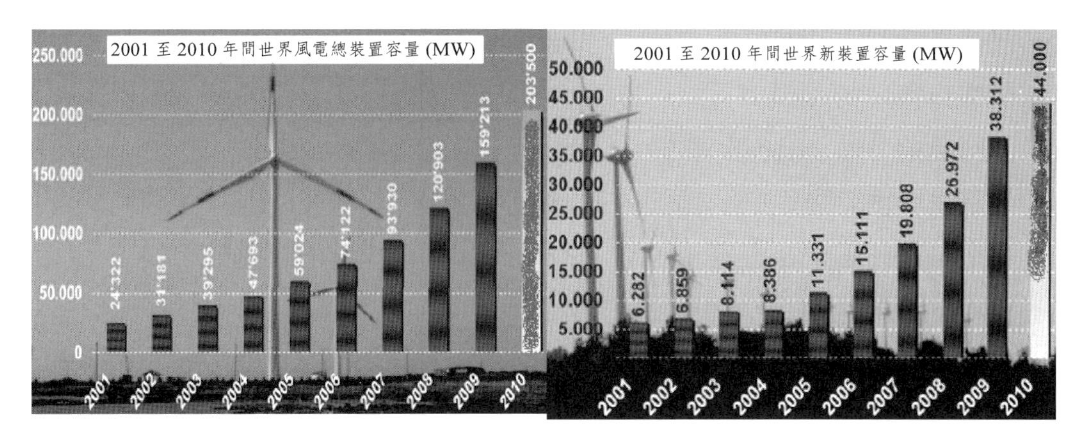

圖 6.1　2001 年至 2010 年間全世界風力發電總裝置容量（左圖）與新增裝置容量（右圖）的成長趨勢

全世界風電在 2000 年到 2006 年之間，幾乎成長了四倍。到了 2009 年末，風能所佔歐盟的總發電容量 74,767 GW 增加達 9.1%，其可以在一整年常態風的情形下，發出歐盟電力需求的 4.8%。不過真正令人驚訝的是，在 2009 年當中，新增風電容量，就佔掉了全部新裝設電力容量 10,163MW 的 39%。這已是第二年，新裝設風電超過了任何其他發電技術。

歐洲執委會（European Commission）於 2009 年十月七日發行了「對開發低碳技術的投資」(Investing in the Development of Low Carbon Technologies）-The European Strategic Energy Technology Plan（SET Plan)，其估計，歐洲未來十年當中對風能的研發，需投資六十億歐元。而根據歐盟執委會的說法，其回收將使風力發電完全具有競爭力，得以在 2020 年之前貢獻出歐盟電力的 20%，在 2030 年之前達 33%，同時可創造出二十五萬個技術性的工作。

然而要能符合歐洲執委會在風能上的野心，將需要在 2020 年之前產生 265 GW 的風電容量，其中 55 GW 屬海域的。在這章當中我們想探討的，是作為一個消費者所想要知道的，例如以下幾個問題：

- 甚麼是風能？
- 甚麼是風機？它是怎麼作動的？

- 風機是怎麼造出來的？
- 風機有多大？
- 一部風機可以發出多少電？
- 甚麼是可獲取因子（availability factor）？
- 發出一百萬瓦（megawatt, MW）的電，需要用到多少部風機？
- 一 MW 的電可供多少用戶使用？
- 甚麼是風場（wind plant）？
- 甚麼是容量因子（capacity factor）？
- 假設一部風機的容量因子是 33%，是否就表示他只有三分之一的時間是在運轉？

風機是怎麼轉起來的？

當今我們所看到的風力發電機，多半都有兩片或三片看似竹蜻蜓的葉片（blades）。這葉片的作動方式和飛機翅膀相近。當風吹拂這葉片時，在葉片的下風處隨即形成一「包」低壓空氣（low pressure air pocket）。這低壓空氣包隨即將葉片扯向它，使葉片傾向要轉動。這種現象稱為揚升（lift）。這揚升的力道，實際上比起頂著葉片前端稱為拉扯（drag）的風的力道要大得多。如此一面揚升，加上一面牽引，兩個力道結合在一起，便讓葉輪像船舶的螺旋槳推進器一般轉了起來，而它的軸當然也可帶著發電機軸轉動，發出電來。

其實風能可說是從太陽能轉換來的。太陽的輻射在地球上各部分，分別以不同速率在白天和晚上加熱。同時，不同的表面狀態（例如水和土地）也以不同的速率吸收或反射太陽輻射，結果所營造成大氣當中，在不同的部位進行著不等程度的加熱。熱空氣上升，降低了地球表面的大氣壓力，而冷空氣緊跟著進來，取代了它。風也就這樣吹將起來了。

根據估計，太陽照到地球上的能量當中，有 1% 至 3% 轉換成了風能。這相當於所有地球上的植物，經由光合作用所轉換成的生物質量的大約 50 至 100 倍還多。這些風能大部分都存在於海拔夠高的地方。在此，風速可維持在

160 公里／小時（km/h）以上。而這些風能終究會透過地球表面和大氣當中的摩擦轉換成熱，而散去。

至於「風從哪裡來」，這類問題就很複雜了。當地球受到太陽不均勻照射，導致極地從太陽所接受到的能量，比起赤道所收到的少。同時乾燥的陸地，不管是讓太陽加起熱來或自己冷卻掉，都比海洋來的快。不難想見，當中種種因子都影響著整體空氣的流動。

風的變動性及風機動力

空氣有質量，當它移動，便產生了動能。照說，這動能當中有一部分可進一步轉換成其它形式的能量，像是機械能或電。風機的功能便在於將移動的風當中的動能，轉換成迴轉的機械能，進而轉換成電。

既然風速分分秒秒乃至日日月月都持續在變化當中，風所發出的電當然也就跟著持續變動了。有時諾大的一部風機，甚至連些微的電力也產生不出來。這樣的變動性（variability）固然會對風力的價值有所影響，但也不至於真的就像很多人所輕易論斷的：「風能不符合實際需要」。

以下我們要藉著討論一些風力產業界與發電產業界的專用名詞，來幫助讀者了解風力技術及其性能和經濟性，進而建立將再生能源整合到電網當中的重要觀念，以及我們如何從當今風力這種對環境衝擊最小的供電型式當中獲益。

容量因子

簡單的說，容量因子（capacity factor）就是讓我們看出一部風機（或任何其它發電設施），在某個位址究竟能產生多少能量的一個指標。它其實也就是將該電場在一定期間的實際發電量，與該場在相同期間，以全容量（full capacity）運轉所能產生的，作一比較。因此，我們可將風力發電的容量因子的定義寫成以下式子：

$$容量因子 = \frac{一段期間當中實際發出電量}{風機在最大輸出下全程運轉所應當發出的電}$$

傳統的火力發電廠，除了設備故障和維修期間必須停機外，絕大部分的時間都在運轉。其容量因子一般在 40% 至 80% 之譜。至於風力發電，例如：

假設你有一部額定電力（power rating）為 1,500 kW 的發電機。理論上，如果該機全天 24 小時全力運轉，一年 365 天下來所發的電應為：

（1,500 kW）×（365×24 小時）=13,140,000 kW- 小時（kWh）
=13,140,000 度電

然而實際上量測出來，這部發電機一年當中只發了 3,942,000 kWh 的電。因此，該發電機在那年當中運轉的容量因子便是：

3,942,000/13,141,000 = 30%

所有的發電場都有其容量因子，隨其能源、技術及目的，而有差異。一般風力的容量因子為 20% 至 40%；水力的容量因子大致在 30% 至 80% 的範圍之間；光伏的容量因子一般約在百分之十幾；核能（含核融合）的容量因子約在 60% 到 100% 以上；火力發電的容量因子則在 60% 至 90% 的範圍之間。不過如果發電廠扮演的角色是供應尖峰負載所需，則容量因子會低得多。至於生物質量熱動力場的容量因子，一般在 80% 上下。

於此，有些讀者可能會將能源的容量因子和效率（efficiency）聯想在一起。其實它們可說是不相干的。效率簡單的說，是所得到的有用輸出和輸入付出，二者之間的比率。在此也就是輸出能量和輸入能量之間的比值。而和產生風能有關的效率，則為熱效率（thermal efficiency）、機械效率（mechanical efficiency）及電氣效率（electrical efficiency）。這些效率將損失（losses）納入計算，其大部分都轉換成了熱，排放到大氣或水中。舉例來說，美國全國的發電廠的平均效率約 35%，這是因為大多數熱動力場，有將近三分之二的輸入能源，都以熱排放到環境當中浪費掉了。而大多數商用風機的機械轉換效率都在 90% 之譜，相當高。

所以從前述可看出，風力電場的容量因子遠低於傳統化石燃料電場的，但其效率卻高得多。要特別提醒的是，容量因子不能作為效率的指標，而反之亦然。

風力發電既然全仰賴風，可以想見一個風場在某些時段可能可以穩定發電，但另外有些時段，則可能完全不發電。雖然現今電場規模的風機百分之 65 到 90 的時間都在運轉，其通常也僅以低於全容量運轉。所以一般容量因子都在 25% 至 40% 之間。

可能還是會有讀者想問：容量因子愈高愈好嗎？是的，如果就某一技術當中，或某一電廠當中內部的比較來說，確實是如此。但在不同的發電技術之間去比較容量因子，就沒甚麼道理了。因為一種技術和另一種技術，當中的能量產生和容量的經濟性大不相同。倒是比較從各種不同技術產生能量的成本，會有價值得多。

值得特別注意的一點是，雖然對於火力或核能電廠而言，容量因子幾乎完全視其可靠性而定，風力電場卻不然。就風力電場而言，全得看風機設計的經濟性而定。比如說，以一個很大的轉輪搭配一部很小的發電機，該風機只要有風吹就可達到全容量運轉，而且可達到 60% 至 80% 的容量因子，但卻只能發出很少的電。一項投資，要能讓每一塊錢獲致最多的電，靠的是較大的發電機，同時還得接受結果所得到的容量因子會比較小的事實。所以根本上，風力發電和火力發電在這方面是不同的。

間歇性和風力的價值

可獲取因子（availability factor）或可獲取性（availability）可告訴我們，一部風機或其它發電廠的可靠性。其指的是該電廠可用來發電的時間百分比（亦即沒有維修的情況）。當今風機的可獲取性都可達 98% 以上，比絕大多數其它類型發電廠要高，誠可謂相當可靠。

風本來就是斷斷續續的。風不會一直在吹，即使不是在維修期間，風力電場有時還是會閒置著的。同時風電也不見得隨時需要，就可以立即啟動。風電在加入到區域電網當中時，它並不能立即取代發電容量，也就是說既存的火力發電並不能因為有了風電，便立即除役。

那麼，既然有間歇性（intermittency），這不就表示風力發電對於環境也無法造成甚麼正面影響？倒也非如此，我們仍須將容量和產量加以區分。前者是在某個區域當中所裝設的電力數量，一般以 MW 計，至於產量則是以該容量產生的能量，以百萬瓦小時（MWh）計。

縱然風力發電無法取代相同數量火力電廠的容量，但卻可取代其產量。從風機所產生的每 MWh，就等於讓火力發電廠少發一個 MWh。而目前的傳統發電廠對環境的傷害，實際上也是其產量的函數，而並非其容量的函數。當然，即便火力電廠並未永久關閉，但既然燒的煤少了，對環境也就會有正面影響。

例如若以風電取代火電，一般風機每發一度電，就相當於減少了約三分之二公噸源自火力電廠的 CO_2 排放。其它減少的空污排放，也不在話下。

第二節　理論上的風力

雖然熱力學第一定律告訴我們，能量既無法無中生有，亦不能減損，必須守恆，但能量的型式卻是可以轉換的。任何東西只要會動，像是流動的空氣，便含有能量。我們稱之為動能。將流動的空氣減緩下來，等於降低了它的動能，而這降低的能量必然有個去處。風機讓流過的風變得緩慢，而將當中的一部分能量，轉換成了機械能和電能。該動能為：

$$KE = 1/2\ mU^2$$

其中

m 為質量（kg），
U 為風的速率（m/s）。

如此，我們可以計算出在流動的空氣當中蘊藏了多少電量。如圖 6.2 所示，垂直穿過某個半徑 R 的垂直圓面，所產生的風的質量 m ＝ ρUA，至於出力便是：

$$P = 1/2\ \rho U^3 A$$

其中

P = 風的出力（Watts）
ρ = 空氣密度（kg/m^3）
U = 風速（m/s）
A = 截面積（m^2）= πR^2

所以，我們可進一步改寫：

$$P = 1/2\ \rho\pi R^2 U^3$$

由上式我們可看出，空氣通過一部風機所掃過的面積的質量流（mass flow），隨著風速和空氣密度而變。舉例來說，在一個 15 ℃的清晨，在海面上

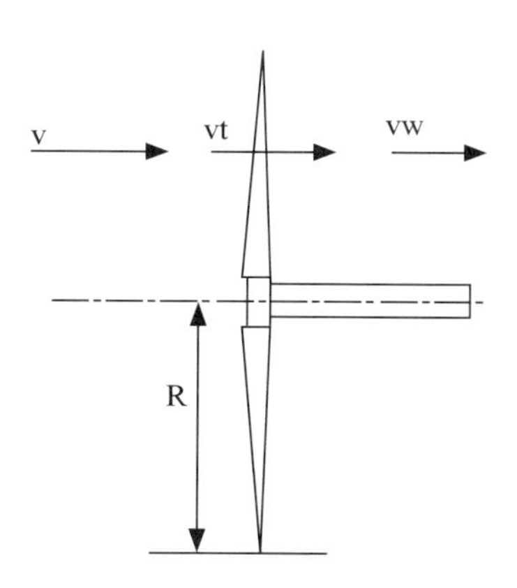

圖 6.2　理論上的風力

可測出空氣的密度應為每立方公尺 1.225 公斤。此時一陣 8 m/s 的微風吹過一座直徑 100 公尺的風機葉輪，可推動將近 77,000 公斤的空氣流過葉輪所掃過的面積。

一定質量的風流過，所產生的動能隨風速的平方而異。而因為質量流隨著風速作線性上升，因此能提供給風機的風能，隨風速的立方而提升。而就此葉輪來說，這個例子的這一陣微風可產生 2.5 百萬瓦的風力。

而當風機從空氣流當中擷取能量的同時，空氣會跟著慢下來，而使空氣分散，傳遞到風機周遭之外。德國物理學家 Albert Betz 早在 1919 年便確認，我們透過風機從風中擷取的能量，最多只能達到流過風機截面的 59%。因此無論風機的設計為何，都會受到所謂 Betz 限制（Betz Limitation）。圖 6.3 所示為風機曲線圖，圖 6.4 呈現風速的機率分佈函數。

風是善變的，而某地具有某平均風量，也並不表示在該地的風機就能發出那麼多的能量。若要對某特定地點進行風速的氣象評估，首先要對所觀測到的數據，套上一個例如圖 6.3 所示的機率分佈函數。不同地點會有不同的風速分佈情形。最常用來建立風速氣象分佈模型的為一套雙參數的 Weibull 分佈（Weibull Distribution），主要是因其適用於從高斯到指數的各種分佈形狀。

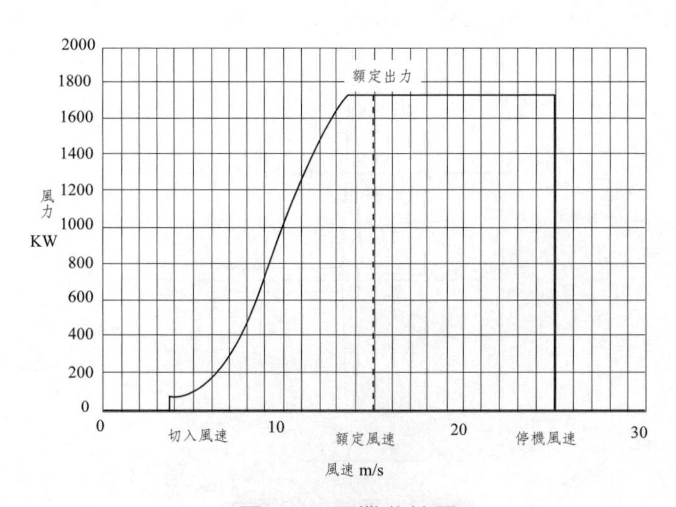

圖 6.3　風機曲線圖

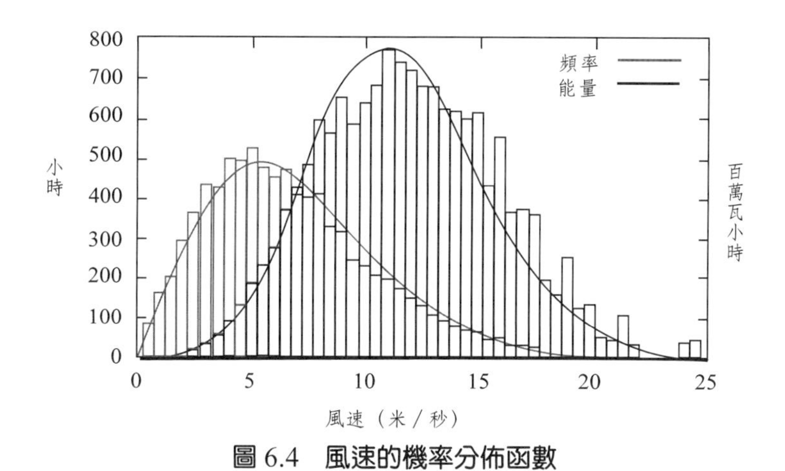

圖 6.4　風速的機率分佈函數

第三節　風力發電機

風機類型

風機在設計上有兩種基本型式：被稱為「打蛋器」型的垂直軸型（如圖 6.5 所示）以及水平軸型（螺旋槳型，如圖 6.6 所示）。後者為當今最常見的，幾乎全球市場上所有發電場規模（容量約在 100 kW 以上）的，皆屬之。

圖 6.5　垂直軸型風機

圖 6.6 雙葉（前排）與三葉（後排）水平軸型風機

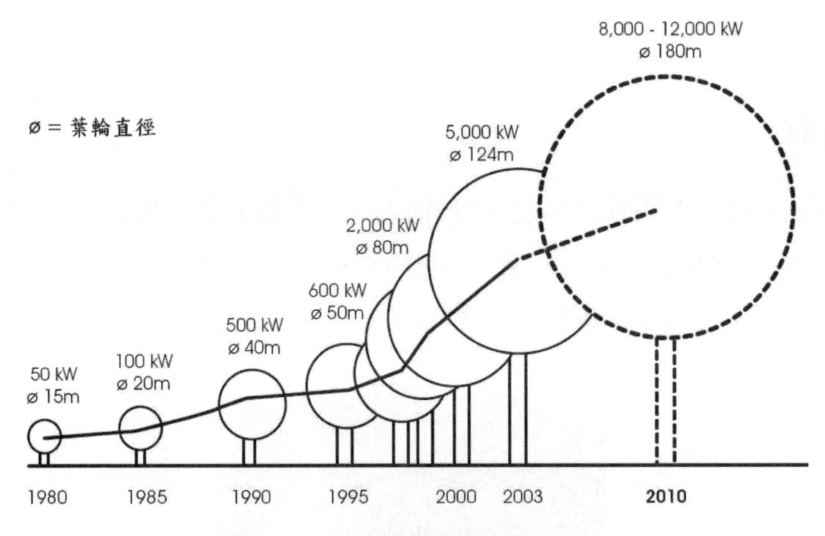

圖 6.7 不同年代風機的相對尺寸

表 6.1 歷年來風機的一般尺寸

年代	1981	1985	1990	1996	1999	2000	2010
葉輪直徑（公尺）	10	17	27	40	50	80	180
額定 KW	25	100	225	550	750	2,000	10,000
年度 MWh	45	220	550	1,480	2,200	5,600	38,500

不同年代的風機尺寸各不相同。從圖 6.7 和表 6.1 可看出歷年來的各種風機尺寸，及其分別所能發出的電力（風機的容量或額定出力）。

陸域風場的公共電力規模風機有好幾種不同的尺寸。葉輪直徑從 50 公尺到 90 公尺都有，塔架大約一般高。所以一部裝上轉輪的風機，從基座到葉輪尖端最高大約有 135 公尺。而目前最大的海域風機葉輪直徑達 110 公尺，其陸路運輸便不如海運來的容易些。至於家戶小型商用風機就小得多了。大多數這類風機葉輪直徑都不到 8 公尺，塔架的高度也都在 40 公尺以下（圖 6.8）。

風機能發多少電？

首先，一部發電機的發電能力皆以瓦特或瓦來表示。不過瓦是很小的單位，絕大多數的情況，都還是以瓩（kW）、百萬瓦（MW）及十億瓦（GW），作為敘述風機或其它電廠發電容量的單位。

最常用來度量發電與耗電的，就屬度或瓩 - 小時了。一度電或一瓩 - 小時電，意即一瓩的電發了或用了一小時。例如一顆 50 瓦的燈泡，讓它一直亮個 20 小時，所耗掉的是一瓩 - 小時（或一度）的電（50 瓦 ×20 小時 = 1,000 瓦 - 小時 = 1 瓩 - 小時）。

圖 6.8　作者和其夥伴不需用到任何重型機具，便將這部 50 kW 風機傾倒，在地面進行保養維修，使運轉成本減至最低。

一部風機究竟能輸出多少電，主要取決於風機的尺寸及吹過葉輪的風的速率。現今所製造的風機的額定出力，介於 250 W 至 5 MW）之間。例如一部 10 kW 的風機，在平均風速為 20 km/h 的場址一年能發出大約 10,000 kWh，大約是一戶人家所需。一部 5 MW 風機，一年能發出超過 1,500 萬 kWh 足以滿足超過 1,400 家戶所需。

實例：

有一部裝設於美國愛荷華州（Iowa State）Spirit Lake 某國小的 250 kW 風機，平均每年可供應 350,000 kWh 的電力，多過這 5,300 平方米大的學校所需。因此該校將過剩的電饋入當地電力系統，在最初五年內為學校賺進 $750 萬美元。不刮風時，學校便使用當地電力系統的電。由於該項目推動十分成功，便接著設置了第二部風機，容量為 750 kW。

風機的幾個部分

風機為將有如移動流體的動能，轉換成轉動機械能的裝置。在一部風機上，葉片利用空氣動力的舉升和拖曳來擷取一部分風能來轉動發電機。如圖 6.8 所示，現今大多數風機都包含四個主要部分：

- 轉輪（rotor）或是葉輪（blades），用來將風的能量轉換成為轉動的軸能（shaft energy）；
- 機艙（nacelle, enclosure）位於塔架（tower）頂端，包含一套驅動系列，通常包括一個齒輪箱（有些直接驅動的風機不需要）和一部發電機；
- 塔架，用以支撐轉輪和前述驅動系列裝置；
- 包括地面支援設備在內的電子控制裝置，分佈在整個系統當中。

轉輪包括一個輪轂（hub）和三片稱為空氣翼（hydrofoils）的輕質葉片（大多數皆屬之）。當空氣流過葉片時，轉輪便繞著水平軸旋轉，風速愈高，轉得愈快。

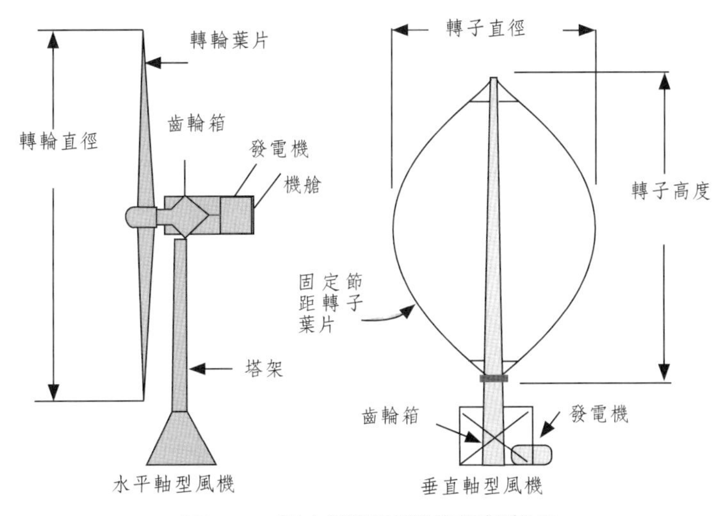

圖 6.9　兩大類型風機的幾個部分

圖 6.10　奇異公司的 3.6 MW 風機

風機能穩定而安全運轉的關鍵之一，在於其具備了最佳的監控。最先進的監控系統，可持續量測每根葉片所承受的負荷，藉以在有風擾動的狀況下，維持負荷均衡。此負荷值也可用以計算出疲勞效應，而能在即將損壞的關頭，停止運轉。另外此數據也可用來調整運轉策略，以獲致最大能源。

此外，先進的風機並採用可扭轉（可變節距）的葉片，以適應不同的風速及輸出需求。而將葉片尾端設計成有如彎刀般翹起，更可加快這類反應。我們可望在接下來十年當中，看到更複雜的葉片設計。只不過這些新設計，都暫時必須在缺乏實體經驗情形下，證明在整個運轉生命週期當中，都有讓人滿意的表現，特別是在堅固、耐用這方面的考量，亟待加強。

圖 6.10 所示為美國通用電器(General Electrics, GE)公司的 3.6 MW 風機，圖 6.11 所示為這類大型風機的剖視。此時在機艙當中，轉輪的迴轉動作會將迴轉的機械能轉換成電。通常，連到轉輪輪轂的低轉速軸的另一頭，會連到一個齒輪箱（gear box）當中。齒輪箱的另一頭則是一部發電機內的一根高轉速軸。在可看得見的轉輪葉片轉輪直徑發電機外罩裡面，不難想見，便是一個連到在固定線圈內旋轉的，和高轉速軸接合的電磁鐵。旋轉的磁場也就因此在線圈當中產生了強大的電流。

電纜攜帶著發出的電流，送到風機塔架的基座。位於塔內或在地面上的變壓器將電壓調節後，可以當場使用，或者和附近的電力輸送系統(電網)聯結。

控制系統和其它的電子監測器會同時進行管理，使風機運轉達到最佳化狀態。其從狀態可能隨時變化的風，產生出最大的電力，同時可管理和電力聯網之間的聯結。很重要的一點是，其尚且須在極高風速下，保護風機免於受損。

風機可自成一套供電系統，或者也可聯接到既有的電力供應網路（utility power grid）上，或者甚至還可和太陽能電池系統結合在一起。若是用作公共

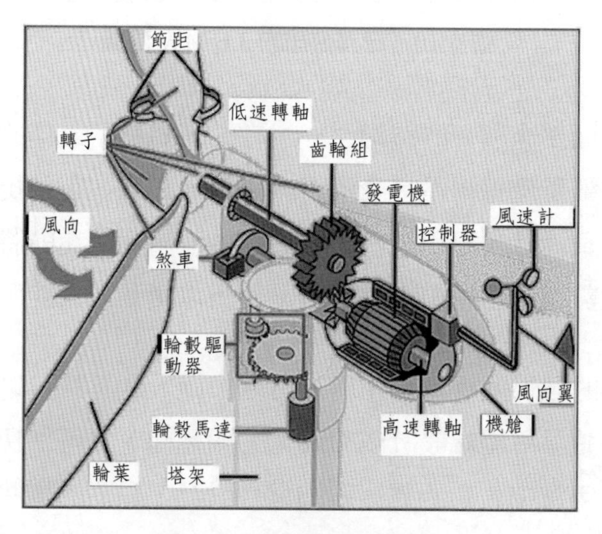

圖 6.11　大型風機的剖視

電力供應規模（utility-scale）的風能，為經濟起見，都聚集了一群大型（660 kW 以上）風機，形成整片風場（wind power plants, wind farms, wind park）。風場可設計成由少數幾座風機組成的模組（modules），未來可視供電需求和條件而擴充。因此，當今世界上的風場從幾個 MW 到幾百個 MW 的都有。風機的建造，大約在六個月即可完成。但建立一個風場，從事先的量測、取得許可，到全部完工，則可能要花上一年半到兩年的時間。有些陸域風場直接建立在大片農牧用地上，而農作與畜牧也可大致不受干擾。

一般獨立供電的風機，多半用於偏遠地區，作為汲水與通信之用。不過也有些位於住家、農場和牧場，實際用它來減輕電費負擔。

風電裝設

要將風力發電安裝到你的電力系統當中作為另一能源選項，會比太陽能發電的麻煩些，但也還能應付。首先在安裝風機時，必須找個風能充分流通，不會被像是建築物或樹等擋住的地方。

有些小一點的風機雖然可以就裝在你家屋頂，但必須考慮到的是，這部風機的震動可能會傳達到安裝的結構物上。若風機還算小，則利用厚的橡皮墊，便可有效達到緩衝的作用。不過由於風速會隨著高度而增大且趨穩，加上為了避免傷及建築，一般會建議利用獨立長竿或是合適的塔架來架設風機。

在裝設風力發電機的控制和接線裝置時，首先必須了解風機和太陽能板的兩項基本差異，一為整流器（current rectifiers），另一為負載轉換（load diversion）。

整流器

太陽能 PV 板產生的直流電需要用到儲存電力的電池，而可直接連接到電池組而不致造成問題。至於風力發電機發的便不是直流電，所以須靠一整流器，將風機的輸出轉換成直流電。

有些風機的整流器是直接裝在機組裡的。不過大多數的情形是，將分離的整流部件，單獨裝在風機與電池之間。而且這整流器往往會和一個充電控制器（charge controller）結合，成為一套完整的風機控制單元。

有了負載轉換充電控制器裝在風機和儲電的電池之間，再來便可從電池直接接到電壓相符的直流系統，或是透過一轉換器到一交流電或交直流混合系統。

直接驅動

目前大多數的風機皆透過齒輪組來提升發電機轉速，只不過其一方面容易發生故障，同時又徒增風機重量。因此有些風機廠便改以一單獨、大直徑的發電機，直接聯結到逆流器（convertor）上。儘管目前這類設計的成本和重量仍高於傳統齒輪組式的，但隨著永久磁鐵趨於便宜、質輕且出力更大，加上有更好用的逆流器，直接驅動式風機可望在 2020 年之前，變得在成本上具有競爭力而成為主流。

降低成本之道

歐洲預計在 2020 年之前將風力發電容量增加到 265 GW；在 2030 年之前達 400 GW，包括源自海域的 150 GW；在 2050 年之前達 600 GW，包括源自海域的 350 GW，到時將滿足全歐用電的一半。如此往海域發展的趨勢，一方面靠的是更先進的技術和電力基礎設施，另一方面表示風機尺寸和風場發電容量都要比目前大得多。而所有進行當中的研發工作，都共同著眼於降低能源成本。

降低成本主要朝向兩大方向，首先在於累積創新，即在於持續改進製造與設置方法及產品，以增加主流產品的市場數量，進而帶來經濟規模和成本降低。其次，包括專用於海域尺寸，大幅增大的風機等創新產品。

第四節　風能效益與資源評估

選擇風能的效益

風機在於從取之不盡用之不竭的資源當中，產生綠色電源。其在發電過程當中，不製造空氣污染、水污染，或有害廢棄物，並且也不會排放溫室氣體。而這些明確的環境效益，又會進一步在社會層面與經濟層面上帶來效益。

無論是大型多部風機規模，或是住戶與社區的規模，風力發電都可和傳統式的電力供應方式相競爭。風電計劃開發商，可以同時透過出售電和再生能源權證（部分歐美國家已有此機制與市場），從中獲利。

屋主、商家、社區及其它用電消費者若自行裝設風機，可藉以省下電費。有些國家或地方政府，甚至提供淨電表的機會，讓用剩多餘的電能賣回給電力公司。

風電有時也可看作是節約燃料供應的一項選擇：風力每發出一百萬瓦小時的電，也就等於減少了每百萬小時從較不乾淨的發電技術所發出的電。如此也等於是降低了對發電廠所在下風處造成的空氣污染排放危害。同時這也減少了，對於從其它地方進口石油、煤、天然氣等能源的依賴。因此大規模發展區域性風電，可改善當地空氣品質和民眾健康，同時也得以在民生和整體經濟上，免於受石油等某一項燃料價格波動的衝擊。

風力資源評估

為甚麼要評估風力資源？

從前面的風能理論我們知道風力大多取決於風速。由於風中的力與風速的立方成正比，微小的風速改變，所產生的風力即有很大的不同。例如風速改變10%，即可造成近 33% 的風力差異。

這是在風場建立之初，必須先進行風力資源評估的最主要理由。為能精準預測裝設風力的潛在效益，在可能場址的風速等特性，都須先準確了解。了解風的特性，其它還有一些重要的技術上的理由。風速、風剪、擾動及狂風（gust）密集度，這些信息在完成風機基座設計等之前，都必須已評估得很具體。

一般而言，小型風機年平均風速至少須達到每秒 4 公尺（m/s），公共電力規模風場所需最小年均風速則為 6 m/s。如前所述，風力和風速的立方成正比。所以同一部風機所在位址的平均風速若為 6 m/s，其所能發出的電比起在風速為 5 m/s 位址的，要高出 78%。雖然實際情形所發出的電，並不會真的多出那麼多，但差異仍會相當可觀。重要的是要了解，表面上看起來風速差異並不太大，但所增加能用來發電的能量卻相當可觀。此影響發電成本甚鉅。同樣的，當風速很低時，所能提供的能量也就變得微乎其微了。

如何評估風力資源？

一般我們須在至少 40 公尺的高度，連續量測風達一年以上。這需要用到特別設計用在風力上的如下設備，光是氣象站是不夠的：

- 裝在塔上的風速儀（anemometers）；
- 聲波雷達（SODAR）；
- 風地圖（wind maps）。

風的統計資料（Wind Statistics）

長期平均風速（long-term mean wind speed）往往可以提供年度平均風速，類似表 6.2 當中所示數據，應足以代表該風力資源的品質。

表 6.2　代表該風力資源的品質的數據實例

長期平均風速（m/s）	對於商業風機的風力資源相對品質 *
0-6	0-73%
6-7	73-100%
7-8	100-125%
>8	125% 及以上

* 根據一般在年度平均 6, 7, 8 m/s 下的年度能源產量，對在 7 m/s 下的產量的百分比。注意，此品質會隨著可影響計畫經濟性的其它因子而異。

主要風向（prevailing wind direction）

此指的是風最常吹過來的方向。在裝設風機時，須先知道風的方向行為。舉一個顯而易見的例子，如果你選的地點主要風向是西邊，你就應該不會選擇在西邊有障礙物作為風電位址了！

平均擾動密集度

擾動密集度（average turbulence intensity）是狂風的量測值，在經過風速除以平均風速的標準差（standard deviation）（在一段時間內，例如 10 分鐘）的計算而得。擾動密集度低，即意味著所需要的維修較小，而風機表現也較佳。在比較不同場址時，會用上平均擾動密集度數據。例如，海域的平均擾動密集度便比陸域的低。

風剪

通常風速會隨著高度的增加而增大。此隨高度的風速變化稱為風剪（wind shear）。風剪在所謂的風力定律（power law）的方程式當中，可以指數 a 表示：

$$U = U_{\mathrm{r}}\,[z/z_{\mathrm{r}}]^{\mathrm{a}}$$

其中：

U 為在某高度 z 的風速；

U_r 為在另一高度 z_r 所量得的風速；

風剪愈大，在較高處所增大的風速也愈大。

數據品質

在進行風能評估，一面收集數據的同時，還必須一面確定該數據的品質。若數據品質不佳，所導出的結果便不值得信賴。一般所報導的兩種數據為：

- 總取得數據百分比（gross data recovery percentage）：實際從記錄器取得的數據，占所預期數據的百分比，及
- 淨取得數據百分比（net data recovery percentage）：通過品管後的數據，占所預期數據的百分比。

以上總與淨百分比之間的差異，往往起因於感測器結冰或作動不良等因素。

表示圖

風速時間系列（wind speed time series）：圖 6.12 可用來表示風的變化情形與趨勢。

每日平均風速（diurnal average wind speeds）：從圖 6.13 可以看出在一天當中，每個小時的風速。從這個接近地面所量測的實例可看出，早晨風速低，接下來一下午風逐漸增強，到了晚上又歸於平息。

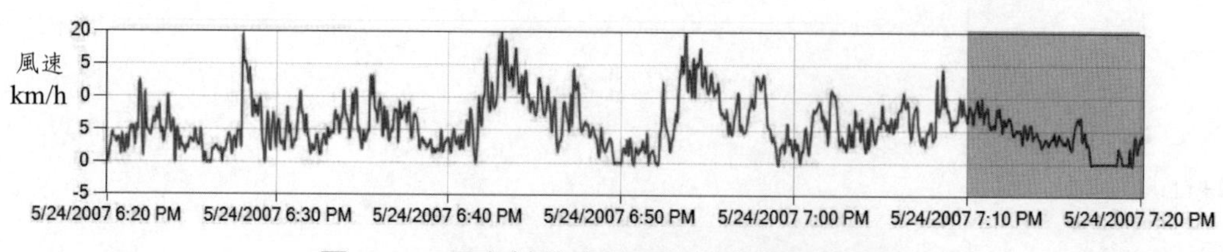

圖 6.12　風在某特定其間的變化情形與趨勢

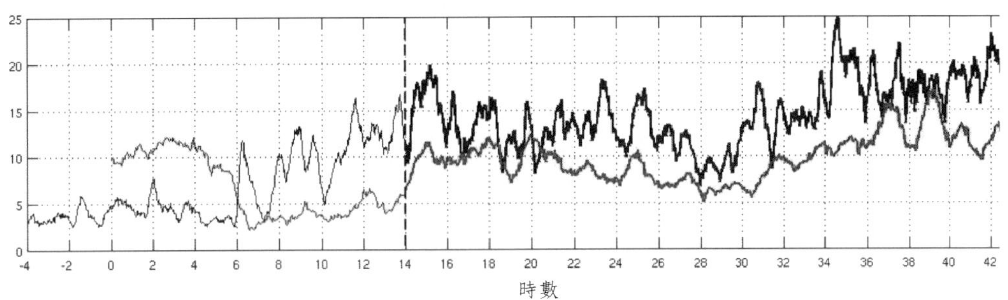

圖 6.13　每日平均風速

風速分佈：圖 6.14 表示吹某個速率的風，所佔時間百分比。最高的百分比（圖中高峰處），表示經歷最多的風速，此可能有異於平均風速。

擾動密集度（turbulence intensity）：圖 6.15 表示在不同風速下，狂野（gustiness）的程度。其可以和風速分佈圖結合，用來決定出在某個風機運轉狀況下，所出現擾動的程度。

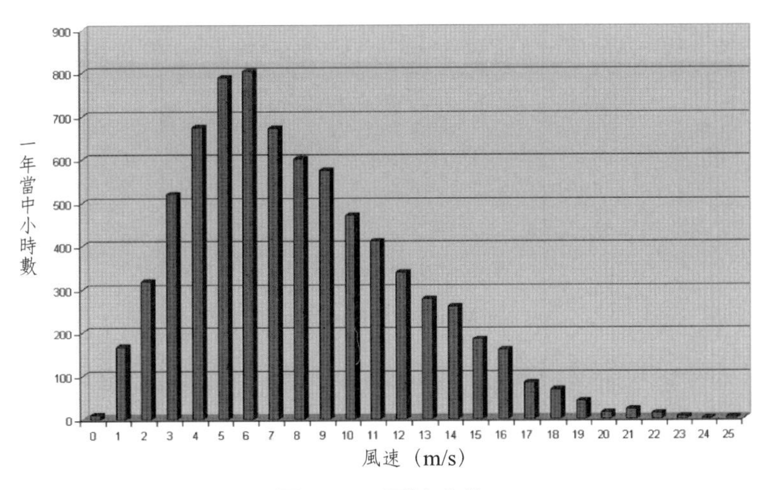

圖 6.14　風速分佈

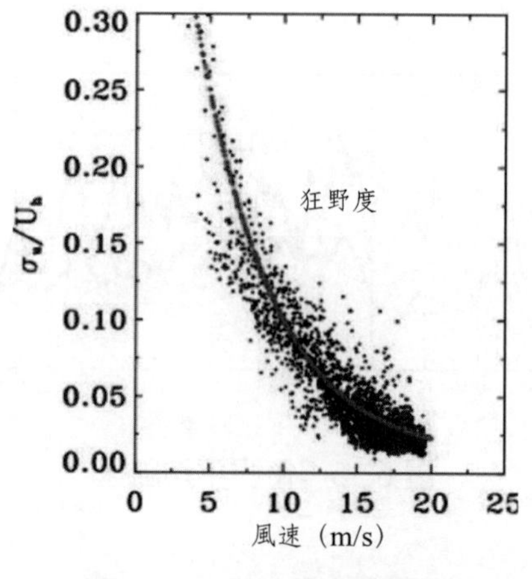

圖 6.15　風的擾動密集度

月平均風速：從圖 6.16 可看出一整年下來，台灣澎湖附近的風速和容量因子變動趨勢。像台灣等一些海洋性氣候地區，風在冬天吹得較快，到了夏天就緩和一些，容量因子也隨之消長。

風玫瑰（wind rose）：在圖 6.17 當中，實線所表示的為風速（m/s），虛線則為時間百分比（%）。從圖中可看出，從某個方向吹來的風所佔時間的百分比，以及在該方向的平均風速。圖 6.18 所示為本書作者與其團隊在美國蒙大拿州山頂自力架設風能評估塔架的實作情形。

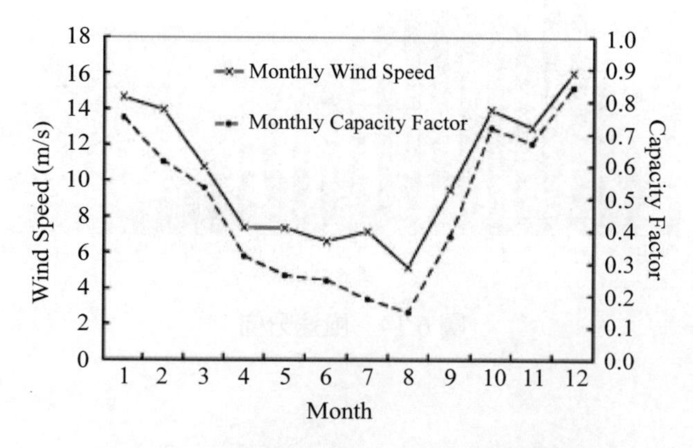

圖 6.16　台灣澎湖月平均風速與容量因子

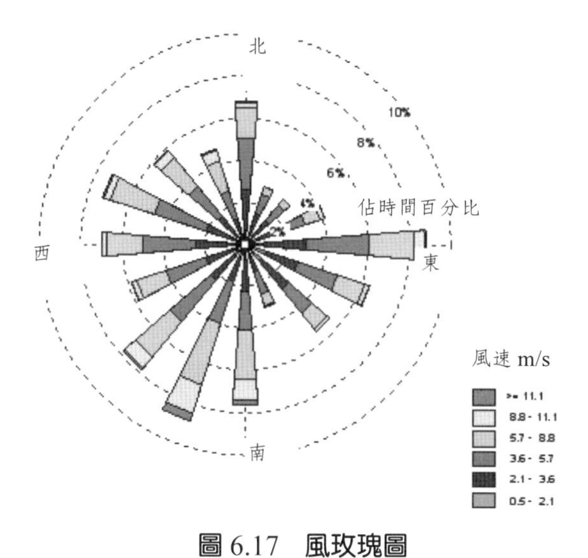

圖 6.17　風玫瑰圖

圖 6.18　風能評估塔架的架設情形

第五節　風能的成長與成本變化趨勢

一個風力電場要能成功獲利的幾個關鍵特性包括：

- 傳輸—增進轉速及裝設的後勤作業
- 效率—繼設置與運轉之後，持續提升電機設備與人員的效率
- 可靠度—達到適當的可靠度並加以維持
- 維護—有效的維護整個風場

- 安全—每天持續確保人員與設備的安全。

成長趨勢

全球風能協會（Global Wind Energy Council, GWEC）的數據顯示，在2006年一年當中，新增的風能裝設容量為15,197百萬瓦，使風能總容量達到74,223百萬瓦。儘管面對風機供應鏈上所受到的限制，年度風能市場繼2005年的32%之後，又提升了41%，再創新高。就經濟價值而言，風能部門在2006年所裝設的設備總值為180億歐元或相當於230億美元，成為能源產業當中的要角。

2006年世界上擁有最高風電裝設容量的國家，依序是德國（20,621 W）、西班牙（11,615 MW）、美國（11,603 MW）、印度（6,270 MW）及丹麥（3,136 MW）。全世界前風電容量超過1,000 MW的國家有13個。但就2006年新裝設容量來比較，領先的為美國（2,454 MW），接著依序為德國（2,233 MW）、印度（1,840 MW）、西班牙（1,587 MW）、中國大陸（1,347 W）及法國（810 MW）。

出乎人們所意料，2009年美國風能發電增長了39%，總容量達到35159兆瓦。這主要該歸功於歐巴馬政府刺激經濟計劃，以及對綠色經濟的大量補貼，刺激了美國風能發電的發展。另外，印度風能發電增加了1270兆瓦；歐洲風電成長了23%，大約130億歐元投入風能發電建設，其中15億歐元用於海域風電建設。風電新裝機容量連續兩年超過天然氣和太陽能的新裝機容量。

大多數主要類型的發電產業都屬資本密集，亦即對計劃的初始投資很高，接下來的成本（一般主要為燃料與維修）則很低。這在風能與水力尤其明顯，其燃料成本幾乎為零，且維修成本也很低。套句經濟用語，風力的邊際成本極低，而預繳投資成本（up-front investment cost）所占比例很高。如前面所述，在估計每單位發電量的風能成本時，一般都是依據每單位的平均成本，也就是將建造、資金借貸、投資回收、包括風險成本、估計年度產量及其餘部分等成本，統統加在一起。由於這些成本為設備在計劃當中可用年限(一般為二十年)所平均下來，每單位發電量的成本估算，也就高度取決於這些假設。因此不同研究所提供的每單位風力發電成本的數字，差異也就相當大。風力的成本同時還取決於其它好幾個因子，例如從風場到國家電網之間的電力線路裝設成本，以及在目標場址風的發生頻率等。

選定風機場址

過去許多在不同國家對不同對象所作的研究顯示，大眾對風能一直維持著相當穩定的支持程度(大約在 70% 到 80% 之間)。因此儘管成本為首要考量，但畢竟「只要不在我家後院」(Not in my back yard, NIMBY)在全世界仍為不可忽略的普遍現象，而場址的選定(siting)對於風場的命運，無論於興建之初或日後的長期運轉，也就都存在著決定性的影響。

場址選擇

風機的所在位址，對於其所能產生的電力數量和其成本有效性，影響甚鉅。而場址的「好壞」則取決於以下幾項因素：

- 風速：最關鍵的因素當屬風機轉輪在輪轂高度位置的平均風速，其又取決於地形等許多因素。
- 鄰近：就聯網供給面(grid-tied supply side)的應用而言，風機一般都會儘量設在靠近未來能擴充容量的電力線路經過的地方。至於是消費端或是離網(off-grid)的應用，則應儘量將風機設置在接近要用電的地方。因為建立新的傳輸線路或接到負載的內部聯結，都所費不貲，而可能對日後的發展形成阻礙。
- 便利性(accessibility)：無論是經由道路、船、或其它運輸方式，該位置必須能夠且最好是方便接近，以便日後對風機進行安裝和維修。

上述針對場址選定的因素，對於設置有潛力風場的經濟性，有很大的影響。至於其它要考慮的因素當然還有很多，以下僅舉其中幾項為例：

- 所有權及財務結構，
- 當地的許可及區域劃分的需求，
- 視覺上的影響，
- 噪音上的影響，及
- 對於鳥、蝙蝠和其它物種的影響。

一個簡單而好用的通則是：只要平均風速高於 16 km/h 或 4.5 m/s（10 mph）時，風力發電機便可派上用場。通常我們會先根據一套風地圖（wind atlas）初步選出場址，接著再透過風的量測，加以確認。所以很顯然，儘管氣象資料在準確度上受到很大的限制，但它在決定可能的風場位址時，仍不可或缺。氣象上的風數據並不足以用來作為準確選定大型風場場址的依據。一個理想的位址，最好是一年到頭都有幾近恆定、無亂流的風吹拂著，而又不會有太多突發的強風出現。符合當地需求或傳遞容量（transmission capacity），是其中很重要的一項風機選址考量因素。

由於表面（無論陸上或海上）阻擾及空氣黏性均較低的緣故，風在高處會吹的快些。在較接近表面處，風速隨高度的遞增情形最為顯著，並受到地形表面粗糙度，以及像是樹或建築物等上風障礙物的影響。一般風速隨著高度的增加，會遵循一個對數曲線，大致符合風輪廓次冪定律（wind profile power law），其採用七分之一作為指數，用來預測風速隨高度的七次方根正比例增加。所以，若將風機的高度加倍，預期風速可增加 10%，由於風力隨風速三次方成正比增加，風力可提高 34%（風力提升計算 = $(2.0)^{3/7} - 1=34\%$）。

一個風場往往都架設了許多部風機。由於各個風機都分別擷取掉了一些風能，所以必須要保持風機之間的距離，以避免能量損失過多。只要土地面積夠大，為了讓效率損失減到最小，風機之間在主要風向的垂直方向，須保持 3 到 5 倍於轉輪直徑的距離；而在主要風向的方向，則保持 5 到 10 倍於轉輪直徑的距離。如此，「風場效應」（park effect）的損失，可以壓低到風機上名牌定額的 2%。

電廠規模的風力發電機，都有用來限制應用在經常處於 -20 ℃以下低溫的最低運轉溫度的限制。寒帶地區的風機必須提防結冰，以免風速計判讀不準，同時還會造成結構負荷過高並且受損。有些風機廠家會提供貴上幾個百分點的寒帶配備，包含內部加熱器、特殊的潤滑劑及特殊的合金製作的結構元件，讓風機得以在較低溫情況下維持正常運轉。如果是在低溫加上弱風期間，該風機會需要大約相當於其額定輸出的百分之幾的供應電力，以維持其內部溫度。例如加拿大 Manitoba 的 St. Leon 計劃的總定額為 99 MW，在一年當中有幾天氣溫低到 –30℃，估計會需要達 3 MW（大約容量的 3%）的電力，來支應取暖等所需。此因素對於在寒冷氣候中運轉的風機的經濟性，難免會造成影響。

岸上

裝設在多山或多丘陵地區的岸上（onshore）風機，一般都傾向設在離最近的海岸線，三公里以上的稜線上。如此做法在於利用所謂地形加速（topographic acceleration）。面對風的山丘或山脊會讓風加速。當風強壓向山丘或山脊時，造成其加速。由此所額外提升的風速，大大提高了所產生的能量。至於風機的確切位置就須特別注意了（此過程稱為微選址，micrositing），因為相差個 30 公尺就可能使輸出加倍。通常我們要對當地的風，以風速儀監測一年或一年以上，以便在裝設風機之前，建立詳盡的風地圖。

如果是小規模的設置，前述數據的收集往往太貴又太費時，此時一般所用的選址方法，往往也只是以攝影器材持續觀察樹和植物，看是否經常維持定型，或者是受風吹變形。另外，或許不是很可靠，但也可利用風速調查地圖，或鄰近氣象站的過去數據。

風場選址有時很具爭議性，尤其是在山丘頂上，而往往選在海岸邊又在景觀和環境（例如鳥的生態）上都很敏感。國內和國際間都有許多當地居民挺身強烈反對設置風場，在受到政治支持後成功阻擾了進展的例子。

近岸

風機所在區域若是在離水岸線三公里的陸地上和離陸地十公里以內的水域範圍內，一般都視為近岸（near-shore）設置。在此區域內的風同時具備的陸上和海域（offshore）的風速特性，端視主要風向而定。近岸範圍內的風力開發計畫一般會遇到鳥（遷徙和築巢）、水棲息地、交通（包括船運和小艇活動），以及視覺等感官上的議題。

海岸往往多風而適於設置風機，其基本風源為日、夜間陸上與海上加熱與冷卻差異所帶來的對流。此外，相同的風速下，因為海面空氣密度較高，海面的風所能提供的能量，比起山區的又要高些。

海域（離岸）

海域風能開發區，一般指的是離岸達十公里以上。靠著距離舒緩了風機超大尺寸和所產生噪音的效果，在海域裝設的風機比起岸上風機，所遭遇的阻力會較小。由於水（尤其是深水）的表面粗糙度比陸地上的小，在開放水域的平均風速會高得多。由於海域風機的容量因子及可使用率比起岸上和近岸位址的都要高得多，其也就可採用較矮的塔架，使其更不容易看得見。

類似丹麥等擁有強風和廣大的陸棚（continental shelf）的地區（圖 6.19），實際上風機可設置無虞。丹麥全國電力需求當中，有超過 30% 得自風力，其

圖 6.19　離丹麥哥本哈根不遠的海域風機

中包括許多海域風場。丹麥計畫未來由風能供應其一半的電力需求。

一般在海域環境設置風場，比起在岸上要來得貴。海域風機的塔架因為一部分浸在水面下，會比岸上的要來得高，且海域風機的基座也建造困難，所費不貲。從海域風機傳輸電力，一般都透過海底電纜，安裝起來比在岸上要貴，且若涵蓋距離很長，往往須賴高電壓直流電，因此會用上更多的設備。由於海域海水環境所存在的腐蝕問題加上運轉困難，其維修費用亦隨之升高。海域風機會用上很多防蝕措施，像是塗覆和陰極保護（cathodic protection）。

過去陸上小型風機有很大的市場，但從最近的趨勢卻可看出海域大型風機的持續成長。這主要是因在海域，較大的風機得以分散其大量發電的高昂固定成本，進而降低其平均成本。同樣的道理，海域風場同時也趨於很大一往往超過 100 座風機。和陸上風場儘管安裝數量少得多，卻仍具競爭力的情況相比，海域風場的優勢不難想見。

空中

雖然目前市場上還未出現這類空中（airborne）系統，風機其實也可在空中擷取高速且穩定的風。加拿大安大略省的一家電力公司 Magenn Power, Inc.，便打算將其以氦氣球懸空的空中風機商業化。而義大利一個名為 KiteGen 的計畫，用的則是一垂直軸風機。該創新計畫（仍處於建構階段）的風場為一垂直旋轉軸，放出可在高空擷取強風的風箏（圖 6.20 所示）。The Kite Wind Generator（KWG）或 KiteGen 宣稱，其排除了會防止從傳統水平軸風機發電機提高電力的靜力與動力問題。其它還有許多垂直軸風機的設計，都陸續被提出，然而垂直軸風機仍只是個尚未通過商業檢驗的技術。

KiteGen 將這些類似飛行傘的風箏放到約一公里高的空中，以擷取優質北風，位於地面的轉盤便可轉換成所需要的電能。發明這套風力發電系統的義大利科學家名叫 Massimo Ippolito. Eugenio Orsi。

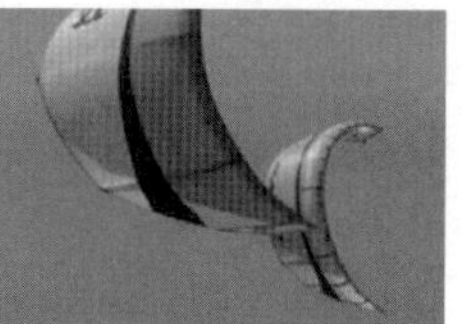

圖 6.20　在空中擷取高速風而穩定風的風機

全球風電勁揚

根據 GWEC 的數據（圖 6.21），全球累積的風電容量在 2011 年來到 238,400 百萬瓦。相較於十五年前全世界風電總容量僅 6,100 MW，這等於是成長了將近 40 倍。風能是世界上成長最快的能源，若比較 1995 年至 2005 年，十年內平均每年成長 29%。相對的，在同期內，煤所提供的能源每年成長 2.5%，核能 1.8%，天然氣成長 2.5%，而石油則是 1.7%。

歐洲在這方面一直居世界領導地位，2005 年的總裝置容量即超過 40,500 MW，佔了世界全數的三分之二。這些裝置的風電供應了歐洲近 3% 的用電，滿足了超過 4 千萬人的需求。歐洲風能協會（The European Wind Energy Association EWEA）所設定的目標，是在 2030 年之前滿足歐洲電力需求的 23%。EWEA 同時指出，歐洲其實擁有能滿足所有國家電力需求的風力資源。

截至 2010 年，全世界風力發電容量前十國，依序為中國大陸、美國、德國、西班牙、印度、義大利、法國、英國、加拿大、丹麥（圖 22）。全球風力總發電容量到 2010 年進一步達到將近 198 GW。在這一年，全世界首次出現新增容量大都來自開發中國家的情形。其中居首的中國大陸便占了全球市場的一半。2009 年中國風電倍增，總裝設容量達 25,104 兆瓦，僅次於美國和德國，位居世界第三。但中國風電發展速度非常迅速，2009 年新裝機容量占世界新裝機容量的三分之一。以此發展速度，中國將提前達到政府所定風電於 2020 年達 150,000 兆瓦的目標。

圖 6.21　自 1996 年以來世界風電容量成長趨勢

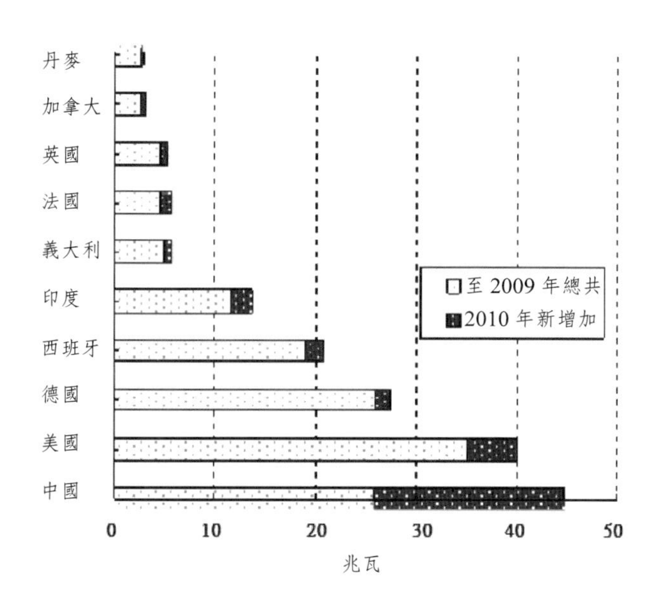

圖 6.22　2010 年世界風力發電容量前十國

另外較為明顯的趨勢還包括：

- 離岸風力發電持續成長，
- 社區及分散型小規模聯網風機日漸受歡迎，
- 風電計畫分布在類型更為廣泛的地理位置，
- 平均風機尺寸持續增大，有些製造廠甚至開始生產 5 MW 以上的風機，而採直接驅動設計的風機則在全球市場上占了 18%。

RE小方塊——風機的上限

在未來的十年當中，陸域和海域的風能技術都將會有重大改變。在陸域，因為靠卡車運送的尺寸（長寬高）受到限制，一般容量最大僅在2.3-3 MW之譜。雖然尺寸受到限制，但會設計得更具智慧，且會針對特定位置量身打造。

當今海域風機大體上只是修改自陸域的。但展望2020年，海域風機將呈現兩個趨勢：尺寸會更大，而且會設置離岸更遠。以2009年歐洲海域風場為例，其平均只離岸邊12.8公里，而如今在英國進行中的Dogger Bank場址，卻是離岸達125-195公里。

世界風力發電技術的要角

丹麥Vestas公司所製造的風機，仍占世界市場最高百分比。原居世界第二大風機供應商的美國奇異能源公司（GE Energy），則於2010年讓位給了中國的華銳風電（Sinovel）。Vestas和Sinovel於2010年合起來的供應容量達10,228 MW，占去整個市場的25.9%。

華銳主要得利於中國國內風電的快速成長。相反的，奇異能源公司卻因為美國經濟與市場的疲弱不振，加上政策不明確而滑落，並且還被另一中國風機供應商金風（Goldwind）緊追在後。金風於2010年供應的風機數，幾乎和GE的相當。德國的Enercon排名暫居第五，接著是印度的Suzlon集團。

除了華銳和金風，中國的東風（Dongfang）和國電（United Power），也分別於2010年擠進了世界十大風機之列。其他還有Mingyang, Sewind和Hara XEMC，也都分別列居世界第11, 14, 和15名。顯然世界風機市場已從過去的歐美獨占，轉而成為中國領先。特別值得注意的是，中國在2010年出口了許多MW級風機。有五個國家分別在五個風機場裝設了13部風機。金風2009年在美國頭一次裝設了三部1.5 MW直接驅動的風機，Mingyang和A-Power也於2010年在美國安裝了他們的風機，而HEAG也分別在智利和俄羅斯，裝設了三部 1.5 MW 風機。

德國裝置的風電容量最高，目前已能從 18,400 MW 的風電，供應其用電的 6%。西班牙次之，風電容量 10,000 MW，占其用電的 8%。丹麥風電占有率達 20%，是所有國家最高的，裝置容量達 3,100 MW，居世界第五。丹麥同時也居全球海域風電之首，既有容量達 400 MW。世界各國在風力發電上的發展過程，以丹麥最為耀眼。丹麥早在 1970 年代，便宣示將使全國半數電力來自風力，而如今其不僅使用風機，且在風機製造上亦名列世界之首。值得住意的是，丹麥在世界一般耗電（general electricity consumption）名單中僅排名第 56 名。

從圖 23 可看出 2010 年之後，全球風電將順勢加速成長。全球在 2006 年的海域風電容量即已逾 900 MW，全部都在歐洲。從圖 24 可看出，從 2007 至 2009 年之間，分別在世界各主要地區風電成長情形。圖 25 所示則為截至 2009 年，全世界各洲的風電容量占有情形。不難看出，無論就成長趨勢或占有率來看，亞洲近幾年已後來居上，明顯超越歐美國家。

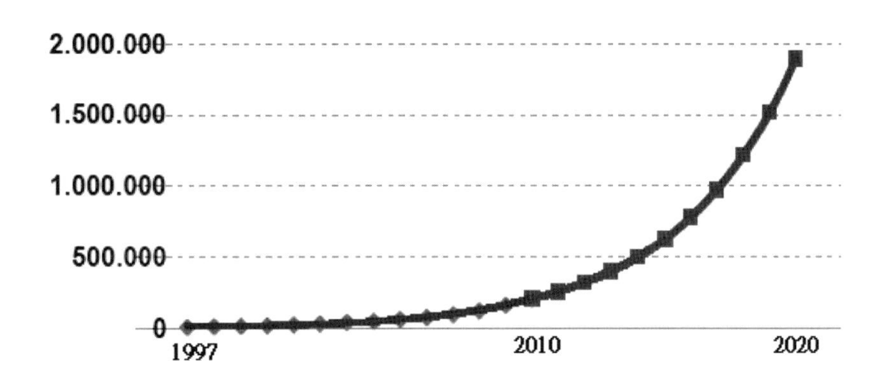

圖 6.23　1997 至 2020 年全球風電總裝置容量（MW）

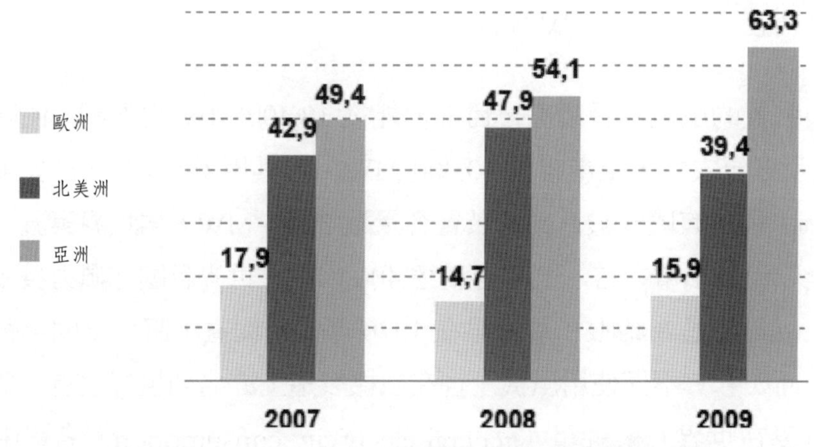

圖 6.24　2007 至 2009 年世界各主要地區風電成長率

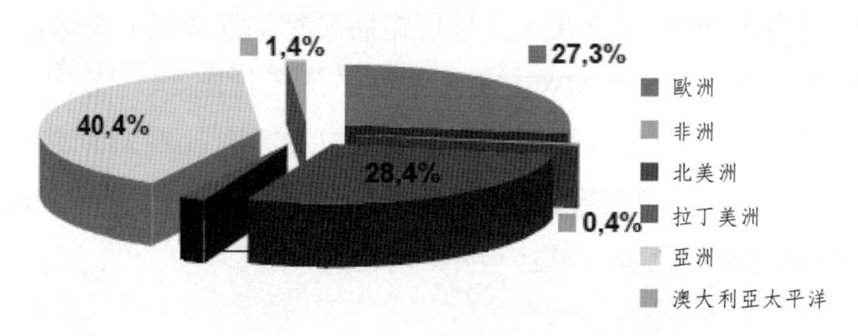

圖 6.25　2009 年各洲風電容量佔有率

小規模、小型風機

圖 6.26 所示，為一種通常安裝在屋頂的小型風機，用來對 12 伏特蓄電池充電，應用在屋裡各種 12 伏的電器。其實過去幾十年便一直有與蓄電池結合，用作住家發電的風機。目前 1 kW 以上的居家發電風機，在很多國家都已普遍採用。

為能補充各種不同動力輸出，聯網的風機也可用上某些類型的電網能源儲存（grid energy storage）。離網系統則可選擇適應間歇的動力（intermittent power）或者利用太陽能電池或柴油引擎系統，來彌補風機之不足。

圖 6.26　安裝在屋頂的小型風機

小型風機有直接驅動發電機直流輸出、空氣彈性葉片（aeroelastic blades）、無壽限軸承（lifetime bearings），並利用翼（vane）來對準風。目前也有針對大型風機的直接驅動發電和空氣動力葉片，和使用直流發電機進行研發。

在城市裡，要擷取大量風能很難，但仍能以小型系統來帶動低功率的設備。架設在屋頂的風機所產生的分散電力，同時也可用來紓解電力分散的問題，並應付突然失去電力的狀況。有些像是停車場儀表或無線上網所需要的設備，也可用小風機來對小電池充電，以取代與電網聯結，或即便電網失效，仍能維持運作。

一般小型風機直徑大約 2 米，能發出 900 瓦的電。整個單元相當輕，例如大約 16 公斤，可以對疾風作出迅速反應，且很容易像戶外天線那樣安裝在屋頂。有些廠牌宣稱即使在風機下方二、三公尺，也聽不見聲音。其動力煞車（dynamic braking）可藉著卸除多餘的能量來調整速度，所以即使在高速情形下，其仍然能持續發電。也可在建築物內安裝動力煞車阻尼（dynamic braking resistor）以供應熱（在強風下建築會損失更多的熱，此時煞車阻尼正好可供應更多的熱）。由於就位在旁邊，所以低電壓（大約 12 伏特），實際上仍可輸配。另一優點是，這種風機的所有人會對耗電更有警覺性，而有可能將其耗電壓低到該風機所能發出的平均值。

據世界風能協會（World Wind Energy Association）表示，全世界小型風

機總數很難評估，但光是在中國大陸就有大約 30 萬部小型風機，正在發電。

第六節　風力發電的關鍵議題

風電屬再生能源，使用它不至於會消耗地球上化石燃料。其同時是乾淨能源，運轉不至產生傳統火力電廠所必然會產生的二氧化碳、二氧化硫、汞、微粒或任何其它形式的空氣污染。然而，儘管風力發電有很多值得支持的理由，其所存在的諸多爭議仍必須面對。以下介紹幾個一般支持與反對風力發電雙方所執的主要論點。

經濟性與可行性

聯合國氣候變遷跨政府諮詢小組（IPCC）表示，達成所要的溫室氣體排放減量目標，比起風力發電，藉由持續改進一般效率（即在建築、製造、及運輸上），所耗費的成本要來得低，而達成程度也要來得高。

風能雖成長快速，但仍需面多諸多挑戰。風機的製造與建設過程當中所需要用到的鋼、混凝土、鋁等材料也都需要運送和生產，而所用的一般也都是化石能源。因此在建立新風力電廠時，必須對該技術充分了解才能順利與既有電力聯網系統整合再一起，達到最大效率。風場的幾個關鍵特性包括：

- 運送一改進安裝速率與後勤。
- 效率一場址建立後持續增進設備與人員的運轉效率。
- 可靠度一選擇能維持正常運轉的可靠度。
- 維修一有效對風場進行維修。
- 安全一確保運轉中的人員安全。

在未來的十年當中，陸域和海域的風能技術都將會有重大改變。在陸域，因為靠卡車運送的尺寸（長寬高）受到限制，一般容量最大也僅在 2.3-3 MW

之譜。雖然尺寸受到限制，但會設計得更具智慧且會針對特定位置量身打造。

當今海域風機大體上僅略修改自陸域的。但展望 2020 年，海域風機將呈現兩個趨勢：尺寸會更大，而且會設置的離岸更遠。以 2009 年歐洲海域風場為例，其平均只離岸邊 12.8 公里，而英國進行中的 Dogger Bank 場址卻是離岸達 125-195 公里。

風能能源投資的回收率（energy return on investment, EROI）等於其累積發出的電，除以用來建造與維護一部風機所累積需要的初級能源。風能的 EROI 介於 5 到 35 比 1 的範圍，平均大約是 18。此使風能，相對於傳統的發電技術處於有利地位。燃煤發電基本負荷的 EROI 介於 5 至 10 比 1，核能的大約不超過 5 比 1，雖然有關於 EROI 的計算也有許多的辯論。

風機的淨能源收入（net energy gain），據估計大約在 17 到 39 之間。亦即，一部風機在其壽限當中所產生的能源，大約是其用來製造、建設、運轉及除役總共所需要的能源的 17 至 39 倍。根據某丹麥的研究，其回收率(payback ratio）為 80，以及一套風機系統所投入的能源大約在三個月即可回收。這可拿來和燃煤電廠和核能電廠的回收率分別為 11 和 16 作一比較，儘管這兩個數據都還未將燃料本身所含能源納入計算，否則其計算結果都將導致負的能源收入。

風力電場的生態與環境成本都可以其所產生的能源支付，而不會在氣候與當地環境，造成會遺留給後代的長期影響。

1980 年代在賦稅誘因下，於美國加州 Altamont Pass 建立的超過 6,000 個風機的風場。其總發電量大約 125 MW，每座風機僅有幾十瓩。圖 6.27 為 1982 年至 2001 年之間，美國每瓩 - 小時風力發電的成本變化，目前來看這些數據，都嫌過時，但仍呈現風力發電成本持續降低的事實。

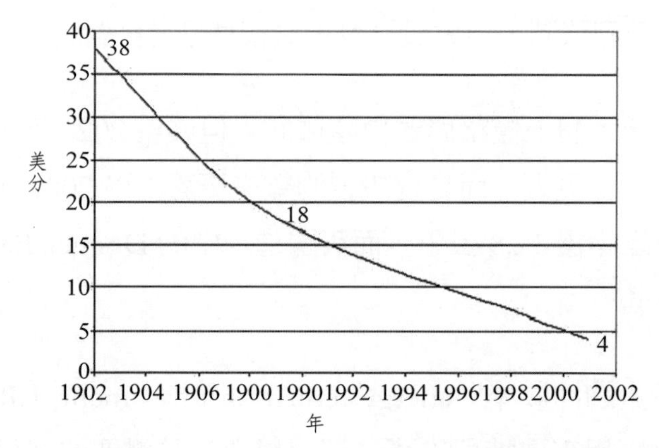

圖 6.27　1982 年至 2001 年之間，美國每瓩 - 小時風力發電的成本變化

間歇性與變動性

從風力所發出的電，可能在好幾種不同的時間尺規上，從小時到小時、每天、每季都是變動很大的。年度的變化也有，但沒那麼大。此一變化對於將大量風力結合到電網系統當中會造成一大挑戰。因為要維持電網穩定，就必須維持能源供需的平衡。

儘管在發電的經濟性當中，必須顧及間歇性的負面影響，而風並不可能對傳統電廠所關切的，大量發電當中的短暫失效造成傷害。正因如此，由於其發電的分散特性，雖然有變化卻反倒更為可靠。

電網經營管理

電網經營者會定期藉由在不同的時間尺度（timescales）上啟用與停止交替運轉發電廠，以控制供電。另外，大多對於需求層面也有某種程度的控管，靠的是需求管理或是卸載（demand management or load shedding）。供給或需求面的管理，對於供電者、消費者及電網經營者而言都有其經濟意涵，但此意涵也已相當普及。圖 6.28 所示為風能與太陽光結合的複合式電力系統。

圖 6.28　風能與太陽光複合電力系統示意

能源儲存

在一既有電力系統當中增加可用風能的一項可行方法，為充分利用能源儲存系統。盈餘的風能可採取某些像是抽續水力發電等形式，有效儲存電力。儲存電力可以有效的在高供給與低需求較低的電價期間，和高需求與低供給期間的較高電價之間，達成調節套利（arbitrage）效果。由此調節套利所得到的收入（revenue）則必須與儲存設施成本和效率損失之間求取平衡。

有很多既存的技術都可用作電力儲存，這包括第三章當中所提及的蓄電池技術、飛輪能源儲存等等。就大型能源網而言，已被大規模採用的主要有抽蓄發電，只不過適用於此的場址還很有限。大多數其它技術，即便已應用在某些特殊場合或已證實未來可行，但目前都還相當昂貴，要不然就是還未經證實其適於大規模利用。

其餘可能在未來會出現的答案，可能還須視一些像是插電式油電混合車及聯網車等技術的發展和配置而定。

CO_2 排放與污染

有這麼個說法：風能其實並不能降低二氧化碳排放，因為既然它是斷斷續續的，就表示它還是需要有化石燃料發電廠作為後盾。事實上風機當然不能一對一的，在發電容量上取代化石能源發電方式。但風能得以替代化石燃料發電減少耗燃與二氧化碳排放，卻早已是不爭的事實。

風力在持續運轉當中不消耗燃料，且也無任何與發電直間接相關的排放。然而，和絕大多數其它發電設施相同，風力發電站在生產和建構過程中也同樣消耗資源。風力也可能因為在能源節約與法規上要求，對其它生產設施造成間接影響。然而，相較於其它電力來源，畢竟風能的直接排放低，且用於建構與運輸的材質（混凝土、鋼鐵、玻璃纖維發電元件等）都要單純許多。風力究竟能降低多少污染和溫室氣體排放，仍取決於其所產生的能量、擴充性，以及其它的發電容量相關輪廓。

由於發電只佔一個國家能源消耗的一部分，因此藉風力發電，或其它潔淨發電能源以舒緩能源使用的負面影響，仍屬有限（除非能將車輛過渡到電動或氫驅動）。以英國為例，2004 年英國全國電力當中，源自風力的尚不及 1%，因此對其在 2002 年到 2003 年間持續走揚的 CO_2 排放所產生的影響，幾乎可忽略不計。而儘管英國的風電容量成長相當可觀（風電裝置容量在 2002 至 2004 間多了一倍，而在 2004 末到 2006 中期之間又成長了一倍），但主要還是因為原來偏低。總之，就算全世界風能都大幅成長，其對於 CO_2 減量的影響仍會相當有限。

土地利用

風機在土地需求上的直接足跡（footprint）相當小，其基座對角大約是 5 公尺長。其緊鄰範圍內不可有樹，且須用來埋設電纜。風機間隔至少是轉輪直徑的二至五倍，也就是大約 170 至 330 公尺之間。

算起來大約每百萬瓦額定容量的風機，需要 0.1 平方公里的土地面積。位於這些風場下的土地，可進行農作但不得作其它進一步的開發。

在都市附近建立風場，固然已有加拿大多倫多示範風場的前例可循，但一方面由於建築受到風機干擾，加上土地價值過高的緣故，大多已轉而推向離岸（offshore）發展。

當今全世界的新型風機皆和包括學校、步道及農地等許多土地利用方式共同存在，相安無事。

對野生生物的衝擊

雖然一般人很容易想像到風機打死小鳥的景象，但實際上對鳥造成威脅的主要問題倒不在此。過去在陸域的研究顯示，風機所殺死鳥兒的數量，相較於其它人類活動，像是交通、打獵、電線、高樓及其它傳統能源電廠的設施等，可謂微不足道。舉例來說，根據統計英國一年被汽車撞死的鳥兒不下千萬。而在英國已有的好幾百部風機當中，依過去紀錄，一年大約打死一兩隻小鳥。若選址恰當，此數字還可進一步降低。蝙蝠撞擊的情形雖尚未有完整的量化，但迄今情況顯示蝙蝠所面臨的風險，應比小鳥的來得低。

另外在美國，雖然岸上的風機一年打死 7 萬隻鳥兒，但遭汽車撞死和撞上建築物等玻璃板的鳥，分別有 5,700 萬隻和 9,750 萬隻。另一項針對候鳥的研究顯示，鳥會對路徑中的障礙物自行調整，整群的候鳥在穿越一片海域風場時，有能力迴避大型海域風機。

感官與安全

視覺

風力電場的首要影響在於視覺。由於風機必須暴露在風中，其一般也都位於突出的位置。感官終究不可能量化，甚至連要討論都很難。有人喜歡看風機，有人則不然。因此，一個社區究竟願不願意為了潔淨能源而接納視覺上的衝擊，純屬公共政策與規劃之議題。

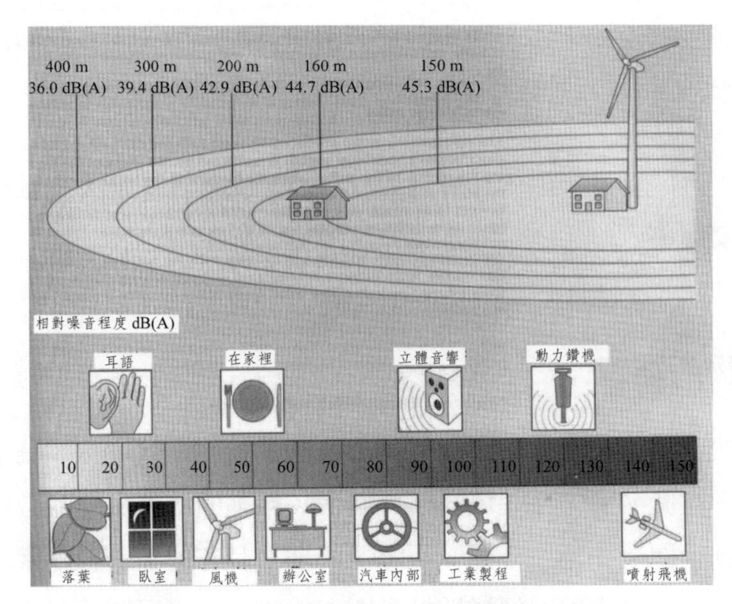

圖 6.29　不同來源所發出的相對噪音程度

航空管制燈號

根據美國聯邦航空署（FAA）的規定，高度在 200 英尺（約 70 公尺）以上的物體必須裝設燈。具體的點燈要求視位址而定，可以是紅燈或白燈，可以閃爍或恆亮。

不動產的價值與觀光

在一項名為再生能源政策（Renewable Energy Policy）的研究計畫當中，其以 25,000 項不動產作為比較對象，結果發現並無風力電場造成不動產價值減損的證據。

噪音

風機可謂相當安靜。但由於聲音的傳遞取決於地勢與風的狀態，因此一個簡單準則是，其與住家最好保持在相當於從風機輪轂到地面高度的三倍以上的距離。達此距離，風機的聲音大約僅和電冰箱發出的聲音相當。圖 6.29 為生活當中各個不同來源所發出的相對噪音程度。

無線電波干擾

過去以金屬片做成的風機，確有在附近住家的電視上呈現「鬼影」的實例。而現今風機所採用的玻璃纖維複合材料，就不再會對傳播信號造成任何干擾了。

風力詞彙

- 搖（yaw）：商業尺寸的風機都有一部用來「搖」的馬達，讓轉輪搖擺迎向風。在疾風情況下，則會將風機搖離風向，以保護它自己。
- 上風風機（up-wind turbines）：當風機搖到轉輪迎風時，即稱為上風。
- 切入風速（cut-in speed）：在此風速下風機得以開始發電。一般商業風機的切入風速為 4 m/s。
- 脫開風速（cut-out wind speed）：在此高風速（一般為 25 m/s）下，風機會停掉並轉而與風向垂直，以保護它免受過度出力（overpower）之害。
- 變速風機（variable-speed turbines）：有些風機配備有電子裝置，讓它可透過變速，例如從 10 rpm 到 20 rpm，以達到出力輸出最佳化的目的。但也有些變化極小或維持不變的。
- 可變葉片螺距（variable blade pitch）：許多風機都可藉著改變其葉片角度，來使性能最佳化。
- 水平軸線（horizontal axis）：現今的商業規模風機的轉輪都是在水平軸上旋轉的。從前也曾經有過「Darrieus」打蛋器形的垂直軸設計，但經過試驗，效率偏低，且在高風速下往往無法倖存須進一步評估。
- 滲透（penetration）：在某地區聯網當中，風能所佔的百分比。根據 2003 年的數據，在美國風的滲透還不到 1%，但在德國北部和部份丹麥地區則可達將近 20%。

第七章
海域風能

歐洲海域風場。

第一節　海域風能評估

第二節　海域風能的環境與經濟性議題

第三節　最近的海域風能市場

第四節　未來海域風場概念

第五節　海域風場發電兼產氫

世界各地人口與工商業發展大多集中在沿海地區，此處電力需求相對於內陸也高得多。海域（或稱離岸）風力發電（offshore wind power）因為不受像是建築物與山丘等的阻礙，而能擷取到相對強勁而穩定的風力資源。也因此近幾年在許多國家，都有海域風電崛起之勢。雖然目前比起陸域的風電來得貴些，但因畢竟在海域能獲取多出將近 50% 的風能，而可望吸引愈來愈多的投資者。

丹麥於 1990 年初，即分別設置了兩座先導型海域風力發電場（offshore wind farm），隨後荷蘭、瑞典亦先後設置離岸式風力發電場。1997 年丹麥政府進一步與電力業者完成建造風力電場的初步工作，並實現了離岸式商業化風力電場。2010 年，歐洲九國共安裝了 1,136 聯網風機，裝置容量共 2,946 MW 分布於 45 個風場，每年產生 11.5 TWh 電力，目前風機平均尺寸為 3.2 MW。台灣鄰近海域風力資源豐富，惟往往因漁業條件、港灣、海岸管制措施等理由，影響了離岸風力能源的開發。初期階段，會先在特定區域範圍內推動示範性離岸風力發電。

第一節　海域風能評估

台灣狀況

台灣地區地面風場年平均風速達到 5 至 6 m/s 以上的強風區域超過 2,000 平方公里，估計陸上有 1,000MW 以上、西岸海域約有 2,000MW 以上風能潛力。民國八十九年台塑在麥寮設置了四部 660 瓩風力機組，發電大多僅供自用，多餘的饋入台電公司的供電系統。台電則自民國 91 年起，在十年內設置了 200 座風機，總裝置容量 300MW。截至 2010 年，台灣整體裝置容量達 519MW。隨著具風力開發潛能的陸域場址趨於飽和，發展方向朝向離岸風力發電，從淺海到深海，採階段式開發，在科技發展策略上，推動國際合作開發系統整合技術，同時帶動國內零組件業發展，並建立相關海事工程能力。

台灣政府於 2011 年 7 月啟動「千架海陸風力機」計畫，鼓勵在西海岸設立離岸風力示範電場，預估 2030 年之前安裝約 600 架、裝置容量達 3,000MW 離岸風機，加上陸域風機，總裝置容量可達 4,200MW，相當於 3 座以上的核一電廠。根據能源局分析，台灣 5 至 20 米水深海域，風能可開發量約 1,200MW，20 至 50 米水深海域，可開發量達 5,000MW 以上。台灣首座離岸風場可望在 2015 年完成，2020 年完成開發淺海風場 600MW，相當於 120 架風力機，接著在彰化、雲林、嘉義等海域，每年可望新增 240MW 裝置容量，推動大規模深海風場開發。

為什麼要在海域？

風力發電值得大力推動，但以台灣的情況為例，在陸域往往仍受到一些先天上的限制，而勢必朝海域發展。在海域進行風力發電的主要優勢包括：

- 不受土地限制，
- 海域強而穩的風力，
- 海域風力資源相當龐大，
- 海域風機尺寸不像在陸上須受到限制，
- 低擾動、壽命長，
- 表面平坦—風機價廉，
- 大面積土地中心到道路的距離。

不受土地限制

將風場往海域發展的主要理由之一，在於岸上欠缺適合於設置風機的場址。人口稠密的丹麥、荷蘭等歐洲國家和亞洲的日本、台灣等即屬之。

海域強而穩的風力

圖 7.1 表示出風如何在海岸邊形成。一如岸上，海域風力與風速的三次方成正比，即：

圖 7.1　風在海岸邊形成

$$P = 1/2\ \rho U^3$$

其中

P 為每單位風機葉輪掃過面積的出力（W/m²），
ρ 為空氣密度，
U 為風速（m/s）。

海域的風往往比岸上的要強勁得多，往往離岸一段距離的風，即可增加達二十個百分點。而已知風所含能源隨風速的立方增大，因此在海域所能擷取到的風能，平均可比在岸上多出 73%。而經濟最佳化的風機，在海上可能可比在岸邊多獲取 50% 的能源。值得注意的是，就算經濟最佳化的風機，一般的容量率也可能低到 25% 至 30%。

然而，也不全然如此，像是在英國等有些國家，其在好的陸上位址和在海上差異很小，甚至沒有差別。這主要是因為這些在陸上的風機往往設置在山坡頂上，風在此加起速來，的確有可能遠大於在平原上的。

海域風力資源相當龐大

根據歐盟的評估，其在水深達 50 公尺處，即可擷取達數倍於整個歐洲的耗電量的電力。當然，海域風力資源並不均勻分佈在每個國家。像是丹麥的海域風能，理論上可供應其全國耗電的十倍，主要因為有廣大的淺水水域（5 至 15 公尺水深）。

丹麥的兩個先導型海域計畫對於海域風力環境，提供了極重要的知識。根據 Tunoe Knob 海域風場最近的經驗，儘管原已知道海上的風速較高，但其實際所獲致的風能，仍比最初以傳統預測模型所預估的，要高上 20 到 30 個百分點。

丹麥的 Risoe 國家實驗室以其 WAsP 風能模型軟體及歐洲風能地圖（European Wind Atlas）全世界著稱，最近正根據其從 Vindeby, Tunoe Knob, 及四個於 1996 年豎立的海域氣象站所獲得的經驗，對其基本模型進行更新。

海域風機尺寸不像在陸上須受到限制

海域風機往往不像在陸域會受到取得土地大小，及與其它陸域活動相互干擾等因素的限制。

低擾動、壽命長

海面和其上方空氣間的溫差，尤其是在白天，比起陸上相對情形要小很多。這表示海面風的擾動比起地面風要小。如此一來，亦表示位於海上的風機所受到的機械疲勞負荷，比在陸地上的要小，而壽命也就可延長些。雖然目前還沒有對此作過精確的計算，但可預測，一部設計壽命 20 年的陸上風機，若裝在海上，壽命大致可延長到 25 至 30 年。

表面平坦—風機價廉

另一個有利於海域風力的論調指的是，算得上相當平坦的海域水面。這表示在海面上風速隨高度增加的不會像在陸上那麼大。也就是說，海上不需要用到高度太高（也就等於成本太高）的塔架。

大面積土地中心到道路的距離

此外，在海域風場的特殊條件還包括：

- 風機數目幾乎不受限制，可視需要擴充，
- 基座坐落在海底，
- 風機之間電力聯網，
- 聯接到岸上的電纜，
- 運轉與維修所需要的基礎設施，
- 海域風機設計修改。

圖 7.2 所示，為一處鄰近高爾夫球場的海域風場，圖 7.3 所示，為裝置於既有海域平台上的風機。現今海域風場計畫所用的風機，多半是大致已標準化的 450 kW 至 600 kW，已事先做好特別防蝕的機器。但一些重大技術上的改變也逐漸引進，例如在最初裝設海域風機時，必須將高壓變壓器裝到風機塔架當中。如此除了可以有較佳的防蝕保護，尚具備兼作加熱設備的好處，而可避

圖 7.2　海域風場實例

圖 7.3　海域平台風機

免風機冷起動。在 Tunoe Knob 風場的每個風機當中，都裝設了特殊電動吊車。如此即便轉輪葉片或發電機等部分，都可直接更換，而省去了使用大型昂貴的浮動吊車。另一個有趣的設計變更，是讓轉輪轉速提高 10%，進而將風機的有效性提高了 6%。轉輪轉速提高往往也就伴隨著噪音的代價。但由於理論上離岸幾公里遠，聲音便大約為 -3 分貝（dB），因此不致構成問題。最後，風機製造廠將風機漆上了標準的北約（NATO）淺灰迷彩色，和所製造轉輪葉片的顏色完全一致。如此從岸上看風機幾乎可完全消失。

第二節　海域風能的環境與經濟性議題

圖 7.4 所示，不同於在陸域的情形，一部設置在海域當中的風機，必須面對各項環境因子的嚴峻挑戰。因此，海域風力電場的投資成本，一般都遠高於裝設在岸上的，主要便在於：

- 水下結構土木工程，
- 較高的電力連結成本，
- 用來對抗具腐蝕性的海洋環境，所需用到的高規格材料等額外增加的成本。

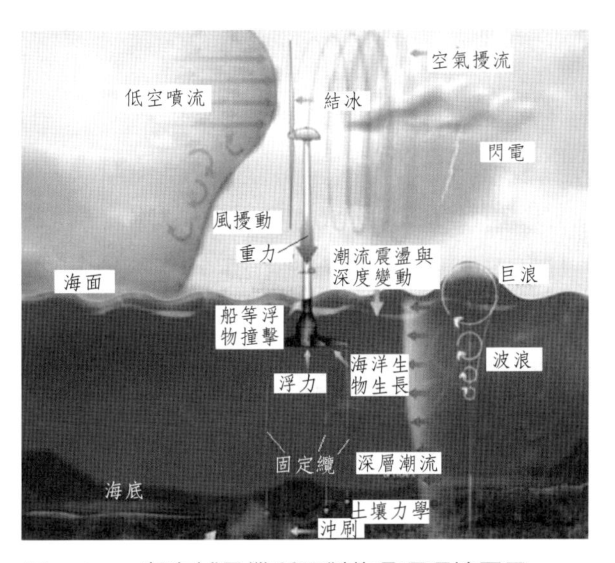

圖 7.4　一部海域風機所面對的各項環境因子

然而，一般海域的風速畢竟都比陸域的高（除了某些特定的山坡頂上以外），再加上隨著過去經驗的累積，其成本可望持續下降，使得海域風能的成本可望在風能發展的下一階段，具相當競爭力。何況，若要採取很大尺寸的風機，在海域比在陸上較為可行，而這也正符合提升風電經濟性，所必須具備的重要條件。

從開始有風力發電產業以來，海域風電便一直被視為風力進展過程當中，合理的「下一步」。其實海上的的風比起陸地上的，不僅較強且也較穩（負載因數平均可達40%）。同時，特別是人口稠密的歐洲和東亞國家，海洋額外提供了許多空間，得以建造原本在岸上可能無法接受的大型十億瓦（Giggawatt, GW）尺寸的開發案。然而儘管往離岸海域發展有這些明顯的優點，其成長卻比預期的要來得緩慢，這主要歸因於幾個因素加在一起，包括：

- 海上施工困難，
- 風機價格高昂（陸上風力發電劇增所致），
- 政府方面缺乏具說服力的支持，以及
- 聯網成本高昂。

然而最近有好幾個國家的海域風電總算顯現出輪廓，且預料在未來幾年內將會在此領域迅速擴張。

面對的挑戰

2004年才成立的德國BARD，爭取在2010年之前成為世界最大的海域風電經營者之一。其在Emden港建廠，預定年產100單位，並計畫從2008年起建立一系列自行設計的5 MW（BARD VM）海域風機。該風機具備122米的葉輪和單一主軸承。其設計同時考量夏季與冬季間巨大溫差，以及沙漠地區沙塵暴等嚴峻環境因子的挑戰，以滿足中國大陸部分地區的需求。

在BARD的雛型當中，齒輪箱、雙饋式感應發電機（DFIG）及轉換器系統由Winergy供應，其生產葉片模組及附帶的生產技術則由荷蘭的Polymarin

圖 7.5　包含三根插到海床的獨立鋼管的深海風機基座設計概念

Composites 提供。目前 BARD 正評估各種鋼製和混凝土基座，前者雖然在總成本上評估較佔優勢，但壽命評估較為不利。至於鋼製基座，目前較傾向選擇三足基座（圖 7.5）。該基座包含三根插到海床的獨立鋼管，接著將柱子在高出水面處接在頂端，最後再與風機塔架底部的凸緣以螺栓接合。

德國迄今所核定的海域風能計畫當中，風機總數高達千座，顯見 BARD 的海域風力技術的市場潛力。

風機基座

風機的維修與安裝成本是可能阻礙海域風場發展的一項重要因素。岸上風場的維修與經常性場務成本大約是建立風場費用的四分之一。在海域風場，這筆錢可高達四分之三。所以為了降低這筆支出，在設計之初便值得好好下工夫，來讓建造的風機更為可靠、更容易安裝，以及易於施工。

而在此方面的一項關鍵便是風機的基座。圖 7.6 所示，為海域風機將發出的電送上岸的情形。圖 7.7 所示，為三種不同類型的海域風機基座。雖然目前以單樁式基座最受歡迎，但仍不乏新的觀念被逐一提出，也有些正在開發之中。表 7.2 比較三種不同海域風機基座的優缺點，以下列述幾種主要的設計。

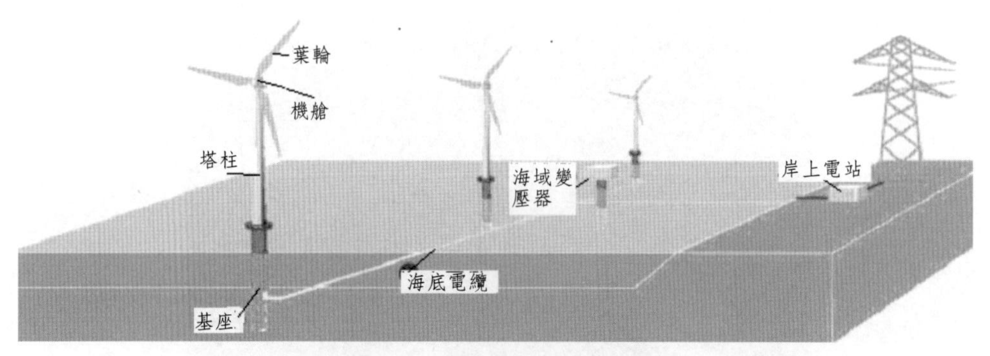

圖 7.6　海域風機送電上岸

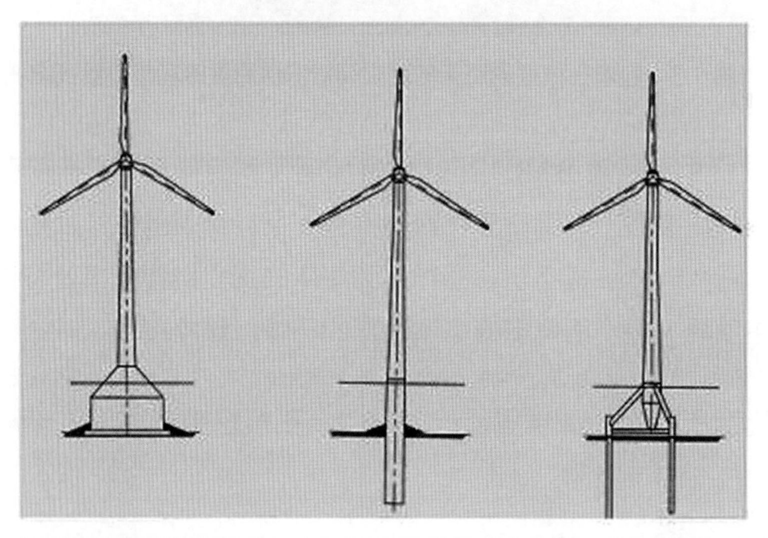

圖 7.7　三種不同海域風機基座，自左至右依序為重力鋼構、單樁鋼構、三腳鋼構

表 7.2　三種不同海域風機基座的優缺點

基座型式	缺點	優點
重力鋼構	・需要海床準備工作 ・細部焊接費時 ・結構位址空間需求大	・不需打樁 ・可整個移出並有可能重新設置 ・所有零件都可目視檢驗
單樁鋼構	・需要重型打樁設備 ・不適合在大型邊界的大地工程的位置	・構造簡單 ・不需海床準備工作 ・對沖刷不敏感
三腳鋼構	・需要特殊製造技術 ・不適合有大型邊界的地質技術位置 ・不適合淺水區（<6m）	・適合深水 ・阻礙效果小 ・裝設前現場所需要的準備工作少

單樁

單樁式目前已成為有如標準的風機安裝方法。Horns Rev, Samso, Utgrunden, Arklow Bank, Scroby Sands 及 Kentish Flats 等風場的風機都屬這類型。其最適用於 20 至 25 公尺水深的，由淺到略深的水域。其最大直徑在 5 至 6 公尺之間，最主要的優點在於簡單，只需要打樁到海床裡，再一面對些微傾斜進行修正，即可。但主要的問題在於如果海床是岩盤時，需要事先進行鑽孔所費不貲，而未來移出的困難度亦不難想見。

三腳或多腳樁

當水深超過 30 公尺時，便適合採用這類型基座。其實它只是將三根單樁組成的三角錐形結構壓入海床裡。這樣的基座雖然既堅固又好用，但成本終究很高，且未來在除役後要移除也很困難。其和單樁一樣，都不適用在軟質海床上。

混凝土重力基座

最開始的海域風場用的正是這類基座（圖 7.8），利用整大塊混凝土本身的重量來穩住風機。雖然這種做法簡單且適合各種地質狀況的海床，但由於運送重量過於龐大，仍然所費不貲。

圖 7.8　海域風機混凝土重力基座

鋼鐵重力基座（鋼鼎基座）

就和前混凝土基座一樣，其靠著本身的重量來穩住風機，比較好的一點是鋼鐵部分只重 80 至 110 噸，視海況而定。如此安裝和運送就容易得多，一趟船便可完成好幾個。這較輕的鋼鐵基座在安裝好之後，就可填入密度很高的橄欖石，使整個重量達到上千公噸。儘管這類基座適合所有土質的海床，其對侵蝕的承受能力倒成了問題，需要持續加以維護。

漂浮支撐

目前大多數深水海域風機基座的設計概念，都取自於海域油、氣鑽採平台。而如何降低成本，便是其面對的最大挑戰。圖 7.9 所示，漂浮支撐基座設計，主要適用在 50 至 100 公尺的深水區，其建造費用低廉並可將風場擴及目前以外的範圍。然而，顧名思義其缺點正在於不穩，而只適用於低浪區域。其餘問題還包括其齒輪箱、發電機等迴轉機械，須同時承受著巨大的加速力量，而增加了故障與折壽的風險。同時由於該漂浮結構體本身持續承受著風與波浪的合力，而可能在疲勞負荷下導致提前故障。尤有甚者，其高昂的繫泊成本。加上水下鋼纜，限制了捕魚和航行等活動，皆為此項設計的負面考量。西門子（Siemens）和 StatoilHydro 於 2009 年六月在約 230 米的水深海域，裝設了第

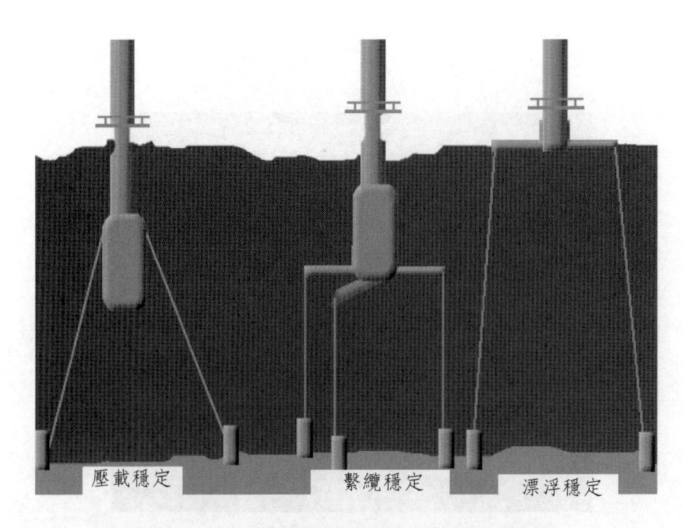

圖 7.9　三種漂浮支撐基座設計概念

一座 2.3 百萬瓦的漂浮式風機 HiWind。該漂浮結構包括一座以石頭和水來壓艙的浮體。

另類深海實例

圖 7.10 所示為 Principle Power 針對目前發展海域風電在深海所受到的限制，提出一套設計不同於以往的答案。該項專利為一組漂浮的支撐結構體，稱為 WindFloat。其可阻擋波浪和風機本身所引起的運動，使風機得以平穩的設置在水深超過 50 米的場址，而得以透過既有的風機技術擷取到更好的風力資源。

更吸引人的一點是，其設計成可在岸上完成大部分組裝再拖到場址，而免於使用許多昂貴的海上專用起重與運送機具，且運轉與維修工作亦得以大幅減輕，而使經濟效益提高到最大。另外，由於其大部分結構沉在水下，也較有利於觀瞻。

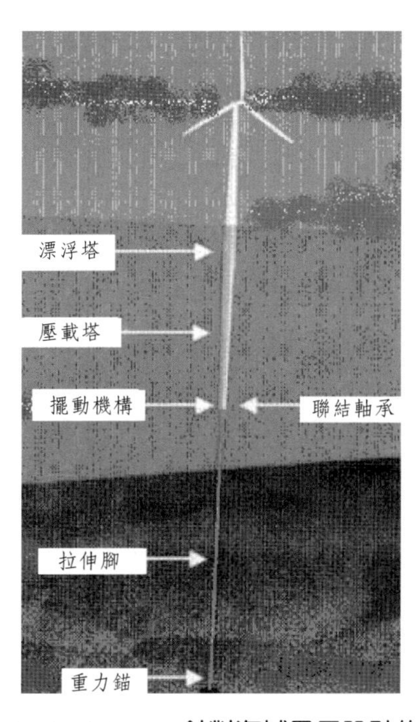

圖 7.10 Principal Power **針對海域風電設計的** WindFloat

海域工作船

隨著幾個大型海域風電工程獲得確定，海域服務產業也受到鼓舞，隨即開發出一系列安裝與維修專用船舶。A2SEA 公司於 2002 年用兩艘改裝過的貨輪，安裝了 Horns Rev 風場的風機。有了這項成就，該公司隨即於 2006 年增建了 MV Sea Installer，投入營運行列。Mammoet 和 Van Oord ACZ 兩家荷蘭公司也合作建造了名為 Jumping Jack，有四隻可伸展開的腳，並配有一部 1200 公噸起重機的海纜駁船。該船不僅可用來打入基座，同時還可安裝風機。Arklow Bank 風場計畫便靠其完成。

英國的五月花公司的一艘安裝專用船，建造於上海港，目前以 Resolution 為名由承接公司 Marine Projects International 經營。該船有六隻可伸展開的腳，適合工作最大水深 35 公尺，兼具安裝基座和風機的功能。英國的 Barrow 計畫即靠其完成。

海域風場經營者也對能讓人員接近海域風機的海域接近系統（offshore accessing system, OAS）深感興趣。例如 Horns Rev 上的登陸梯子，便配備了能與接近船上的傳遞平台直接銜接的舷梯。

最後，Ballast Nedam 是另一剛加入的荷蘭海域工程大公司。其自航駁船 HLV-Svanen 由雙胴船殼所組成，可舉重達 8,700 公噸，自由揚升空間達 75 公尺，足以安裝葉輪直徑達 130 至 140 公尺的 6 至 7 MW 風機。或者，其亦可用來運送直徑達 22 公尺的混凝土重力基座。荷蘭位於北海的 108 MW NSW 計畫即其處女作。

從過去已有許多研究，可廣泛看出海域風電所須面對的挑戰，和所帶來的不確定性。而如今總算都讓德國給確定了。雖然過去絕大部分海域風電風機都在 2 至 3 MW 之譜，但更大的裝置也已一一加入。例如位於英國 Burbo Banks 包括 25 座，每座 3.6 MW 的西門子風機，在 2007 年夏天開始運轉。隨著風機尺寸愈來愈大及海域愈來愈深，找出成本有效且快速安裝的水下結構解決方案，也就愈來愈需要。而從 5 MW BARD VM 的例子更可看出，要能在風力工業上成功，結合遠見與果斷，顯然是成功的關鍵因素。

第三節　最近海域風能市場

最近剛完成的丹麥 Horns Rev 是全世界最大的海域風場。其它還有許多國家也陸續投入開發海域風電。表 7.3 所列為 2005 年至 2009 年期間歐美國家海域風電數量。丹麥預計在 2030 年之前，讓風電的電網滲透率達到 50%。德國有許多大型計畫正分階段在其水域發展當中，總共超過 30 GW。法國目前亦正規劃 500 MW 的海域風電。這些計畫的一個共同點，便是它們都採用百萬瓦以上等級的風機。理由即在於，如此可從較為穩定的風力資源當中發出更大量的電，以備在未來的潔淨電力舞台上站一席之地。

表 7.3　歐美國家海域風電數量的近期過去與未來（2005-2009）

國家	2004 年底前	2005	2006	2007	2008	2009	2009 年底總共
比利時	0	0	21	63	55	55	194
丹麥	397.9	0	0	200	200	0	798
法國	0	0	58	0	0	0	58
德國	0	0	300	444	672	1220	2636
愛爾蘭	25	0	0	25	25	200	275
荷蘭	19	60	60	100	0	0	239
西班牙	0	0	20	0	200	0	220
瑞典	23	0	116	100	70	70	379
英國	124	198	466	750	1000	1000	3538
美國	0	0	0	0	200	0	200
總共	589	258	1041	1682	2422	2545	8537

最近市場狀況

海域風電市場展望

根據德國風能研究所（DEWI）作的研究，在 2002 年至 2006 年之間，海域風能市場看好度從 52.2% 滑落到 34.1%。有趣的是，其預測接下來到了 2010 年海域風能市場反倒將再度揚升。前幾年下滑究其原因，第一在於先前低估了海域的複雜性，例如 Horns Rev（DK）服役後的兩年內所陸續出現的問題。其次，海域開發計畫因為取得建造許可及計畫所需財務擔保的困難，及所需要的冗長過程，形成重重障礙。此外，國際間陸上風機市場激增，也可能是造成海域風場成長受阻的因素之一。在此特殊生意環境下，業者自然傾向將已然擁有大量需求的岸上風能列為首要，而也就順勢將風險大得多，成本高得多的海域風力開發降列為次要了。

自 1991 年由丹麥率先建造第一座海域風場以來，總共有 770 MW 的海域風場，分別在瑞典、愛爾蘭共合國、荷蘭及英國四個國家陸續建立起來。這些大多數僅屬於示範性計畫，讓開發商與廠商用以測試其設備及裝設技術。如今已進入下一階段，實際進行數千百萬瓦的商業用海域風場。循此趨勢，風力將成為這些國家的主要電力來源。而儘管一般總認為北海一帶無疑的是海域風力活動的大本營，如今所考慮的計畫其實已遍佈全世界。

丹麥

儘管國小，丹麥無庸置疑的同時是陸域與海域風電的先鋒。其於 1991 年在 Vindeby 建立起全世界第一座海域風力電場。經過了十年，丹麥再度領先全世界，設置了第一座大型海域風場，先是在哥本哈根附近的 40 MW Middelgrunden，接著的是分別位於 Horns Rev 及 Nysted 的兩座 160 MW 風場，及 1995 年位於 Tuno Knob 的風場。儘管一開始在 Horns Rev 曾出現過一些問題，其大體算是相當成功，而且從這幾座先驅海域電場所獲得的經驗，提供了大量足以影響在海上進行風力發電運轉的各項因子的寶貴數據。例如 Vindeby 風場，儘管在當時的建造成本比陸上的高出 85%，但供電量卻也比陸上多出 20%。而且根據調查，在該海域風電場附近的漁獲亦隨之增加，這主要歸功於風機基座扮演起人工魚礁的角色，而同時促進了貽貝的成長，且自從該風場建立以來，海洋動、植物生態也都隨之有所進展。

Tuno Knob 海域風場試驗結果顯示，實際海域風能的輸出，比當初以風速預測模式所預估的高出 20 至 30%。1998 年二月丹麥政府與其國營電力公司共同作成結論，要在 2008 年之前分別在五座風場開發出 750 MW 海域風能，並計畫在 2030 年之前再增加 4,000 MW。不過因為政治因素而變更計畫，改由私人及外國廠商進行此項開發。

除上述計畫外，由 Middelgrunden Wind Turbine Co-operative 與 Copenhagen Energy 合作在哥本哈根附近的淺水區建立了海域風力計畫，於 2001 年裝設了十座風機。Bonus 2 MW 風機，每個輪轂高 64 米、輪徑 76 米，排成略彎的曲線綿延長達 1.3 公里。估計每年可發大約 8,900 萬度電，大約是哥本哈根耗電量的 3%。另外，世界最大的海域風場也已在丹麥水域的 Horns Rev 完成。其包括 80 座每座定額 2 MW 的風機，每年可發 600 GWh，足以供應丹麥大約十五萬戶家庭用電。

目前丹麥的海域風場的容量大約為 380 MW，仍是世界上最高的，而其目前人均容量也是最高的。Horns Rev II 在歷經過去好幾年的停頓之後，計畫已恢復。其將在目前的既存的風場上，再增加 200 MW。

丹麥除了擁有屬於自己的海域風場外，其同時也擁有幾個領先的海域風機大廠，包括 Vestas，全世界首要岸上與離岸用風機製造廠。迄今，全世界幾乎所有的海域風機都是由 Vestas 所裝設，並持續保持領先地位。另一個在被西門子（Siemens）併購之前原本也是丹麥所屬的 Bonus 也是海域風機製造廠。在建構方面，A2 SEA 也屬丹麥，該專業公司利用專為特殊任務所建造的專用船 MV Sea Installer 及 MV Sea Energy 來裝設海域風場的風機。

英國

根據研究所作的預測，英國在 2030 年之前，能夠依靠海域風場供應其 40% 的電力所需。而要達到此 48 GW 的目標，每年將須安裝 2500 MW，需要 20 艘專用於此的起重駁船（crane barge）。

瑞典

瑞典於 1991 年在瑞典南方 Nogersund 海岸豎立了單座 220 kW 風機。

荷蘭

1995 年位於荷蘭 Ijssel Lake 海岸的風場，包含四座 500 kW 風機。荷蘭政府計畫先在其 5 至 10 米水深的海域建造為數 100 座的 1 MW 風機。另一處計畫，則是建於暗堤後方水域的 100 MW 半海域場址。荷蘭政府將這些計畫當作是在北海進行大規模風能開發的第一步，其計畫在 2020 年之前完成 3,000 MW 的裝置容量，其中半數位於海域。從這些計畫所發出的電的成本估計在每度 2.3 到 4.6 便士。

德國

德國政府近年來也大規模進行海域風能開發。其計畫在北海建立四千座風機，預定在 2030 年之前每年供應 75 至 85 TeraWh 電力。

相關產業之市場潛力

產業發展重點

2010 年至 2011 年間有 33 家廠商公布了 44 種新機型。歐洲廠商正開發 6 MW 與 7 MW 風機雛型，其他國家廠商則主要在開發 5 MW 風機。

海域風電的市場由新的 3 MW 級風機，逐步取代 2 至 2.3 MW 海域改良型風機。寡佔海域風力這塊的兩家公司分別為丹麥的 Vestas 和德國 Siemens Wind Power（即先前的 Bonus Energy）。在這塊新的海域地盤上，Vestas 預料將遭逢不容輕忽的競爭，尤其是西門子的新 3.6 MW 型風機，和美國奇異公司經過最佳化，轉子加大到 111 米的 3.6 MW GE 3.6 sl 海域型風機。

尤有甚者，即將問世的大型風機為 Repower 5 M，為一擁有一個 126 米葉輪，5 MW 的全世界最大的巨無霸。其兩片 61.5 米長的葉片是由 LM Glasfiber 製造。這兩座 5 MW 新風機於 2006 年起，坐落在有紀錄以來最深（40 至 44 米），距蘇格蘭東岸 25 公里名為 Beatrice 的海域當中。接著，德國 Aerodyn Energiesysteme 亦計畫在其 Borkum-West 海域風場計畫當中，展開十二座 5 MW 的 Multibrid M5000。其介於直接驅動與傳統齒輪帶動之間，被風力專家譽為「聰明的混血」（clever hybrid）。其葉輪葉片長 56.5 米（重 16.5 噸），最大特色在於高度緊密整合的低速葉輪驅動系統、包含了一個單獨主軸承（無主軸）、一套單級齒輪箱，以及一中速同步型永久磁鐵發電機（PMG）。表 7.1 列出世界十大海域風機廠牌近況。

海域風能開啟了技術挑戰新頁，進一步加大原本已是地球上最大轉動機器的尺寸，將對製造廠形成挑戰。其它像是生產便宜的基座、安裝物流的改進，以及有效率的檢驗與維修等，都是挑戰。

表 7.4　2011 年世界十大海域風機廠牌近況

國家	廠牌	市場佔有率
丹麥	Vestas Vestas	12.7%
中國	Sinovel（華銳風電）SINOVEL	9.0%
中國	Goldwind（金風）GOLDWIND	8.7%
西班牙	Gamesa Gamesa	8.0%
德國	Enercon ENERCON ENERGY FOR THE WORLD	7.8%
美國	GE Energy GE Energy	7.7%
印度	Suzlon Group SUZLON	7.6%

國家	廠牌	市場佔有率
中國	Guodian United Power 中国国电 CHINA GUODIAN	7.4%
德國／丹麥	Siemens Wind Power SIEMENS	6.3%
中國	Ming Yang（明陽風電）MINGYANG WIND POWER 明阳风电	3.6%

第四節　未來海域風場概念

海域風能最新發展

如第二節當中圖 7.4 所示，開闊的大海對風機構成了很大的挑戰。高鹽分的空氣、持續的潮濕、大浪和浪所帶起的水顆粒等等，都分別對風機產生一定程度的作用。早期所謂海洋化版本的岸上風機，包含了一些像是改裝過的除濕機艙空間，但其餘部分則和在陸上的差不多。整體而言，這些早期模式的表現好得令人激賞，但其也只能視為海域風電發展的第一步。如今隨著海域風能工業的趨於成熟，更大、更特別的風機，也就得跟著設計得更符合實際需求，包括比早期大得多的系統的可靠性，以及大幅降低保養需求等。以下摘要列出海域風電發展現況：

- 世界海域風場從 2009 年的 72.1 MW 增至 2010 的 155.3 MW；平均風機水深從 2009 年的 12.2 米加深到 2010 的 17.4 米，並進一步興建平均水深 25.5 米的風場。
- 風場平均離岸距離，從 2009 年 14.4 米，增至 2010 的 27.1 公里，並進一步延伸至 35.7 公里。
- 2010 年，歐洲九國共安裝了 1,136 座聯網風機，總共容量 2,946 MW，分布於 45 個風場；此裝置容量每年產生 11.5 TWh 電力。
- 歐洲在 2011 年內的新裝設聯網容量超過 1,000 MW。
- 截至 2011 年底，世界海域風機平均尺寸為 3.2 MW；水下結構 65% 皆採用單柱式，25% 為重力式，8% 為套管式。

- 目前正興建的海域風場有 10 個、總共 3,000 MW，一旦完成，歐洲海域風電容量將增至 6,200MW。

風機製造

直到 2005 年，海域風電市場的領導者 Vestas 只供應二種百萬瓦等級模式的海域風機。其中第一個是 2000 年裝設於英國 Blyth 的兩座 2 MW V66 風機。其為當時舉世最大的風機。接著下來的是 2 MW V80 型，加大了葉輪達 80 米。其於 2002 年用在 Horns Rev 160 MW 的海域風場計劃當中。

雖然有些報告顯示該型風機用在岸上有些問題，因此從這 80 座搶先安裝在海域的計劃當中可能會帶來慘痛教訓。但 Vestas 仍然信心滿滿認為問題都可在安裝之前一一解決。然而就在該風場運轉不到兩年之後，出現了一些技術上的大問題。最後決定將這所有的 80 座風機拆到岸上進行重大處理。儘管想起來問題極其複雜，但在 2004 年秋季之前，所有風機又全都裝回到其基座上，並保持順利運轉。迄今，當年的挫折似乎對 Vestas 的海域風機市場地位，也並未造成重大傷害。

V164 - 7.0MW 風機，象徵著海域風能在尺寸和能源擷取上的一大躍進。有了它，因為數量得以減少，運轉和維修成本也得以有效可降低。其 164 米直徑的轉輪可掃過超過 21,000 m^2 的面積，幾乎相當於三個足球場大，獲利也更可觀。而因為遠在外海，此新一代海域風機，在設計上追求的是減少保養需求。就算需要維修，也力求安全、迅速及成本有效。除了增大轉輪以擷取最大能源，其更在於加大轉輪對發電機的比率。當然如此一來，由於所需風機數目減少，基座與電纜數量也可減少。其壽命預估為 25 年。

推動阻礙和疑慮

在未來十年當中，陸域和海域的風能技術都將會有重大改變。以下所列，為過去報導過的，在對支持或反對海域風電計畫作成決定之前，所受到最大影響的因素或議題。

- 對海洋生物和環境造成的衝擊，
- 觀感，
- 對漁業的衝擊／船艇活動的安全，
- 電價，
- 對進口石油的依賴，
- 替代或再生能源，
- 空氣品質，
- 休閒觀光活動，
- 財產的價值，
- 私人使用公有土地，
- 對就業與經濟的關切，
- 全球暖化、氣候穩定，以及其它。

成本的挑戰

離岸式風力發電場須設置包括海底電纜、升壓變電站、海上風機機座、風機及塔架等主要設施，投資金額是目前陸上風力發電場的二、三倍。過去幾年來海域風場發展推遲的主因便在於成本。雖然風機每 kW 裝置出力在過去三年已跌了近 20%，且岸上每 kW 裝置出力的裝設成本也因為風機尺寸加大而下降，但海域的安裝成本大致上仍維持不變。

陸上大型風場基座和聯網，可以每部風機低於 6 萬歐元的平價（例如在丹麥有 39 部各 600 kW 風機組成的 Rejsby Hede 風場）購得。基座成本大約佔計畫成本的 6%，至於聯網則佔 3%。

然而在海域，基座和電纜所佔的成本就相當高了。以丹麥 Tunoe Knob 風場為例，其風機設置在 5 至 10 米水深的海域。每部風機基座成本大約佔計畫成本的 23%，至於聯網則佔 14%。

環境與社會議題

海域風力所必須克服，且問題會一直存在的主要議題，為各種在海上的各種環境與社會層面利益的競爭。雖然在評估場址時，會立即引來對於海域風機的建造與維修，可能會對海洋生物與當地鳥類等造成影響的關切，但根據過去的經驗，整體長期的反應都還算正面。

對於風力業者而言，進行環境影響評估，以確定在某位址豎立風機的潛在影響，是很重要的。基於海域風場的尺寸與特性，如果過去在該區從未進行科學調查，這時必然就需要建立龐大的相關資訊。由於過去所建造的海域風場甚少，其對於海洋生物的影響也就難以清楚的了解，但仍可從丹麥經驗獲得相當多的資訊。

從丹麥 Nysted 和 Horns Rev 兩處風場所得到的經驗，其對於當地海洋生物的影響僅屬暫時性的，而且其甚至還可導致某些正面的長期效益。一些在建造期間離去的物種像是海灣海豚，之後都回來了，甚至還有證據顯示其具有魚礁的聚魚效果，意即風機的基座為海草和甲殼魚類提供了孕育場所。

然而，環境議題終究因地而異。像是在英格蘭西北的 Shell Flats 風場計畫，就是因為發現危及一個瀕臨絕種黑鳧（Scoter，海番鴨）的群落而遭到耽擱。顯然，環境議題必定會隨時受到檢視，儘管其替代方案的風險也必須一併考慮。

長期而言，大規模的風場對於海洋生物還算得上是利多。像是英國的第二階段計畫，事實上由於嚴格限制了航行和漁業活動，而可望創造出大片的保護區。這是過去近百年來，北海首度有很大一片海域能免於一年到頭的流網和拖網的掃蕩。如此一來該區可成為魚群的避難所，進而有助於較為永續的漁業政策的建立。

不過儘管如此，依過去的經驗，為了彌平相關社會爭議，漁民的收益減損最終還是都得到了補償。因此電力開發者也就會要求政府對這類補償建立一套規範。同時電力開發業者在當地鼓吹海域風電、爭取合作的最大利器，恐怕不外大力鼓吹其額外所能提供的工作機會。

眾所週知，海洋哺乳類動物對水下工程的聲音極為敏感，很容易受到此類音波的傷害。為了將在海床上打樁時對海洋生物造成傷害的風險減至最低，一般都會採取「軟起頭」的做法。希望如此可以在開始全力打樁之前，給鄰近動物充裕時間迴避並做好準備。另外一些像是鯊魚等生物，也會因為電磁場干擾其本身電感，而受到高壓電海底電纜的影響。不過，這些都尚屬相當局部的問題。

財務議題

一般海域風場投資成本

一般海域風場投資所需要考慮的因素包括：

- 產生能源，
- 風力資源，
- 風機曲線，
- 容量因子，
- 實際能源／最大能源，
- 一般海域值：35-45%，
- 獲取性，
- 風機能運轉的部分時間，
- 能源成本（COE）。

其中能源成本 $/kWh 取決於：

- 安裝成本（C），
- 固定利率，每年支付安裝成本貸款部分（FCR），
- 運轉與維修（O&M），
- 每年產生能源（E）。

$$COE = (C \times FCR + O\&M)/E$$

以下是幾項從過去建立海域風場的經驗當中所得到的，投資成本資訊實例。

- 風機成本包含塔架：$800-1,000/kW，
- 電纜成本：$500k-$1,000,000 ／海浬，
- 基座成本：成本取決於土壤與深度。例如北海為 $300- 350/kW，
- 總安裝成本：$1,200-$2,000/kW。

以 2001 年歐洲既有計畫的實際能源成本為例：

- 能源成本：5.3 至 11.2 歐分（EC）/kWh，
- 計畫特性，
- 風機大小：450 kW 至 2,000 kW，
- 風機數：2 部至 28 部，
- 風機轉速：大約 7.5 m/s，
- 水深：2 至 0m，
- 離岸邊距離：250m 至 3 km。

經濟評估實例：

- 安裝成本：1,500 美元 /kW，
- 容量因數：40%，
- 可獲取性：95%，
- 能源價值：8.3 美分 /kWh（根據批發價格 4 美分 /kWh 估算），
- 生產稅抵減（Production Tax Credit, PTC）：1.8 美分 /kWh，
- 再生能源組合標準（Renewable Portfolio Standard, RPS）：2.5 美分 /kWh，
- 運轉與維修：1.5 美分 /kWh，
- 固定收費費率：14%，
- 簡單回收：6.6 年，
- COE：7.8 美分 /kWh。

其它需考慮的項目包括：

- 場址議題，
- 視覺上的影響（近岸），
- 海洋利用政策，
- 競相利用，
- 補償（compensation），
- 管轄範圍（jurisdiction），
- 海洋禁入區（ocean sanctuaries），
- 環境影響。

未來設計趨勢

海域風電的長遠概念包括飄浮傾斜，能自主尋找目標的海域風機。未來的計畫目標在於，藉著省去一些對擷取風和產生動力，沒有直接貢獻的不必要部分，以大幅降低投資與營運成本。在這類風電海域模式當中，所有葉輪和主軸都直接在底部接近海面處，與一完全封閉、直接驅動的發電機聯結。為了讓人員容易接近，並為了在發電機定子與轉子間的空氣間隙提供足夠剛性（rigidity）起見，該發電機位於接近頂部的軸承處。

其從水平量起的軸向角度乃取決於：風的力道、葉輪與驅動軸合起來的重量、罩住的整體所受的浮力，以及繫纜系統所施加的向下力道，之間所達成的平衡。該風機會自然朝下。罩體將透過萬向接頭與錨碇聯結，如此可斜向任何方向，但卻不至於轉動。如此設計，也省去了滑動環或鬆纜的步驟。此觀念當中，藉由碳纖驅動軸省去鋼塔，同時其自主對準能力，也省去了搖擺控制系統（yaw control system）。而且，正因其傾斜，也就省去了原本在安裝和維修上不可或缺的起重吊車、大型船艇及直昇機。而且因為既然是浮於海面，其建造與取得基座許可所需成本也就省了。此系統的主要潛在優勢包括：設計簡單、僅一個運動部分、所有重的部分都位於接近海面，以及必要時可將整體拖至岸邊或就在海上進行維修。

此一設計大幅降低了發展海域風機原本必然會遭遇的最大障礙，即其維護上的困難與高昂的成本。尤其，就歐洲長遠朝向深海風場發展以擷取更強、更穩風力資源的角度來看，此不啻大幅提高了可行性。總的來說，海域風電的趨勢不外：

- 更深水域（30 公尺以上），基座成本更高，
- 離岸更遠，
- 風機更大，
- 高伏特直流電纜，
- 漂浮，
- 海域產氫，
- 範圍更大產能更大，
- 位址衝突較少，
- 環境更為嚴峻，以及
- 電纜更長。

截至目前為止，海域風機還僅限於設置在淺水（二、三十米深）區，多半用的是單根管柱基座。新的基座技術採用鋼柱取代混凝土，大大改進了海域風力的經濟性。因應設置在深水海域的需求，很可能會採用如同海域鑽油平台的各種套體式（jacket type）結構，如此一來便可進一步將風機推往 50 米深的海域。另一方面，未來為經濟起見整個海域風場必須要夠大（120 至 150 MW），而且要用大型的風機（1.5 MW 以上）。由於機械疲勞負荷較低，海域風機的設計壽命也得以拉長。以目前的技術作較為保守的估算，海域風電的成本約為每瓩 - 小時台幣 1.6 元，但若將前述因素都計算在內，能源成本有可能降低到每瓩 - 小時台幣 1.3 元。

預計再過二十年，海域風機將可望設在浮動平台上，而不再受水深限制，亦即可在任何最有利於擷取風能的海域建立風場。目前已有一些雛型正試驗當中。而其中一項挑戰，便是能夠連結電網的一套複雜而可變動的電纜系統。

現今風力技術所面對的挑戰，除了進一步降低裝設成本，物流與聯網間

的整合，也將顯現出一些問題。而丹麥要將風電在電網當中所佔比例提升到50%，勢將要求在聯網技術上朝向更具彈性、有大量 CHP 和儲熱的分散系統（decentralized system）的長期重新設計，加上更能將風和鄰近國家的水力資源充分協調利用。

從環境的觀點來看，海域風場缺點算是少的。最近的一個科學研究顯示海域風場對鳥影響不大。而一個能源使用的生命週期計算結果顯示，製造、裝設及維修海域風場所消耗的能源，佔該風場所產生的能源還不到 2.5%，如此可望而使得風能成為目前所有發電技術當中最為潔淨的。

第五節　海域風場發電兼產氫

先要特別一提的是，在此氫是一個能量載具（energy carrier）而並非能量來源（energy source）。利用海洋能技術所產生的的有用能量，可透過氫加以儲存及輸送。

氫的生產

氫是地球上最簡單的元素。一個氫原子只含有一個質子和一個電子。氫氣是一個雙原子分子，即每個分子有兩個氫原子，所以一般我們將純氫以 H_2 表達。氫可以儲存及輸送有用能量，但在自然界當中其一般不會單獨存在，其必須從含有它的化合物當中產生。

以氫儲存與輸送能量

通常海域的風、太陽海流及波浪並不能在剛好需要的時後產生能量。同時，透過這些技術在遙遠的海域位址所產生的能量，一般也都必須帶到岸上提供給消費者。既是要強調這些從海域、又不能適時產生的能源，便必須開發出能儲存過剩能量，直到要用的時候才釋出及其輸送的方法。目前，最具吸引力的，便是利用氫作為儲存的介質。氫可以用各種不同尺規的位址產生，接著可加以儲存與傳遞，等到後來需要時，在車上的燃料電池當中消耗或轉換成電。然而迄今在商業應用上，仍尚未拿氫來儲存和輸送從海洋能技術所產生的能量。

在未來的商業應用上，氫可以在海域和其它產生能量的設施上一道產生，或者它也可以在岸上利用海域產能設施來生產。由於目前一些像是 OCS Alternative Energy Programmatic EIS 正分析四種替代能源，而電解是目前從這四種替代能源當中，最有希望的產氫方法。電解涉及以電流通過一組電化學電池，將水分解成氫和氧，已在商業上行之有年。

如圖 7.11 所示，假如氫是在海域和其它能量一道產生，那麼就有必要將它送到岸上適時供應所需。氫可以用如後三種方法之傳輸：以氣體、液體或裝在氫容器當中。氣體的氫可以在壓縮後透過管路或裝在船上的加壓容器當中，送到岸上。氣體壓縮是已經很成熟的技術，同時原有用來輸送油或天然氣，及海域管路轉換成用來輸送氫的相關技術也已存在。但終究還是有一些傳輸油或天然氣當中，未曾發生過的技術顧慮，在論及輸送氫時，就可能會被提出。一些可能的障礙，包括密合技術的提升，及控制滲透與漏洩等技術。氫因為分子量很小（比起油和天然氣分子小得多），而要對從設備漏洩的氫加以控制，也相對困難許多。

圖 7.11　海域電解產氫的單元

氫的液化和將其裝在容器當中輸送，也是既有的技術。然而此液化過程，卻是相當的能源密集，而且還不能使用管路。因此，從海域位址輸送，就只能依賴船舶了。而由於其在生產和輸送上所增加的複雜性與花費，液態氫的吸引力也就不大了。一個氫載具指的是，能用來儲存和輸送除了自由氫分子以外，處於任何化學狀態的氫的物質。該雙向載具（two-way carrier），可在海域產氫位址充足氫，然後送到岸上，將氫從中脫除，再送回海域進行充填。

與再生能源結合

再生能源與氫的結合，可視為理想的能源生產模式，同時也是氫經濟的基礎。達成氫經濟的主要障礙，為其所需要的大型基礎設施的轉型，以應付特別是對氫安全性的顧慮，以及所能獲取的符合成本有效性的再生能源系統。

由於風和太陽能等再生能源的間斷特性，這類系統往往被認為應用上有其限制。而利用氫做為燃料以產生動力，主要又因為像是興登堡（Hindenburg）飛船歷史意外事件的錯誤渲染，加上預期從石油改到氫的相關基礎設施轉換成本過於昂貴，而難以令人接受。而推廣像是 PV 系統，和需要用到氫的燃料電池的進一步障礙，則是在於其初始投資過高。

在有多餘風電的情況下，利用現場的電解過程，可產生氫並加以儲存。電解一般具有 90% 至 95% 的效率（大約 85%，如果氫也經過壓縮）。氫可接著安全的以無人、遙控的 Spar-WARP 系統儲存起來。當風不足時，可將氫轉換為電，以滿足電網負載所需。燃氣渦輪機與燃料電池的相當高的反應特性，使其得以在風力不足時接上線，並且接得相當理想。運轉控制及調節策略，可根據再生能源獲取情形、能源需求及能源價格等加以修正，而達到在最大利潤運轉的最佳化狀態。

假設根據調查所得的數據，無風期大約僅佔 5% 的時間，則可估計一年當中，平均大約只有 20% 的時間，是需要燃氣渦輪機或燃料電池接上運轉的。

如此氫的儲存需求比起在岸上的，便要來得小。而也因此，可預估每立方米儲氫成本要低得多。

PEM 燃料電池

質子交換膜（PEM）電解技術是上述系統的核心部分，既可作為利用過剩的風能產氫的電解單元，也可在風力不足以單獨滿足負載需求時，作為利用儲存氫的電力來源。燃料電池的唯一產物是清潔的水氣（可作為淡水水源）。實際上，在像是潛水艇等特殊生命維持系統上，使用 PEM 技術來從水生產氫和氧的技術，已經用了好幾十年。只不過儘管用來從氫當中的能量轉換成有用的功，比起傳統的燃燒引擎來得有效率，當今燃料電池的成本還是高得多。

目前燃料電池成本大約為 $3,000 美元 /kW，而燃氣渦輪機的成本大約是 $400 到 $500 美元 /kW。但一如大多數系統，只要燃料電池的需求和生產量足夠，其成本便可望隨著時間大幅下降。可預期，一些生產汽車用燃料電池的公司，像是加拿大的 Ballard Power Systems 和其它像是提供電力的 Plug-Power, the Fuel Cell Corp., Proton Energy Systems, ONSI 等的價格，不久可望降到每 kW 500 至 800 美元之譜。加大燃料電池尺寸也不成問題，而且因為其動態的部件很少，其運轉和維修特性，都優於燃氣渦輪機。

據估計，透過電解以產氫以及後續利用一套 PEM 將此氫轉換回電的「往返效率」約為 40%。而和電解器結合的燃氣渦輪機的這個往返效率，則大約不到 25 至 35% 之間。在同樣情形下，PEM 燃料電池的氫能源產量，大約可改善 25%。

RE小方塊——有利可圖的風力利用

在海上原本就比石油便宜的風，若善加利用，可以成為最為成本有效的海域能源。儘管想起來，風具有節能的潛力，但現今卻沒有輪船善加利用，理由很簡單：目前尚無能符合商船需求的風帆系統。德國公司SkySails為滿足航運公司節能的需求，首次在船上利用拖曳傘，作為風力推進系統。據實驗結果顯示，藉由利用SkySail系統，一艘船一年的燃料成本可以節省10-35%，視風的狀況而定。在最好的情況下，耗燃可在短暫時間內節約達50%。即便是87公尺長的小船，一年最多也可省下280,000歐元燃料成本。第一個SkySail系統於2007年問世，其拖曳傘面積達320m²，可用來拖貨輪、超大型遊艇、和漁船。其一系列產品緊接著在2008年之後問世。所有貨輪幾乎都可輕易加裝此一系統。

安裝此裝置並不等同於取代船舶推進器，其目的在於幫忙降低越洋船舶的燃油成本，同時減少大氣排放。過去多年來，SkySail已在較小的船上測試得相當成熟，目前裝設在Beluga航運公司的船上進行測試。用在這貨輪上的傘（或可稱為風箏），張開來的面積超過160m²，「放」在船頭上方100到300公尺高的空中。若測試順利，該公司計畫陸續在所屬的40艘船上，都加裝此系統。

RE小方塊——海域風能遠颺台灣準備好了？

台灣在域設置風力發電場日漸飽和之後，也逐漸帶動籌設離岸式(海上）風力發電廠的熱潮，包括西島、彰芳、漢寶及福海等4家風力發電公司，均相中在彰化縣芳苑外海，設置離岸式的風力發電廠，合計4個重大投資金額高達635億元。

在海域擷取再生能源無論所用材料、元件乃至整套系統，必須符合在海洋嚴峻而多變的環境當中，安全、耐用、可靠、性能等高標準的要求。這些正是當今我們發展海域風場所必須面對，同時也是最難以克服的問題。未來發展海域風場，台灣所必將面對的主要課題還包括：土地利用受限、到負載中心間距離長、海域的穩定強風、風機尺寸受限、海岸水深、風機設計與裝設技術、基座設計與施作技術、風機間的電網設計、接到岸上的電纜及管線佈設，及操作與維修的基礎能力。

第八章
波浪能

台灣海岸，尤其是西海岸，沿線堆滿工程浩大、所費不貲的消波塊和防波堤，專用來化解、抵擋海浪，但迄今卻仍無任何能用來擷取此能量的波浪能設施。

圖 8.1　蘊藏著無窮能量的滔天巨浪

若你有機會來到海邊，看著滔天巨浪（圖 8.1），應該很難不想到當中所蘊藏著的無窮能量。好幾個世紀以來，人類便一直想著如何從海洋的波浪當中擷取所需要的能量。然而，儘管早在 200 年前已有了一些有關波浪能（wave energy）的觀念，但也直到 1970 年代才逐漸成型。大致上，目前的一些波能轉換構想對環境的不利影響都很有限，而其在長遠未來在能源上的貢獻也都相當可期。事實上，在世界上有些波浪能量豐沛的，加上有些像是離島等傳統能源昂貴的地方，波能已然具有相當競爭力。

曾經到海邊戲水的人一定都明白海浪的力量很強。打上岸的波浪不但能把人推倒，還能將人拉走。或是在海上乘坐橡皮艇，一個浪過來，橡皮艇會被浪頂得很高，然瞬時又跌入波底。利用這種海浪能來發電，由於不必耗費燃料，又不會造成空氣污染，逐漸受到各方重視。

第一節　波力的里程碑

全球在 2010 年間有至少 25 國從事海洋能的開發，其中波浪能與潮流能技術朝向商業化發電，也有重大進展。估計在 2010 年新裝設的波浪能總容量達 2 MW，潮流能達 4 MW，大多在歐洲。

目前積極從事波浪能發展之主要國家為英國、日本、挪威和美國。世界能源協會（World Energy Council）曾估計出全世界波能資源可達 2 TW，相當於每年可提供 17,500 TWh 的能源。因此，在一些像是英國等國家，已相當確定波能是極具潛力的能源，且透過新技術的開發，更可讓波能符合上述目標。目前已有一些裝設在海岸的波能雛型設計，其中有的已進行運轉。藉由這些雛型設計的改進，以及朝向可在開闊海面展開龐大數量的海域漂浮結構的開發，便很有可能從海洋擷取數量龐大的能源。

1999 年的蘇格蘭再生能源會（Scottish Renewables Order）當中，即包括了三個波能場，此為英國和歐盟國家波能商業化的重要象徵。世界上還有其它國家，像是澳洲和美國也都同樣有一些商業化的雛型。

波能技術問世迄今已近三十年，但都一直讓人缺乏信心，進步緩慢，距離成為商業化電力尚相當遙遠。以擁有世界上最佳波能場址的英國為例，其自 1989 年以降，政府方面的研發贊助即告中斷，直到 1999 年才又告恢復。

最早利用波浪能發電的國家，首推日本。日本人於 1964 年，設計出第一號波力發電，是個用來指示航程的浮標，發電量很小。後來，日本人又造出一艘海浪能發電船，船寬 12 公尺、長 80 公尺，內部可裝 11 台發電機，每部發電機平均發電量為 125 kW。

挪威曾建有試驗電廠進行數月之示範運轉，大多仍處於研究發展階段。雖然波浪發電具有無污染，以及不必耗費燃料的優點，然而由於波浪之不穩定性，發電設備需固定於海床上，並承受海水之腐蝕，以及浪潮侵襲破壞等技術問題，限制了波浪發電之發展。

台灣電力公司曾針對台灣四周沿海及各主要離島的波能進行評估研究。結果顯示北部海域及離島地區較具潛力，每公尺約有 13 瓩之波能，西南及南部沿海較差，每公尺約只有 3 瓩之波能，初步估計台灣地區波能蘊藏量約為 1,000 萬瓩，可擷取約 10 萬瓩。民國七十六年的波浪發電先驅計畫，選定蘭嶼離島為開發波浪發電之先驅計畫廠址。此外還規劃利用核四廠進水口防波堤沉箱設置波浪發電系統，原規劃裝置容量 366 瓩，總投資金額約 4,000 萬元，年發電量 40 萬度，發電成本每度 13.7 元。

以下是在過去幾年當中對世界波能發展產生影響的幾件事：

- 1997 年京都議定書：促使好幾個國家政府在公元 2000 年後的最初十年當中，設定了提高再生能源比例的目標。只不過美國於 2001 年三月小布希總統上任不久，即宣布其根本無意遵循相關條款；
- 英國在 1999 年再生能源回顧（UK Review of Renewables 1999）當中指出，英國重新贊助波浪能的研發；
- 此期間更加著眼於氣候變遷議題：其在科學界，隨著溫室氣體排放對氣候造成影響的有力證據的陸續提出，更加引起重視。除了位於極地愈來愈多因融解而流散的大型浮冰的景象，在最近的一份報告當中所述，位於北極海內陸地區所測出冰的厚度僅剩約三米，創歷史新低的新聞，也引發大眾關切。而在美國南方、東非、孟加拉、印度及部分歐洲，以及厄瓜多爾的土石流，也都讓世人警覺到實際發生的氣候異常現象，較之過去科學家所提出的預測程度，有過之而無不及。
- 在 2000 年代，從 1998 年相對低點飆高漲破每桶 $110 美元的油價紀錄，造成世人對於傳統化石能源為核心的經濟進行重新評估，同時在能源規劃時，納入了包含波能在內的再生能源技術。

第二節　波浪資源

圖 8.2 所示為全球波浪能分佈情形，圖中標示顏色愈深者所蘊藏波浪能量愈高。儘管存在著氣候變遷現象，全世界波浪資源仍維持著 Wave Energy Commentary 的作者 Tom Thorpe 於 1988 年所提出的分佈情形。具有最高能源的波浪，集中在 40° 與 60° 緯度南北範圍之間的西海岸。此處波峰的動力介於 30 至 70 kW/m 之間，最高在大西洋愛爾蘭西南、南大洋及合恩角（Cape Horn）外海。從這些資源所能提供的電力，若經過妥善擷取，可以供應全世

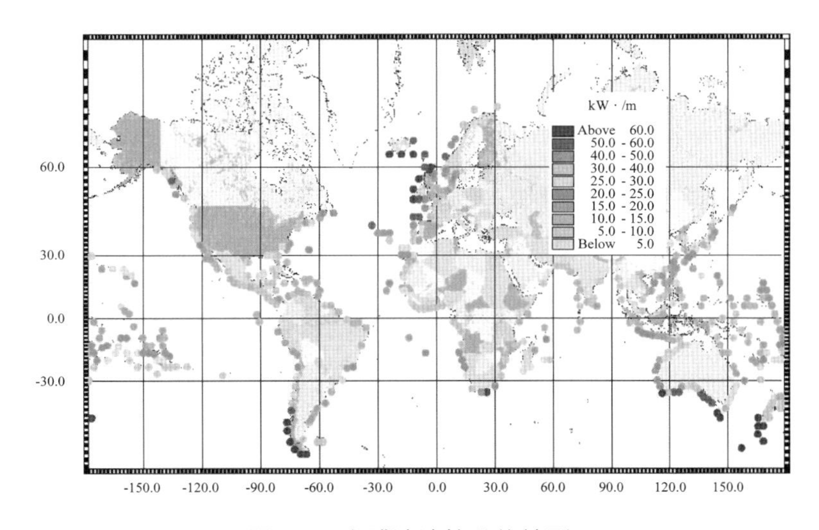

圖 8.2　全球波浪能分佈情形

界所需的 10%。目前還需要做的工作還包括，像是決定，一旦氫的儲存技術開發到某個適當的程度，從其它產物當中所能額外擷取到的附帶效益（例如可將泵送的水加以淡化或電解）。

波能的物理原理

波浪由風、日月引力、大氣壓力變化、地震等幾個不同力道所形成。其中以風所造成的波浪最常見。地球表面不均勻受熱形成了風，海洋上的波浪乃因風吹拂過開闊的水面而產生。風和海面的互動過程，主要有三，至於其中的確切機制則相當複雜，時至今日仍無法完全了解：

- 首先，空氣流過水面時帶來一股切線應力，導致波浪增長成型；
- 接著，接近水面的空氣擾流形成了急劇變化的剪應力和壓力波動。在這些震盪當中，一旦有和既有的波浪同步的，隨即產生進一步波浪的發展。
- 最後，當波浪達到一定大小時，風加在波浪上風面的力道隨著增強，隨即造成了更大波浪的成長。

而既然我們知道風最初能夠形成，靠的還是太陽的帶動，所以我們也可把海洋波浪能看成是某種形式的太陽能，儲存在海洋裡頭。至於任何風場所產生

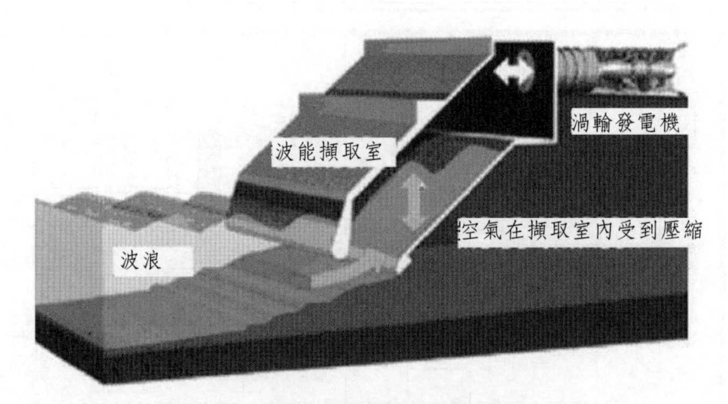

圖 8.3　用以擷取波浪能的海岸結構

波浪的大小，則取決於三項因素：風速、其歷時及其推展距離（fetch），亦即風能傳遞到海洋而形成波浪，所經過的距離。圖 8.3 所示為用以擷取波浪能的海岸結構。

如下圖，波浪的特性可以其波長（λ）、高度（H）、及週期（T）來表示成：

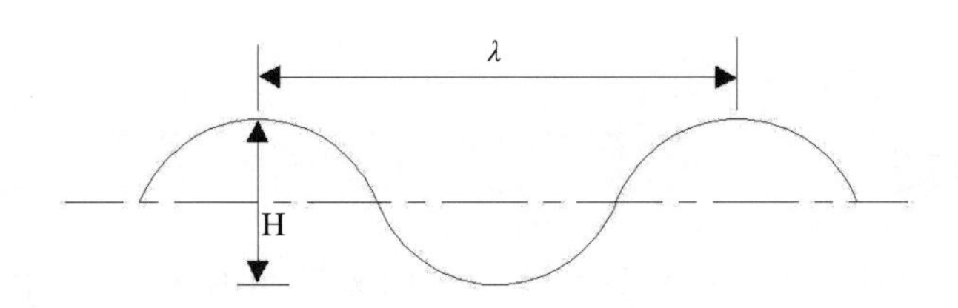

$$每單位面積的波能 = \frac{\rho g H^2}{8}$$

$$每單位長度的波力 = \frac{\rho g^2 H^2}{16(2\pi f)} = \frac{\rho g^{3/2} H^2 \lambda^{1/2}}{16(2\pi)^{1/2}}$$

強度大的波浪每公尺波峰間距所含的能量大於小的波浪所含的。通常我們所量化的，都是波浪的出力（power）而非其能量（energy）。

全世界波力的分佈

圖 8.4 所示為全球波力的分佈情形。根據世界能源委員會（World Energy Council, WEC）所作相當保守的估計，全世界每年的波能約在 2 TW 之譜，

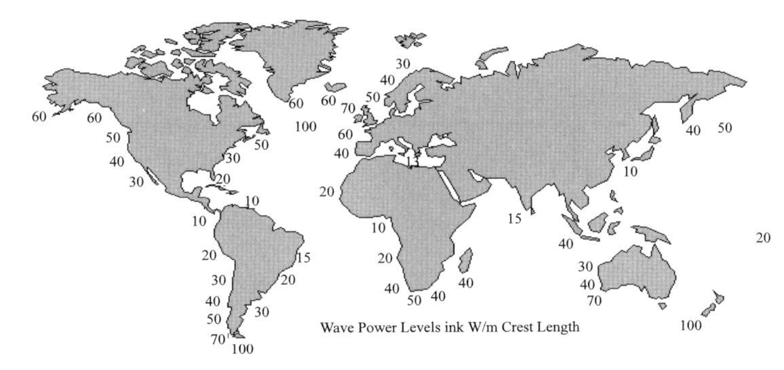

圖 8.4　全世界不同地方年度平均每公尺波峰長的波力瓩值（kWm^{-1}）

亦即 17,500 TWh。從圖上可不難看出，大致上經常有風的地方，正是有最大波浪能源的地方。例如大西洋經常吹西南風，且往往行經很長的距離將能量傳到水裡，形成很大的波浪，直達歐洲海岸邊。

波浪發電

波浪發電即是以波浪發電裝置將波浪的動能轉換成電能。波浪發電裝置為了有效吸收波能，其運轉型式完全依據波浪之上下振動特性而設計，利用穩定運動機制擷取波浪動能，再加以利用來發電。台灣全島共擁有長達 1,448 公里的海岸線，沿海地區由於受到強大季風的吹襲，在廣闊的海面上經常存在著洶湧的波濤，波浪能源蘊藏可說極為豐富，是一項可觀的海洋能源。利用海浪能發電具有如下優點：

- 無窮資源：海洋佔地球表面積有十分之七，蘊藏著無窮能源，
- 可靠能源：不受政治、戰爭等不確定因素所影響，
- 供電可靠：可持續供電，無料源短缺之虞，
- 乾淨能源：無污染的排放，
- 場址易找：不受土地限制，
- 容易操作：人力需求極少。

第三節　波能技術

波浪能可按其設置方式分成深水漂浮及淺水水底固定二種，或者也可按能量擷取和轉換方式分成：衝動（surge）式裝置、振盪水柱（Oscillating Water Wave Power Levels ink W/m Crest Length Column, OWC）、起伏（heaving）浮標、縱搖（pitching）浮標及起伏和縱搖浮標及起伏和衝動裝置。表 8.1 當中摘列過去研究過的一些波浪能系統名稱、國家及所採用的能量轉換方式。

表 8.1　波浪能所採用的能量轉換方式、基本原理及國家實例

能量轉換方式	基本原理	實例
衝動式裝置	利用波浪的向前水平分力	・挪威—漸縮水槽 ・日本—動式裝置 ・英國—海蛤
振水柱	利用波浪的脈動變換	・澳洲—海王星系統，液壓系統兼作 RO 海水淡化 ・挪威—多動振 OWC
起伏浮標	利用小型浮體的垂直運動	・丹麥—KN 系統 ・瑞典—軟管泵
縱搖浮標	利用迴轉泵的縱搖所產生的力矩	・英國—點頭鴨
起伏和縱搖浮標	利用浮體的起伏和縱搖運動	・加拿大—波能模件 ・美國—隨波筏鏈
起伏和衝動裝置	利用起伏運動與衝動以泵送水	・英國—Bristol cylinder

從海洋當中擷取波浪能，主要靠的是攔截波浪的結構體，同時對於來自波浪的力道作出適當的反應。再來，既然要將波浪能轉換成為有用的機械能，進而用它來發電，關鍵便在於位於中央的一個穩定結構體當中，有一些會在受到波浪的力道時，跟著運動的部分。

其主要結構可下錨固定在海底或海岸，有些部分則可隨波浪的力道而運動。當然結構體也可以是浮於水面的，但還是要有個穩定的外框，好讓活動部分與該主結構體之間，隨著波浪進行相對運動。

波能轉換器（converter）的結構體大小，是決定其性能的關鍵因素。以下

是 Falnes 和 Lovseth 於 1991 年所整理出的幾種波能結構體的概念。波能轉換器可依照其位置分類為：

- 固定於海床，通常位於淺水區，
- 浮於海域深水區，
- 繫泊（tethered）於中間水深區。

另外，波能轉換器亦可依照其形狀和座向區分為：

- 終端器（terminators），
- 漸弱器（attenuators），
- 點吸收器（point absorbers）。

終端器裝置的主軸與入射波前鋒（incident wave front）平行，因而可攔截波浪。至於緩衝器的主軸則是與入射波前鋒垂直，因而當波浪經過它時，會逐漸被吸向該裝置。點吸收器靠的也是將波浪吸入的裝置，只不過其大小相對於入射波長要小。

波浪能也可按其能量轉換機構分成：機械凸輪、齒輪與槓桿、液壓泵、氣動輪、振盪水柱及漏斗裝置等。

固定裝置

固定於海床或是裝設於岸邊的裝置大多為終端器，這是目前在海上用來測試波能轉換，最常見的一種雛型。雖然這種裝置的優點是固定及易於接近從事維修工作，但缺點也正是因為它只能設置在淺水區，波浪的力道到此也已然減弱。此外，適合裝設這類裝置的位址也相當有限。目前大多數測試和計畫中的裝置為振盪水柱型。

沿岸裝置

沿岸波能裝置（shoreline devices）的優點，在於其相對的易於維修與裝設，且不需要深水繫泊及過長的海底電纜。雖然在此所能擷取的波能較小，但這點可因在某些位置藉著波的折射（refraction）與繞射（diffraction）而獲致波能自然集中，而得到補償。三種主要的沿岸裝置類型為：水柱（OWC）、內聚水道（convergent channel, TAPCHAN）及鐘擺（PEDULOR）。圖 8.5 所示為幾種目前已設置的主要波能擷取裝置。

OWC

圖 8.6 所示為 OWC 波能擷取裝置的作動原理。OWC 由一部分浸在水中的混凝土或鋼材結構體所組成，其水線下有一開口面向海，因而在水柱上方形成了一空氣柱。當波浪打向該裝置時，會造成水柱先是上揚接著落下，等於交互的壓縮與擴張了空氣柱。該空氣透過一渦輪機時而流向、時而流出，因此得以驅動發電機。目前提出的渦輪機，一種是傳統的單向，另一種是自動整流（self-rectifying）的空氣渦輪機。1970 年代即已發明的的軸向流井型（axial flow well type）渦輪機最為著名，優點便在於不需用到整流空氣閥。全世界裝設的這種裝置不少，其中不乏兼作破浪消能，以降低整體建造成本的。

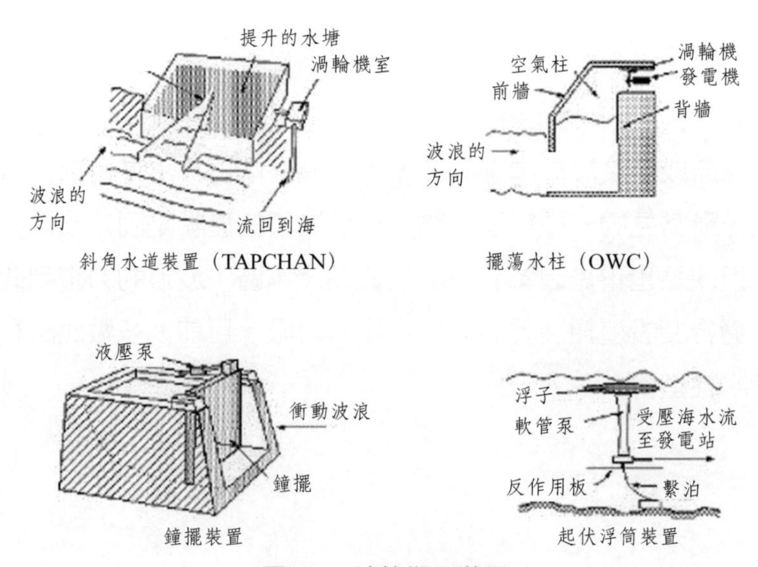

圖 8.5　波能擷取裝置

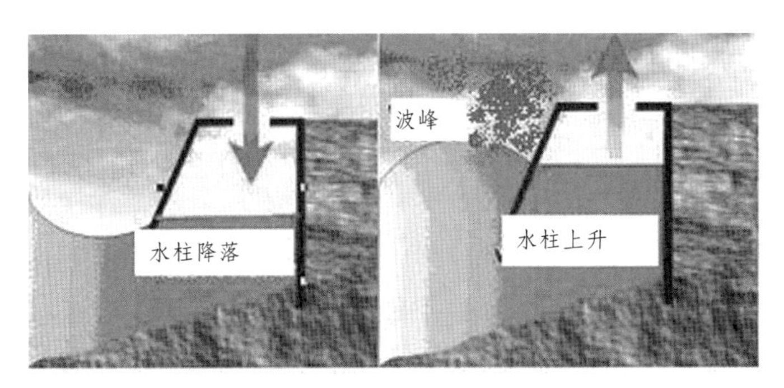

圖 8.6　OWC 裝置作動原理

Tapchan

圖 8.7 所示為 Tapchan 波能擷取裝置的作動原理。Tapchan 由一漸縮的水道所組成，其牆一般高過平均水面 3 至 5 公尺。當波浪從其寬擴端進入水道而侵入水道狹窄端，波隨即升高而得以越過牆進入「水庫」，如此為其中的一部傳統低水頭渦輪機，提供了穩定的水源位能。由於這種裝置需要低潮範圍(low tidal range）及適當的海岸線，因此在全世界無法普及。

鐘擺裝置

鐘擺裝置則是由一開口朝向海的方形箱子所組成。在此開口上端以絞鍊懸掛著鐘擺型板子，順著波浪的動作 ，其得以前後搖擺。搖擺的動作則可進一步驅動液壓泵及發電機。全世界只有小型的這類裝置。

海域裝置

海域裝置（offshore devices）位於深海，一般深度逾 40 公尺。全世界所裝設的這類裝置有許多種，其中大多僅處於設計階段。以下是幾種已裝設的代表裝置：

- 瑞典 Hosepump 的開發可溯及 1980 年。其由特別強化的彈性軟管（在它張開時內部容積減小），連接到浮騎在波浪上的浮板。當浮板隨著波浪上下運動，軟管的鬆弛與伸張隨之壓縮海水，流過一止回閥，到一中央渦輪機和發電裝置。

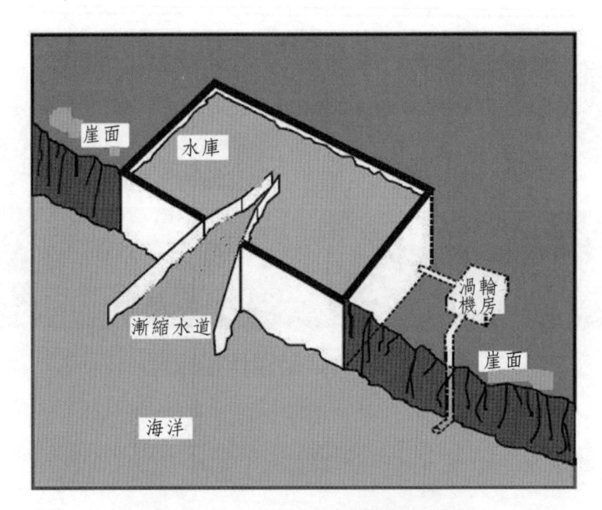

圖 8.7　Tapchan 裝置作動原理

- McCabe Wave Pump 由三個矩形鋼製浮艇（pontoons）組成，其在波浪當中相互進行相對運動。其中的關鍵在於接到中央浮艇的擋板，其確保當前、後浮艇相對於其運動時，中央浮艇能保持不動。如此艇間相對於相接的絞鍊（hinge）點的轉動所產生的能量，可透過一架在中央和二外側浮艇的線性液壓泵（linear hydraulic pump）擷取出來。該裝置原本是開發用來透過逆滲透膜來生產淡水的，如今也同時可透過液壓馬達和發電機，用來發電。
- 浮動波力船（floating wave power vessel）為一包含一斜坡道的鋼製平台，其聚集進來的波到上升的內盆。此水則流過一低水頭渦輪機入海。這方面就類似一海域的 Tapchan。
- 丹麥波能浮動泵裝置（Danish Wave Power float-pump device）用的是一個接到架在海床上的一個活塞泵（piston pump）的浮板，隨著浮板的沉浮，該泵受到驅動，進而帶動了架在泵上的渦輪機與發電機。通過渦輪機的水流可通過一止回閥維持單向流動。

漂浮裝置

目前的漂浮波能轉換裝置有英國的鴨子（Duck）、蛤仔（Clam）及海蛇（Pelamis），漂浮的 OWC 像是日本的後彎通道浮筒（Backward Bent Duct

Buoy, BBDB），和瑞典的漂浮傾斜水道稱為漂浮波力船（Floating Wave Power Vessels, FWPV）。丹麥有 BBDB 和 FWPV 二型，分別稱為天鵝（Swan DK3）及波龍（Wave Dragon）。這些裝置比起固定的岸邊裝置，所能擷取到的波浪能要來得大。因為一來，在海域的波力密度本來就比在淺水區的要來得大，再加上裝設此類裝置幾乎不會受到限制使然。

繫泊裝置

結構主體漂浮於水面，但繫泊於海床的漂浮系統，最近也受到矚目。這類裝置可以當作是點吸收器，從比其本身直徑寬廣的水當中引進能量。理論上，一個完美的波能點吸收器，可從波長為 $\lambda/2\pi$ 公尺的波浪前鋒吸收能量。例如一個波期為六秒鐘的波浪，其波長可介於 56 m 至 72 m 之間，視深水或淺水而定，會從波前鋒寬度大約為 10 m（介於 9 m 與 12 m 之間）的波浪吸收能量。然實際上，因為吸收器運動的垂直高度受到限制，吸收的寬度也就小得多。

波能技術研發現況

過去就歐體（EC）所作的研究顯示，沿岸型是發展最快的波能裝置，其技術已臻成熟，僅在波浪集中槽的設計上進行更新。目前已設置的主要裝置當中，有些 OWC 裝置已近發展末期，而有好幾個幾近全尺規場，已裝設完成。不過這些案子在實際服役情形下的整體性與可靠性，都還有待在驗證。一旦驗證成功，在近幾年內便可望達到商業運轉狀態，其它一些 OWC 設計（例如 Limpet）則緊跟在後。大多數這些裝置都還在某些特定領域上繼續開發當中（例如改進的流體力學性質的井式渦輪機）。1988 年從擺盪或輔助水柱發展出的浮筒（the Hosepump）和漂浮傾斜水道迄今仍然存在，且有的還持續在研發當中。

以下是最近這段期間，波能技術相關最新發展：

如圖 8.8 和圖 8.9 所示的 Pelamis（水蛇名），目前正由位於蘇格蘭的 Ocean Power Delivery Ltd 研發當中，其為由鉸鏈連結成的一系列中空柱段。當波浪從裝置長條下方衝入並作動其聯結處時，在聯結當中的液壓缸將液壓油泵送，進而透過一能量緩衝系統，以驅動一液壓馬達而發出電。在各個聯結處所發出的電，接著再透過一共用的海下電纜，傳輸到岸上。這整個被鬆弛繫泊著的裝置直徑約 3.5 米，長約 130 米。圖 8.10 為實際在海域當中展開的 Pelamis 的照片。這個 Pelamis 在設計上要求儘量能在一般岸邊展開，而所採用的的技術，也都是目前海域工程業者已經具備的。其全尺規的連續額定出力為 0.75 MW，目前的是在 2001 年所裝設的七分之一尺規的雛型。

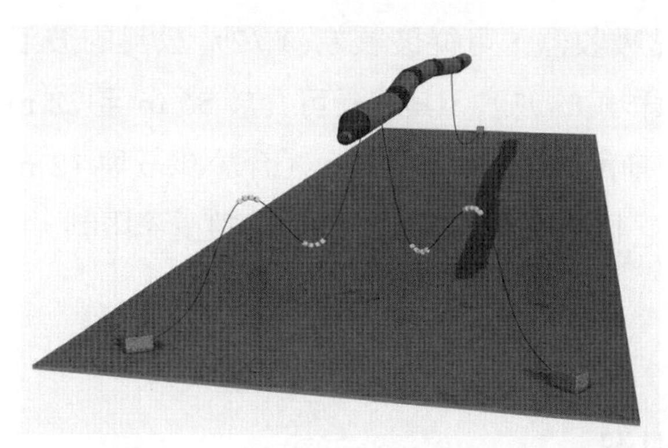

圖 8.8　Ocean Power Delivery 公司的波能轉換裝置鬆弛繫泊在海域的模擬情形

圖 8.9　在實驗水槽中展開的 Ocean Power Delivery 公司的波能轉換裝置

圖 8.10　實際在海域當中展開的 Pelamis

澳洲的 Energetech 所開發出的雙向渦輪機，據稱比起井式渦輪機的效率尤有過之。它將用在一個 OWC 裝置當中，利用配備的拋物面通道，將波鋒集中送到岸邊的裝置當中，以擷取更大的動力。

目前丹麥也擁有兩個具備了一些創新元素的裝置。其中之一，Waveplane 是一個楔形結構，可將進來的波浪引入到一螺旋槽內，而產生足以驅動一渦輪機的漩渦。其在 1999 年中開始在 Jutland 外海對一個五分之一尺規的裝置進行測試。

另一個名為波龍（Wave Dragon）的漂浮裝置，是一對弧形反射器，用來收集波浪越過一個前端隆起的的槽，讓水從此處釋入一部小水頭渦輪機。過去已有一個五分之一和四分之一尺規雛型，相繼在海岬當中展開測試。其全尺規裝置體型很大，反射臂（reflector arms）之間相距 227 m，估計尖峰發電可達 4 MW。

在美國有一家總部設於紐澤西州，名為 Ocean Power Technologies（OPT）的公司，利用的是一張壓電（piezo-electric）複合材料，當它受到機械變形時，便可直接發出電來。

從前面的實例可了解，波浪能在技術上的前景，隨著各種不同技術與裝置陸續推出，而愈加具有活力。很顯然，這些裝置的型式會繼續不斷創新，而足以鼓舞追求長遠未來的目標。

目前波浪能有許多相關議題，其中有一部分僅處於示範階段：

- 繫泊一連線與接頭的長期疲勞，
- 繫泊與纜線快速釋放與重接的標準連結器，
- 標準彈性電氣連接器，
- 纜線生產、建造及海域佈設成本降低，
- 多重波浪能裝置陣列模擬，
- 同步（real-time）波浪行為預測，
- 液壓系統用的對環境可不造成傷害的流體，
- 直接驅動動力產生器（power generators），
- 動力平穩系統（power-smoothing systems），
- 電力儲存技術與裝置。

無疑的，在研發上儘可能擴大國際合作可使整體獲益。目前歐盟所提供的贊助機會，提供了鼓勵合作的誘因，不過還是有許多改進空間，可以有更多其它機制，讓國際波浪能圈子更加緊密合作，以避免重複與浪費。

第四節　各國波能發展狀況

如何有效利用海浪所攜帶的能量來發電是海洋工程研究人員所追求的目標。雖然波浪發電具有無污染以及不必耗費燃料的優點，然而其波浪的不穩定性及發電設備需固定於海床上，承受海水的腐蝕、浪潮侵襲破壞，以及效率不夠顯著、施工及維修成本相對過高等問題，限制了目前波浪發電的發展，致使波能發電系統研究開發成長趨緩。

迄今全世界裝設的波能裝置規模尚小，大多是由一些大學、研究機構和工程顧問公司所進行的研究，大部分的研究成果等相關資訊，都可透過網路看到。其中，歐洲在波能的技術上一直居於領導地位。靠著一些歐洲國家在研發和示範上的投資，一旦技術成熟，即可在商業市場上具競爭地位。

澳洲

澳大利亞的 Energetech Australia Pty Ltd. 公司繼 1990 年代初期的研究之後，於 1997 年在新南威爾斯水研究實驗室（New South Wales Water Research Laboratory）建立其波能系統（Wave Energy System）模型並完成測試階段。Energetech 系統的基本觀念為振盪水柱。但該公司的 Denniss-Auld 渦輪機是特別為用在有深水港灣波浪設施，或者有岩石峭壁所設計的。其大約要用到 40 公尺的海岸線。除了該渦輪機適用於 OWC 的振盪空氣流，該系統同時裝了一個拋物線型的反射器，以集中在 OWC 上的波能。

Energetech 用它從澳洲政府的 "Renewable Energy Commercialisation Program" 所得到的 $750,000 澳幣的經費，在新南威爾斯的 Kembla 港開發出一部 300 kW（能以 500 kW 容量運轉）的波能發電機，於 2001 完成，進行運轉。

中國

中國大陸自 1980 年代初期進行波能研究以來，主要著眼的是漂浮振盪水柱裝置及鐘擺裝置。在 1995 年以前，中國科學研究院的廣州能源轉換研究所（GIEC），成功開發出 60 W 自航浮筒的對稱渦輪機波力發電裝置。接著在過去十三年當中設置了 650 個單元，大多數佈設於中國沿岸，少數出口到日本。

以下是三個目前由國家科技委員會所贊助的計劃，目的在開發岸上波力站：

- 一海岸線 OWC，由 GIEC 進行。此裝置原先考慮設於廣東南澳島，繼遭遇到一些問題後，改在廣東汕尾建造。其為一雙室裝置，總寬度為 20 米，額定發電為 100 kW，自 2000 年起運轉發電。
- 另一由國家海洋局天津海洋技術研究所開發的 0.05 MW 海岸懸擺（鐘擺）裝置，建於山東省大關島。另一實驗性 3 kW 海岸 OWC 則設置於珠江河口的大萬山島。其供電給島上村落，繼其優良表現後，已升級裝置一部 20 kW 渦輪機。然而，繼三個月的試運轉出現的一些問題後，該電廠已被迫關閉。

中國科學院及中國自然科學基金會仍持續支持相關基礎研究，主要活動包括：

- 開發出一部擺盪空氣流的新渦輪機，
- 評估設計波能裝置的安全因子，
- 時間域模擬與控制，
- 非線性水力模擬，
- 提供波能資源的資訊系統。

丹麥

丹麥能源署於 1998 年開始其 1998 年至 2004 年的丹麥波能計劃，廣泛涵蓋了可能的轉換器原理。該計劃的目標在於明確區隔出幾個可能的波能轉換概念，以作為長期研發的重心。

丹麥政府在其 1996 年能源行動計畫當中，所訂定的再生能源情境包括：在 2020 年可能視實際相對於從其它再生能源（主要為海域風力及太陽能發電）所發電力的成本，全面引進以商業為基礎的波能。

假使丹麥在北海綿延 150 公里海岸全線佈置平均效率為 25% 的波能轉換器，其整年可發出 5 TWh 淨能量，相當於當地耗電的 15%。丹麥波能計劃，迄今透過尺規模形得到的平均效率可達 10%。然而其中仍存在著相當大的改進空間。

葡萄牙

葡萄牙自 1978 年起，即在波能研發上扮演起重要的角色。該工作主要在里斯本技術大學（Technical University of Lisbon）、國立工程及葡萄牙經濟部的工業技術研究院（INETI）的 Instituto Superior Tecnico（IST）進行。其大多數波能轉換研究著眼於 OWC。初期工作集中在該裝置的水力及 Wells 渦輪機性能的理論與實驗性研究，提供用於這類渦輪機的設計規格與電廠控制策略。

除了國家級的資源評估研究外，INETI 並為歐盟整合出以下兩個計劃：先建立起用於資源評估與確認特性的通用方法，並進而藉此產生用於深水資源的歐洲波能地圖。目前上述在丹麥和葡萄牙發展的裝置因為競爭力不足，尚無法算得上是商業裝置。

希臘

希臘於 1990 年代參與建立歐洲波能地圖（European Wave Energy Atlas）同時參與了 EU DGXII MAST 3 計劃— Eurowaves。這是一個用來評估在任何歐洲海岸位址波浪情況的計算工具。

印度

印度的波能計劃肇始於 1983 年，其政府海洋發展部的技術學院（IIT）的初始研究著眼於三類裝置：雙重漂浮系統、單一漂浮垂直系統及 OWC，結果發現 OWC 最適用於印度的情況，而接下來的活動則集中於該類型。

印度在 Trivandrum（Kerala）附近的 Vizhinjam 漁港的防波堤上建了一座 150 kW 的 OWC 雛型，於 1991 年 10 月開始服役。其運轉相當成功，並提供了用來建造更佳發電機與渦輪機的有利數據。其接著在 1996 年 4 月於 Vizhinjam 建造了更先進的波能裝置，之後產生了總容量 1.1 MWe 的更新的設計。印度的國立海洋技術學院繼 IIT 後，持續進行波能研究。

印尼

印尼於 1998 年由挪威 Norwave 等所組成的團隊在 Java 南岸的 Baron，利用既有的海灣內盆地建立了一 Tapchan 波能電場。在該 1.1 MW 契形槽電場當中，自 7 米寬入口進入的波浪能量，流入一狹窄水道，接著被迫越過盆地（蓄水池）的邊牆，穿過一小水頭渦輪發電機，最終流回到海裡。

愛爾蘭

McCabe Wave Pump 自 1980 年代起即進行波能開發，其雛型是設於愛爾蘭海岸的 40 公尺長的設施。該技術特別的地方在於能兼用於製造淡水和發電。愛爾蘭的波能研究大部分由 University College Cork 主導。除了評估波能資源、模擬波能裝置的水力，以及以模型測試此一主要為 OWC 裝置的設計之外，該學院亦整合歐洲波能研究計劃（European Wave Energy Research Programme），並主導了前述歐洲波能地圖的建立。

Hydam Technology 於 1996 年在愛爾蘭海岸佈設了一座 40 米長的波能雛型，名為 McCabe Wave Pump（MWP）。該裝置為一以絞鏈銜接筏而成的波能轉換系統，經過理論與實驗的研究後，於 2001 年初在 Kilbaha, County Clare 由愛爾蘭海洋研究院（Irish Marine Institute）進行商業示範。這類裝置的優點在於能裝設於各種不同類型的海岸位址。

日本

日本在 1940 年代即展開其波能研究，並在 1970 年代達到高峰。自此，日本即展開廣泛研究，尤其著重於雛型裝置的建造和施用，實際例子包括：

- 在 Sakata 港防波堤上建造了一座五個空氣室的 OWC 裝置。該裝置自 1989 起開始運轉，經過測試後僅三個空氣室用來產生能量。其所裝設的渦輪發電機模組原為 60 kW，之後提升為 200 kW，作為展示與監測之用。
- 1983 年在 Sanze 海岸設置了一座 40 kW 鋼與混凝土的 OWC，作為研究之用。經過多年運轉後拆開，研究其對耐腐蝕與疲勞等性質。
- 1988 至 1997 年間在 Chiba 的 Kujukuri 海灘既有防波堤前設置的十座

OWC，將從各個 OWC 排出的空氣導入一個壓力槽，用以驅動一部 30 kW 的渦輪機。

- 1996 至 1998 年間，在 Fugushima Haramachi 的燃煤火力電廠防波堤上設置了一部 130 KW OWC 雛型進行試驗。其採用整流閥，控制從渦輪機進出的空氣流，以求能獲致穩定輸出。
- 曾設置一稱為 Backward Bent Duct Buoy 的漂浮式 OWC，開口朝向海岸線。
- Muroran 技術學院曾研究鐘擺波能裝置長達 15 年。其第二代雛型採用主動控制，以獲致較高的能量轉換。

自 1987 年以來，日本的波能研究重點之一為其大力鯨（Mighty Whale）。這座 50 米長、30 米寬、12 米深的雛型，由日本海洋科技中心（JAMSTEC）所研發，為全世界最大的漂浮式 OWC。其於 1998 年中在三重的五箇庄（Gokasho）灣口外啟用，整體額定出力容量為 110 kW，歷經約兩年的試驗。其另有防波堤的功能，讓背後平靜海域中的漁業及其它形式的海洋活動，都可因而受惠。

馬爾地夫

馬爾地夫政府也曾宣示在島上引進波能發電。瑞典的 Sea Power 接著簽署了提供漂浮式波能船的意向書。若第一階段的裝置經證實得以成功，同樣的觀念將推廣到馬爾地夫其它超過 200 個，相距甚遠且深水相隔的環礁島嶼上。原本馬爾地夫的所有電力來源，全仰賴柴油發電機。

挪威

位於 Trondheim 的挪威科技大學（NTNU）為挪威過去 25 年來的波能研究中心。其在 1980 年間已有兩座分別為 350 kWe Tapchan 及 500 kWe OWC 商業規模，運轉相當成功。NTNU 在這兩座裝置停止運轉後，隨即進行全面理論研究，以找出波能轉換的最佳設計。

NTNU 與 Brodrene Langset AS 自 1994 年起進行合作，開發控制式波能轉換器，於 1998 年組成 ConWEC AS 以推展進一步的技術開發、展示及全球市場。其 TAPCHAN 海岸波能裝置在太平洋盆（Pacific Rim），尤其是印尼和 Tasmania 已運轉多年。最近宣佈將出口瑞典的 IPS/Hosepumping 技術。

挪威 ASA 的 Oceanor-Oceanographic 公司，在開發用來評估任何歐洲海岸位址的波浪狀況的電腦工具 Eurowaves，居領導地位。

瑞典

瑞典的 Interproject Service AB 正進行其 IPS/HP WEC Mark VII 示範計畫。新的觀念延續 1980-1981 年的 IPS 轉換器的海上測試，是將 IPS 浮筒和其軟管一泵轉換器結合。IPS 波能浮子包含一個漂浮的浮子和一套潛入其下方水中的垂直管子。該管兩端皆對著海開放，其中包含一個由浮子作動機構所作動的活塞。在波浪中，浮子當中的管子和活塞透過封閉的水量相互振盪。

英國

英國在過去曾經有過全世紀最大，由政府支助的的波能研發計畫，涵蓋一系列裝置。然而這些計畫在 1980 年代初期即告衰退，其目前工作著重於位於 Queen's University, Belfast（QUB）的海岸線 OWC 系統。

QUB 於 1990 年在 Islay 島（蘇格蘭西海岸海域）裝設了一套研究雛形的溝槽 OWC，接著進行監測與設計上的改進。歐盟和一間新成立的公司 Wavegen 在 1992 年贊助 QUB，共同合作開發出陸上安裝海洋能轉換器（LIMPET）裝置。LIMPET 是一套 0.5 MW OWC，將發出的電饋入英國的國家電網。該發電站從蘇格蘭的一家大公司 Public Electricity Suppliers 取得了 15 年的購電合約。在第二階段的開發計畫當中，將進一步加入新的模式。

1998 年成立於愛丁堡的海洋動力輸送（Ocean Power Delivery, OPD）公

司，得到一項裝設兩座 375 kW 裝置的合約，為一般佈設於海域的裝置。其全尺規雛型裝置，於 2002 年設置在 Islay 的 Machir 灣。所發出的電經過海底電纜上岸饋入電網。同時 OPD 亦正對未來第一個波能場的建立，進行可行性研究。

蘇格蘭的 ART 目前正開發一名為 OSPREY 的近岸 OWC 雛型預備輸出，並已對將其和一 500 kW 風機結合的裝置完成評估。評估報告結論，該裝置可在一波浪有利和有電網聯接的場址，以大約 0.09 ECU/kWh（8% 折扣價）發電。因此，只要位址恰當，該 ART 裝置可和幾乎任何其它再生能源技術在經濟上相抗衡。

瑞典的 Sea Power International AB 於 1999 年初和 Scottish Power and Southern Energy 簽署了一份 15 年「送電至雪特蘭島（Shetland Islands）」的合約。2000 年 9 月，瑞典 Sea Power 成立了蘇格蘭 Sea Power 公司 Sea Power of Scotland Ltd. 以執行該項計畫。該系統在於結合造船與水力發電工業的技術作為基礎，在 Gothenburg 進行展示非商業性完全運轉。自 2001 年間在 Mu Ness 500 米外海，建立了漂浮式波能發電站，並於 2002 年夏開始運轉。Sea Power 並打算在 Cornwall 海岸外海建立另一波能發電站。

據前兩年的報導，位於英格蘭西南邊的普利茅茲大學代表 Embley 能源公司正在普利茅茲灣，對一項特殊的自由漂浮，由多個水柱組成的浮體進行測試。

美國

美國的 OPT 公司建立了一部「聰明浮筒」("smart buoy")。其在一水密罐子頂部有一個電腦系統，可讓內部的活塞型裝置，從波浪的運動當中供應穩定的動力。該 Power Buoy 能夠發出大約 20 kW 的電，以水下電纜將電供應到岸上。

美國一直都沒有商業化的波能轉換系統。雖然好幾家工業公司都曾試過一系列的裝置雛型，但最近幾年的活動大致僅限於海岸電力場和州政府機關的區域性研究。加州海岸雖然有好幾個小型計畫，但截至目前，當中仍無進一步較確定的計畫。倒是獨立天然資源公司（Independent Natural Resources, Inc.）於 2010 年五月在美國德州自由港（Freeport）海岸邊設置了一套波浪能裝置，用來提供海水淡化廠所需要的電力，才算是打開了未來在美國發展更多波能計畫的大門。這套裝置採用的是無葉輪或渦輪的海狗泵水系統（SEADOG Pump system）。

第五節　主要相關議題

市場障礙

成功開發出波浪能還存在著一些非技術上的障礙。儘管波浪能的研發階段已差不多告一個段落，目前還有一些成本和性能上的不確定性尚待透過示範克服，才足以吸引大規模的商業投資。

風險

大多數能源技術都還未建立起，例如可靠性、效率及可補救性等的完整紀錄可供追蹤，因此也都被當作是高風險技術。在作出任何重大投資之前，市場都會要求有一套完整的，尤其是從這些裝置預定要運轉的環境需求，來審查可追查的紀錄。

經濟

過去長久以來所預測的波浪能發電成本都偏高，但近年來已大幅降低。波浪能目前預測在其相關市場上已符合經濟性，而未來更有機會提升。此外，目前像波浪等無污染能源，其實是在對環境造成破壞等外部成本並未內化到所付電費當中的前提下，與所謂便宜的化石能源競爭。若合理考慮外部成本，波浪能事實上應更具競爭力。

財務

截至目前為止，僅有有限的私部門對波浪能作出投資（絕大部分都是在OSPREY和McCabe Wave Pump上），政府公部門的投資相對的甚少。推動波浪能需要大幅的投資，因此穩當的售電市場便成了提供投資者信心，同時證明其在技術上與經濟上皆行得通的關鍵。

法規

任何一個近岸或沿岸波浪系統在決定裝設之前，都須耗費既多又貴的諮詢程序。這是因為在海岸線和周遭水域必須多出一些固定的結構體，而這些所牽扯出的耽擱和額外成本耗費，都不是建造波浪能裝置的小公司容易吸收的。

業界狀況

在過去十年當中，只有少數幾家中小企業曾直接涉入波浪能技術，主要原因即在於初步關鍵階段當中所需耗費的高開發成本。往往須等到接近商業化時，一些已在海洋設施和土木工程技術上頗具經驗的石油公司等大公司才會接著投入。

基礎設施

如同許多其它再生能源，適合於波浪能裝置的位址，往往也都位於像是偏遠海岸地區等電網的末端。一般在此處對於新的重大發電容量的接受度都偏弱，而須補強。有意願的開發者必須支付很高的聯網費用（約每MW100萬英鎊），而可以參照的這類前例又明顯不足，以致處於在重大成本中心（cost center）開發者的掌控範圍以外。另外，雖然近岸裝置也可藉由浮運到位，但用於進行近海岸線施工的設備，仍然是個問題。

環境上的優缺點

一如絕大多數的再生能源，波能裝置在發電過程中零排放，惟與其結構相關的能源仍免不了涉及小量排放。此外波能裝置仍有可能對環境造成以下影響：

- 流體動力環境：該裝置亦可具備海岸保護功能，並可改變漂沙的流動狀態，但須慎選場址，
- 裝置成為人工棲息地：該裝置可能吸引，並促進各種海洋生物的數量，
- 噪音：這主要源於沿、近海岸線 OWC 的井型渦輪機，但可有效防止，
- 妨礙航行：在大多數此類裝置上，都可安裝合適的視覺或雷達警示裝置，作為補救，
- 視覺影響：僅存在於沿近海裝置，
- 遊憩舒適感：該裝置可提供靜態水域，進而促進獨木舟和水肺潛水等水上運動，
- 能源的轉換與傳遞：將電傳輸到岸上和聯網的電線，可能會在視覺與環境上造成影響。

第九章
潮汐能與海流能

持續運動的海洋潛藏著龐大的動能。

海洋的潮起潮落，象徵著大自然當中另一項龐大且生生不息的能量。人類利用潮汐能源由來已久。11 世紀的不列顛（差不多是今天的英國）和法蘭西（差不多是今天的法國）便已知道在河面上裝設小型「潮力碾穀機」，來幫忙碾玉米。

時至近代，同樣的概念才應用在大規模利用潮汐來發電。世界上最有名的位於法國的 La Rance 計畫，便是在河口築一道長長的水閘（barrage），透過裝在水閘當中的球型渦輪機（bulb turbines）來發電。該 240 MW 潮汐發電計畫還只是中型尺寸。將地球直徑與地球至太陽或地球至月球之間的距離相較，顯然是微不足道，但是太陽或月球對地球不同地點的作用力（引力），卻仍略有差異。

第一節　潮水之力與能

潮汐物理

重力影響與向心力

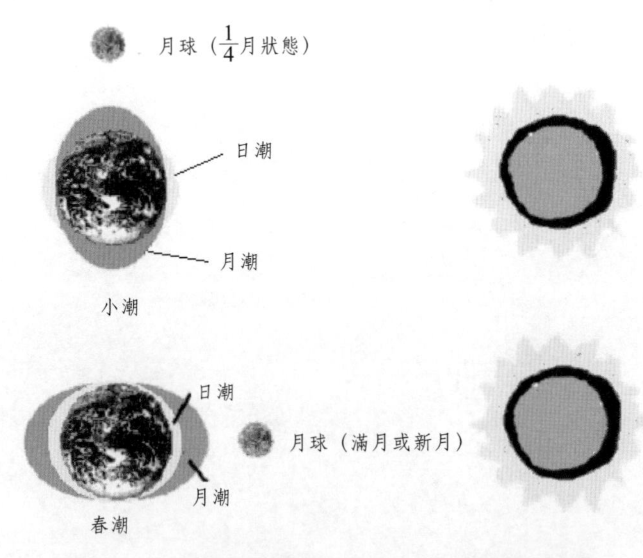

圖 9.1　月球與太陽地心引力對潮汐範圍的影響

潮力發電利用的是，因為小部分月亮及大部分太陽的地心引力，對地球海洋的影響，造成海水水位每天兩次的變動。另外，地球本身的自轉也是產生潮汐的一項起因。

真實月球引力和平均引力的差值稱為干擾力（disturbing force）。干擾力的水平分量，迫使海水移向地球與月球之間的連線，並產生水峰。對應於高潮（high tide）之水峰，每隔 24 小時又 50 分鐘（即月球繞地球一週所需時間）發生兩次，亦即月球每隔 12 小時又 25 分鐘即導致海水漲潮一次，此種漲潮稱為半天潮（semidiurnal tides）。潮汐導致海水平面呈現週期性的拉升與降落。從圖 9.1 可看出，每個月份滿月和新月的時候，太陽、地球和月球三者排列成一直線（下圖）。此時由於太陽和月球累加引力之作用，使得產生之潮汐較平日為高，此種潮汐稱為春潮（spring tides）。當地球 - 月球和地球 - 太陽連線成一直角（上圖），則引力相互抵消，因而產生較低的潮汐，是為小潮（neap tide）。

由於各地平均潮距不同，例如某些地區的海岸線會導致共振作用而增強潮距，而其它地區海岸線卻會減低潮距。影響潮距的另一因素為科氏力（Coriolis force），其源自流體流動的角動量守恒。若洋流在北半球往北流動，其移動接近地球轉軸，故角速度增大，洋流會因此偏向東方流動，亦即東部海岸的海水會較高。同樣地，若北半球洋流流向南方，則西部海岸的海水會較高。圖 9.2 所示為密度 ρ 、潮差為 H 的潮汐所蘊藏的能量與在週期 T 內的力量。式中為潮池的平均斷面積，g 為重力常數，潮能與潮力分別為：

$$\text{理想的潮能} = \rho g \overline{A} H^2$$

$$\text{理想的潮力} = \frac{\rho g \overline{A} H^2}{T}$$

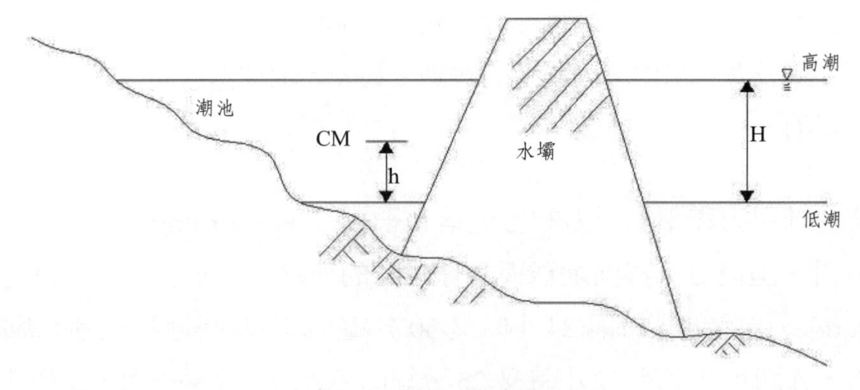

圖 9.2　潮汐所蘊藏的能量

潮能資源

表 9.1 所列為世界各國所具有的潮能資源潛力。

表 9.1　全世界潮能資源

國家	場址	平均潮差 (m)	潮池面積 (km^2)	最大發電容量 (MW)
阿根廷	San Jose	5.9	-	6800
澳洲	Secure Bay	10.9	-	?
加拿大	Cobequid	12.4	240	5338
	Cumberland	10.9	90	1400
	Shepody	10.0	115	1800
印度	Kutch	5.3	170	900
	Cambay	6.8	1970	7000
韓國	Garolim	4.7	100	480
	Cheonsu	4.5	-	-
墨西哥	Rio Colorado	6-7	-	?
	Tiburon	-	-	?
英國	Severn	7.8	450	8640
	Mersey	6.5	61	700
	Strangford Lough	-	-	-
	Conwy	5.2	5.5	33
美國	Passamaquoddy Bay	5.5	-	?
	Knik Arm	7.5	-	2900
	Turnagain Arm	7.5	-	6501

國家	場址	平均潮差 (m)	潮池面積 (km^2)	最大發電容量 (MW)
俄羅斯	Mezen	9.1	2300	19200
	Tugur	-	-	8000
	Penzhinskaya Bay	6.0	-	87000
南非	Mozambique Channel	?	?	?

在表中'-'指的是缺數據，'？'指的是相關資訊尚待確認。
資料來源：Van Walsum, 1999。

世界各國的潮汐發電

法國與加拿大

目前全世界正運轉當中的兩個大規模潮汐發電廠（tidal power plant, TPP），一個位於法國 La Rance, Brittany（240 MW），圖 9.3 所示為其在建造之前與建造完工之後的景象。圖 9.4 所示為今天 La Rance 潮汐發電站的景象。另一大規模潮汐發電廠位於加拿大 Annapolis Royal, Nova Scotia（20 MW）。前者啟用於 1966 年，其所配備的 24 個球型渦輪發電機直徑 5.35 米，額定發電 10 MW。該發電機的設計可讓潮水在流入和流出過程當中皆可發電。至於位於加拿大的渦輪發電機葉輪直徑 7.6 米，額定容量 20 MW。該場自 1984 啟用，一直成功運轉至今。

中國大陸

中國大陸也試驗過幾種不同的潮汐電場。截至 1984 年為止全國共有八座 TPP。但隨著 1984 年起，陸續關閉了其中四座。位於杭州以南 200 公里的江廈實驗潮汐電場的第一個 500 kW 球型渦輪發電單元於 1980 年 5 月啟用，第二個 600 kW 單元於 1984 年 6 月啟用，到了 1985 年底，共有五座單元，總共 3,200 kW 進行運轉。第三和第四個單元的額定容量各為 700 kW。該潮池的潮間帶面積 1.2 平方公里，同時用於牡蠣與蚌類養殖。目前該電場持續運轉，每年發電 6 GWh。中國大陸最新的 TPP 啟用於 2006 年 1 月 6 日。這座位於浙江省岱山縣的 40 kW 潮電站，為哈爾濱工程大學所開發。

圖 9.3　法國 La Rance 潮汐發電站在建造期間與完成建造之後

圖 9.4　今天的法國 La Rance 潮汐發電站

2004 年中國政府與美國在紐約簽署了一項 300 MW 潮池合作同意書(Tidal Lagoon Cooperation Agreement)，展現對設於鴨綠江口的這項發電容量達 300 MW 的離岸潮池的高度支持。此將會超越法國位於 La Rance，240 MW 的潮汐發電廠，成為全世界最大的潮電計畫。

南韓

南韓於 2011 年完成 254 MW 的西洼湖潮汐電場（Sihwa Lake Tidal Power Plant），是世界最大的潮能發電站。韓國計畫自 2017 年起在仁川西邊的島嶼週遭，另外興建一套 1,320 MW 的潮電堤壩。

英國

英國計畫自 2015 年起在斯旺西市（Swansea City）建立一座 250 MW 的潮電廠，預計完成後每年可發電 400GWh，足夠十萬家戶所需。

俄羅斯

俄羅斯聯邦設計（The Russian Federation Design）自 1930 年代起，即進行其 TPP 試驗。在經過一系列大型、分別位於東部與北部的設計研究之後，僅位於厄霍次克海 Tugur Bay 的 6,800 MW 場，堪稱可行。

第二節　潮汐發電

原理

海水水位因地心引力的作用而產生高低落差現象，稱為潮汐。當中蘊藏著水的位能一旦釋出，可透過水輪機轉換成動能，進而發電，一如內陸水庫的水力發電。如圖 9.5 所示潮汐發電系統，便是利用此一位能轉換而獲得電能的作法。通常在海灣或河口地區圍築蓄水池，在圍堤適當地點另築可供海水流通的可控制閘門，並於閘門處設置水輪發電機，漲潮時海水便會經由閘門流進蓄水池，推動水輪機發電；等到退潮時海水亦經閘門流出，再次推動水輪機發電。如此雙向水流發電裝置，是目前潮汐發電的主要應用方式。

開發潮差發電，若以目前的低水頭水輪機（low-head hydroturbine）應用技術而言，基本上只要有一米的潮差，即可供圍築潮池的地形，作為潮汐能的發展應用。台灣沿海的潮汐，最大潮差發生在金門與馬祖這些外島，潮差約可達到 5 公尺，其次為新竹南寮以南、彰化王功以北一帶的西部海岸，平均潮差約 3.5 公尺。台灣其餘各地，一般潮差都在 2 公尺以下，與符合經濟性的理想潮差（6 至 8 公尺），仍有相當落差。

由於台灣西部海岸大都為平直沙岸，缺乏可供圍築潮池的優良地形，雖不具發展潮差發電的優良條件，但仍可進一步考慮，利用既有的港灣地形和防波堤開發應用。另就金門、馬祖二離島而言，潮差條件雖未盡理想，但因其原本的供電成本偏高，就能源邊際效益而言，發展潮差發電仍具相當的經濟誘因。其中金門地區，更可利用現有的慈湖水庫等濱海水庫，成為一個極適宜開發潮差發電的理想潮汐池。至於台灣地區可供開發的潮差發電潛力約有一萬瓩以上，未來可以金門、馬祖二離島作為先導場址，視情況規劃發展方向。

一套潮汐發電系統究竟可供應多少住家用電，可透過以下簡單計算進行初步預估：

假設某渦輪機額定值為 10 MW，若有 24 部渦輪機，其總容量為 240 MW。如此一年最多可 = 240,000 kW × 8,760 小時 = 2,102,400,000 kWh（度電）。

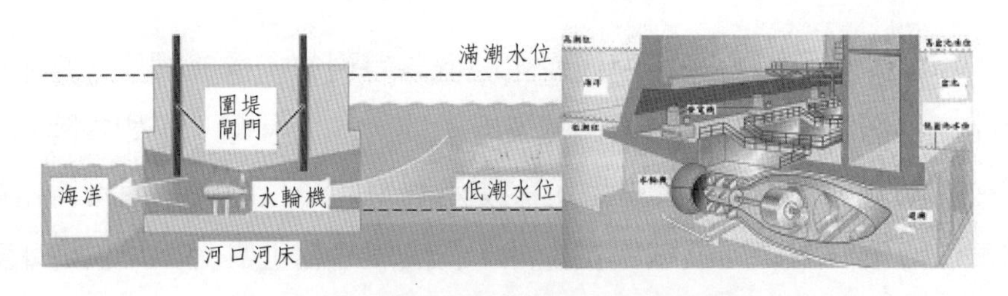

圖 9.5　位於河口的潮汐能發電裝置

只不過潮汐能和其它形式的再生能源一樣，並不能自始至終百分之百穩定發電。而上述數字也就不可能是一年當中，實際能夠獲取的電能。所以和其它再生能源一樣，需用到某數值的容量因子（capacity factor, CF），也就是最大值的百分比，來估算一年當中實際所能發出的電力。在此估算實例當中若採用 CF 為 40%，則估計每年所發的電為：2,102,400,000 × 40% = 840,960,000 kWh。

接下來要估計可供應多少住家用電，須知道平均每戶耗電多少。假設住家平均每年耗電 4,000 度，則可供應戶數為 840,960,000/4,000=210,240。

渦輪機

用於潮汐發電的渦輪機有幾種不同的型式。例如，法國的 La Rance 潮汐發電廠用的的球型渦輪機（圖 9.6）。在此系統當中，水會持續在渦輪機周遭流過，而使維修變得很困難，因為首先必須將水流擋在渦輪機外。圈型渦輪機（rim turbines）（圖 9.7 所示）這類問題就小得多。其將發電機與渦輪機的葉輪垂直，架在壩當中。可惜的是，要對這些渦輪機的性能進行調整很困難。在管型渦輪機當中（tubular turbines）（圖 9.8 所示），葉輪和一根長軸成一角度相接，如此發電機可架設在壩頂上，使保養維修工作相對地容易許多。

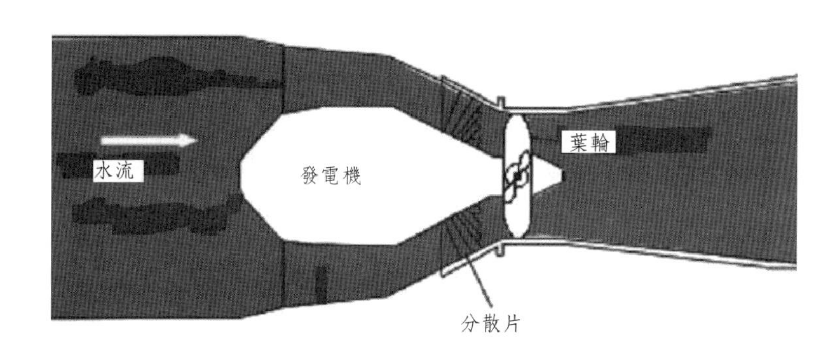

圖 9.6　球型渦輪機

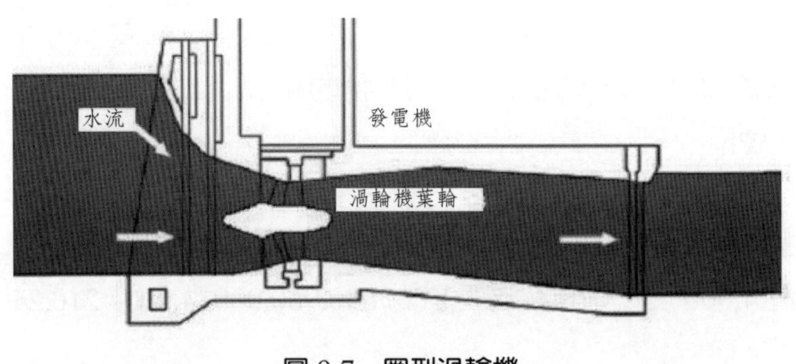

圖 9.7　圈型渦輪機

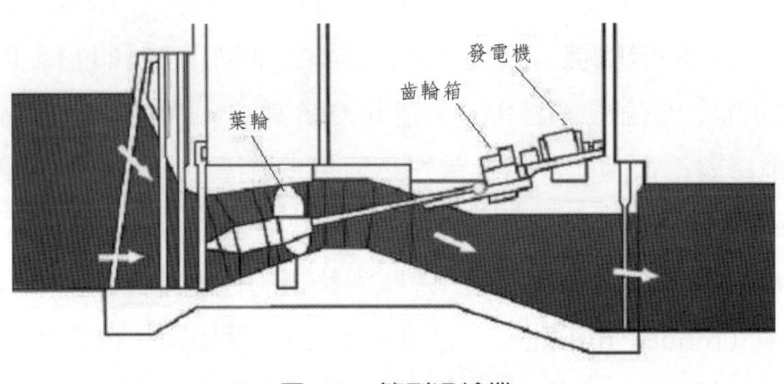

圖 9.8　管型渦輪機

潮籬

潮籬（tidal fence）是由獨立的垂直軸式渦輪機，架設在圍籬式的結構體所組成，如圖 9.9 和圖 9.10 所示。此潮籬若攔河口架設，在環境上勢將形成一大障礙。然而在 1990 年代，一些在架設在小島之間或大陸與離島之間的水道的潮籬，仍被考慮接受作為用來大量發電的選項之一。

潮籬的一大優點，是其所有的電氣設備（發電機與變壓器等），都可設置在水面以上。同時，因其減小了水道的橫斷面，流過渦輪機的水流流速也得以提升。

第一座大型商業化潮籬，最有可能建造在東南亞。目前最成熟的計畫位於菲律賓，在 Dalupiri 和 Samar 二島之間，跨越 Dalupiri Passage。菲律賓政府

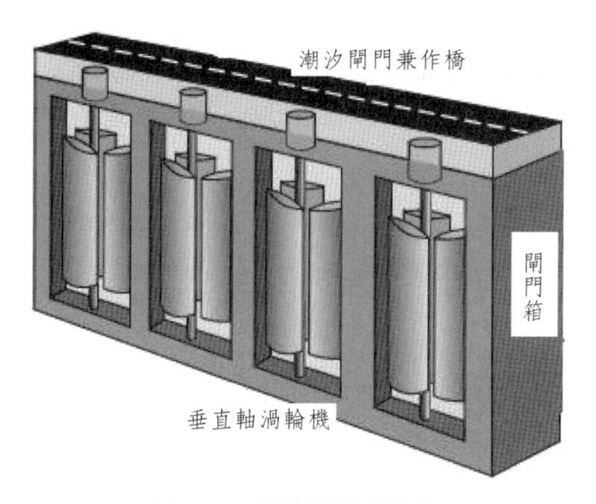

圖 9.9 潮籬閘門示意

圖 9.10 藝術家心目中運轉中的潮籬

和加拿大的藍能工程（Blue Energy Engineering）公司，於 1997 年同意了該項計畫。該場址水深約 41 米，高潮水流約 8 節，結果估計最高可從該潮籬發到 2,200 MW 的電（平均每日 1,100 MW）。

相較於潮壩，潮籬對於環境帶來的衝擊會小得多，裝置成本也小得多。潮籬還有一項優點，便是只要初步的模組安裝好即可展開發電，而不像潮壩技術，必須等整個安裝完成才可發電。當然，潮籬也並非完全沒有環境和社會層面的疑慮，其不可或缺的結構物，仍會對大型海洋動物和船舶的移動形成阻礙。

上述菲律賓與加拿大藍能公司原本合作的2.2GW潮籬計劃，估計成本為28億美金。不幸的是，根據藍能公司的說法，由於菲律賓政情不穩，而遭擱置。

潮汐渦輪機

潮汐發電可採用的另一技術為潮汐渦輪機（tidal turbines），為上述潮籬技術的勁敵。潮汐渦輪機看起來一如風機。其在水下排成一列，就如同一些風場一般（圖9.11至9.13）。其優於潮壩與潮籬之處在於：首先其對自然生物造成的傷害較小，其次小船仍能繼續在其附近航行，而且整體所需要的材料也比潮壩和潮籬的少很多。

圖9.11　藝術家心目中架設在海床上的軸流式洋流渦輪機適用於淺海潮汐發電

圖9.12　2003年5月裝設在Lynmouth的複合式海流渦輪機

這些渦輪機在海岸水流流速在 3.6 至 4.9 節時運轉狀況最佳。在此流速下的水流當中，一部直徑 15 公尺的潮電渦輪機所產生的能量相當於一部直徑 60 公尺的風機所能產生的。潮汐渦輪機的理想水深為 20 至 30 公尺。

潮汐渦輪機雖然在 1970 年代石油危機發生不久，即已被正式提出，但也直到最近幾年，待一部 15 kW 的「概念的證實（Proof of Concept）」渦輪機在 Loch Linnhe 展開運轉才得以實現。儘管目前全世界尚無運轉中的潮汐渦輪機場（tidal turbine farms），歐盟官方仍在歐洲找出了 106 個適合潮汐發電的場址。另外，菲律賓、印尼、中國及日本，也都具備這類水下渦輪機場址，有待在未來進行開發。

另一實驗性潮汐渦輪機項目，設於挪威 Hammerfest 南方的 Kvalsundet，其自 2003 年底開始運轉。該潮汐渦輪機可以在最大水流流速為 2.5 m/s 的情況下，達到 300 kW 的發電量。圖 9.14 所示，則為適用於深海，將潮流渦輪機分別以水面的浮體和水下錨碇抓住的設計。

圖 9.13　藝術家印象當中的潮汐渦輪機場

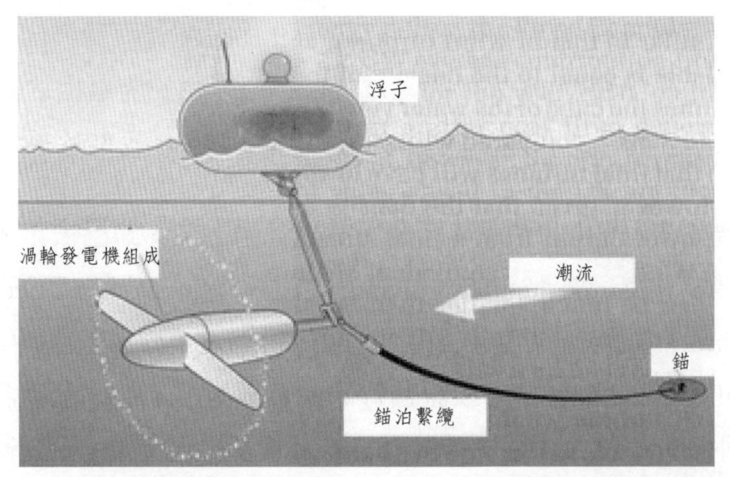

圖 9.14　潮流渦輪機分別以水面的浮子和水下錨碇固定在海流通過處。

潮塘

自從世界最大的潮汐發電站在法國 Rance Estuary 建立以來迄今已逾 30 年。基於從 La Rance 發電站所得到有關潮壩對環境造成影響的經驗，一些對環境影響較小的潮汐發電技術乃逐漸發展出來。除了上述潮籬與潮汐渦輪機以外，另一項發展便屬潮塘（tidal lagoons）。

如圖 9.15 所示的潮塘為設於海域的新技術，可用來減輕如潮壩等技術，在環境與經濟上的問題。潮塘所採用的是圍欄結構體及低水頭水力發電設備，設置在離岸 1.5 公里以上的高潮範圍區域。分成多單元的包圍結構體，可達到較高的負載因子（大約 62%），並可依需求彈性調整其輸出。

圖 9.15　位於澳洲威爾斯天鵝海灣區（Swansea Bay）的潮塘

第三節　海流發電

海流發電係利用海洋當中海流的動能，推動水輪機發電。這類發電一般於海流流經處設置截流涵洞沉箱，並在當中設一座水輪發電機，此可視為一個機組的發電系統，也可視發電需要增加好幾組，並在各組之間預留適當之間隔（約 200 至 250 公尺），以避免紊流造成各組間的互相干擾。

台灣地區可供開發海流發電應用之海流，以黑潮最具開發潛力。根據九蓮號於民國六十二年利用電磁流速儀，對黑潮所進行的調查研究結果，黑潮流經台灣東側海岸最近處為北緯 23° 附近。平均流心距台灣僅 60 至 66 公里，流心流速在 1.6 至 0.3 公尺／秒、平均流速 0.9 公尺／秒，依據所測得的流速及斷面，推估流量約為每秒 1,700 至 2,000 萬立方公尺。

過去台灣的黑潮發電構想，利用的是水深約在 200 公尺左右的中層海流，打算在海中鋪設直徑 40 公尺、長 200 公尺的沉箱，並在當中設置一座水輪發電機，成為一個海流發電系統模組，輸出約 1.5 至 2 萬瓩。未來可視需要增加機組。目前開發應用的水輪發電機種類甚多，至於針對深海用的水輪發電機，則尚處於研究開發階段。

總而言之，黑潮發電能量密度低且須具備特定區域環境特性，台灣未來開發黑潮發電的規模大小及經濟誘因，值得進一步評估。

潮流

在當今諸多再生能源當中，最大量的當屬蘊藏在潮汐、江河及洋流當中移動的水中能量。因此，透過有如水下風機的水下陣列系統，以擷取水流的動能並發電，也就一直存在著商業吸引力。

移動的水的密度比空氣的高出 832 倍，且潮汐也比起風和太陽更能預期。潮水流動所能提供的動能可表示如下：

$$Cp \times 0.5\rho AV^3$$

其中

Cp = 水輪機的性能係數，
ρ = 水的密度（海水為 1025 kg/m^3），
A = 渦輪機葉輪掃過的面積，
V = 流速。

透過先進的水下渦輪機技術，不難從潮流當中產生相當大的出力。加拿大西海岸、直布羅陀海峽，以及東南亞和澳洲等地，都具備這類潛力的天然條件。

運轉模式

退潮發電

潮池隨著漲潮逐漸加滿，閘門隨即關閉，有時會進一步將水泵入。一旦閘門開啟，內外落差（水頭，head）所蓄積的位能隨即釋出，在通過渦輪機時轉換成動能，進而帶動發電機發電，直到水頭減為太小，不足以帶動渦輪機。接下來在漲潮過程中，重新將潮池注滿，如此發電過程得以週而復始。由於是在退潮過程中發電，因而稱之退潮發電（ebb generation）。

淹沒發電

淹沒發電（flood generation）讓潮水在流過渦輪機後注入潮池，有如在發電過程中淹沒潮池。由於在潮池當中上半部水量（也就是退潮發電主要用到的部分）比下半部的要大，這類的效率一般比退潮發電要低得多。

雙潮池

在此採用兩個潮池，一個在高潮時注滿，另一個在低潮時放空。渦輪機設置在兩個潮池之間。這類雙潮池設計的最大優點，為其發電的時間可以彈性調整，而幾乎可以連續發電。其缺點是建造成本偏高，但也有些具備適合建造這種類型的現成地理條件的。

此外，抽蓄和沿海岸海流，也都是可以考慮的潮汐發電方式。

數學模式

影響能量信息的相關參數包括：水位（分別在運轉、建造及嚴峻狀況下的）、海流、波浪、電力輸出、海水濁度（turbidity）、鹽度（salinity）、漂沙（suspended sediment）特性。

第四節　潮汐發電的優點和受到的限制

儘管潮汐發電存在著因跨越河口而提供了道路與橋樑以改善交通，以及取代化石燃料減少溫室氣體排放等優點，但其也存在著重大的環境上的缺點。尤其是堤壩的建造，往往使潮汐發電相較於其它再生能源，較不受歡迎。

潮汐的改變

在河口建造堤壩勢將改變潮池內的潮汐水位。此一改變預測不易，且其對於潮池內的沉積和水的濁度會產生明顯的影響。而沉積物增加之後，船隻航行與遊憩也會因潮池內水深改變而受到影響。至於潮水上升所導致的海岸線淹沒，亦必然會對當地海洋食物鏈造成影響。

生態的改變

潮汐發電所潛在的最大缺點，當屬對於河口內動、植物的影響了。由於截至目前全世界建造的潮電堤壩還太少，其對當地環境的整體影響所知仍相當有限。惟針對潮電堤壩的影響，可以作成的結論仍取決於當地的地形和海洋生態系。

環境衝擊

潮能效率

潮能從海水的位能轉換為電的效率可達 80%，高於其它如太陽能等再生能源。

當地環境衝擊

雖然在一個潮汐發電計劃當中，發電渦輪機對於環境造成的衝擊不大，但在河口建造一座攔水堤壩卻足以對潮池內的水和魚等生態造成相當可觀的影響。

濁度

水的濁度指的是水中懸浮物的量，會因為潮池與海洋之間交換水量的降低而降低。透光程度也因而提升，而得以讓陽光穿透到更深的水中，改進光合作用的條件。此一改變也將影響食物鏈，同時造成當地生態系的改變。

鹽度

由於上述潮池內與海洋交換水量降低，潮池內的鹽度也隨之下降，可能進一步影響到生態系。

漂沙

通常在河口都有大量的底泥（sediments）從江河流向海洋。而堤壩的建造，也正好導致底泥在潮池當中沉積，對生態系和堤壩的運轉都造成影響。

至於在渦輪機的運轉發電過程當中，也會在渦輪機的下游處形成旋渦。若此水平旋渦觸及水底，必將造侵蝕（erosion）作用。儘管提供到潮汐流當中的底泥量可能並不多，但日積月累仍可能對渦輪機基座造成危害性侵蝕。藉由打樁（pilings）固著的渦輪機，或許可不受這類問題影響，但若是渦輪機的固定靠的是重物，便有可能整個翻覆。

污染物

一如前面所提到的，由於交換水量降低，累積在潮池內的污染物（pollutant）也就較不能有效擴散，而其濃度也有可能因此提升。一些像是污水等可生物分解（biodegradable）的污染物，其濃度上升很有可能促進潮池當中細菌滋生，而對人和生態系的健康都造成衝擊。

魚類

魚可能可以安穩的游過水閘，只是一旦水閘關閉，魚便會嘗試從渦輪機當中游過去，其中有些靠近渦輪機的便可能會被吸入。即便渦輪機可儘量設計得對魚友善些，依過去的經驗，仍不免造成大約 15% 的死亡率（由於壓力降與葉片接觸、空蝕等所造成）。

全球性環境影響

潮汐發電無疑的是長遠的電力來源。以英國的 Severn Barrage 計劃為例，其在一年當中可望減少燃煤 1,800 萬公噸，同時降低了排放到大氣的溫室氣體。

經濟考量

潮汐發電的投資成本雖高，但運轉成本卻很低。儘管如此，潮電可能在好幾年當中都無法回收，投資客也就興趣缺缺。即便擁有財力的政府，也因此意願不高。

RE 小方塊——未來潮能系統：The Stingray

在諸多擷取潮流能的新技術當中，可令人聯想到海洋中優雅魟魚的Stingray設計，有一片或兩片約十米長、平行相連的水翼（如圖所示）。此水翼與潮流間形成的角度可自由上下變化。而此角度變化的動作，可傳達到液壓油缸內的油，提升其壓力以帶動液壓馬達，進而驅動發電機。

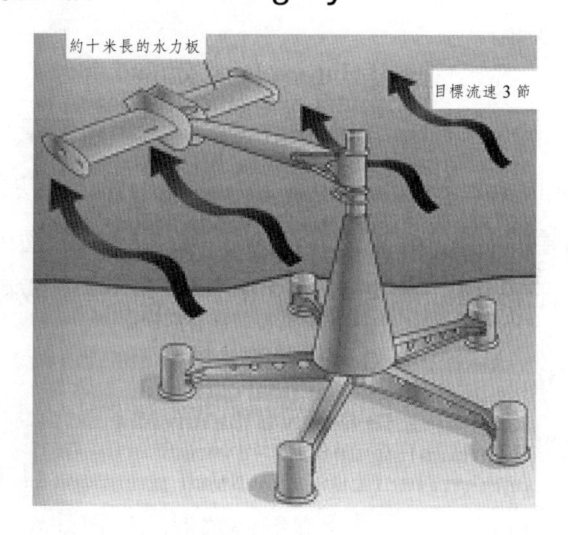

開發此一技術的英國Engineering Business（EB）在針對幾個可能場址進行可行性研究後，選擇設置於英國雪特蘭（Shetland）的耶魯灣（Yell Sound），預料對於未來全世界從潮汐當中擷取能源，會有一定程度的影響。

第十章 海洋熱能與鹽差能

台東金崙灣的河海交界可能潛藏著什麼能源？

第一節　海洋熱能轉換

第二節　海洋溫差發電

第三節　OTEC 技術

第四節　OTEC 的經濟性

第五節　海洋鹽差發電

第一節　海洋熱能轉換

地球表面逾 70% 為海洋，共約 36,300 萬平方公里，是個巨大的太陽能收集兼貯存器。同時，受太陽直接照射的海洋表面和長期光線無法到達的深海之間，始終存在著可觀的溫度差異。而海洋表層（約 15 至 28℃）與深層（約 1 至 7℃）之間的溫差在地球上各處不盡相同，一般在熱帶地區，海洋表層與 1000 米深的海水溫差可達 25℃。

圖 10.1 所示為地球上海水溫度的分佈情形。海水的之溫度會直接影響海水密度。海水溫度隨著水深而降，而隨著水溫的降低，海水的密度將逐漸增大，直到 −2℃。此與淡水有所不同，淡水的密度雖然也隨溫度的降低而增大，惟當淡水水溫降至 4℃之後，因逐漸凍結成冰，所以在一直降至 0℃的過程當中，淡水的密度不增反減。水具有很高之比熱（specific heat），亦即水無論加熱或變冷都很慢。

如前面所述，海洋覆蓋了地球表面七成多一點，而成了世界上最大的太陽能收集器與儲存系統。在一般的日子裡，地球上六千萬平方公里的熱帶海洋，會吸收大約相當於 2,500 億桶石油所產生熱量的太陽輻射。只要這些儲存的太陽能當中的十分之一能轉換成電力，就能供應美國這個世界超級用電大戶，一天當中總耗電的二十倍。

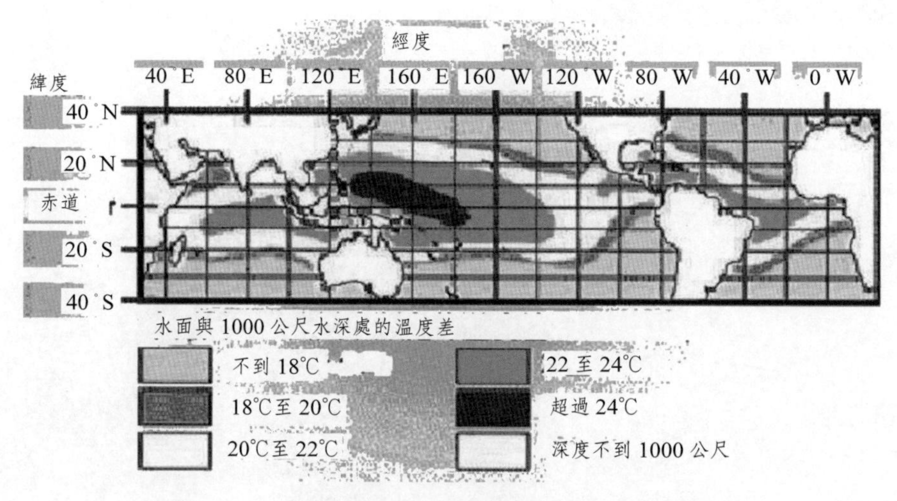

圖 10.1　地球上表層與深層海水溫度差的分佈情形

海洋熱能轉換（ocean thermal energy conversion, OTEC），係利用海水溫差而產生電力。根據熱力學公式，熱機如於 7℃與 27℃之間運作，則其理論上最大效率為 6.7%。理論上，只要有溫差存在，即可從中擷取能量。實際上，海洋中所貯存的熱能可連續不間斷的利用，這點與潮汐或風能不同。而且溫差若愈大，則 OTEC 的效率愈高，成本也就愈低，因此，OTEC 最適合在熱帶或亞熱帶地區發展。

海洋熱能轉換是一種利用地球上海洋當中所儲存的熱能，將太陽輻射轉換成電力的能源技術。OTEC 系統利用的是海洋當中的天然熱梯度（thermal gradient），亦即海洋不同水層間不同的溫度，可用作產生動力的循環。只要是表層暖水和深層冷水間的溫度有大約 20℃的差異，這個 OTEC 系統即可呈現最佳狀態，得以產生相當大量的電力。這種情形存在於熱帶地區，大致上位於南回歸線與北回歸線之間。因此，海洋也正是一個龐大的再生能源，具有產生數十億電力的潛力。根據一些專家的估計，這發電潛力可達 10^{13} 瓦。除了能量之外，此 OTEC 過程當中的深層冷海水並具備豐富的養分，可用作海岸或陸上栽培海洋動植物等用途。

雖然 OTEC 似乎在技術上很複雜，它倒並非新科技。早在 1881 年，法國物理學家達森瓦（Jacques Arsene d'Arsonval）便提出從海洋當中擷取熱能的理論。不過卻是達森瓦的學生克勞德（Georges Claude）實際建造了第一座 OTEC 廠。Claude 於 1930 年在古巴建廠。該系統以一部低壓渦輪機發出 22 kW 的電。而在亞洲，日本政府也持續贊助 OTEC 技術的研究。

第二節　海洋溫差發電

溫差發電工作原理

圖 10.2 所示為設於海上漂浮平台上的一套海洋溫差發電系統。海洋溫差發電的工作原理與目前使用之火力、核能發電原理類似，首先利用表層海水

來蒸發低蒸發溫度的工作流體如氨、丙烷或氟利昂，使它氣化進而推動渦輪發電機發電，然後利用深層冷海水將工作流體冷凝成液態，再予以反覆使用。這整個系統由蒸發器（evaporator）、渦輪機（turbine）、發電機（generator）、冷凝器（condenser）、工作流體泵浦（working fluid pump）、表層海水泵浦（surface water pump）等單元所組成。蒸發器的構造如同一般熱交換器，由管巢或薄板組成。在其中，在 13℃至 15℃間即告蒸發的液體物質（稱為工作流體或工作媒介），遭遇到引入的 15℃至 28℃表層海水（或稱為溫海水），因受到溫海水加熱，而致沸騰，所產生的蒸氣再經由管路送到渦輪機，驅動之。

接下來，從渦輪機排出的蒸氣流進凝結器，在此遭遇到導入的 1℃至 7℃的深層冷海水，而被冷凝成原來的液體狀態。此液態工作流體再由泵浦重新送回蒸發器。如此週而復始不斷地進行重複循環。只要表層海水與深層海水間存有溫差，即能經由此循環不斷驅動渦輪發電機，產生電力。

台灣東岸海域海底地形陡峻，離岸不遠處，水深即深達 800 公尺，水溫約 5℃。同時海面適有黑潮流過，表層水溫達 25℃。由於地形及水溫條件俱佳，開發溫差發電的潛力雄厚，理論蘊藏量在 12 海浬領海內達 3,000 萬瓩，若以 200 海浬經濟海域估算，更可高達 25,000 萬瓩。該區域領海範圍內若以適度開發比率 10% 估計，技術蘊藏量可達 300 萬瓩，每年約可發電 460 億度。

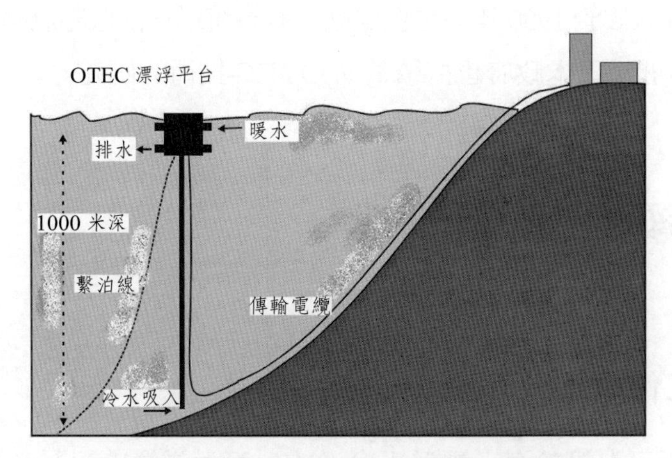

圖 10.2　海上漂浮平台海洋溫差發電系統

根據一系列已完成研究的結果顯示，就技術可行性言，興建一座溫差電場的最大挑戰包括大管徑冷水管的設計、製造與敷設，大型海上平台的設計與建造，以及高效率海底電力輸送電纜等三項關鍵技術，全世界尚無成功案例可循。而就經濟可行性言，即使將水產養殖副產品的經濟價值也考量在內，溫差發電的成本尚難與燃煤、燃油及核能等傳統發電方式競爭。

1970 年代初期，美、日、法等國為紓解能源危機的壓力，而開始研發海洋溫差發電商業化的可行性。美國於 1979 年，在夏威夷採用封閉式循環溫差的發電方式，證明海洋溫差發電的可行性。該發電站的功率為 50 瓩。日本東京電力公司於 1981 年在南太平洋的諾魯島完成岸上封閉式循環發電試驗，結果獲得最大功率 120 瓩，淨功率 31.5 瓩，證實海洋溫差發電的可行性。

目前的海洋溫差發電廠，發電成本尚難與燃煤及燃油發電競爭，亦無商業性溫差電廠的運轉經驗。台灣電力公司曾於花蓮的和平、樟原和台東的金崙灣進行規劃研究，積極開發台灣地區海洋溫差資源。

OTEC 的沿革

1881 年法國達森瓦便首先主張從海洋擷取熱能。1927 年達森瓦的學生克勞德在古巴哈瓦那附近的瑪丹札斯（Matanzas）海灣進行岸上的海水溫差發電實驗，實際發出 22 瓩的電力。到了 1930 年，克勞德又建立了一座開放性循環的 OTEC 電場，證實利用海洋溫差來產生電是可以做到的。該系統採用的是一部低壓渦輪機。接著，克勞德於 1935 年建了另一座開放式循環電場，這回他將系統設置在巴西海岸外海的一艘萬噸級貨輪上。可惜後來這兩個 OTEC 電場都讓惡劣天候和海浪給毀了，而克勞德也始終未能獲得從開放循環 OTEC 系統的淨發電（扣掉用來維持系統運轉所需用電後，剩下的電力）。不過，1940 年克勞德還是以「自天然水中取得電力的方法及其裝置」的發明專利，獲得法國政府的大力支持，讓計畫一直持續到 1955 年。

接著，法國研究團隊於 1956 年在西非海岸阿比尚（Abidjan），設計了一座 3 MWe 的開放式循環電場。但由於競爭不過成本較為低廉的水力電廠，以致始終未能運轉。1965 年，美國的安德森重新對克勞德的 OTEC 電場進行檢討與改進，再度引起人們對 OTEC 的注意。1974 年美國夏威夷的天然能源實驗室（NELHA）在夏威夷群島可納（Kona）外海的 Keahole Point 設立，成為全世界最先進的 Mini-OTEC 技術實驗室和測試設施。其於 1979 年完成了第一座 50 kWe 的封閉式循環 OTEC 示範電場。

美國能源部於 1980 年正式建造了發電量 1,000 kWe 的 OTEC-1，這是裝設在一艘由美國海軍油輪所改裝的封閉式循環 OTEC 系統。經由其測試，確認了一套對海洋環境影響微乎其微，裝設在緩慢移動船上的商業規模 OTEC 系統的設計方法。

日本於 1981 年，在日本東京電力、東電設計公司、東芝及清水建設等企業以及日本政府的資助下，在太平洋的諾魯共合國建造了一座以陸地為基地的 100 kWe 封閉循環電場，提供當地小學電力，首次以 OTEC 作為民生用電來源。該電場佈設了一條直通 580 公尺水深海床的冷水管，工作流體為弗利昂，採用的是鈦合金材質殼管式熱交換器。經過連續測試運轉，可發電達 31.5 kWe 淨電力，超過原先預期。緊隨在後，法國在大溪地、英國在加勒比海、荷蘭在巴里、瑞典在牙買加、日本在沖繩島、美國在夏威夷及關島等地，都各自投入了 OTEC 的研發行列。

第三節　OTEC 技術

美國能源部（Department of Energy, DOE）於 1984 年開發了，將暖海水轉換成用於開放式循環電場的低壓蒸汽的垂直蒸發器，達到 97% 的能源轉換效率。系統當中所使用的直接接觸冷凝器，可使得達到很高的蒸汽回收效率。

在此同時，英國的研究人員設計並測試了鋁製熱交換器，可將熱交換器的成本降到每瓩裝置容量 $1500 美元。而其低成本的海水軟管的觀念，也已開發並取得專利。此管子可以不再有尺寸的限制，同時也改進了 OTEC 系統的經濟性。後來經過美國 DOE 測試，認為 OTEC 系統當中的大型熱交換器所用昂貴的鈦可以鋁合金取代。同時 DOE 的海上測試，也顯現熱交換器的生物污損（biofouling）和腐蝕皆可獲得控制。生物污損在冷海水系統當中，不致構成問題。至於在溫海水系統當中，其可藉著少量的間歇加氯處理（每小時、每天 70 ppb）加以控制。

1993 年 5 月，位於美國夏威夷 Keahole Point 的開放循環 OTEC 電場（圖 10.3），在其淨發電實驗當中發出了 5 萬瓦的電，打破了日本系統於 1982 年創下的 4 萬瓦的紀錄。如今科學家正努力為開放循環 OTEC 系統，開發更新並且符合成本有效性的理想渦輪機。

有些能源專家相信只要比起傳統電力技術，在成本上具競爭力，OTEC 可發出幾十億瓦電力。只不過，成本本身就是最大的問題。所有的 OTEC 電場都需要有一根大直徑、需要伸出到水下一、二公里以上的深水採水管，以將很冷的水送到水面。這冷海水，是三種類型 OTEC 系統：封閉循環（圖 10.4）、開放循環（圖 10.5）、複合循環的共同部分。

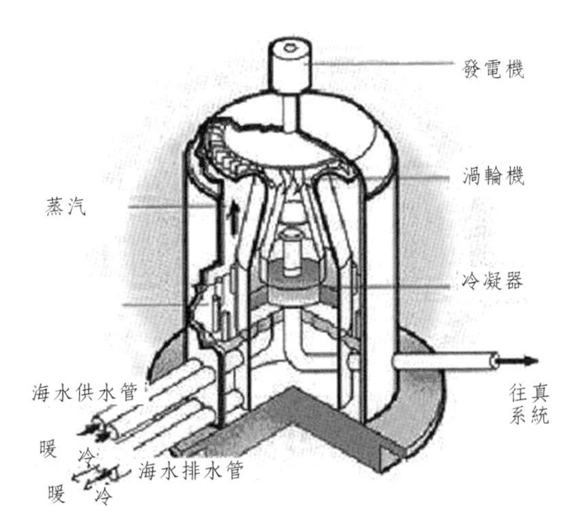

圖 10.3　開放循環 OTEC 裝置

封閉循環

封閉循環（close cycle）用的是一種例如阿摩尼亞等低沸點的工作流體，以趨動渦輪機來發電。以下是其作動情形。將水面的暖和海水泵送通過一熱交換器將低沸點流體蒸發。該膨脹的蒸氣隨即帶動渦輪發電機旋轉。接著，將深層冷海水泵送通過第二道熱交換器，將蒸氣凝結回到液體，再將這液體循環回系統。

美國天然能源實驗室於 1979 年與好幾個私營企業夥伴建立了小型 OTEC 實驗系統，首次達成了從封閉式循環 OTEC 產生淨電力。該迷你 OTEC 船靠泊在夏威夷海岸外 2.4 公里，所發出的電可滿足該船照明、電腦及電視的電力需求。

接著，天然能源實驗室於 1999 年又測試了一座 250 kW 的先導型 OTEC 封閉循環電廠。這是這類型電廠當中最大的。只是，美國從此就未再測試 OTEC 技術，主要仍基於經濟理由。

除了美國，印度政府也曾積極參與 OTEC 技術的研發，並建立了一座 1 MW 封閉循環的漂浮 OTEC 電廠，進行測試。

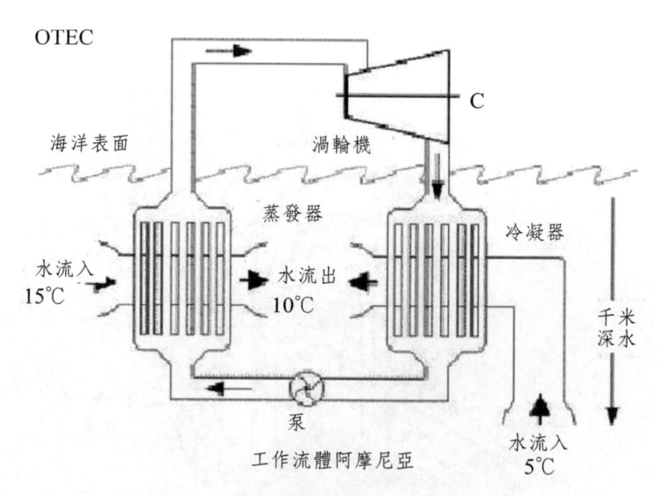

圖 10.4　封閉循環 OTEC 系統

開放循環

開放循環式（open cycle）OTEC 利用熱帶海洋表面暖水發電。當暖海水送入低於大氣壓的容器當中時，即沸騰，產生的膨脹蒸汽用來驅動與發電機相聯的低壓渦輪機。該蒸汽將其鹽分留在低壓容器當中，而幾乎成了純淡水，藉由與深層冷海水交換，其接著可凝結成為液體。

1984 年，當時美國的太陽能研究院（Solar Energy Research Institute）及今天的國立再生能源實驗室（National Renewable Energy Laboratory, NREL）建立了垂直噴管（vertical-spout）蒸發器，將暖海水轉換成開放循環用的低壓蒸汽。其達到 97% 的能源轉換效率。

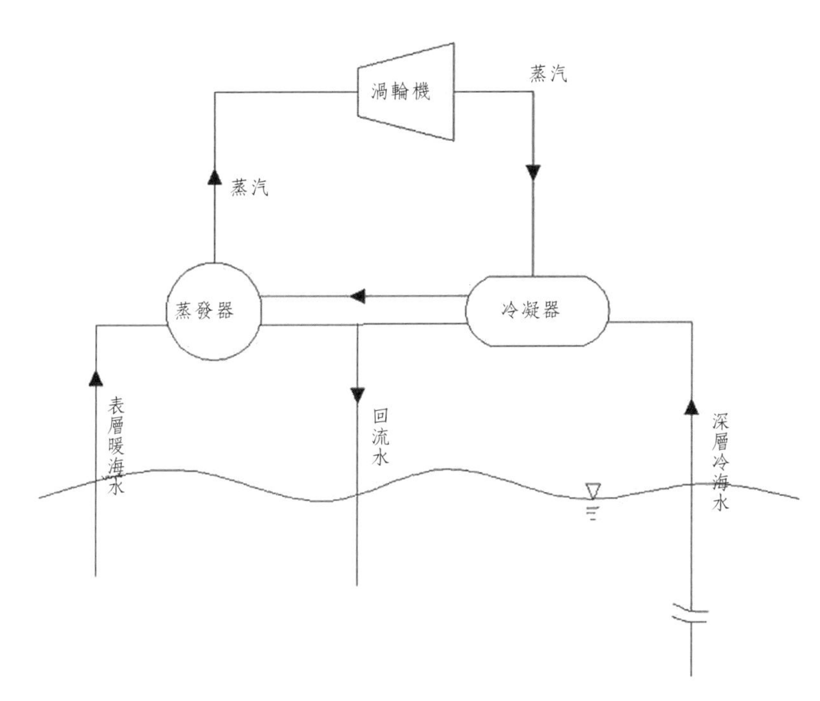

圖 10.5　開放式循環 OTEC

複合式

複合（hybrid）系統將封閉循環和開放循環結合在一起。在複合系統當中，暖海水進入一個真空容器當中，隨即驟餾蒸發（flash evaporation）成為蒸汽，類似在開放循環當中的蒸發過程。該蒸汽在一封閉循環迴路當中，將一低沸點流體蒸發，用來驅動渦輪機發電。蒸汽在熱交換器當中冷凝成淡化水（desalinated water）。從該系統所發出的電可送至電網用以生產甲烷、氫、提煉金屬、阿摩尼亞等這類產品。

從前面的全世界 OTEC 發展過程可看出，推動 OTEC 首先必須克服技術上許多巨大的挑戰。其中最大的挑戰包括：

- 大管徑冷水管的設計、製造、及敷設，
- 大型海上平台（如圖 10.6 所示）的設計與建造，以及
- 高效率海底電力輸送電纜。

這些關鍵技術在全世界，尚難找到可依循的成功案例。

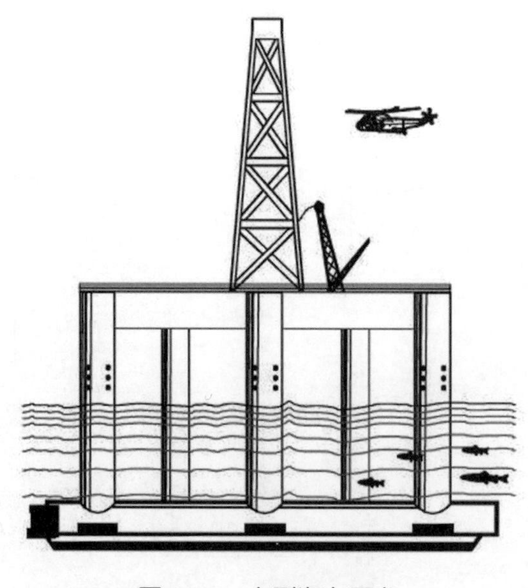

圖 10.6　大型海上平台

其它技術

除了發電，OTEC 還有別的重要效益，例如，用於空調。從 OTEC 產生的過剩冷海水可用來冷卻熱交換器當中的淡水，或直接流到一冷卻系統當中。OTEC 技術也有助於冷土壤農業（chilled-soil agriculture），讓冷海水在地下水管當中流過，其周遭的土壤也跟著冷下來。植物在冷土壤當中的根和在暖和空氣當中的葉之間的溫差，讓原本在溫帶氣候區的高冷植物，得以在副熱帶地區也生長得很好。

養殖大概是最著名的 OTEC 副產品。一些像是龍蝦、鮭魚、鮑魚等冷水高價水產品，在源自 OTEC 過程的富營養質深層海水（deep ocean water, DOW）得以快速成長。而像是健康食品添加品 Spirulina 等微藻（microalgae），也可從深層海洋水當中收成。

如前面所述，開放式或複合式 OTEC 電場也可進行海水淡化。理論上一座淨發電容量 2 MW 的 OTEC 每天能生產大約 4,300 立方公尺的淡化水。

第四節　OTEC 的經濟性

OTEC 的優點可大致歸納如下：

- 利用海洋所蘊藏的龐大熱能，取之不盡用之不竭，屬可再生能源，
- 運轉不需燃料亦無大氣排放，屬潔淨能源，
- 發電廠可坐落於海岸或海上，土地需求小，
- 可同時作為淡水水源，
- 可產生氫、冷凍、空調、冷藏、藥品等副產品，
- 可利用深層海水中的礦物質、營養鹽、微生物等，兼作養殖、蔬果、休閒觀光等多目標用途。

至於其缺點與發展限制，可歸納如下：

- 相較於其它發電方式，其投資成本偏高，
- 在技術層面上，相關的例如冷水管的裝設及海洋天候的挑戰等仍難以克服，
- 相較於其它發電方式，其能源轉換效率偏低。

OTEC 未來也可作為開採出 57 種稀有元素的途徑。不過有些經濟分析顯示，從海洋開採當中的溶解物質，可能無利可圖。其成本包括泵送大量海水和從海水當中分離出礦物，所需能量與費用。不過，既然 OTEC 電廠已然泵送海水，剩下的成本主要便在於萃取過程所需。

OTEC 的效益

我們可藉著評估其經濟與非經濟效益，以衡量 OTEC 電場及持續發展 OTEC 的價值。OTEC 的經濟效益包括以下：

- 協助生產像是氫、阿摩尼亞及甲醇等燃料，
- 產生基礎負載電能，
- 產生工業、農業及生活所需要的淡化水，
- 同時為沿近岸水產養殖經營的資源之一，
- 提供建築所需空調，
- 提供中溫冷藏，及
- 對於提供未來所需潔淨而成本有效電力深具潛力。

OTEC 的非經濟效益在於有助於我們達成全球環境目標，包括以下：

- 促進競爭力與國際貿易，
- 增進能源自主與能源安全，
- 促進國際社會政治穩定，
- 具有舒緩燃燒化石燃料所導致的溫室氣體排放的潛力，
- 在有些小島國，OTEC 的效益包括能自給自足、對環境的衝突極小及藉著淡化水及養殖產品，而得以改進衛生與營養。

OTEC的市場

一項經濟分析指出，未來五到十年內OTEC電場有可能在四個市場上具有競爭力。頭一個市場是位於南太平洋的小型島國及美國夏威夷的Molokai島。由於在這些島上的柴油發電和海水淡化都相當昂貴，一個搭配了一套二級海水淡化系統的小型（1 MWe）陸基、開放循環OTEC電場屬成本有效的。第二個市場是在美國屬地像是關島和美屬薩摩亞（Samoa），一個搭配了一套二級海水淡化系統的10 MWe、陸基、開放循環OTEC電場，應屬成本有效。第三個市場是在夏威夷，一個搭配了一套二級海水淡化系統的大型、陸基、封閉循環OTEC電場。如果柴油價格加倍，那麼額定容量在50 MWe以上的OTEC電場，在市場上應屬成本有效。第四個市場是浮動、封閉循環、額定在40 MWe以上的，透過海底電纜將電傳輸到岸上的OTEC電場，應屬成本有效。這些電場可建於波多黎各、墨西哥灣及太平洋、大西洋和印度洋。具軍事安全用途的大型浮動生命維持系統（電力、淡化水、冷卻、養殖食物等），應該納入最後類別當中。

OTEC的最大潛力，在於藉著利用大型電場船（grazing plantships）以生產氫、阿摩尼亞、甲醇等，以供給世界上所需燃料當中很大的一部分。就已經研究過的OTEC裝置的三個世界性市場——美國海灣海岸與加勒比海一帶、非洲與亞洲，以及太平洋島嶼而言，預期太平洋島嶼將是頭一個開放循環OTEC電場市場。此一預測根據的是燃油電廠成本、海水淡化需求，以及此一潔淨能源技術的社會效益。

成本與經濟考量

要使OTEC實際成為電力來源，若不是獲得政府的支持（亦即優惠稅率和補助），便必須比也可能已接受補助的其它形式電力更具競爭力。由於OTEC系統尚未廣泛設置，其成本推估也就很不確定。有個研究估計，初期發電成本可低到每瓩-小時僅7美分，相較於對風力系統和核能發電，光補助的就分別要每瓩-小時7美分，和1.92美分。

除了相關法規與補助，其它也須一並納入考量的還包括 OTEC 屬可再生能源（產生的廢棄物和供應的燃料都很有限），需要用到的土地面積也很有限，對石油依賴的政治影響，其它如波浪能與甲烷水合物（methane hydrates）等形式的海洋能源，以及其與養殖或從同一套泵送系統當中過濾出稀有礦物等多目標用途，一併考量。

相關研究

為期能加速 OTEC 系統的發展，以下主題尚待研究：

- 獲取適當大小的示範性 OTEC 電廠的運轉數據，
- 開發並建立冷水管技術，以建立材料、設計、佈設與安裝的完整信息，
- 進一步對熱交換器進行研究，以改進熱交換性能，並降低成本，
- 就開放循環系統所需要的大型機器的改良型渦輪機觀念進行研究，
- 找出並評估先進的海洋熱能擷取概念。

第五節　海洋鹽差發電

從特性來看，海洋鹽差發電（salinity gradient power）或稱為滲透膜發電（osmotic power）的潛能，比起潮汐的似乎尤有過之。只要是在淡水和鹽水交會之處，從黃河、萊茵河、到密西西比河等，皆能產生穩定的電，而不需擔心像是沒風、缺雨等，會造成供電不穩的困擾。尤有甚者，滲透膜發電幾乎不會對可能很脆弱的生態系造成衝擊。因為該裝置可很容易裝設在建築的地下室當中，靜靜的持續運轉。何況其所依賴的是電化學反應，而幾乎不需用到動態的元件。

沿革

其實滲透膜的理論基礎，早在將近一個半世紀前，即已建立。荷蘭的諾貝

爾獎得主化學家 Jacob van't Hoff 則於 1885 年便已證明，熱力學定律並不僅只適用於氣體。他證明了在一片半滲透膜當中，只有液體而沒有溶解顆粒會通過，這便是他稱的滲透壓（osmotic pressure）現象。1954 年 Richard Pattle 在一篇刊登在自然（Nature）期刊當中，建議利用海水和河水之間的壓力差來發電。他估計利用海洋和流入海的河水的平均鹽度差異，每年具有 1.4 到 2.5 TW 的發電潛力。只是經過了將近二十年，他的透析電池（dialytic battery）理論的發電密度一直維持在 $0.05/m^2$。

1950 年代末期，美國加州大學的 Sidney Loeb 和 Srinivasa Sourirajan 在其博士論文當中，將 Pattle 的理論進一步衍伸。他倆以合成材質製成的膜和高壓泵，以逆滲透壓（reverse osmotic pressure）從海水產生了淡水。此實為當今絕大多數海水淡化過程的原理。到了 1972 年，以色列的 Negev 研究院，邀請了 Loeb 從沙漠深層泵送出帶鹽分的地下水，利用該膜進行過濾、淨化。此時 Loeb 設計了一套以半滲透膜分隔為二的水櫃，並將壓力提升到 12 大氣壓，將淡水從鹽水當中抽出。然 Loeb 一直到 2008 年 12 月過世前，仍無法將其發明壓力遲滯膜（pressure retard osmosis, PRO）付諸實用。畢竟在四十年前，合成膜還不能做得既廉又薄，並且還能耐得住維持系統運轉所需要的壓力。

鹽差發電領先全世界的挪威電力公司 Statkraft，直到 2009 年才在位於奧斯陸南邊的 Tofte 建立了一座 2-4 kW 雛型廠。而荷蘭 Wetsus 公司，最近也將其位於 Afslutdijk causeway 的 5 kW 雛型場擴建到 50 kW 的規模。根據 Wetsus 的說法，荷蘭的海岸線和河川擁有大約超過每年 18 TWh 發電容量的潛力，足以滿足一百萬家戶用電。同時，挪威也估計利用滲透膜技術，每年可從其峽灣當中產生約 12 TWh 電力。

海水性質

鹽度（salinity）乃用以量度或表示海水中溶解物的總量。通常以海水的水溶解鹽重量當中有幾份來表示。各地海水差異甚大，從千分之 30.5 到千分之 35.7 之間都有。全球平均來說，海水的鹽度大約是千分之 34.73。鹽份越高的海水，密度亦越大。鹽分在水表面最低，隨著水深遞增。

開發存在於淡水與鹽水間的壓力差，可以擷取到能量。此能量稱為滲透能（osmotic energy）。而淡水和鹽水之間的能量差稱為鹽分梯度（salinity gradient）。因此只要是在溪流或河川進入海洋的地方便存在著滲透能。大家對於利用逆滲透膜（reverse osmosis, RO）從海水當中獲取淡水或是淨化生活用水，都相當熟悉。逆滲透膜在從海水生產淡水的過程當中會消耗能量。至於滲透膜在有海水存在的地方，則會消耗淡水而產生能量（淡水變成了鹽水）。

PRO 與 RED 鹽差發電廠

鹽分梯度能源的原理是擷取河水（淡水）與海水（鹽水），當中因鹽度差異所存在的能量。此一能源，因為並不能讓人們在自然界中感覺到它的熱、落水、風、波浪或輻射等形態的存在，而難以理解。曾經有人提出不同的，用來擷取此一能量的方法。這些包括在淡水和鹽水水面的蒸氣壓力差，以及有機複合材料在淡水與鹽水之間腫脹的差異。然而最可行的方法還是使用半滲透性的膜片。藉由以壓力遲滯滲透膜（pressure retarded osmosis, PRO）或者是以逆電析（reverse electrodialysis, RED）直流電對鹽水（brackish water）施壓，可擷取到能量。

在 RED 法當中，會使用裝在淡水與海水交替的容器中的選擇性離子膜（ion selective membranes），而離子會在其中藉著自然擴散，穿過膜片而生成低電壓直流電。在 PRO 法當中，用的是另一類型的膜，類似用於海水淡化的逆滲透膜。在這類 PRO 法所用的膜當中，水比鹽的的滲透性高得多。如果以此膜將淡水和鹽水分開，淡水會順著自然的滲透穿過該膜到鹽水側。雖然這兩種方法的作動原理相當不同，但擷取的卻都是相同的位能。

鹽度能是再生能源當中，尚待開發的最大能源之一。據估計全世界可每年擷取達 2000 TWh。其尚未受到世人重視的原因之一，在於其潛在能量對於一般人而言尚不明顯。另一原因則在於此能源需要相當程度的技術研發，方得以廣泛利用。根據評估，鹽度能源的成本較傳統水力能為高，但和其它形式已大規模開發的再生能源相比，則不相上下。

1975 年至 1985 年期間，有幾個重大的研究結果提供了有關於 PRO 與 RED 電廠的經濟特性。當時所估算出的總成本介於每 kWh 兩美分至 1.3 美元之間。時至今日，一些針對再生能源的研究結論認為鹽度差發電的成本過高。

然而這些負面的結論都是根據過去既有設備，而非最新設備的性能而作成的。最近的一項研究結果顯示，以 PRO 發電的總成本介於每 kWh 3.5 至 7 美分之間。這項初步研究導致了挪威最大水力發電公司 Statkraft SF 與歐洲的薄膜專家的合作及歐盟執委會（EU commission）的支持。目前在日本、以色列和美國等國家，仍有一些針對鹽度發電的小規模研究正進行中。

優缺點

鹽度發電的優點可歸納如下：

- 沒有 CO_2 和任何重大排放，或對人體健康和全球性環境的影響，
- 屬完全可再生，
- 非間歇性（不同於風力或波浪發電），
- 適合於小型或大型規模電廠。

至於鹽差電廠的主要缺點如下：

- 為求達到必要的效率，一些電廠設備尚待開發，
- 需要大筆建廠投資成本，大多數用於建築與機器，
- 能源成本受薄膜成本與效率的影響甚鉅，
- 電廠所用的膜易受到污損（fouling）。

鹽差發電展望

膜的耐用性是突破的關鍵

根據落實 Loeb 理論的挪威國營研發機構 Sintef 的 Thor Torsen 和 Torleif Holt 的說法，以當今的膜透過 PRO 裝置來發電，已夠耐用。而最先進的技術也能發出 3 W/m^2，相當接近設定的目標 5 W/m^2。Statkraft 表示，其要達到商業運轉，便先得將效率提高二至五倍。其將試驗各種醋酸纖維素和各種不同的高分子複合材質的膜，以使其能耐到 12 大氣壓，達六至十年之久。該研究另外追求的是，降低輸送水所需消耗的能源。

儘管目前 Tofte 系統所發出的電，僅夠一台咖啡機所用，但卻可望在未來五年內成為世界上第一套商業運轉的滲透膜電廠。該廠大小相當於一座足球場，滲透膜面積有 5 km^2，可發電 25 MW 足夠 15,000 家戶使用。到了 2020 年，預計會有 12 座這樣的電廠進行運轉，每年發電 12 TWh，相當於挪威全國 10% 用電。

挪威採用該技術已相當成熟，但在較暖活的地區，就可能遇上較大阻礙。這主要是因為這些地方的各類生物的發展，都很可能增加污染量。一旦這些大面積的膜受到生物和非生物的污染，便將很快降低甚至終止其發電能力。目前即便是試驗中的系統 Statkraft 仍需經常以氯清潔或是背洗（back flush）整個系統，以維持其發電容量。其將試驗像是螺旋膜卷（但會降低流速）或中空纖維等技術，以克服這類困難。

荷蘭的藍色能源計畫

有鑑於挪威所遭遇的困難，荷蘭的 KEMA 將希望寄託在全然不同的技術上。其所建立的，是由逆電析所作動，名為藍色能源（Blue Energy）的鹽梯度電場。和前述壓力遲滯滲透膜相反，其僅有在鹽水中的離子，而非水本身流通過膜，同時讓一膜僅能通過正離子，另一僅通過負離子。目前其正努力降低膜的厚度，以降低阻力，從而提高發電能力。

根據 Grasman 的說法 RED 滲析電池（dialytic battery）即將有所突破。目前既有的膜成本約 €30/m²，將大幅下降，而同時電析膜的發電密度目前為 1.2 W/m²，也穩定上升中。Grasman 相信不久即可達到最大每平方米 5 W，成本降到約€5/m²。到了那個階段，RED技術的整體成本可達到€8分 /kWh。雖然比起源自化石燃料的仍相當高，但卻遠比源自大型海域風場的為低。

第十一章
生物能源

生生不息的植物潛藏著無窮的綠能

燒柴取暖和烹煮是人類最初從大自然獲取能源的方式。迄今，這仍然是主要的生物質量能源（biomass energy）轉換技術，而且並不僅止於開發中國家才如此。當今人類在這方面也已擁有一系列高科技方案，能讓各種生物提供各類型不同規模有用的熱和電力。

基於石油等化石燃料預計在未來五十年面臨枯竭等危機意識，世界各國政府與化石業界都把生物質量視為未來，包括固、液、氣態燃料，的重要替代品。大量種植所謂能源作物（energy crops）的農場，也陸續跟著在許多國家建立。雖然這些國家大多數位於熱帶地區，但其它像是中國、北美、北歐及俄羅斯等國，也都不例外。這些近乎工業化的種植，勢將衝擊到接下來很複雜的全球碳、氮、磷，以及水的循環。而這些工業化森林與農業所可能引發的諸多全球性問題，也就亟待進一步透過熱力學等方法加以量化與了解，以尋求具有最高從生物質量到能源的轉換效率同時負面效果最小的，可持續生物能源開發策略與路徑。

近年來生物質量無論在再生能源的發電和供熱方面，都持續扮演著重要供應來源的角色。源自生物質量的發電容量，在 2010 年達到 62 GW。至於生物質量在供熱方面的市場也持續穩定擴張，尤其是在歐洲、美國、中國大陸和印度等地。整個趨勢看來，用於供熱和發電的生質固體顆粒以及結合生物質量和供熱與發電複合（CHP）的地區中央供熱系統，最為活躍。中國大陸的家戶用生物氣（biogas）數量居世界之冠。印度等國也有愈來愈多的大、中、小企業，以氣化器（gasifier）作為加熱之用。另外，特別是在歐洲的發電廠和 CHP 廠，以淨化後的生物氣——生物甲烷（biomethane）取代天然氣注入管路系統，也有持續增加的趨勢。

第一節　生物能量來源

生物能源（bioenergy）是順著地球的自然循環產生的。其永續利用大自然能源的流通，也就等於是在模仿地球上既有的生態循環，同時可對空氣、土壤、河川和海洋排放最少的污染物。而整個過程當中所產生的碳，也是取之於大氣，最後又歸還給大氣；產生能源所需要的養分，可取之於土壤，最後又歸還給土壤。至於源自於循環當中一部分的殘餘物，則形成了整個循環下個階段的輸入部分。

如圖 11.1 所示，植物在成長過程當中，經由光合作用從大氣當中擷取所需要的二氧化碳（CO_2），轉換成為植物（樹、草及其它作物）的生物質量。接著，我們將這些生物質量連同其殘餘物，一道轉換成了建材、紙張、燃料、食物、牲口飼料、以及其它由植物所轉換出來的化學品，像是蠟、清潔劑等。另外，有些作物也可以種來作為淨化空氣、過濾逕流、穩定土石、提供動物棲息，以及生物能源等用途。近年來，全球更有在大策略上植樹，以符合二氧化碳減量要求的。固態生物質量加工設施（圖 11.1 中左下廠房），便是用來產生熱和電等能量。照講，隨著生物能源科技的發展，我們對化石燃料的殷切需求，也得以舒緩。加工設施所產生的有機副產品和礦物，也都可回到這些生物質量所生長的土地上，再將其中像是磷、鉀等用來促進植物成長的營養質，重新進行循環。

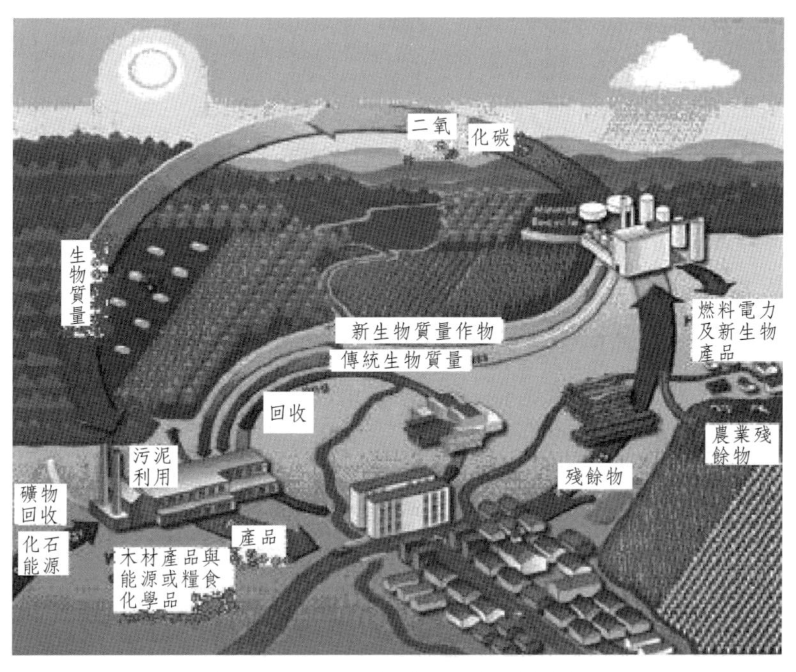

圖 11.1　大自然當中能源的流通

在各種不同類型的生物質量加工過程（圖 11.1 右上角廠房）當中，我們也可選擇一些源自城鎮廢棄殘餘物，和森林與作物的殘餘物結合起來，供作為進料。這個新的生物質量加工設施或稱為生物提煉（biorefinery）可生產一系列的產品，包括燃料化學品的生物基礎材質及電力。在有些加工過程當中，牲口飼料也是很重要的一項副產品。這些生物質量的加工設施，都可設計得可以用很有效率的方法，將廢料減到最少，同時將養分和有機質循環回到大地，而儘量達到將整個循環關閉起來的理想目標。

在圖 11.1 上，廣大人口所消耗的生物質量產品（糧食、材料和能源）以圖當中底下的城市來表示。從城裡產生的殘餘物(廢紙與木料、垃圾、污水等）可回收其中的材質與能源，而有些還可直接回收，成為新的產品。

在整個循環當中，源自於生物質量的二氧化碳被釋放回到了大氣，而幾乎不對大氣增添新的碳。這必須在過程當中，將生物能源作物種到最好的狀態，並將其腐質部分加到土壤裡，甚至還可將一部分二氧化碳淨儲存（net sequestration）或長期固定（fixation）到土壤的有機質（organic matter）裡。至於推動整個循環，和餵飽、滿足人們需求的能量，則是根源自於太陽。如此可世世代代，穩定、不致耗竭資源，持續綿延。

第二節　綜觀生物質量與生物能源

在各類型再生能源當中生質能屬最多元，除了前述電與熱，其尚可用來產生車輛等交通工具的燃料。不過，需提醒的是終究生物質量原本主要並不在於作為能源，其更重要的價值，是作為糧食和生產材料（像是木材和油）。如此一來，自然會有好幾個部門競相取得，而其需求也就很大。不幸的是，生質能所能夠滿足的畢竟有限。而也因此，有些國家的政策乃轉而著眼於促進生物殘渣與廢棄物的利用。

正因為生質能廣泛涵蓋了各種能源所提供的服務，其在世界能源供給當中所占比例，也就遠超過水力發電與核能發電的，甚且超過所有其他類型再生能源加總的。根據國際能源總署（IEA）的《2011 年世界能源展望》（World Energy Outlook 2011），過去十年間核能發電在全球能源需求量當中所占比例降至百分六以下，反觀生質能和廢棄物所提供的能源卻涵蓋了將近十分之一。

圖 11.2 所示為全球生物質量的分佈情形。圖 11.3 所示為生物質量流向。在再生能源當中的生物質量指的，便是用來作為燃料或者是工業產品的生物材

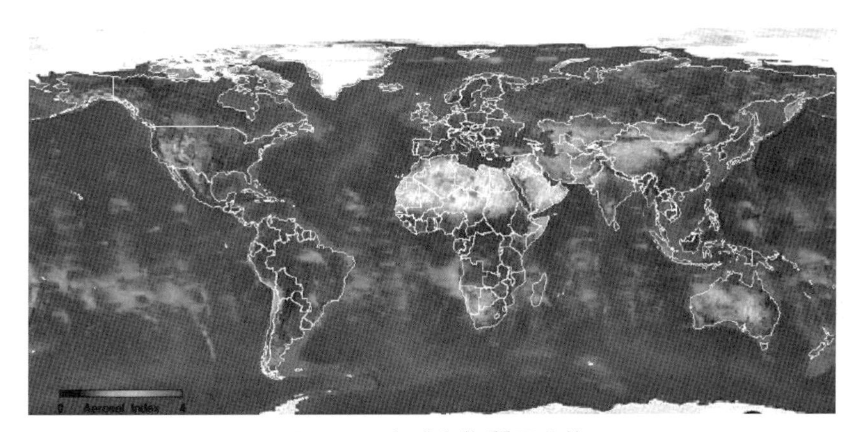

圖 11.2　全球生物質量分佈

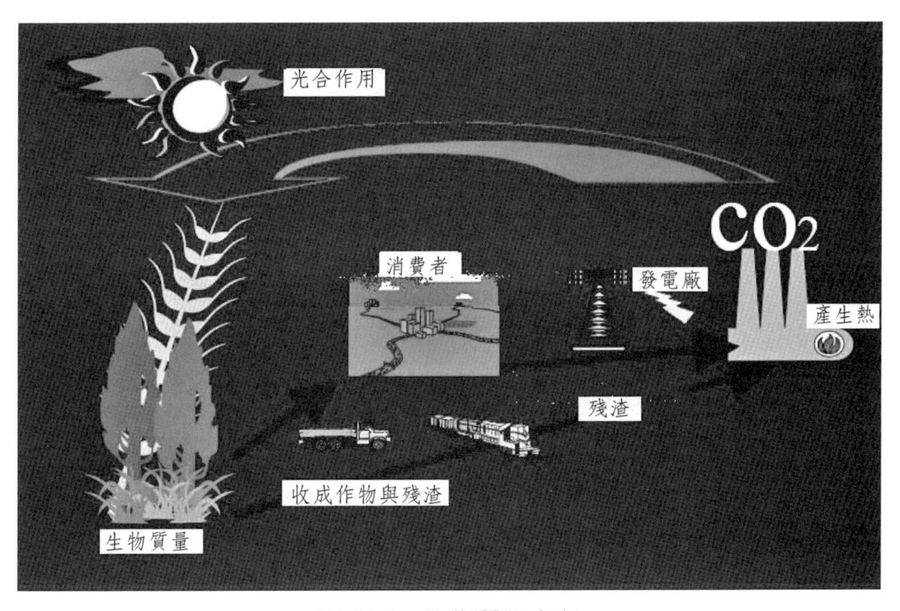

圖 11.3　生物質量流向

質。若是談到能源，通常生物質量指的就是作為生物燃料的植物，但同時也包括了用來生產纖維化學品或熱的動物性或植物性的物質。生物質量也可包括可以當燃料燒的可生物分解廢棄物。其不含透過地質過程所轉換成的，例如煤或石油等物質的有機物。

生質能就如煤和石油一樣，都算得上是儲存著的一種太陽能。植物在生長過程中，透過光合作用擷取太陽能儲存在體內。可以長成生物質量的植物有許多種，如圖 11.4 當中的風傾草（柳之稷，switchgrass）、麻（hemp）、玉米、白楊（poplar）、柳、甘蔗等都屬之。所以除了當作燃料以外，生物質量的用途還包括建材、可分解塑膠及紙張等。

圖 11.4　在美國種植作為能源作物的風傾草

RE 小方塊——生物燃料 747 噴射機

2008 年二月世界上第一架以替代燃料驅動的商用飛機從倫敦飛抵阿姆斯特丹。這架隸屬於英國維京大西洋航空（Virgin Atalantic），的波音 747 噴射客機上並未搭載乘客。這架飛機使用號稱永續飛機燃油含有 20%，由椰子油和巴巴蘇油（babassu oil）混合成的生物燃油。不過一些研究認為，將土地改種植用來生產生物燃料的棕櫚等植物，所造成的碳排放會遠遠超過以這類油作為運輸燃料，所省下的碳排放。而增加生物燃料的使用還會帶來促進食物短缺與害蟲，及農地改觀等後果。

生物能源類型

生物質量作為能源時，可能是透過提供熱、生產燃料或發電等不同途徑。即如本章一開始所說的，人類自文明之初，便懂得燒柴火取暖或煮食；直到最近，人類才大規模使用生物質量，來作為發電或帶動車、船及飛機的燃料。

而這些生物質量也可轉換成其它如乙醇等液態燃料形式的能量。最常見的生質燃料當屬農村用得最多的木材、牲畜糞便和作物殘渣。如今有些農場已大規模種植，專用來作為擷取其中能源的柳樹與風傾草等能源作物。

全世界各地為了取暖或煮飯，往往在屋裡裝設某種類型的燃燒木料的火爐，使得生物質量成為用得最廣泛的一種能源形式。發電廠及工商業設施採用生物質量來發電的也愈來愈普遍。

只不過當今大多數人們用來轉換生物質量成為能源的方式，效率都太低且往往有嚴重的污染問題，亟待改進。加上如果從樹木、作物、糞便等獲取能源，屬於像是全面砍伐等不永續的作業方式，則這類生質能源仍無法算得上是永續能源。

今後，以現代化技術來進行耕作與利用生物質量，將可望提升能源作物產量，進而提升永續生質能源的供應。目前最常見的一種商業化生質能源生產方式，為從玉米或甘蔗等作物生產乙醇。例如在美國中西部和南部便普遍使用，以10%乙醇和90%汽油，所混合成的汽醇（gasohol）。

美國每年生產的乙醇逾40億公升。然而目前美國從玉米生產乙醇之所以能夠延續，靠的還是聯邦稅的補助。目前無論提升乙醇產量或降低其生產成本都受到很大的限制。原因在於種植玉米，須耗廢大量農藥、肥料及農業機械所需要的燃料，不僅成本甚高且對環境的衝擊亦相當嚴重。

未來採用新的技術，可望讓我們徹底利用整棵生長快速的植物來生產乙醇。如此，可望讓經濟與環境同時受到較好的保障。對於農民而言，如大量生產生質能源作物，便可能因為既有作物所提供的附加收入來源，而成為可獲利的一項選擇。許多國家原本從事傳統農作生產的農地，目前都正處於邊際的停擺狀態，如果能將能源作物加入生產，則可望恢復生產狀態。選擇一些多年生草本和木本能源作物，還可收像是水土保持、抗旱及改變動物棲息地之效。

開發能同時生產食物、燃料、化學品及纖維產品整合系統的較具生產力的農業，可為農民帶來更多收入，並創造出更多鄉下的工作機會。此外，擴大生質動力部署，更可為發電或動力設備業者、動力場經營者及農業設備業者，創造出高技能和高價值的工作機會。

如此使用生質能源可獲致許多環境上的效益，特別是相較於使用化石燃料。儘管在燃燒生物質量的過程中，將不可避免排放二氧化碳，然作為此生質燃料的樹木和作物在成長過程當中，其實也從大氣當中吸收了等量的氣體。所以生物質量等於藉此碳循環，將其對地球暖化、氣候變遷等的影響，減到最輕的程度。當然將廢棄的生質作此充分利用，也可收減輕掩埋場或都市焚化爐處理廢棄物負荷之效。藉由高效率的燃燒系統，生質燃燒後的灰燼等產物，比起燃煤也少了許多，而減少了燃燒的後續處理與處置成本。事實上，大多數生質灰燼因含有相當高的鉀等肥力成分，而同時可用來作為農業或園藝上改善土質的添加劑。

在亞洲、非洲、拉丁美洲等許多開發中國家，一方面其所需電力僅小量逐步增加，同時其又擁有豐富的，像是稻殼、甘蔗渣等作物加工「廢棄物」之生質來源，而極適合大力開發生質，作為發電能源。

木材加工過程所產生的殘餘物，透過熱與電力結合的設施（combined heat and power, CHP）擷取其中能源已有相當成功的實例，目前並進一步研發以降低該項電力的成本。隨著這方面的進步，不僅可促進工業與農業的成長，同時有助於環境並創造工作機會，確保國家能源安全，進一步還可提供新的出口市場。

第三節　生物燃料

生物燃料或稱為生質燃料（biofuel），源自於生物質量。迄今生物燃料主要包括生物乙醇（bioethanol）、生物丁醇（biobutanol）、生物柴油（biodiesel）、生物氣（biogas）。全世界各地分別有其特定農作物，作為其生物燃料來源，例如巴西的甘蔗、美國的玉米和大豆、東南亞的棕櫚油、印度的 jatropha 及歐洲的亞麻子（flaxseed）與油菜子（rapeseed）等。

幾乎所有源自於工業、農業、森林及家庭的可生物分解的產物，都可用作生物燃料，包括像是稻草、木屑、糞便、稻殼（圖 11.5）、污水、可生物分解廢棄物及廚餘等。這些都可透過厭氧消化（anaerobic digestion），轉換成生物氣。用來作為生物燃料的材料通常都含有利用價值偏低的成分，像是穀殼和動物糞便。木材或是草類等生物質量的品質，並不至於對其作為一種能源，所能提供的價值造成影響。圖 11.6 所示為即將送入鍋爐燃燒的林木殘渣。

使用生物燃料有一點和使用其它再生能源不同，便是它基本上並無助於降低大氣當中的溫室氣體。燃燒生質燃料，同樣會產生二氧化碳和其它溫室氣體。生質燃料當中的碳，也就是來自於植物在生長過程當中，從大氣吸收的二氧化碳。至於生質燃料是否可視為「碳中和」（carbon neutral），則端視其在使用過程當中所排放的碳，是否能在其生長過程中吸收掉而定。不過，無庸置疑，將生長了上百年的森林砍伐來作為生質燃料，當然算不上有任何碳中和的作用。

圖 11.5　稻殼

圖 11.6　準備送入鍋爐燃燒的林木殘渣

很多人都相信，以生質燃料來取代非再生能源，也是降低大氣當中二氧化碳的途徑之一。壓扁、乾燥了的動物糞便，有時也可視為生質燃料。但其實這樣還不符合可再生生質燃料的條件。比起煤和石油，動物糞便只能算是比較近代的化石燃料，燒了以後仍然會排放 CO_2 到大氣當中。

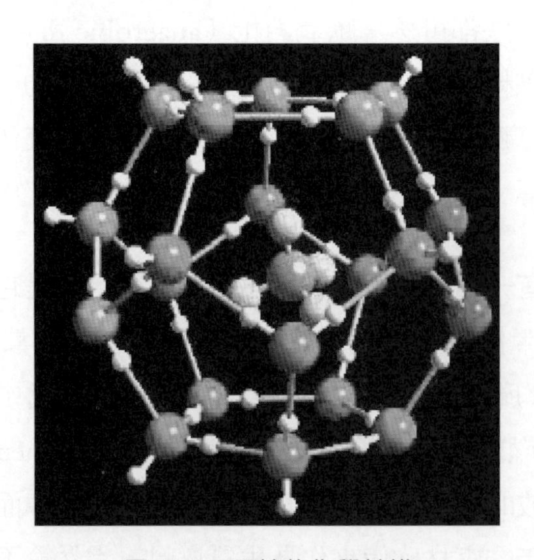

圖 11.7　甲烷的化學結構

近年來有很多研究致力於利用微藻（microalgae）作為能源。其應用包括生質柴油、乙醇、甲醇、甲烷（圖 11.7），甚至是氫。利用麻的例子也愈來愈多，但目前受到政治上的一些限制。有些工業化國家，像是德國，因為燃料抽較高的稅，以每焦耳的價格相較，其食物往往反而比燃料來的便宜。因而一些燒與食物同等級的小麥或玉米的暖爐也就應運而生。而以廉價的有機質（例如：農業廢棄物），透過有效率的製程生產出液體和氣體生質燃料，以取代油和天然氣，也逐漸成為趨勢。生質燃料有一項很大的優點，是其它燃料所沒有的，便是其可生物分解。因此萬一溢出（spilled），結果對環境所造成的傷害也相對的小很多。

生物燃料沿革

其實遠自汽車工業初期，工業界便已採用液態生質燃料。德國發明內燃機的尼古拉斯奧圖（Nikolaus August Otto）當初在其發明當中所燒的，便是乙醇。另一位德國人，發明柴油引擎的魯道夫迪塞爾（Rudolf Diesel）當初燒的便是花生油。至於發明汽車的美國人亨利福特（Henry Ford），在起初原本就想量產電動汽車。福特先生在遇到挫折後，偷偷努力，而在 1903 至 1926 年間所生產的汽車（Ford Model T），燒的完全是乙醇。然而，當後來原油能夠很便宜的從地下開採（因為在美國賓州和德州發現了大量石油礦）出來以後，汽車便大量使用取自石油的燃料。

儘管如此，在二次世界大戰之前，有些像是德國等石油進口國，便已將生質燃料當作進口石油的替代品。當年德國將由馬鈴薯發酵後所產生的酒精與汽油混合稱作 Reichskraftsprit 出售。而在英國 Distillers Company Limited 公司，則是將穀物釀的酒精和汽油混合稱為 Discol 透過艾索石油公司（Esso）的子公司在市場上販售。

二次大戰之後，廉價的中東石油使大家對生質燃料興趣不再。不過 1973 和 1979 的石油危機，讓許多政府和學術界重拾對生質燃料的研究。但到了 1986 年，油價下跌，再次讓大家又失去對生質燃料的興趣。然而自大約 2000

年以後，油價再度飆漲、中東局勢不穩所帶來對油源的不確定感，加上溫室氣體排放造成全球暖化等因素，導致生質燃料再度獲得關愛。許多政府都明確聲明並實質上支持生質燃料。例如美國總統布希（George W. Bush）便在其2006 國情咨文（State of the Union）演講當中指出「美國人用油成癮」，並宣示要在 2025 年之前，以生質燃料取代 75% 從中東進口的石油。

全球以液態生物燃料供應陸上交通所用的比率，在 2010 年達到將近 2.7%。隨著石油價格上漲，全球乙醇工業也得以復甦，產量在 2010 年增加了 17%。一些原本破產的公司也重新歸隊市場。美國和巴西在全球乙醇產量當中占 88%，巴西更居世界乙醇出口之首。至於生質柴油的生產，則仍由歐盟主導。但由於一些廉價進口的競爭，其成長遲緩。另一方面，全世界的先進生物燃料業者，也隨著一些新興、大航空公司及傳統石油公司的加入，而持續分散。

直接生物燃料

直接生物燃料（direct biofuel）指的是，可以直接用在未經加改裝石油引擎上的生物燃料。不過實際上，某種生物燃料或許可用於某一部未經改裝的引擎上，但可能因為引擎技術不斷演進，該燃料卻可能不再能用在另一部引擎上。一般來說，引擎在設計上都有其在燃料上的特殊要求，但時至今日，倒也已有一些彈性燃料引擎（flexible fuel engine）是將某些生物燃料一併納入設計考量的。

早期配備了間接噴射系統的柴油引擎，在熱帶地區的確可以使用菜仔油，如今則改成了生質柴油。至於可以用任何柴油的引擎廠牌，目前倒是沒有。

生質柴油可算是一種直接生物燃料。有些柴油引擎廠牌保證可以使用 100% 生質柴油。但也有些像是德國的福斯（Volkswagen），則要求顧客在使用 100% 的生質柴油之前，先打電話到其環境服務部門確認。目前已有很多人用生質柴油跑了幾千公里，一點問題也沒有，其中還有很多是用 100% 生質柴油的。甚至在歐洲已有很多國家的，數以千計的加油站，都提供 100% 的生質柴油。

儘管以生質柴油為例，大多數引擎廠所認可的比例為 5% 或 20%，目前許多有意引進生物燃料的國家，仍採取僅很小比例的生物燃料與傳統燃料混合的保守做法。

生物液化燃料（biomass-to-liquid, BTL）是從由氣化生物質量所得的合成氣，經過催化所產生。源自於生物的酒精最常見的是乙醇（ethnol）、甲醇（methnol）、丙醇（propanol）和丁醇（butanol），都是由微生物和酵素透過發酵作用而產生的。

酒精—甲醇和乙醇

比起汽油、柴油等化石燃料，甲醇和乙醇固然有其優點，但卻也有其不足之處。例如以這兩種酒精在不另外加入提升辛烷值（octane rating）的添加劑（octane-boosting additives）運轉，都能夠有較高的壓縮比（compression ratio）。乙醇的辛烷值為 129（研究辛烷值，Research Octane Number, RON），102（引擎辛烷值，Motor Octane Nurnber, MON），相當於 116（AKI）。甲烷為 129（RON），103（MON），相當於 113（AKI），而一般歐洲汽油大約為 91（RON），81（MON），相當於 86（AKI）。所謂 AKI 指的是美規的抗爆指數（Anti-Knock Index），等於是 RON 和 MON 值的平均值，即（RON+MON）/2 或（R+M）/2。酒精因為分子當中含有氧，可以燃燒的比較完全。由於酒精燃燒反應的產物為二氧化碳、水和熱，其一氧化碳的排放量比燒化石燃料少 100%。雖然其中所產生的二氧化碳和汽油的一樣多，不過在整個酒精生產過程當中，確實也有一些二氧化碳已經過植物從空氣當中吸收掉了。乙醇產生的氮氧化物（NOx）排放，也因為參與燃燒的混合空氣量較大，造成冷卻效果較大，而較汽油的少。因此也降低了進一步在氣缸內形成氮氧化物的機會。

過去幾十年汽車燃油系統當中的塑膠和橡膠部分，都已設計成能夠承受達 10% 的乙醇而不出問題。但在很老的引擎當中，乙醇可對用於汽油系統當中的塑膠或橡膠元件，造成降解。特別為巴西汽車市場設計的 "Total Flex" 汽車，可以燒 E100（100% 乙醇）。乙醇每公升所含的能量比汽油少 27%。甲醇每公升所含能量則比汽油少 55%，且腐蝕性也較大。這些問題可以靠提高壓縮比，和採用抗腐蝕材料，並利用既有的技術和材料對引擎作些微修改，即可獲得解決。儘管乙醇能源密度較低，但由於辛烷值較高，所以可藉著在引擎上引進含先進感測器的過給氣系統、調整器及電腦控制，而達到與傳統汽油相當，甚至更高的出力和扭力。

甲醇也出現在未來燃料之列，目前都是從天然氣生產來的，同樣也能從生物質量生產，只不過後者目前還不夠經濟可行。甲醇經濟（methnol economy）和氫經濟同樣都是近年來的談論中，未來可能取代目前碳經濟的有趣議題。雖然其辛烷值和大氣排放都和乙醇相當，唯其產生毒性甲醛（formaldehyde）和蟻酸（formic acid）的毒性，以及能源和量，皆較乙醇為低。

乙醇已經廣泛用作燃料添加劑，至於單獨使用乙醇，或者是與汽油混合使用，也愈來愈普遍。例如自 2007 年 9 月起，澳洲新南威爾斯的加油站，即一律須在汽油當中添加 2% 的乙醇。以下分別為甲醇和乙醇燃燒的化學反應式。

甲醇燃燒：$2CH_3OH + 3O_2 \rightarrow 2CO_2 + 4H_2O +$ 熱

乙醇燃燒：$C_2H_5OH + 3O_2 \rightarrow 2CO_2 + 3H_2O +$ 熱

丁醇

丁醇（n-butyl alcohol, butanol）是經過所謂 ABE 發酵丙酮－丁醇－乙醇所產生，從試驗性的過程變化顯示，該僅有的液體產物丁醇潛藏著相當高的淨能源。一般而言，汽車的汽油引擎不須經過修改，即可直接燒丁醇，可產生比燒乙醇更大能量，且也比較不具腐蝕性和較不溶於水，同時可利用既有的基礎設施進行配送。

常常聽到的一種說法，是丁醇可以直接取代汽油。一些文獻和在實驗室完成的研究顯示，其特性與汽油很接近，只是目前還未大量生產。而引擎製造廠對此也還沒做過甚麼聲明；實際使用的經驗也相當有限。

比起甲醇，丙醇（propanol）和丁醇的毒性和揮發性都小得多。尤其是，雖然丁醇的閃火點（flashpoint）高（35℃）有利於火的安全性，但也因此可能讓引擎在冷天啟動困難。

有些人嘗試從植物木質纖維經過 Weizmann organism（Clostridium acetobutylicum）發酵，生產丙醇和丁醇，但因會產生惡臭，選擇發酵廠址乃成為一大問題。另外，無論發酵的料源為何，當丁醇含量上升到 7% 時，這類發酵微生物即告死去。相對而言，乙醇在進料當中達 14% 時，其酵母菌（yeast）才會死。另一種稱為 turbo yeast 的特殊菌株則可支撐到乙醇達 16%。不過由於丁醇具有比乙醇高的能量密度，加上若能善用糖作物留下的廢棄纖維，製成乙醇進而生產丁醇，則可望免於種植更多作物。目前針對尋求能承受更高醇含量的發酵微生物的研究，仍持續進行當中。

儘管丁醇目前尚有前述缺陷，杜邦公司和英國石油（BP）最近才宣布合建一座小規模的丁醇燃料示範廠，和原來建立的生物乙醇廠一道運轉。以下為丁醇燃燒的化學反應式。

$$2C_4H_9OH + 12O_2 \rightarrow 8CO_2 + 10H_2O + 熱$$

丙醇

含三個碳的丙醇（C_3H_7OH）目前絕大部分僅直接用作溶劑，並沒有作為汽油引擎的直接燃料來源。不過它倒是有作為一些類型燃料電池所用氫的來源，而可產生較甲醇為高的電壓。然而，畢竟生產丙醇（從油經過生物 OR）比甲醇難，甲醇燃料電池用得仍比丙醇的多得多。

各國生物燃料

巴西

在巴西，乙醇燃料已普遍用作汽、機車燃料。巴西是世界上最大的酒精燃料生產國，一般都是從甘蔗發酵來生產乙醇。巴西一年生產的發酵乙醇總共高達 180 億公升，其中 35 億公升出口，當中的 20 億公升銷往美國。酒精車在 1978 年進入巴西市場，由於政府大力補貼所以大受歡迎，但在 80 年代隨著價格上漲，汽油車再度回到市場佔有率的領先地位。

但自 2004 以來，隨著福斯、通用、非雅特等汽車大廠，稱為「彈性」（"Flex"）的複合燃料車引擎技術問世，酒精的市場佔有率再度急速攀升。Flex 引擎可以使用汽油、酒精或是任何這兩種燃料的混合物。到了 2008 年 80% 在巴西賣出的新車，都是複合燃料車。

由於巴西在生產和技術上的引領，其它許多國家也都跟著進口酒精燃料，並採用 Flex 車的觀念。美國布希總統於 2007 年 3 月 7 日訪問聖保羅市，和巴西總統羅拉（Lura）簽訂了酒精進口，和以其作為替代燃料技術的合約。

俄羅斯

俄羅斯是另一個除了巴西以外，廣泛以酒精燃料彌補石油需求的僅有國家。其甲醇為尤加利樹（eucalyptus）木材和纖維的破壞性熱解（destructive pyrolysis）所產生。然而，由於前述甲醇燃料相較於乙醇燃料的一些像是能量密度、毒性和腐蝕性等顧慮，這類系統很難在其它地方複製。其生產甲醇所含能量比乙醇少 40%，腐蝕性較高，毒性是乙醇的四倍。

美國

目前在美國從玉米所生產出的乙醇大多僅作為汽油的添加劑（oxygenator），但直接作為燃料的情形也正急速成長當中。只不過，從玉米生產乙醇的過程，能源效率很低。每生產出一公升的乙醇大約需要四分之三公升的燃料，而每生產一公升的汽油僅需要 0.05 公升的燃料（6%）。此外，隨著用來生產乙醇的玉米的需求成長，同樣也是糧食的玉米價格亦隨之上揚。纖維乙醇（cellulosic ethanol）是從很多種植物的纖維，像是玉米桔桿、白楊樹及風傾草所生產出來的。其也可以利用伐木業所留下的木材殘餘物來生產。乙基第三丁基醚（ETBE）為含有 47% 的乙醇，是歐洲最大的生物燃料來源。

含 10% 乙醇的 E10（或稱 Gashol）在美國德拉瓦州市面上相當普遍，而其它許多州，特別是當地盛產玉米的美國中西部，也都可看到 E85。由於政府的補貼，每年銷售的新車當中，雖然大多數仍因 E85 供應得很有限，只能純用汽油，但也有許多新車都可使用 E85。

美國有許多州和地方，都強制在一年當中某段時期或一整年，必須在汽油當中添加 10% 的酒精（多半是乙醇）。這主要在於降低污染。由於酒精僅部份氧化，其包括臭氧在內的整體污染較輕。美國有些地區（特別是加州）的法規還另外要求用來降低污染的其它配方或化學添加劑，但卻也增加了燃料輸配的複雜性和燃料成本。

其它液體燃料

混合酒精可藉由生物質量轉換至液體的技術，或藉由將生物質量進行生物轉換成混合的酒精燃料。一般所用的為乙醇、丙醇、丁醇、戊醇、己醇及庚醇的混合物，例如一卡林（ecalene）。

氣體液化燃料（gas-to-liquid, GTL）和 BTL 皆為經由 Fischer Tropsch（FT）過程，從生物質量生產燃料。此一合成的生物燃料當中含有氧，可用作優質汽、柴油的添加劑。

氣體

一般生物氣的組成如下：

- 甲烷：50-75%，

- 二氧化碳：25-50%，
- 氮：0-10%，
- 氫：0-1%，
- 硫化氫：0-3%，
- 氧：0-2%。

生物氣體的產生，靠的是厭氧菌（anaerobic bacteria）對有機質進行厭氧消化作用。生產生物氣，可利用生物分解廢棄物或將種植出來的能源作物，送進厭氧消化器（anaerobic digesters）當中促進產氣量。過程當中的固體副產品（digestate）可進一步用作生物燃料。

生物氣體含有甲烷，可獲取自工業厭氧消化器和機械生物處理系統（mechanical biological treatment systems）。掩埋場氣體（landfill gases）是垃圾掩埋場經過自然厭氧消化所產生的，比較不乾淨。若不加以收集任憑其釋入大氣，則將成為空氣污染和溫室氣體的主要來源之一。

很多生物廢棄物也都能產生油和氣：例如生物廢棄物可透過高溫解聚（thermo-depolymerization, TDP）過程，擷取甲烷和其它與石油類似的油。另外，綠燃料技術公司（GreenFuel Technologies Corporation）開發出一種生物反應器系統，利用無毒光合作用藻類吸收煙囪燃氣，以產生生質柴油、生物氣體和一種類似煤的「燃料乾」。

間接生質燃料

以下為目前尚處開發中的第二代生質燃料：

- 生物氫（BioHydrogen），
- 生物二甲醚（Bio-DME di-methyl ether），
- 生物甲醇（Biomethanol），
- 高溫升級柴油（HTU Hydro Thermal Upgrading diesel, HTU diesel），
- 費雪柴油（Fischer-Tropsch diesel）。

生物二甲醚、費雪柴油、生物氫、柴油及生物甲醇，全都是從合成氣生產出來的。而此合成氣則是藉氣化生物質量所產生。高溫升級柴油則是特別從濕生物質量（wet biomass stock）透過高溫、高壓產生的一種油。其可以任何百分比和柴油混合使用，而無須修改引擎等硬體設施。

生物氫也是氫，只不過其源自於生物質量，先是將生物質量氣化產生甲烷，接著再將此甲烷重組產生氫。此氫可用於燃料電池。

生物二甲醚和二甲醚相同，只不過其源自於生物。生物二甲醚可從生物甲烷透過催化脫水（catalytic dehydration），或從合成氣利用二甲醚合成過程產生。二甲醚可用於柴油引擎等壓縮點火（CI）引擎。

同樣的，生物甲醇也只是甲醇，只不過它產自於生物質量。生物甲醇可以高達 10% 至 20% 的比例和汽油混合，直接用在未經修改的引擎上。

費雪柴油用的是氣體轉換到液體的技術。其亦可以任何百分比和柴油混合使用而無須修改引擎等硬體設施。

RE 小方塊——生質燃油噴射機橫越大西洋

一架波音 747-8 噴射客機於 2012 年七月，從美國華盛頓起飛橫越大西洋，降落在法國巴黎。這架飛機的四部 GE GEnx-2B 引擎由 15% 生質燃油和 85% 傳統煤油（kerosene fuel, Jet-A）混成。該飛機使用的是從美國蒙大拿州原生的亞麻薺（camelina）生產出的生質燃油，引擎與其運轉皆不需作任何修改或調整。此作物可與小麥輪作。波音公司正評估在澳洲等國家生產此生物燃料，看看是否可以不需和糧食競爭，或過度消耗水資源，或是造成森林砍伐。其最終目標，在於建立能生產能和噴射機燃油 Jet-A 混合成航空用生質燃油的供應鏈，以減輕對於化石燃料的依賴。

第三代生物燃料

藻類燃料（algae fuel）亦稱為藻油（oilgae）或第三代生物燃料，為源自於藻類的生物燃料。藻類為低投入／高收穫（每公頃產生能量是陸地上的30倍）用來生產生物燃料的料源，且藻類燃料為可生物分解的。

美國再生能源實驗室（NREL）於1978年至1996年之間，在其水生物種計劃（Aquatic Species Program）當中，針對採用藻類作為生質柴油來源進行實驗。Michael Briggs就利用天然的油含量高過50%的藻類作成生質柴油，以取代所有車輛燃料，作出評估。Briggs在文章當中建議可在廢水處理廠當中的水池種植藻類。這些高含油藻類，可先從系統當中萃取出，再加工成生質柴油，再將殘餘物乾燥後，進一步重新加工製造出乙醇。

隨著油價高漲，對於植藻（以藻類為農作物）的興趣大增，而比起其它類型燃料，許多生物燃料的優點之一為其屬可生物分解。因此萬一溢出，對於環境造成的傷害也相對小得多。美國能源部估計，如果以藻類燃料取代所有美國的石油燃料，需要38,849平方公里的種植面積。

第四節　生物質量的能量轉換

生物質量的熱力化學轉換

各種生物質量來源，分別有其不同的性質，例如水分、熱值、灰份等。這些都分別有賴合適的轉換技術，以產生生物能源。這些轉換途徑利用的是化學、熱，或者生物等加工程序。

第一代的生物燃料的來源，必須是某些特定的作物的特定部分。幸好，第二代的生物燃料已經可以藉著任何生物質量，甚至像是穀物的桔桿等生物廢棄物來生產。

舉例來說，玉米梗和秸稈（stover and straw）等農業殘渣，可用來生產出有用的燃料、化學品及能源。透過熱化學轉換（thermochemical conversion）過程，該生物質量先是進行一段極端的熱處理（severe heat treatment）。在此氧量受到控制的情況下，隨即發生稱作氣化（gasification）的過程。從氣化得到的產物稱作合成氣（synthesis gas 或 syngas），主要由氫和一氧化碳組成。如果過程當中是缺氧的狀態，該過程稱為熱分解（pyrolysis），其在特定狀況下，有可能生成稱為生物油（bio-oil）的液態產物，佔了絕大部分的比例。此合成氣可用於合成諸多產物的催化過程。在一個 Fischer-Tropsch 過程當中，合成氣可用來生產汽、柴油等運輸用燃料和其它化學品。此外，合成氣也可用來合成甲醇、乙醇及其它酒精，而終究可用作運輸燃料或化學品。生物油則可直接燃燒產生能量，或者氣化成合成氣；當然也可從中萃取出化學品。

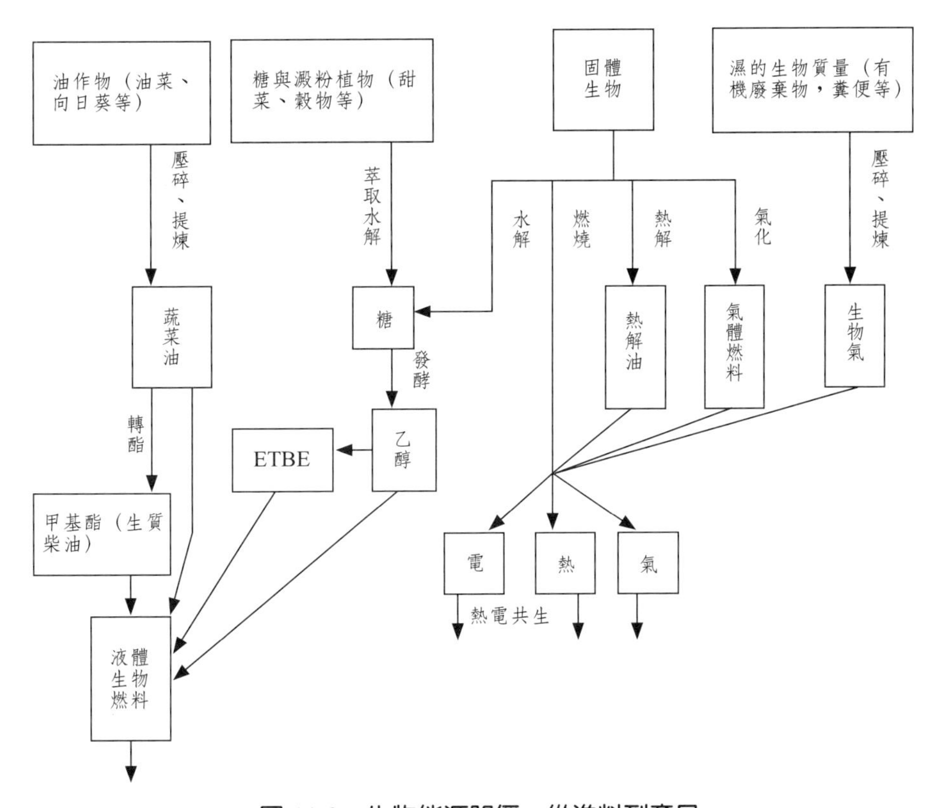

圖 11.8　生物能源路徑—從進料到產品

和其它一些像是風能等再生能源不同的是，生物能源這整個領域極為複雜。圖 11.8 所示為簡化後的生物能的路徑。從圖上可看出，其進料從森林與農作物的殘渣到能源作物、城鎮固體廢棄物、農家牲口糞便與肉品加工副產物等，不一而足。而其轉換技術亦同樣繁複。生物能源最後所獲取的產物有可能是電或熱，或二者兼具，或是運輸用燃料。

我們接下來，要就用作為熱和電的生物能源進行討論。其中永續性（sustainability）議題也是我們在此要特別強調的。林木或能源作物在技術上所要達成的可能目標，唯有在採行永續措施的情況下才能達到。很重要的一點是，不要讓生物能源部門成為其本身原先所欲解決的問題的一部分。

來源

生物質量可以源自於森林、農業或廢棄物。農業當中的牲口糞便和草梗等副產品，以及特別栽種的能源作物，包括以既有的作物（如油菜、小麥、玉米等）改作為非糧食用途，或者栽種新種類作物（如白楊、柳、芒草等）。以下分別介紹其種類。

森林與木材產業

天然森林與木材產業所栽植的林木（圖 11.9），為生物質量的最大來源。此一部門涵蓋範圍很廣，包括各種不同性質的各種生物燃料，像是木頭、樹皮、木片碎屑（wood residue）、鋸木粉屑（saw dust）及木粒（pellet）等。圖 11.10 所示為準備加到暖爐當中用來取暖的木粒燃料。其中的木粒，由於其具備密集能源含量和標準化的性質，在全世界生物能源市場上極具潛力。

根據 2004 年的計算，歐洲國家從木料能源所能產生的初級能源約相當於 55.4 百萬公噸石油當量（Mtoe），大部分都用在生活上的加熱。目前木料佔歐洲超過 3% 的初級能源總耗量。

圖 11.9　人工造林的收成─林木，除了木材製品外，其殘料還具備能源價值

只是在歐盟各會員國之間對木料能源的利用情形，至今還是相當分歧。例如芬蘭和瑞典已經建立了高度開發的系統，且也已廣泛將木料用在 CHP 和區域性加熱當中。然而一些新會員國家，像是波羅地海國家和波蘭、捷克及斯洛伐尼亞等，儘管擁有豐沛的木料來源，但卻用得不夠多，最主要是因其對相關新技術的投資偏低。其對木料的主要利用僅限於效率低的家中取暖。

圖 11.10　準備加到暖爐當中的木粒燃料

就算是擁有歐洲最大農業面積，以及第三大森林面積的法國，也還是有同樣情形。因此，換言之，未來其生物質量實可在相當程度上滿足其能量需求。儘管法國在木料能源的利用上居領先地位，其主要仍由於超過五百萬家戶都以木料作為加熱的基礎（其中有 27% 採用的是開放式的壁爐）。因此，在法國的木料能源計畫（Wood Energy Plan 2000-2006）當中，即在於鼓勵使用最新的，效率可達 65% 的木料加熱設備。該計畫同時也大力推動將木料應用在工業和公共部門當中。

可生物分解廢棄物

可生物分解廢棄物（biodegradable waste）這類生物質量有許多形態，包括城鎮固體廢棄物的有機成分、木質廢棄物、一些廢棄物做成的燃料、污泥渣等。

利用源自於廢棄物的生物燃料，有抑制地球暖化等諸多效益。歐盟在其最近的一項研究報中預測，在 2020 年之前，生物質量所能提供的能源約 1,900 萬公噸石油當量，而其中 46% 可擷取自市鎮廢棄物（MSW）、農業殘餘物與廢棄物及其它可生物分解廢棄物等生物廢棄物（biowastes）。甚至在美國夏威夷大學，也有研究開發出以木炭（一般以當中的氫）作為燃料的燃料電池。

RE 小方塊——烤與不烤和生質燃料的真實價值

環保署將中秋節空氣品質達不良等級，歸因於大規模烤肉，指中秋節儼然為「環境災難日」，希望各縣市政府不要舉辦萬人烤肉。

國外也不乏烤肉爭議。比利時北部地區擁有四百萬法語人口的 Wallonia 區，徵收每次 20 歐元的烤肉稅，對抗全球暖化，並以直昇機上的追熱儀器找出烤肉點，以落實這項稅法。後經 Wallonia 政府公開否認，稱其不過是世界愚人節笑談一樁，才告平息。

木炭在全世界扮演著生活上過渡能源的角色，一方面全球大多數人已有能力逐漸脫離炭燒到瓦斯和電等先進燃料，但同時仍有近二十億人口，仍努力於從木材等燃料朝向使用木炭燃料。根據聯合國糧農組織的估計，全世界木炭年產量約2,400萬公噸。相較於其他直接燃燒的生質能源，木炭的能源轉換效率與能源密度較高得多，不僅較易於儲存，且具備極佳的烹煮特性：均勻燃燒、時間持久且易於撲滅和再燃，不僅在開發中國家使用普遍，在美國等瓦斯烤和電烤普及的已開發國家，也因為其燒烤特殊風味而普受歡迎，毫無被取代掉的跡象。

木材能源轉換

木材燃料能源轉換的主要過程包括：乾燥和改變尺寸、碳化、氣化、加密、生產液化燃料、燃燒發電或獲取熱能。

- 乾燥和改變尺寸：木材先切、劈成適合運送的尺寸，接著在燃燒之前乾燥或用來作為下列過程的原始材料。
- 碳化（carbonization）：在缺空氣的情況下燃燒木材或生物質量，將其分解成液體氣體或木炭，
- 氣化（gasification）：在此過程當中固體生物燃料（例如木材木炭）利用熱分解產生稱為生成氣（producer gas）的可然氣體，
- 加密（densification）：為了解決木材和農業殘渣體積龐大低熱效率及排放煙等問題，此過程能產生無煙碳球（briquettes），
- 生產液化燃料（liquid fuel production）：藉著水解作用（hydrolysis）、厭氧消化（anaerobic digestion）等，從木材、紙漿殘渣、甘蔗及樹薯（cassava）產生，
- 燃燒發電或獲取熱能：生質燃料也可藉由直接燃燒，用來發電及／或產生熱。

第五節　生物質量發電

生物電力（biopower）或稱為生質電力（biomass power）指的是利用生物質量來發電。生物電力系統技術包括直接燃燒、共燃（co-firing）、氣化、

熱分解及厭氧發酵。

直接燃燒

這是最簡單，也是用得最普遍的一種生物發電系統。其在鍋爐當中以過剩空氣燃燒生物質量以產生蒸汽，用來驅動蒸汽渦輪機進而發電。該蒸汽亦可用於工業製程或建築物內暖氣等用途。如此結合熱與電的系統可大幅提升整體能源效率。造紙業是目前最大的生物質量電力生產業者。

共燃

共燃指的是以生物質量作為高效率燃煤鍋爐的輔助燃料。就燃煤發電廠而言，以生物質量共燃，可算得上是最便宜的一種再生能源選擇。其同時還可大幅降低空氣污染物，尤其是硫氧化物的排放。

氣化

用於發電的生物質量氣化，是將生物質量在一缺氧環境中加熱，以生成中低卡路里的合成氣體。此氣體通常即可作為結合燃氣渦輪機與蒸汽渦輪機的複合式循環（combined cycle）發電廠的燃料。在此循環當中，排出的高溫氣體用來產生蒸汽，用在第二回合的發電，而可獲致很高的效率。

熱分解

生物質量熱分解是將生物質量置於缺空氣的高溫環境當中，導致生物質量分解。熱分解後的最終產物為固體（char）、液體（oxygenated oils）及氣體（甲烷、一氧化碳及二氧化碳）的混合物。這些油、氣產物可燃燒以發電，或是作為生產塑膠、黏著劑或其它副產物的化學原料。

厭氧消化

生物質量經過自然腐敗會產生甲烷。厭氧消化是以厭氧菌在缺氧的環境下分解有機質，以產生甲烷和其它副產物。其主要能源產物為中低卡路里氣體，一般含有 50% 至 60% 的甲烷。在垃圾掩埋場當中，即可鑽井導出這些氣體，經過過濾和洗滌即可作為燃料。如此不僅可從中發電，且可降低原本會排至大氣的甲烷（為主要溫室氣體之一）。

以木粒作爲生物質量

大部分生物質量顆粒都是從木屑壓縮而成，但也有從草桿等其它廣泛植物來源作成的。無論原料是甚麼，只要做成顆粒（可能須預作乾燥），它就變得既穩定又容易運送，且還可成為國際貿易商品。歐洲就曾經歷過木粒消耗迅速攀升，而根據一些知道內情的人士表示，歐洲未來五年的木粒消耗可翻三番。

在燃煤電廠以木粒一道燃燒，同樣是快速發展中的應用方式，主要還是在於降低碳排放。這在前東歐和一部分的德國尤其如此。有些工業將木粒當作其現場工業熱源，通常在熱電共生裝置當中，這方面的成長相當穩定。

木粒也可用來作為家庭取暖的燃料。2005 年德國出現前所未有的木粒取暖需求，安裝的木粒爐（pellet stove，圖 10.11）新系統達到 14,000 座（等於是德國在 2005 年新裝設暖氣的 2%）。這使整個在德國裝設的木粒暖氣系統達到 4 萬組，而整個歐洲也跟著同步成長。德國和奧國甚至進一步建造了燒木粒鍋爐的中央暖氣系統。

雖然從生物質量到能源的轉換效率很高，但要真的應用，首先還須確保可靠的木粒價格，可惜的是很多木粒業者都還太新，還不足以提供這項保證。但只要對木粒的信心持續成長，加上有正確的政策，從農業部門獲取的新類型顆粒，便有可能將木粒能源帶進一個新紀元。

第六節　世界生物質量發展情況

生物質量正在全世界快速發展。從以下對部分關鍵市場的介紹，可看出各國在僅止於「重視」，和實際以政策支持，實際意義和所導致成效上的差異。

歐盟

歐洲在生物質量上訂下了遠大的目標，包括預定在 2010 年讓再生能源占整體能源消耗的 12%，其中的運輸用生物燃料占市場的 5.75%。欲達成此目標，還需要在 2010 年之前從生物質量部門，另外增加 74 百萬噸油當量。

然而這部門的實際發展比預期要慢些。最近的評估結論認為，除非採取強力具體措施，並整合歐盟政策，否則將無法達成預定目標。歐盟為讓此部門發展回歸正軌，已組成了生物質量行動計畫（Biomass Action Plan），結合歐盟生物燃料策略（EU Strategy for Biofuels），建立了一個歐洲生物燃料技術平台（European Biofuels Technology Platform）進行研發之整合工作。

生物質量行動計畫於 2005 年 12 月通過，其在於增加源自森林、農業及廢棄材質的能源利用，並訂出 20 項行動，自 2006 年起逐一落實。該計畫涵蓋運輸用途的生物能源與生物燃料。計畫當中對如何改進燃料標準，以鼓勵將生物質量用在運輸、加熱及發電，對研究（特別是生物燃料）以及針對農民與森林業者的能源作物的資訊與推廣活動，都有完整規劃。其中也包含了，用來鼓勵以生物質量等再生能源作為建築物暖氣的行動。其所訂定的主要研究包括農林作物用於能源目的最佳化，以及生物質量的能源轉換程序等。

歐洲生物質量產業協會（European Biomass Industry Association）曾指出，幾個可望讓生物質量對歐洲造成最大影響的選擇。歐洲當中有 31% 電力源自於煤。首先，以 10% 的生物質量作為目標，可帶來 2 萬 MWe 電力，則每年所需乾生物質量大約為 7,000 公噸。而事實上，採用木粒進行共燃已愈來愈普遍，其中有很多是從加拿大運送到歐洲的。

- 採用生物質量作為工業蒸汽來源，
- 用作區域性暖氣（如此會需要對相關基礎設施進行大幅投資），
- 應用於運輸用生物燃料，
- 用於生產高級鋼材（生產一噸鋼需用到 0.5 至 1 噸的焦碳），
- 以農業顆粒（agropellets）生產在原油煉製過程中所需的生物氫、電力和熱。這可滿足煉油過程所需熱與電能量當中的大約 10%。

瑞典

瑞典由一向對生物能源有著強烈使命感的首相 Goran Persson 率領，宣示要在 2020 之前脫離對化石燃料的依賴，並在 2030 年之前完全不再使用化石燃料。其政府的對抗依賴石油小組（Commission Against Oil Dependence）正主導該項策略。

瑞典進展得相當穩健，其生物能源從 1970 年僅佔總耗能的 9%，穩定成長到 2004 年的 25%，相當可觀。其中最佳實例為發展得很好的地方取暖部門，其生物質量（包括泥炭和城鎮固體廢棄物在內）幾乎完全取代了在 1980 年還主要賴以取暖的石油產品，如今換成了以生物燃料來供應該部門逾 60% 的需求。在瑞典，生物發電、木粒及液態生物燃料，是在生物燃料部門當中成長最快的。

表 11.1　瑞典目前和預計源自再生能源（運輸部門除外）的能源

部門	預定於 2020 年（TWh）	2005 年（TWh）
生物能源	170	目前 115
風力	28	目前 1
太陽	2	目前 0
節能	62	20% = EU 目標
水力	67	目前 65
總計	329	

瑞典在推動以再生能源發電上，建立了一套以配額／認證為基礎的系統。該配額於 2003 年引進之初僅 7.4%，到了 2005 年漲到了 10.4%，且預定在 2010 年增加到 16.9%。就木粒暖氣而言，其市場自 1997 年的每年大約 50 萬公噸，成長到 2005 年的每年 140 萬公噸。另外，在運輸部門其乙醇目前每年以倍數成長。瑞典的龐大而健全的森林部門在提供生物燃料上，更是潛力無窮。

德國的生物氣體

德國的生物氣體部門正快速成長。目前農村廣設生物氣體廠，普遍使用牲口排泄物，而一些作物的草桿，也同時消化於其中。其背後的推動主力，在於農民由此生物氣體所發出的電可饋入電網，而從中獲得補貼。在理想情形下，在加工過程中所產生的餘熱，還可用以促使該廠達最大能源效率。

截至 2005 年底，德國運轉的生物氣廠超過 2,700 座，總容量達 660MW。其中在 2005 年當中建造的廠有 700 座，到了 2006 年又增建了 1,000 座，增加了容量達 250MW。這些廠所生產的生物氣僅用於發電與熱，而並非用於運輸部門。

然而其潛力尤有過之。德國生物能源聯邦（BEE）所做的預測指出，其在 2015 年之前的生物氣廠將趨近 2 萬座，容量達 4000 MW。而到了 2020 年，可進一步增加到 4.2 萬座，使容量達 8,500 MW。此將可供應將近 76 TWh 電力，大約是德國總發電量的 17%。根據 BEE 的計算，德國生物氣總容量約在 209 TWh 之譜。

美國

生物質量在美國也被證實可作為商業供電。其已有約 10 GW 的裝置容量，包括掩埋場氣體和城鎮固體廢棄物的能源，居非水力再生能源的領導地位。不過，儘管風力裝設容量自 2000 年起已增加了三倍，且在 2006 年底成長了四倍，美國的生物能源自 2000 年以來並未成長。當今所開發出的容量，幾乎都是相當成熟的直接燃燒技術。然而，根據 EIA 的預測，源自生物質量的發電量，從 2004 年占總發電量的 0.9%，增加到 2030 年的 1.7%，所增加的當中包括源自與生物質量共燃的 38%，36% 源自專屬發電廠，及 26% 源自新的電熱複合容量。

美國大多數從生物質量所發出的電，都用於既有電力分配系統當中的基礎負載。而也有生物動力，是適用於工業製程所需的熱與蒸汽的。根據 EERE 的統計，在美國生產生物動力的公司(不包括木材製品與食品業)超過 200 家。只要發電業者能以低廉成本採用生物質量，則將生物質量混入燃料當中使用，即有助於該公司在市場上的競爭力。

將生物質量與煤共燃的發電業者，可從低成本的生物質量當中同時省下燃料成本，並賺取排放績效點數（emissions credits）。然即便如此，目前仍有大量的木材從美國與加拿大運往歐洲進行共燃，而非直接在北美使用。美國在生質發電技術上的研究近年趨於減緩，不再是其優先研究計劃。

中國大陸

中國大陸正急速發展其總體能源部門，並積極投入利用所有可利用的再生能源，其中並確認生物質量為關鍵要素。大陸的主要生物質量來源為農業廢棄物、森林、林木產品工業所產生的殘餘物，以及城鎮廢棄物。農業廢棄物廣泛分佈於全中國，光是農作物桔桿就超過 6 億公噸。適用於產生能源的作物桔桿，具有每年 12,000 PJ 的潛力。中國大陸並有發展得相當健全的生物氣工業。據估計，理論上源自於農產品加工的廢棄物與源自畜牧場的牲口糞便，可產生近 800 億立方米的生物氣。森林與木材殘餘物每年可提供 8,000 PJ。尤有甚者，透過中國自然森林保護項目（其中包括涵蓋大部分國內天然森林的禁伐與減伐），及其農業坡地轉型項目（其中要求將許多的國內斜坡農田轉植草、木）。如此一來，預期源自森林殘餘物和森林製品工業，應用於能源的數量將大幅提升，到 2020 年之前具有達到每年 12,000 PJ 的潛力。

中國大陸的城鎮廢棄物，預計到 2020 年可達到每年 21,000 萬公噸。如果這當中的 60% 可用於從掩埋場生產甲烷生產，則可產生 20 億至 100 億立方米的甲烷。而其能源作物亦為生質能的一大來源，並具商業化潛力。中國適合種植多種作物。其中最主要的為油菜和其它食用油植物和一些像是野漆樹、黃蓮（Chinese goldthread）及甜掃帚高粱（sweet broomcorn）等野生植物。到 2020 之前，這些作物每年可生產出超過 5,000 萬噸液態燃料，包括 2,800 萬噸乙醇和 2,400 噸的生質柴油。總的來說，無論是直接燃燒、用來發電、或用作替代液態燃料，生質能源可望在中國能源供應當中，扮演決定性角色。

截至目前，中國大陸的生質能主要透過傳統的燃燒技術用掉。然而生質氣化、生質液化及生質發電技術，同時也逐步開發出來。氣化主要採用的方法為厭氧發酵，而同時源自生物質量的直接氣化，亦正發展當中。中國目前總共有超過 1,700 萬組家戶生物氣消化器及逾 1,600 座工業級生物氣廠，整體每年可產生逾 80 億立方米的生物氣。

至於生物質量液化技術，中國大陸正處於研究與實驗階段。目前主要開發和使用的技術，為乙醇燃料技術和生質油技術。中國已建立了二個大型乙醇燃料生產基地，南北各一，年度總生產容量逾一百萬噸，至於中國生物油每年產量可達十二萬噸。中國生質發電總裝置容量達近 2,000 MW，主要包括電熱複合的糖廠、稻殼發電及城鎮固體廢棄物。其它類型的生物發電，例如透過生物氣化或與混合燃油技術結合所達到的，在中國都尚未達到重大規模。

尼泊爾的生物氣

尼泊爾的支持生物氣計劃（Biogas Support Programme, BSP），讓尼泊爾總共安裝了超過 15 萬個家用生物氣場。該計劃成功的地方便在於在尼泊爾不同地方將此技術普及，取代了傳統的木材燃料。

雖然尼泊爾在三十年前即開始提倡生物氣，但也直到 1992 年 7 月建立了 BSP 計劃之後，才得到大幅進展。目前該計劃已和 2,617（總共約有 4,000）

個尼泊爾的鄉村發展委員會接洽。以區來講，全數 75 個區當中的 66 區已有這類合作。

尼泊爾在技術上具有建立近 190 萬座家用生物氣場的潛力。同時，累積過去近 14 年的經驗，BSP 已深具擴大與加速提升規模的基礎。其全國有超過 60 家生物氣公司，直接或間接的雇用了數以千計的鄉下同胞。

根據該計劃執行長 Saroj Rai 的解釋，生物氣技術之所以能迅速普及，背後主要的理由在於其適合於尼伯爾的社會、經濟及地理狀況，以及其所帶來的許多直接與間接利益。生物氣減少了木材與煤油的消耗，同時透過除煙與改進室內環境得以增進健康，並且透過免除收集柴火，而可將時間省下，用在其它能增加收入的活動，並生產品質較佳可用作有機肥料的糞便與有機農藥，同時直接省下柴火、煤油、化學肥料、化學農藥等的開銷。

不僅如此，其它正面價值還包括該項技術簡單而可靠，以及建造與維修方面，也可因利用能很快訓練出來的當地人力及當地建材，而讓該生物氣場在經過長期運轉之後，仍只需要很少的運轉與維修費用。

國際合作

有鑑於推動生物能源的重要性，一些像是國際能源總署（International Energy Agency, IEA）於 1978 年所成立的 IEA 生物能源（IEA Bioenergy）等國際組織，致力於增進擁有國家級生物研發與執行計畫的國家之間的合作與資訊交流。例如歐盟所提出的整套目標即在於：

- 在 2010 之前，所有會員國須達成，至少 5.75% 的運輸用燃料來自於生物燃料的目標。
- 在 2020 之前，所有會員國須達成至少 10% 的運輸用燃料來自於生物燃料。

第七節　生物能源所面臨的挑戰

從幾方面來說，生物能算是相當特殊的再生能源。首先，它能直接提供，作為所有三種能源載具：電、熱及燃料（包括固體、液體、氣體）。其次是它可以很容易儲存和輸配；在沒有太陽和風的情況下，燃燒生質能的發電機可以隨時提供所需要的電。第三是它的缺點：生質能需要有嚴格的管理，才能維繫。不管我們設置了多少的太陽能板，我們總不至於把太陽用光，不管豎起再多的風機，也不致於會用掉太多地球上的風。但若是生質能，我們必須避免資源枯竭，預防生物多樣性嚴重降低，並且還要確保不致於需要犧牲貧窮國家的食物需求，來滿足富有國家的能源需求。以下討論發展生質能源必然要面對的挑戰。

健康隱憂

儘管利用生物燃料有諸多效益，令人擔心的是，長期以來在開發中國家，普遍都在屋裡使用生物燃料烹煮。一方面沒有足夠的通風，而所用的燃料像是牲口糞便，燒了便形成室內、室外的空氣污染，造成了嚴重的健康危害。根據國際能源總署在「2006 年世界能源展望」（World Energy Outlook 2006）當中所述，僅僅在 2006 年當中，就有 130 萬人因此致死。

所提出的解決方案包括爐子（包括像是內置排煙道等）的改進和使用替代燃料。只不過這些大多有些困難。例如替代燃料往往都很貴，而會去直接燒生物燃料的人，往往也正是因為它們用不起替代燃料。其它面臨的挑戰主要在於：糧食價格之提升、生質柴油的能源效率及生態上的衝擊。

糧食價格的提升

基於對生物燃料的需求，有些原本農業規模就相當有限的國家的農民，因利之所趨而從原本生產糧食，轉而改生產生物燃料的基礎材質。然而，在開發中國家的世界裡，大多數人民皆為農民，同時這些國家也存在著大片荒廢的農地。生物燃料帶來的機會，確實可造福數以百萬計的農民，並促進其燃料經濟的開發。但若處理不當，則情況可能導致糧食與飼料價格高漲，而損及其餘一般人。

2007 年初，墨西哥發生幾件和糧食有關的暴動事件，起因於美國中西部所生產的玉米，很多都用在生產生物乙醇，導致製作墨西哥主食黍餅（tortillas）等所用玉米價格上漲，並造成國際大酒廠海尼根獲利縮減。（啤酒的情況是，原來種植大麥的土地，因為轉而用來種植玉米，以滿足能源玉米的需求而縮減）。因此，生態與環保行動人士 George Monbiot 就曾在英國衛報上（The Guardian）要求，將生物燃料凍結五年，好好先對於生物燃料對窮人社會和環境的衝擊進行評估，再說。

然而，很值得注意的是，糧食作物當中可食用的部分，其實並非用來生產生物燃料最需要的部分。只不過，在這些植物上不可食用的桔桿當中，所含的纖維不僅加工較為困難，其所含碳氫化合物（柴油類型燃料的基礎）的轉換，更是複雜。目前有很多研究便著眼於將這類原本歸於廢棄的產物加工成燃料，使不需要在糧食供給面上有更大的消耗。

生質柴油的能源效率

從原始材質生產生物燃料，仍需要消耗能源，來耕作、運輸及加工成為最終產物，其耗量因地而異。例如同樣是驅動農作機械的美國和澳洲的農夫，其所需要消耗的能源，比起巴西和中國的農夫，就要高上一截。然而，在有些森林地區，其必須定期對森林當中的枯枝和矮小植物進行疏理（thinning），以降低發生森林火災的風險，因此就算生質能源產業不存在，仍然會不斷的有可觀數量的生物質量產生。在此情形下，所需要的淨能源成本，也就只剩下將生物質量從樹林和田野間運到加工設施處的輸送能源了。

同時，針對這些燃料的能源平衡（energy balance）的一些研究顯示，因為生物質量從進料到使用，會因位址的不同而有很大的差異。例如，使用生長於溫帶氣候的作物，像是玉米或菜籽油（canola）的生物燃料的能源效率相當的低；相反的，從生長在副熱帶和熱帶的作物，例如甘蔗、高粱、棕櫚油、樹薯，所生產的生物燃料，其能源效率必然很高。有些生物燃料（例如從玉米生產乙醇）的能源平衡，甚至還是負的。

生態上的衝擊

生物燃料是舒緩氣候變遷的選擇之一。由於地球暖化對於全世界農業可造成極重大影響，因此相較於未加舒緩氣候變遷，所可能帶來的後果，種植生物燃料作物對生態所造成的衝擊可說是相當小。

生物燃料畢竟靠的是天然可再生的植物性或動物性有機化合物。太陽光合作用是其化學組成當中所儲存能源的最初來源。若要追究生物燃料對大氣環境的衝擊，其在燃燒過程當中所排放的「廢氣」，其實也就是原本就存在於大氣當中的東西。植物在生長過程當中，將大氣中的二氧化碳轉換成了糖，而這糖後來又被當作燃料燃燒，將其中的二氧化碳釋放回到大氣當中。

主要問題出在生產生物燃料必然需要大量的原始材質，而單一作物加上密集耕作，也就很容易變成一種趨勢，這對於環境的確是一大威脅。同時原有的永續農業（sustainable agriculture）型態，也就可能無以為繼了。例如許多人擔心，一些像是印尼等國家的原始森林，可能在東南亞和歐洲對柴油殷切需求的驅使下，被開闢來種植根區（root zone）很淺的棕櫚樹。然而，從另一個角度來看，在開發中國家，貧窮，正是摧毀其環境的幕後元兇。如果開發中國家的農民，得以有機會成為能將生物燃料賣到國際市場上的能源農民，其收入將可望大幅提升，而其原本對環境所形成的壓力，也得以因而舒緩。所以如此看來，生物燃料的確可在降低貧窮對環境所造成的衝擊上，提供大好機會。

所有作物都會消耗營養與有機質，就一個永續系統而言，這些都需要透過某種途徑不斷補充。世界上大多數糧食生產，靠的都是密集耕作方式加上連續作物（continuous crops），而並非永續農業所需要的輪作與休耕（rotation and fallow），土壤也只好依賴外來所補充的肥力。如此一來，就算作物是可再生的，但所用的化肥卻非永續。因而如此大量生產生物燃料，不但會耗損天然資源並劣化土壤，同時還會進一步導致水土侵蝕和沙漠化，而使整個系統無以延續。

第十二章
水力能

附設在水壩旁的魚梯，用來助魚游到上游產卵。

第一節　水力發電

第二節　水電的優勢

第三節　水力發電的爭議

第四節　世界水電現況與趨勢

第一節　水力發電

水力能（hydroenergy）屬可再生的能源，既不會產生廢棄物也不排放二氧化碳等溫室氣體。2010 年，全球新增加的水力發電容量估計為 30 GW，總共累計達 1,010 GW，大約占全球總發電容量的 16%。而亞洲（以中國大陸為首）和拉丁美洲（以巴西為首），是這些新開發水力發電的最重要角色。

雖然全世界水力發電（hydroelectricity, hydropower）大多源自於大型水力發電裝置，不過小型水電裝置（一般指發電容量低於 30 MW 的）在中國大陸（占全世界小型水電容量的 70%）等地區，也廣受歡迎。主要在於其所需水庫與土木工程規模都小，相對於大水庫對環境的衝擊也小。

大多數水力發電源自於利用水霸攔阻的水的位能，在釋出時驅動渦輪機，並帶動發電機而產生。在此情況下，從水當中所能夠擷取得的能量取決於水的量和水源與出口之間的水位差，或稱之為水頭（head）。水當中所具備位能的量即與此水頭成正比。

同樣是靠水力能發電，有些水力電廠並不具備用來蓄存水的水庫容量，此稱為河川奔流（run-of-the-river）電廠。至於第九章當中所述，在海岸邊與此相似的潮汐電廠，靠的則是每天漲退潮時水位的升降，這類能源的最大好處，便是其所產生的能量可以準確預測得出來。

圖 12.1 所示為一部水力渦輪機和發電機的構造。圖 12.2 所示為其他類型的水輪機葉輪。如圖 12.3 所示，當蓄存在水庫當中的水自高位流下，經過渦輪機時，所釋出的能量當中的力隨即推動渦輪機葉片，帶動渦輪發電機軸與發電機的轉子，而得以發出電力。一座水力電廠當中的渦輪發電機所能產生的電力，可從以下簡單算式估算出：

$$P = hrk$$

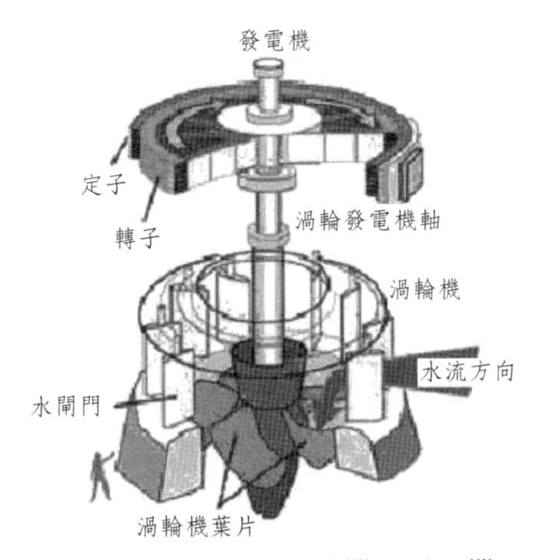

圖 12.1 水力渦輪機和發電機

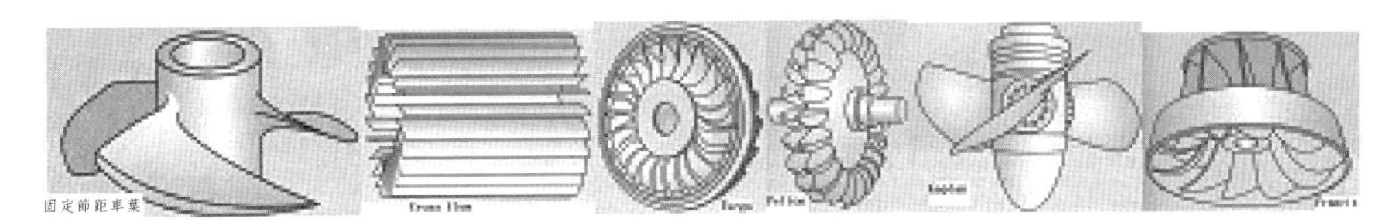

圖 12.2 各類型水力渦輪機的葉輪

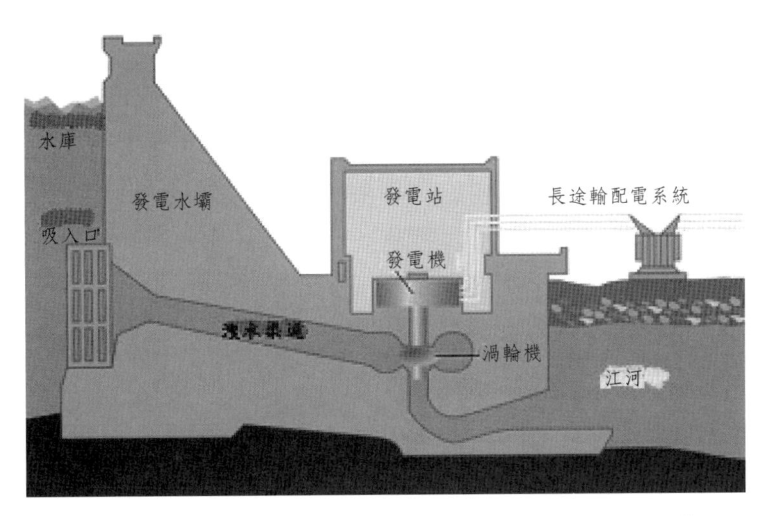

圖 12.3 水庫中的水自高位流過渦輪機，帶動渦輪發電機發電

在式子當中

ρ 為水的密度，1000 kg/m^3
g 為重力常數，重力加速度為 9.81 m/s^2
K 為效率因子 = 0 ～ 1，一般既大又新的水輪機 K 較大（亦即接近 1），

式子可簡化為：

$$P = hrk$$

P 為產生的電力，以瓦（Watt）表示，
h 為高度亦即水頭，以米（m）表示，
r 為水的流率，以每秒立方米（m^3/sec）表示，
k 為換算因數，為 7,500 瓦（假設效率因子為 76.5%）。

至於如圖 12.4 所示的抽蓄水電（pumped storage hydroelectricity）則是藉著水在不同水位的水庫之間的移動來發電，供應用電尖峰期間所需電力。在電力需求較低期間（例如夜間，圖 12.4 左），過剩的發電容量可用來將水泵送到較高位置的水庫當中蓄存起來，到了電力需求較高時（例如白天，圖 12.4 右），再讓這些水流通過發電渦輪機回到低位水庫，轉換成電力供應出去。

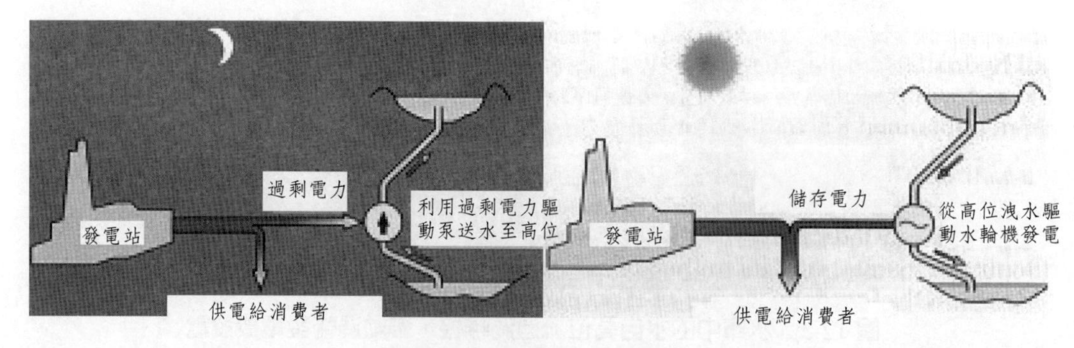

圖 12.4　抽蓄水電示意

儘管大多數水電計劃都是用來供應公共電網，但世界上也有不少水電，是完全針對例如煉鋁廠等特定工業需求所建立的。例如位於英國的 Kinlochleven 與 Lochaber 水庫便是 20 世紀初期，特別為了供應 Alcoa 鋁業電力需求而建立的。

第二節 水電的優勢

經濟

水力發電的最大經濟優勢便是其省去了燃料成本。而水力電廠也正因如此，對於石油、天然氣或煤等化石燃料的價格高漲，幾乎得以完全免疫。水電既然用不到燃料，當然也就不用仰賴進口，堪稱十足的「本土能源」。而水電也得以因此有比火力電廠較長的，符合經濟要求的壽命。正因如此，當今世界上正運轉的水電廠當中，便有不少是 50 年至 100 年前就已經設置的。此外，由於現今水電廠都已完全自動化，其在正常運轉當中只需很少數的現場人員，因此運轉人力成本也相當的低。

有些水庫原本就具備多重功能，因此要另外加上水力電廠，所需建造成本就相對較低，而如此一來卻得以為水庫的營運，提供相當有利的經費。水力發電廠所形成的水庫，也提供了良好水上運動場所，而使其本身附帶能吸引觀光客。有些國家常可看見以水庫作為水產養殖場。而多用途水壩除了養魚以外，另有灌溉、防洪、提供水路運輸等功能。在此多用途情況下所建造的水力電廠，不僅建造成本相對低得多，其運轉成本亦得以從其它收入補貼。以長江三峽大霸(Three Gorge Dam)為例，經過計算，大約不出 5 至 8 年的滿載營運，其售電所得，即可涵蓋整個計劃的建造成本。

溫室氣體排放

由於水力電廠不燒化石燃料，其也就不會直接產生二氧化碳。而就算在製造與建廠期間免不了會產生一些二氧化碳，相較於發電量與其相當的燃燒化石燃料的火力電廠，也就微不足道了。

再生能源當中的比重

如圖 12.5 所示，2010 年全世界所使用的能源當中，各類型再生能源總共占 16.7%。其中以從生物質量當中取熱屬最大宗，占超過 11%。除此之外，占最大比率的（3.34%）便屬水力發電。

第三節　水力發電的爭議

生態

水力發電計劃對其周遭的水生態系會造成破壞。例如，針對沿著北美洲大西洋與太平洋海岸的研究顯示，由於阻撓鮭魚到達溪流上游產卵地的關係，鮭魚數量隨之減少，即便大多數在鮭魚棲息地附近的水壩都做了魚梯（fish ladders）。小鮭魚（salmon smolt）在游回海裡的途中，通過水力電廠的渦輪

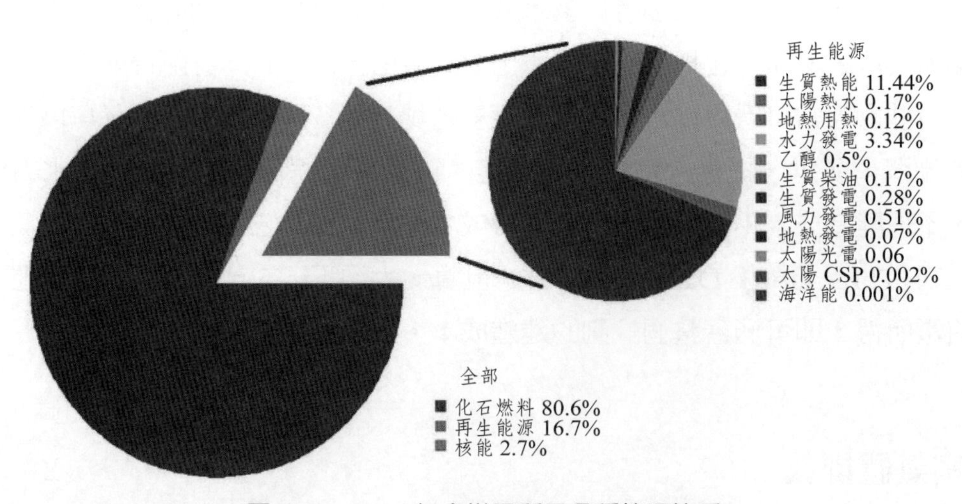

圖 12.5　2010 年全世界所用各種能源比重

機時也很容易受傷。因此有些地區在一年當中某些時期，需要將這些小鮭魚以人工方式「渡」到下游地區。目前針對較能適應水生物的水力電廠和渦輪機的設計正積極進行研究。另外築壩和變更水道，也都可能危及一些原生生物與候鳥。而像是埃及阿斯旺水壩（Aswan Dam）和三峽水壩等大規模水力發電水壩，對於江河上、下游生態，都造成了一些環保上的問題。

環境

水力發電對於河川下游環境會造成衝擊。流經渦輪機的水通常都含有微小懸浮顆粒，會對河床形成沖刷進而損及河岸。由於渦輪機通常是間歇性的運轉，因而不免造成河流流量的波動。水中溶氧量也可能從建造之前起，即受到改變。自渦輪機流出的水，一般比起水壩之前的水都要冷許多，以致會改變包括瀕臨絕種水生動物數量的改變。

溫室氣體

在熱帶地區的水力發電廠的水庫，可產生相當大量的甲烷和二氧化碳。這主要是因在滿水區（flooded areas）的一些植物在厭氧（anaerobic）環境下腐敗所致。根據世界水壩協會（World Commission on Dams）的報告，當水庫面積相對於發電容量很大（每平方公尺表面積小於 100 瓦），而且在淹沒成為水庫的區域未事先進行森林清除時，從該水庫所排放的溫室氣體，比起傳統的燃油火力發電廠的，可能還要來得高。然而，位於加拿大和北歐的波瑞爾水庫（Boreal Reservoirs）當中，其溫室氣體排放大約僅為任何型式傳統火力電廠的 2% 至 8%。森林腐敗的影響，可以藉由一種新式針對淹沒森林的水下伐木作業，獲得減輕。

淹沒

設置水力發電水壩的另一缺點為，必須遷移位於水庫計畫區內的居民與文物。然而在很多情況下，所提供的補償金都不足以彌補當地居民祖先所留下文化遺產的損失。此外，許多重要的歷史文物古蹟也都會被淹沒而告喪失。中國的三峽大霸、紐西蘭的客來得水壩（Clyde Dam），以及土耳其的伊離蘇水壩（Iisu Dam）都曾經面臨這類問題，引發爭議。

第四節　世界水電現況與趨勢

根據 BP 所提供的資料，截至 2011 年，世界上源自水力所發電力最多的國家依序為：中國（694 TWh）、巴西（430 TWh）、加拿大（377 TWh）、美國（328 TWh）、俄羅斯（165 TWh）、印度（132 TWh）、挪威（122 TWh）、日本（85 TWh）、委內瑞拉（84 TWh）、瑞典（66 TWh）。表 12.1 當中依序所列，則為全世界最大的二十座水力發電站。

表 12.1　全世界最大的水力發電站

排名	名稱	國家	河川	裝置容量（MW）	年發電量（TWh）
1	三峽大壩	中國	Yangtze	22,500	98.1
2	Itaipu Dam	巴西／巴拉圭	Paraná	14,000	98.3
3	Guri	委內瑞拉	Caroní	10,200	53.41
4	Tucuruí	巴西	Tocantins	8,370	41.43
5	Grand Coulee	美國	Columbia	6,809	20
6	Sayano Shushenskaya	俄羅斯	Yenisei	6,721	26.8
7	龍灘壩	中國	紅水河	6,426	18.7
8	Krasnoyarskaya	俄羅斯	Yenisei	6,000	20.4
9	Robert-Bourassa	加拿大	La Grande	5,616	26.5
10	Churchill Falls	加拿大	Churchill	5,428	35
11	Bratskaya	俄羅斯	Angara	4,500	22.6
12	拉希瓦壩	中國	黃河	4,200	10.2
12	小灣壩	中國	湄公河	4,200	
14	Ust Ilimskaya	俄羅斯	Angara	3,840	21.7
15	Tarbela Dam	巴基斯坦	Indus	3,478	13
16	Ilha Solteira Dam	巴西	Paraná	3,444	17.9
17	二灘壩	中國	雅礱江	3,300	17

排名	名稱	國家	河川	裝置容量（MW）	年發電量（TWh）
17	瀑布溝壩	中國	大渡河	3,300	
19	Macagua	委內瑞拉	Caroní	3,167.5	15.2
20	Xingo Dam	巴西	São Francisco	3,162	

三峽大霸擁有世界上最大的瞬間發電容量（22,500 MW），巴西與巴拉圭交界的 Itaipu 大霸次之（14,000 MW）。儘管此二壩裝置容量差異如此大，其在 2012 年間所發的電能卻差不多，Itaipu 是 98.2 TWh 而三峽大壩則為 98.1 TWh。這是因為三峽大霸在那一年內有六個月枯水，不足以發電，而注入 Itaipu 大霸的 Parana River 則在一年四季當中都有相當平均的水量。此外，位於長江上游的金沙江水庫是目前世界建造中的最大水力發電系統，預計完成後加上三峽大霸的，總發電容量可達 97,355 MW。

當今有許多國家，依賴水力發電供應幾乎其所有用電。例如挪威和剛果，99% 的電力來自水力發電，巴西的水力發電也占了全國用電來源的 91%。

僅管水力發電算得上是既乾淨、又便宜，但其建造與運轉終究不免帶來淹沒山谷並讓景觀與生態系完全改觀等，對於週遭居民與環境造成的重大衝擊，而終將阻礙其大規模設置與發展。一般預測，未來水力發電，較有可能朝向僅滿足分散、單獨社區所需的小型電場方向發展。

第十三章
地熱能源

位於美國最北的北達可塔（North Dakota）州冬季氣溫經常低於攝氏零下30度，但仍有利用當地地熱的鱷魚養殖場。

第一節　地熱能源的定義與分類

定義

由於迄今國際間對地熱能（例如：geothermal energy）尚無統一的標準稱呼與定義，以致溝通上常出現一些困難。以下為在這個領域當中，較常見的一些定義方式。根據 Muffler 和 Cataldi 於 1978 年指出：地熱資源為儲存在某特定地區的地表與地殼當中某深度之間，以當地年平均溫度所量測得的熱能。

最常用來區分地熱資源的標準，根據的是從深層熱岩將熱攜帶到地表的地熱流體當中的焓（enthalpy）。此焓大體上與溫度成正比，可用來表示該流體的熱能，而可粗略告訴我們其能源價值。而地熱資源也可藉此，根據流體當中所含能源及其可能加以利用的型式，區分成低、中、高焓（或溫度）的資源。

表 13.1 所示為相關文獻當中，不同作者以不同溫度範圍對低、中、高焓地熱資源所作的分類。由此可看出，有關地熱的專屬名稱和分類方式尚待標準化。而一般談及地熱能時，所謂之低、中、高焓究竟所指為何，實必須視情況而定，否則不僅所稱不具意義，甚至容易造成誤導。

表 13.1　地熱資源類型

	(a)	(b)	(c)	(d)	(e)
低焓資源	< 90°C	< 125°C	< 100°C	≤ 150°C	≤ 190°C
中焓資源	90-150 °C	125-225 °C	100-200°C	-	-
高焓資源	> 150°C	> 225°C	> 200°C	> 150°C	> 190°C

資料來源：(a) Muffler and Cataldi (1978)；(b) Hochstein (1990)；(c) Benderitter and Cormy (1990)；(d) Nicholson (1993)；(e) Axelsson and Gunnlaugsson (2000)。

分類

此外，在討論地熱能時，往往會就其為以水或液體為主的地熱系統，和以蒸氣（vapor）（或乾蒸汽，dry steam）為主的地熱系統加以區分。在以水為主的地熱系統當中，水為連續且為受壓力控制（pressure-controlling）的流體狀態。也許當中會存在著一些通常為分散氣泡的蒸氣。這類地熱系統，溫度範圍在小於 125℃到高於 225℃之間，是世界上分佈最廣的一種。其可產生熱水、水與蒸汽混合物、濕蒸汽，以及乾蒸汽，端視溫度與壓力的情況而定。在以蒸氣為主的蓄存系統當中，一般液態水和蒸氣會同時存在，其中的蒸氣為連續壓力控制的狀態。這類系統較為稀少，通常可產生乾的甚至過熱的蒸汽（superheated steam）。

由於地熱能往往被描述為可再生且永續，在此必須先對此名稱作出定義。可再生所指為能量來源的性質，至於永續所指則是該能源是如何利用的。用來界定地熱能為再生能源的最嚴苛標準，便是該能源的補充速率（recharge rate）。在開發天然地熱系統的過程當中，如果從熱源產生的速率和能源補充到熱水當中的速率相同時，便堪稱可再生能源。在乾熱岩石和在沉積盆地當中有一些地下熱水層的情況下，能源僅透過熱傳導補充，然而由於此過程很慢，該乾熱岩石和一些沉積蓄存庫（reservoir）應當視為有限的能源。

某資源在消耗上的可持續性，取決於原始數量、其產生速率及其消耗速率。當該資源產生的比消耗來得快時，該資源的取用很顯然在任何期間都可持續。

來源

地球雖然在外表是一層薄薄的冷殼，但是內部溫度卻非常的高，一般推測地球核心的溫度可能高達 6,000℃，外核約 4,500℃至 6,000℃之間，外地涵約 500℃至 4,500℃之間，而最外層的地殼，則平均每公里有 30℃的地溫梯度。「地熱」（geothermal）就是泛指這種地球內部所蘊含的巨大熱能。但是由於地殼岩層的熱傳導性不一，內部的熱能不容易傳到地表，平均僅以 1.5 熱流單位向地表流出。

在地殼破裂的地方，也就是板塊構造邊緣，由於地殼板塊互撞或漲裂，造成火山活動，以致區域性地溫升高，大量熱能傳到淺處，可供我們開發利用，就是所謂的「地熱能源」。由於地球內部的地熱經由這些地區傳至地表，其熱量巨大無比，蘊藏量非常豐富，是一種深具開發潛力的熱能資源。

目前的技術已能對這種集中在地殼淺處的地熱能源，予以開發，在各種新替代能源中，地熱已被大量開發利用。將來如果技術更進步，可開發較深的地熱，則到時可望熱能源源不絕，也因此地熱能源常被稱為永不枯竭的資源。

地熱資源的種類包括三種：

- 熱液資源：係指在多孔性或裂隙較多的岩層中，儲集的熱水及蒸汽。這是一般所謂的地熱資源，業已開發為經濟性替代能源；
- 熱岩資源：係指潛藏在地殼表層的熔岩或尚未冷卻的岩體，可以人工方法造成裂隙破碎帶，注入冷水使其加熱成蒸汽和熱水後收取利用，其開發方式尚在研究中；
- 地壓資源：係指在油田地區較高溫的熱水，受巨大之地壓而形成。通常僅出現在尚未固結或正在進行成岩作用的較深處沉積岩內。

圖 13.1 當中最右邊的井，即利用封閉地層當中現成的壓力，將深層地熱壓出地面。最左邊的石油與天然氣井可同時將深層地熱送出，左二的井僅產生地熱，左三的井則用來將收集的二氧化碳注入地下埋藏，同時引出地熱。

地熱區

地熱區是指具有明顯地熱徵兆的區域，例如溫泉、噴泉或噴汽孔地區，或是有高溫岩石分佈的區域，稱之。地熱區的形成與火山活動有直接或間接的關係，因此在成因上，可分為火山性和非火山性兩種。

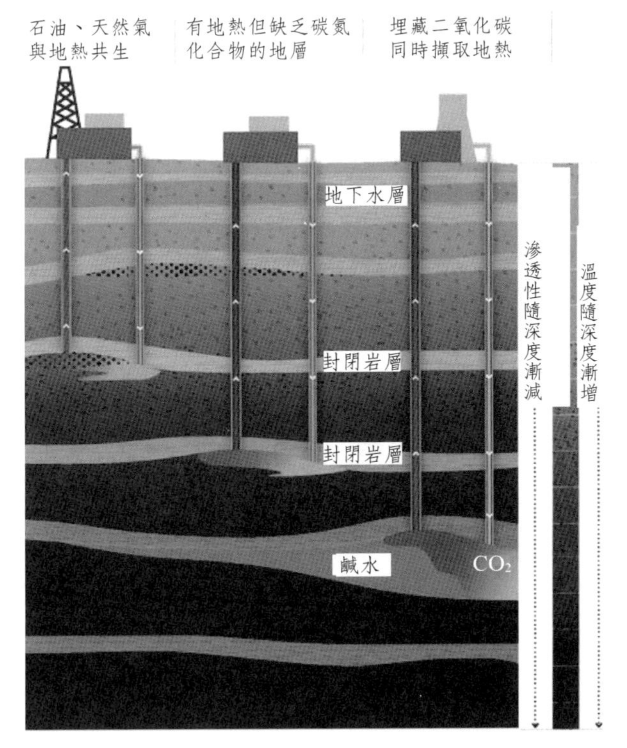

圖 13.1　不同地質條件下的地熱擷取方式

火山性地熱區

這種地熱區與火山活動有直接關係，且都分佈在火山區內，溫度也較高，但因地熱流體中常含有大量的例如氟、氯、硫磺等酸性與火山性化學成分，相關的腐蝕問題尚待研究克服。

非火山性地熱區

因火成侵入活動尚未達到地表形成火山，僅到達地下數公里的深處，使區域性的地溫升高，形成地熱區，此即為非火山性地熱區。

資源

針對全世界可開發的地熱能的估計，各方說法不一。其中一個 1999 年的研究估計，若利用先進的技術，能夠產生的電力容量在 65 至 138 GW 之間。另一個由麻省理工學院（MIT）於 2006 年所提出的報告結論指出，若利用強化地熱系統（Enhanced Geothermal Systems, EGS），最多只消在 15 年之內投資 10 億美元，光是在美國，即可在 2050 年之前產生 100 GW 的電。

雖然地熱可能可以提供幾十年的熱，但長此以往，某特定位址的地熱也終究是要冷掉。既然在一定量的地底所能儲存和補充的能量就只有那麼多，若將地熱系統設計得太大，當然也就會提前冷掉。類似這種會枯竭的地熱能，也就很容易引來究竟還算不算得上是可再生能源的質疑。冰島政府就曾提出：要強調的是，嚴格說來地熱資源並不像水力資源那樣算得上可再生的。而冰島的地熱能目前產量為 140 MW，估計在未來一百年能提供 1,700 MW。

地熱系統

所謂地熱系統（geothermal system）指的是在地殼上層的封閉空間當中將熱由來源傳遞到一般為自由液面的承受體的對流水系。一個地熱系統由三個主要元素所組成：一個熱源、一個蓄存庫，加上某種可以攜帶和傳遞熱的流體。該熱源可以像是溫度很高（>600℃）、相當淺（5-10 m）的岩漿入侵（magmatic intrusion），或者是存在於隨深度遞增的特定低溫（地球正常溫度）系統當中。該蓄存庫為一堆讓流體循環以擷取熱的滲透性熱岩石。該蓄存庫一般在上面蓋著不透水的岩石並且和一片接受補注的地面相連，藉此從蓄存庫以泉水或掘井的流體，可全部或僅一部分以與大氣連通的水所取代。在大多數情況下天落水（meteoric water）當中的地熱流體，可能是液體或蒸氣狀態，端視其溫度與壓力而定。這水往往還會對攜帶著化學成分和 CO_2，H_2S 等氣體。

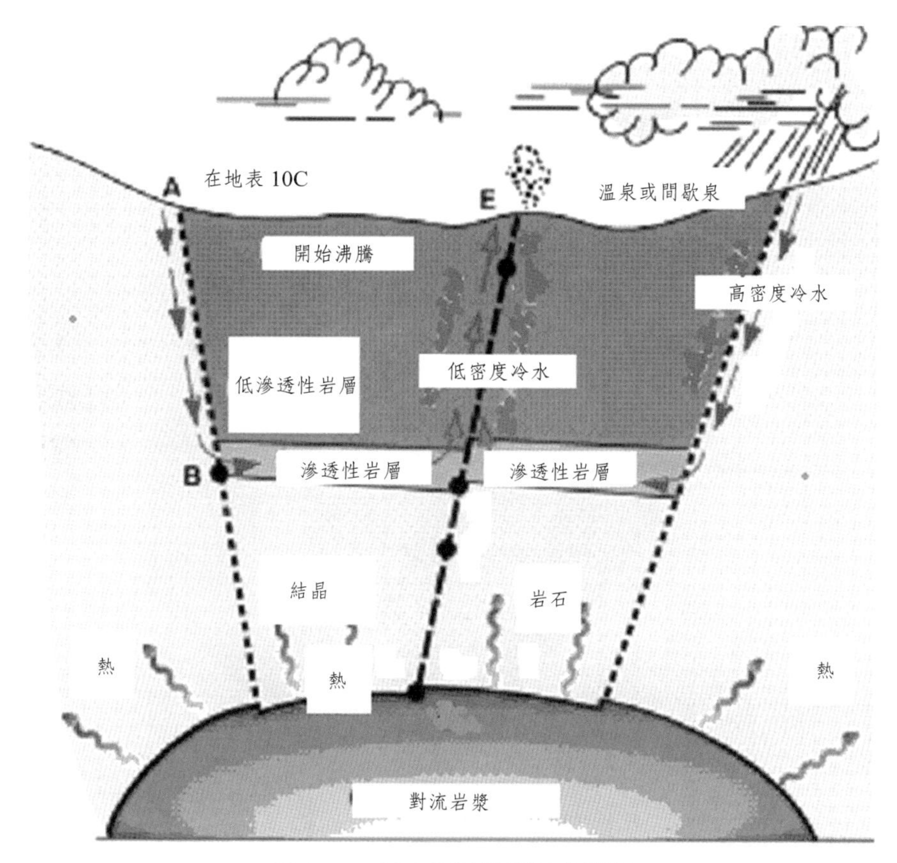

圖 13.2　某中溫地熱系統的機制

在地熱系統下面的熱傳機制主要由流體對流所控制。圖 13.2 所示為某中溫地熱系統的機制。由於地下流體受熱並引起熱膨脹，因此對流隨之產生。從該循環系統底下提供的熱，便是驅動整個系統的能源。受熱，密度降低後的熱流體傾向上升，而會被源自系統邊緣，較冷且高密度的流體所取代。

資源的利用

發電是高溫地熱資源（>150℃）最重要的利用方式。至於中低溫（<150℃）資源則適合於其它許多不同類型的應用。地熱資源若透過串列並整合各種不同的利用方式，可望提升地熱計畫的可行性。其次，利用的潛力會受限於來源的溫度。而在某些情況下，透過對既有的熱過程的修改，更可擴大其利用範圍。圖 13.3 所示為具商業規模的乾熱岩利用情形。

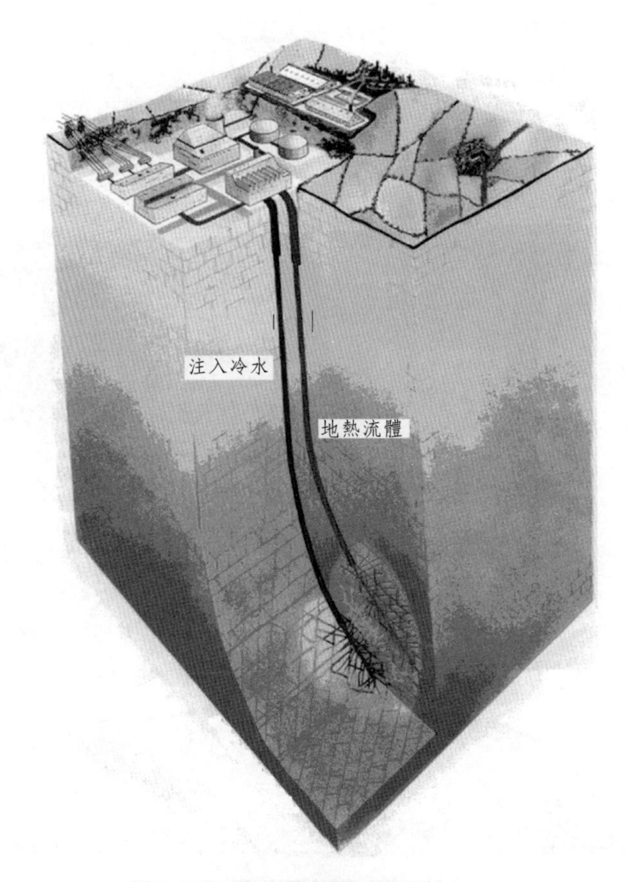

圖 13.3　商業規模的乾熱岩

第二節　地熱能開發現況

在各種新替代能源中，地熱能源無論在技術上及經濟上，都比其它新能源的研究開發更容易在短期內獲得成果。

世界概況

世界各先進國家開發利用地熱能源已有數十年歷史。自第二次世界大戰以降，許多國家深受地熱能源所吸引，咸認為其比其它形式能源，更具經濟競爭力。地熱能源不需仰賴進口，而且在有些情況下，其實也就是當地僅有的能源。

多數國家開發地熱能源，主要還是運用在發電。目前地熱發電裝置容量以美國的 3,086 MW 居首，其共有 77 座地熱電場。表 13.2 所示為全世界利用地熱能源以發電的主要國家。

全球地熱發電裝置容量從 2000 年的 7,972 MWe 明顯增加到 2007 年的將近 9,700 MWe，合計可滿足全球電力需求的 0.3%。根據國際地熱協會（The International Geothermal Association, IGA）2010 年的數據，全世界 24 個國家，總共有 10,715 MW 地熱發電容量。其估計全世界的傳統地熱發電潛力達 70 GW。這些國家包括冰島（其 2006 年用地熱發出超過全國需求一半的電力）、美國、義大利、法國、紐西蘭、墨西哥、尼加拉瓜、哥斯達黎加、俄羅斯、菲律賓（發出容量達 1931 MW 占 27% 的電力，僅次於美國）、印尼、中國大陸及日本。

表 13.2　世界地熱發電裝置容量

國家	2007 年容量（MW）	2010 年容量（MW）	占該國發電百分比
美國	2687	3086	0.3%
菲律賓	1969.7	1904	27%
印尼	992	1197	3.7%
墨西哥	953	958	3%
義大利	810.5	843	1.5%
紐西蘭	471.6	628	10%
冰島	421.2	575	30%
日本	535.2	536	0.1%
伊朗	250	250	
薩爾瓦多	204.2	204	25%
肯亞	128.8	167	11.2%
哥斯達黎加	162.5	166	14%
尼加拉瓜	87.4	88	10%
俄羅斯	79	82	
土耳其	38	82	
巴布亞新幾內亞	56	56	
瓜地馬拉	53	52	
葡萄牙	23	29	
中國	27.8	24	

國家	2007 年容量（MW）	2010 年容量（MW）	占該國發電百分比
法國	14.7	16	
衣索匹亞	7.3	7.3	
德國	8.4	6.6	
奧地利	1.1	1.4	
澳大利亞	0.2	1.1	
泰國	0.3	0.3	
總共	9,981.9	10,959.7	

IGA 預測在 2015 年之前全世界地熱發電會成長到 18,500 MW，主要靠的是一些尚未開發的資源。以下摘要列出地熱發電的相關資訊。

- 地熱電場的負載因子極佳，將近 90%。
- 據 IGA 的計算，地熱電場每發出 1GW 需要用到 3.5 平方公里的土地面積，每發出 1MWh 需用掉 20 公升的淡水。
- 建造地熱電場（包括鑽採在內）的成本，大約為每 MW 發電容量 2 至 5 百萬歐元。
- 地熱電場每發出 1 MWh 的電，平均約排放 122 kg 二氧化碳。
- 地熱電場的運轉、維修成本，平均約每度台幣 0.3 至 0.9 元。
- 近年來很熱門的增進式地熱系統（enhanced geothermal systems, EGS）的投資成本，大約為每 MW 台幣 1.2 億以上。

除了發電，有愈來愈多國家更積極利用地熱，發展農業、工業、觀光、理療等多目標直接利用，其熱能總和相當於 800 萬瓩，包括各項不同溫度範圍的用途。

台灣地熱

台灣位於環太平洋火山活動帶西緣，在北部大屯山區曾有相當規模的火山及火成侵入活動，全島共有百餘處溫泉地熱的徵兆，所以地熱資源的潛能可說是相當高。初步評估全台二十六處主要地熱區的發電潛能，約為 100 萬瓩。如再包含其它熱能直接利用，並以三十年開發期間來估算，總潛能 25,500 萬噸煤當量，市場潛力非常可觀。

若依國民每人使用的平均電力約 0.4 瓩估算，人口達 5 萬人的鄉鎮，只要有 2 萬瓩的地熱發電廠，即可供應全鄉鎮的用電量。過去位於宜蘭縣的清水地熱發電廠，發電量即曾達到 800 瓩。全台目前地熱發電總裝置容量為 3,300 kW，若以 100 萬瓩發電潛能估計，大屯山佔 50%，東部地區佔 35%，其它地區則約佔 15%。

技術研發

地熱能源除可供應區域電力或產業用電以外，更可配合地理環境及地方產業發展的多目標利用，達到促進地方經濟成長與繁榮的效果。以下討論目前尚待開發的一些主要地熱應用技術。

地熱能源具有經濟規模，且屬於高密度能源，是一種廉價又低污染的替代能源，甚值得開發利用。但決定是否開發地熱資源時，仍應考慮下列各項因素：

- 溫度：地熱資源溫度可以由 30℃至 370℃，
- 熱流：可分為蒸汽、熱水及熱岩等形式之貯存，
- 利用因素：包括環境特性、流體品質及能源利用等，
- 井深：鑽井費用甚高，故生產井深度常依產能決定，一般約從 60 公尺至 4,000 公尺，
- 能源傳輸：電能可以作遠距離傳輸利用，但若直接透過管路利用，應以距離在 1 公里以內為宜。

至於地熱能源的開發技術包括：

- 探勘調查技術：以經濟、有效的方法，透過估測地熱場的溫度、深度、體積、構造及其它特性因素，來推估地熱場的開發潛能，或據以進一步研判選定井位，作為開發的評估依據，

- 鑽井技術：鑽井的花費較高，佔地熱能源開發成本的比例也最大。當初步調查結果證實具有開發潛能時，鑽井可以驗證探勘結果，確認地熱資源的儲存及其生產特性，並選用適當的鑽井技術，在安全控制狀況下開採地熱能源，
- 測井及儲積工程：完井以後可以作單井測井或多口井同時噴流時的測井，利用測井取得的井流特性及地下資料，可以推斷儲積層的位置、深度、厚度、構造、儲積範圍及流體的產狀、產能，據以規劃地熱井的生產控制及地熱場的開發與維護，作有效的開發利用。

截至目前已應用的地熱探勘技術包括：

- 地質調查：調查各溫泉區地面地質及熱水活動範圍、地形、交通等，並採集熱水及岩石標本，予以分析鑑定。對已鑽探的溫泉區，進行地下地質與地面地質比對，以了解深處熱水的蓄存情形，
- 地球物理探勘：應用重力、磁力、電阻、震波、微地震、地電流、熱流測定等探勘方法，探勘地質構造，並探究地熱儲集層的溫度位置、深度、範圍及岩層孔隙率、滲透率等，以提供選定探勘井井位的資料，
- 地球化學探勘：調查徵兆區，採取水、汽及沉積物並進行化學分析，以研判地熱水在深部可能狀況，並依地球化學溫度計推算深部溫度。接著進行地熱井水、汽的測試分析，以確定地熱流體品質，作為生產控制及開發利用的依據，並參照地表及井流地球化學特性，輔以同位素研究，可研判地熱潛能及地熱系統形態，
- 鑽井探勘：利用鑽井方法獲得地熱場的地質構造、地溫梯度及地熱流體的蓄存情形等資料，以供選定生產井井位的依據。

第三節　地熱發電

地熱發電（geothermal power），顧名思義為利用地下熱能來發電。Giovanni Conti 於 1902 年首先在義大利 Larderello 發現由地熱所產生的電。

迄今，若將地下來源熱泵所回收的熱包含在內，據估計非發電容量的地熱能源可超過 100GWth，且在世界上 70 個國家都已有商業使用。

發電原理

發電主要是在傳統蒸汽渦輪機或二元系統（binary system）廠當中進行，視地熱資源的特性而定。傳統蒸汽渦輪機需要用到 150℃以上的流體，其可能為大氣（atmospheric exhaust）或冷凝排汽（condensing exhaust）單元。大氣排汽渦輪機較簡單且便宜。其蒸汽可能來自於乾蒸汽井（dry steam well）或是濕井（wet well），經過分離，在流通過蒸汽渦輪機後排放到大氣（如圖 13.4 所示）。

這類型單元的每瓩 - 小時發電量所消耗的蒸汽，幾乎相當於相同進口壓力的冷凝類型的兩倍。然而，大氣排汽渦輪機若用作先導電廠、備用電廠、或是在源自於獨立井的小型供應情形，以及用在開發期間源自於測試井的發電，都極為好用。同時，其在蒸汽有著相當高的非冷凝氣體含量（重量大於 12%）的情形下，也很有用。大氣排汽單元的建造與安裝，可以在 13 至 14 個月即告完成。不過這類設備，通常也都只有小型（2.5-5 MWe）的規模。

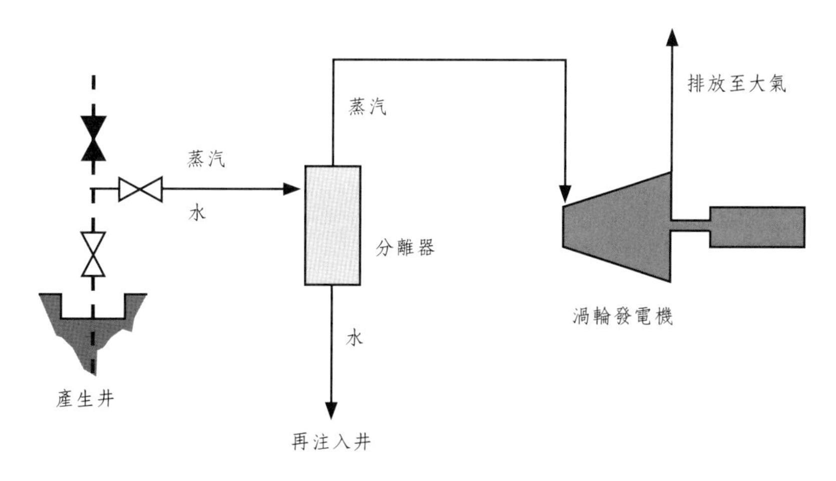

圖 13.4　大氣排汽地熱發電廠。圖中段線為地熱流體

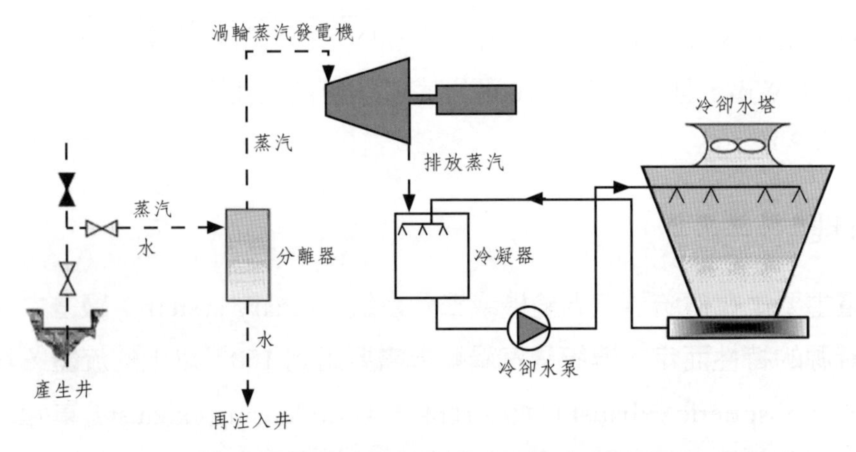

圖 13.5　冷凝地熱發電廠。圖中段線為高溫流體，實線為冷卻水

相較之下，冷凝型單元因為有許多輔助設備，較為複雜些，且尺寸也較大，電廠建造加上設備安裝，大約要花上前者兩倍的時間。然而，冷凝單元的蒸汽消耗量，大約只有大氣排汽單元的一半。很常見的一種冷凝廠的容量為 55 至 60 MWe，不過最近已有一些 110 MWe 的廠已陸續建造安裝完成（如圖 13.5 所示）。

自從二元流體（binary fluids）技術有了一些進步以來，以中、低溫地熱流體及以地熱廢熱水發電方面，也都有了長足的進步。二元廠用的通常是某有機流體（一般為正戊烷）的二次工作流體（secondary working fluid），其相較於蒸汽，沸點低且蒸氣壓力高。該二次流體在一典型的郎肯循環（Rankine Cycle）下運轉：地熱流體透過熱交換器將熱傳給二次流體，使其受熱並蒸發，再以此產生的蒸氣趨動一軸流式渦輪機，接著冷凝，讓新的循環重新開始（如圖 13.6 所示）。

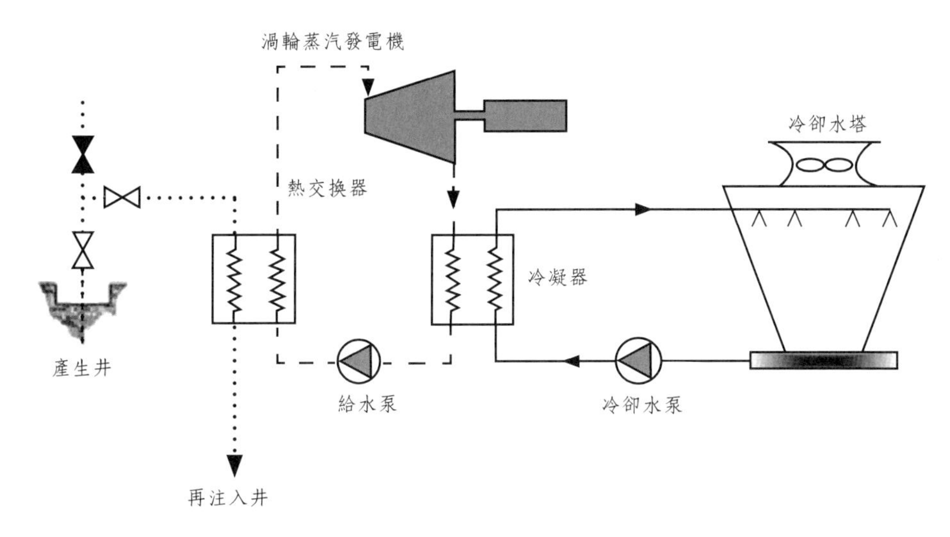

圖 13.6　地熱二元發電廠。地熱流體、二次流體及冷卻水的流向分別以虛線、段線及實線表示。

選擇適當的二次流體，二元地熱系統可採用溫度介於 85 至 170℃之間的地熱流體。溫度上限取決於有機二元流體的熱穩定性。至於下限，則取決於技術經濟因素，亦即，低於此溫度，所需用到的熱交換器尺寸將大得讓該項目變得不經濟。

二元地熱廠一般都屬小型，只有幾百 kWe 到幾 MWe 的容量。這些小單元則可聯結成為幾千萬瓦的電場。其成本取決於許多因子，但主要還是在於地熱流體所產生的溫度，其會對渦輪機、熱交換器及冷卻系統的尺寸造成影響。由於其由一系列標準模組單元組合以達到較大容量，因此整個廠的尺寸對於某項特定成本的影響，也就微乎其微。

循環類型

最常用的地熱發電技術，依地熱與工作流體的循環分成乾蒸汽（dry steam）、閃化（flash）、二元雙循環（binary cycle）及總流（total flow）等四種類型。

乾蒸汽

天然的乾蒸汽發電廠從地裡取出地熱能源，直接驅動發電機。這是最簡便且最具效益的一種地熱利用方式，只要以管路直接將乾蒸汽導入改良過的蒸汽渦輪機，就可產生電力。

閃化

閃化發電廠從地裡取出熱水，一般溫度都超過 200℃，讓它在流出地面的過程當中沸騰，接著在汽水分離器（steam/water separators）當中去除熱水，將蒸汽分離出來，推動渦輪機發電。用於此處的高溫地熱水，可經過單段或多段閃化成為蒸汽。

二元循環

至於在二元廠當中，熱水先是流過熱交換器以氣化用來驅動蒸汽渦輪發電機的某有機工作流體。此工作流體（如：丁烷、氟氯烷等）可持續循環使用。

總流

地熱井產生的熱流體，包括蒸汽及熱水的兩相混合體，同時導入特殊設計的渦輪機，由動能及壓力能帶動傳動軸能連接發電機而產生電力。

各種類型電廠所產生的蒸汽冷凝水和剩餘的地熱流體，都會再度注入地下熱岩內，以吸取更多的熱。能持續這種情形的地熱，當然也就能稱得上是永續的可再生能源。

輪配

全世界最龐大的乾蒸汽場位於美國舊金山北邊約 145 公里的間歇泉（The Geysers）。The Geysers 擁有 1360 MW 的裝置容量，淨產生量為 1000 MW。The Geysers 最好的一點是，其採取各方合作而非僅滿足短程利益的做法。其目前將附近 Santa Rosa 與 Lake Gounty 二市處理好的污水注入地下，擷取地熱能。這些污水在過去都只排到河川、溪流裡，如今則轉換成用來補充發電所需要的蒸汽。

注水

在有些地方原有從地下產生的天然蒸汽的水逐漸枯竭，便需要另外靠經過處理的廢水補注以維持供給。但大多數地熱場的流體補充都大於熱的補充，所以若未經慎重管理，這類廢水補注卻反而可能導致地熱資源冷卻。

RE 小方塊——地熱之最

美國是擁有最大地熱能產量的國家。冰島全國有一半的能源都取自於地熱來源，其建築普遍以地熱來取暖。也是大石油業的雪佛龍公司（Chevron Corporation）是全世界最大的地熱能生產業者。

第四節　地熱的直接利用

如圖 13.7 直接利用熱，為地熱能利用當中最老的方式，但也是目前最常見的。洗澡、空間與區域加熱（space and district heating）、農業應用、養殖，以及一些工業用途，都是最常見的一些利用方式，但其中以熱泵（heat pump）用得最廣。

源自地熱的熱能在過去十年內每年平均增加 9%，主要是因使用地熱來源熱泵的快速成長。而目前至少有 78 國直接使用地熱的熱能。隨著一些新技術的開發，可預期地熱發電接著將顯著在一些新加入的國家加速成長。與 CHP 結合的地熱能源利用，亦持續穩定成長。

一般將低溫地熱能源指的是自地底取得，溫度低於 150°C 地熱流體的熱能。這類能源的應用一般都採直接使用，或者也可在擷取後採前述雙重循環發

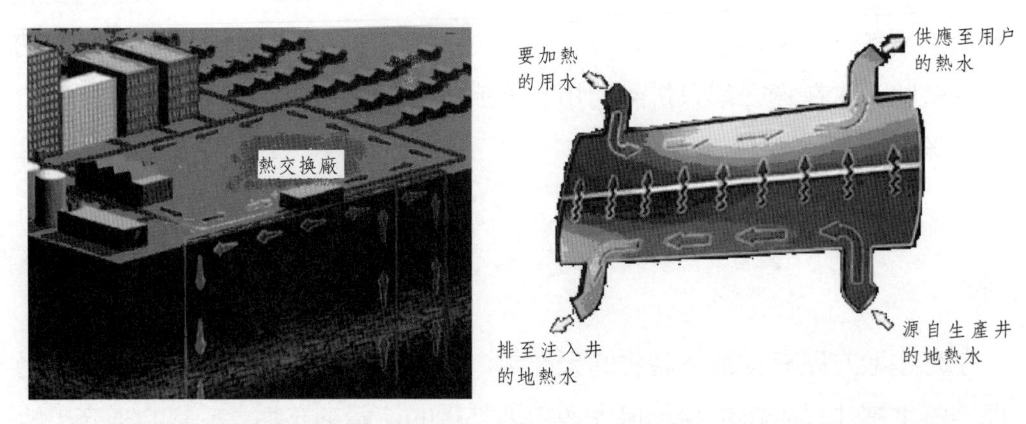

圖 13.7　地熱送至地面後流經熱交換廠（左圖）的熱交換器（右圖）加熱空氣和水後，配送至廠房、住宅使用。

電。但由於整體效率難以提升，以低溫地熱能源發電相當困難。其直接用途主要有：

- 沐浴
- 直接用於暖氣
- 養殖
- 農業乾燥
- 融雪／解凍

空間與區域加熱

空間與區域加熱在冰島有顯著的進展。其在 1999 年底，區域地熱加熱系統總運轉容量提升了近 1200 MWt，另外在東歐、美國、中國大陸、日本及法國等國家，也都用得相當廣泛。

地熱區域加熱系統屬資本密集。其主要成本為產生井與注入井的初始投資成本、輸送泵管路及傳輸網絡、監測與控制設備、尖峰站（peaking stations）及儲存櫃。至於運轉成本，相較於傳統系統則相當低。其包括泵送動力、系統維修、控制與管理。用來估計系統初始成本的一項重要因子，為其熱負荷密度。

空間冷卻

空間冷卻（space cooling）亦可與地熱能結合。其所需要用到的吸收機器（adsorption machine）的相關技術已相當成熟，市面上很容易找得到。吸收循環（adsorption cycle）為使用熱而非電，作為能源的一種過程。其中的冷凍效果乃藉由利用兩種流體達到：首先是以冷媒（冷凍劑）循環蒸發及冷卻，其次是二次流體或者是吸收劑（absorbent）。當應用在高於 0℃（主要是在空間和加工上的調節）的情況時，在循環當中採用溴化鋰作為吸收劑，以水做為冷媒。應用於 0℃以下的情況，則採用阿摩尼亞／水的循環，以阿摩尼亞作為冷媒，而以水做為吸收劑。地熱流體提供熱能以驅動這些機器，但當溫度低於 105℃時，其效率隨即降低。

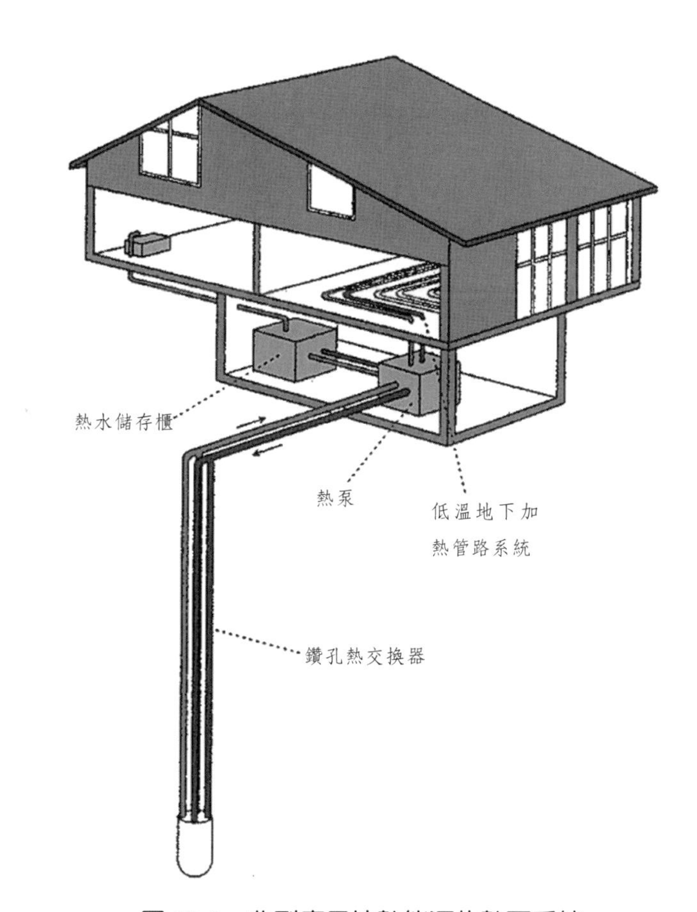

圖 13.8　典型應用地熱能源的熱泵系統

地熱空調

地熱空調（取暖與冷卻）自 1980 年代以來，隨著熱泵的推出與普及而大幅成長。各類型熱泵系統，讓我們可以很經濟的擷取並利用諸如地下水層或地面淺塘低溫水體當中所含的熱。圖 13.8 所示為一典型應用地熱能源的熱泵系統。

所謂熱泵指的是能讓熱原本的自然流動產生逆向流動，亦即從冷的空間或物體，流向較暖和的機器。一熱泵可以和一冷凍單元同樣有效率。任何的冷凍裝置（例如窗型冷氣機、冰箱、冷凍庫等）都是將熱從一空間移出，以使之冷下來，並將此熱以較高溫度移出。一熱泵和一冷凍單元之間唯一的差異在於其需求造成的效果，冷凍單元需要冷卻，而熱泵則是要加熱。用來突顯許多熱泵的第二個因子為其能在一空間當中，提供加熱或者是冷卻的效果。

2003 年在至少 30 個國家當中，已裝置了大量與地熱結合的熱泵系統，總熱容量逾 9,500 MWt。這些裝置大多數都位於美國（500,000 部總供 3,730 MWt），其次為瑞典（200,000 部總共 2,000 MWt）、德國（40,000 部總共 560 MWt）、加拿大（36,000 部總共 435 MWt）、瑞士（25,000 部總共 440 MWt）及奧地利（23,000 部總共 275 MWt）。這些裝置系統所用的地下水層和土壤的溫度介於 5° 至 30℃之間。

農業

地熱流體在農業上的利用，有可能是用在開放農田或者是在栽培溫室的加熱取暖。熱水可以引到開放農田用於灌溉，同時加熱土壤。這往往是藉著埋在土裡的管路達到目的。但如果只用來加熱泥土而無灌溉系統，土壤的熱傳導性會因管路周遭溼度降低而低落。因此最好還是能將土壤加熱與灌溉系統充分結合在一起。同時，利用土地熱水灌溉的作物，務須小心監測水質，以防水中化學成份對作物造成不利。此種開放田地的利用方式最大的好處在於：

- 防止環境低溫所帶來的寒害，

- 得以延長生長期、促進成長與收成，以及
- 對土壤進行滅菌。

然而，地熱在農業上應用最為廣泛的，還是溫室加熱。這在許多國家都已發展出龐大的規模。目前在非自然成長季節栽植蔬菜和花卉的技術都已相當成熟，甚至能針對各種植物的最佳成長溫度（如圖 13.9 所示）、光亮程度、土壤和空氣的溼度、空氣流動及空氣當中 CO_2 濃度等進行調節，使環境達到最佳成長狀態。

溫室加熱系統可與透過熱交換器、位於地板下或地板上的熱水巡迴管路、沿著牆壁和檯面的傳熱單元等結合在一起的強力空氣循環，達到目的（如圖 13.10）。擷取地熱用於溫室加熱，可大幅降低運轉成本。有些實例顯示，降低成本的幅度可相當於其產品成本（蔬菜、花卉、室內盆栽及樹的種子）的 35%。

總之，農場的牲口和水產物種以及蔬菜和植物，都可因調節環境溫度到最佳狀態，而使農產品在質與量上得到改進。而在實際情況下，將地熱水應用在畜養與溫室結合在一起的情形，更是有利可圖。

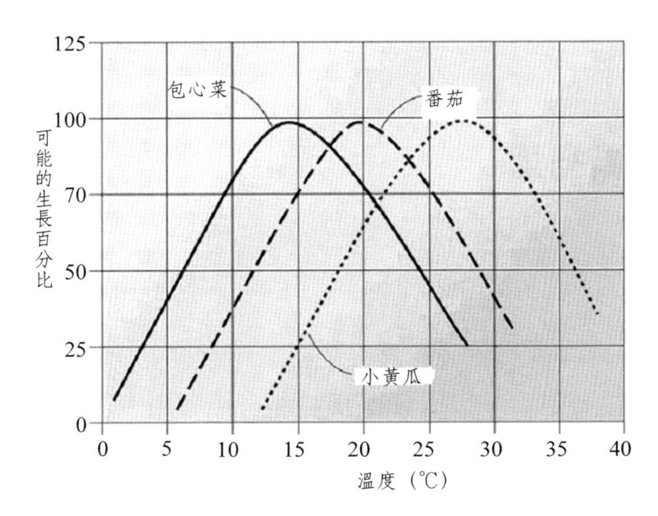

圖 13.9　一些蔬菜的生長曲線資料來源：Beall 與 Samuels（1971）

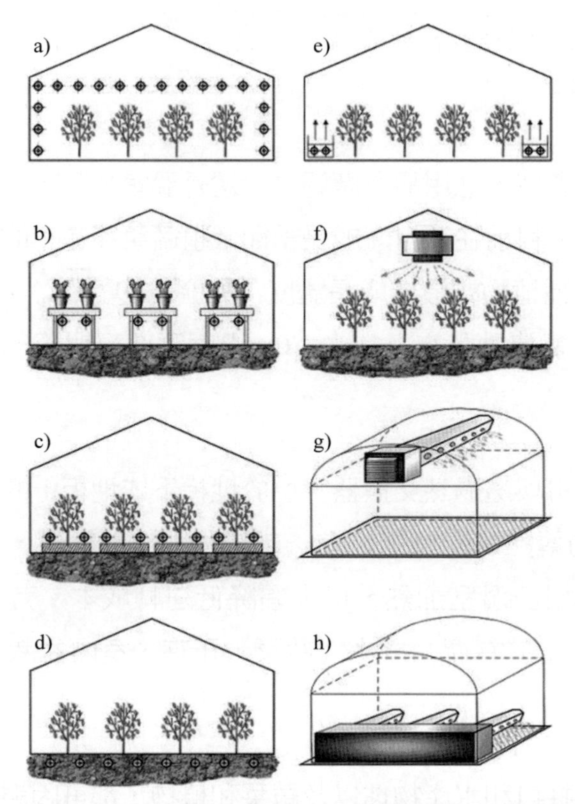

圖 13.10　地熱溫室的加熱系統，安裝與自然空氣對流結合：(a) 空間加熱管路；(b) 檯面加熱；(c) 低位空間加熱；(d) 土壤加熱（結合強力對流）；(e) 側面；(f) 風扇；(g) 高位導管；(h) 低位導管

資料來源：von Zabeltitz（1986）

第五節　經濟考量

經濟效益

地熱能源的經濟用途，包括發電和熱能直接利用。一般而言，地熱能源最主要而有效的用途就是發電，因為把地熱能源轉換成電力後，既容易利用又方便輸送，是以地熱區域可以位於遠離能源消費市場的地方。

地熱能源屬於自產能源，不但具有經濟規模，能源供應穩定、產量適合開發等優點，還能與其它能源結合利用，節省相當大比例的其它燃料消耗，達到更高溫度及更大效率的利用價值。

具備高溫及大流量等特性的地熱流體，除可發電外，還適用於許多產業。例如工業的產品乾燥、冷凍冷藏、農業的溫室栽培、食品加工、商業及家庭用途的溫水泳池、觀光、理療等，都是很有潛力的地熱利用途徑。

成本估算

在任何成本和產品價格的估算當中，所必須考慮到的要素，無論是否算到動力廠或運轉成本上，地熱能比起其它類型能源的，都要來得多且複雜。而偏偏這些要素都必須在著手進行一像地熱計劃之先，即予以審慎評估。在此僅提供幾項較為一般性的指標，若能加上當地狀況，及所能供應地熱流體的價值的信息，便有助於有意投資者作成決定。

- 來源廠系統（地熱電力設施）包含地熱井，
- 攜帶地熱流體的管路系統，
- 該廠的利用，以及
- 一般都有的再注入系統。

這些要素之間的互動與投資成本之間關係密切，務必審慎分析。例如，若用來發電，使用排大氣廠（discharge-to-the-atmosphere plant）為最簡單的方案，比起相等容量的一座冷凝廠要來得便宜。然而，其運轉也就必須用到相當於冷凝場兩倍的蒸汽，結果也就等於需用到兩倍的地熱井來供應它。而正因為井本身很貴，實際上冷凝動力廠也就比排大氣廠來得便宜。而實際上，選擇後者的原因，往往也並非經濟理由。

地熱流體可在以隔熱材料包覆的管路當中輸送相當長的距離。在理想情形下，該管路可長達 60 公里。然而，該管路、所需泵、閥等輔助設備及其維修都相當的貴，而可能在一座地熱廠的投資成本與運轉成本當中，佔相當比重。因此，地熱來源與利用廠址之間的距離須愈短愈好。

相較於一座類似容量燒傳統燃料的火力電廠，地熱廠的投資成本通常要高上許多。但從另一方面來說，驅動一座地熱廠的能源成本及相當的廠內管路、閥、泵、熱交換器等的維修成本，比起傳統燃料廠的則要低得多。也就是說，地熱廠較高的投資成本可望從能源成本上回收。也因此，地熱能源系統在設計時，便需設法使其儲量延長使用壽命，以彌補初始投資。

藉著納入系統整合，以提升利用因子（例如結合空間加熱與冷卻）或連貫系統，可達到相當的節約效果。在此系統當中，各廠串聯在一起，並充分利用前一個廠所產生的廢水（例如發電加上溫室取暖，再加上動物畜養管理）（如圖 13.11 所示）。

為能降低維修成本與停機時間，一座地熱廠的技術複雜性應該維持在，當地技術人員或隨時可到達現場的專家，能夠勝任的程度。最理想的情形下，高度專業的技術人員或製造廠商，應該僅有在大規模維修操作，或者重大故障時才需用上。

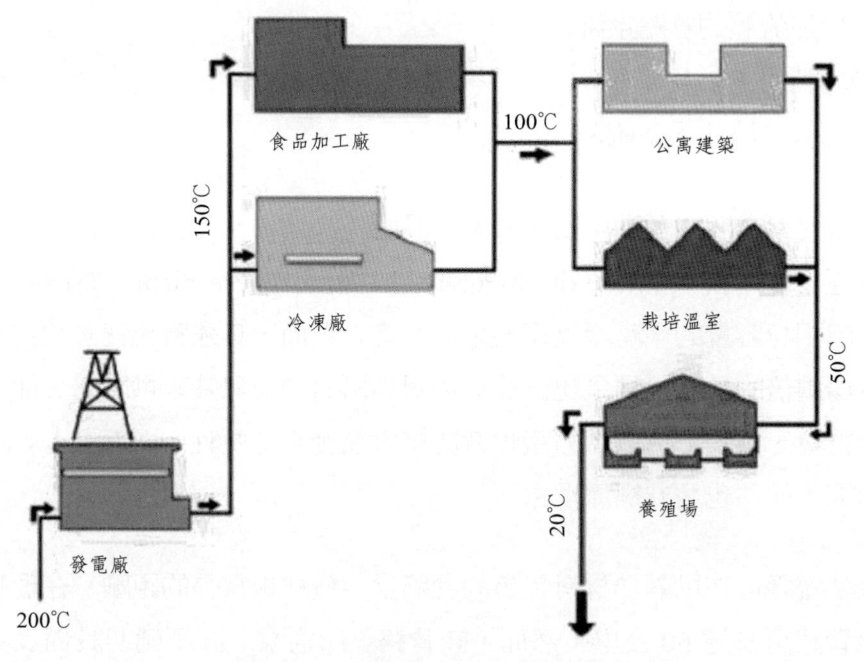

圖 13.11　地熱能的連貫多目標利用

資料來源：Geo-Heat Center, Klamath Falls, Oregon, USA。

最後，如果一座地熱廠是用來生產消費性產品，在確定這類產品出廠之前，必須事先審慎進行市場調查。從生產廠址到消費者之間，具經濟性運轉所必備的基礎設施亦須具備，或者至少要納入初始計畫當中。

表 13.3　以地熱和其他再生能源的能源和發電投資成本

	目前能源成本 US¢ /kWh	未來可能的能源成本 US¢ /kWh	整廠輸出（Turnkey）投資成本 US$/kW
地熱	2-10	1-8	800-3000
生物質量	5-15	4-10	900-3000
風	5-13	3-10	1100-1700
太陽能電池	25-125	5-25	5000-10 000
太陽熱電	12-18	4-10	3000-4000
潮汐	8-15	8-15	1700-2500

資料來源：Fridleifsson（2001）

第十四章
氫與燃料電池

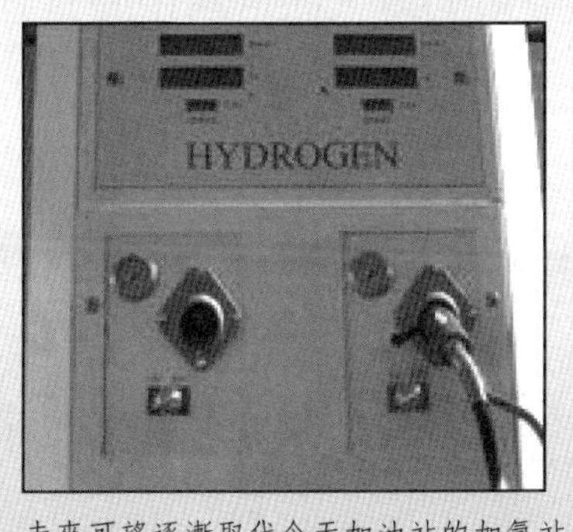

未來可望逐漸取代今天加油站的加氫站

第一節　認識氫

第二節　氫的製造

第三節　氫的儲存

第四節　氫燃料電池

第一節　認識氫

圖 14.1 所示為氫能源系統從太陽等初級能源，到各種應用途徑的來龍去脈。各種不同資料來源每每談到氫，都會提及以下幾點事實：

- 氫是宇宙當中最豐沛的元素，在質量上佔 75%，在原子的數量上佔了 90%；
- 在恆星當中，氫原子核在核融合反應當中互相結合形成氦原子。這些高能量反應，形成了太陽和其它恆星所呈現的光和熱。圖 14.2 所示為氫的循環情形；
- 氫為能量的載具（carrier），而並非能量的來源。因為實際上要將氫從其它像是水或化石燃料等化合物當中分離出來，還須另外消耗能量；
- 全世界每年的氫產量，大約為五千萬噸；
- 氫可透過電解水產生，條件是必須有豐沛而廉價的電。而這點正好有利於促進海域風能等再生能源的開發；
- 氫是最輕的元素和分子；
- 氫一旦釋入大氣當中會迅速消散，因此幾乎不會有達到燃燒程度的危險；
- 氫分子（H_2）比起天然氣要輕 8 倍；
- 由於在大氣壓力下，即使是體積龐大的氫仍相當的輕，而單位體積的氫所含的能量，大約僅為天然氣的 30%；
- 將氫儲存在車輛上，被認為是讓氫經濟起步，亟待克服的一大障礙；
- 單位重量氫所含能量（120.7 kJ/g），是任何已知燃料當中最高的。天然氣的是 51.6 kJ/g，石油為 43.6 kJ/g。

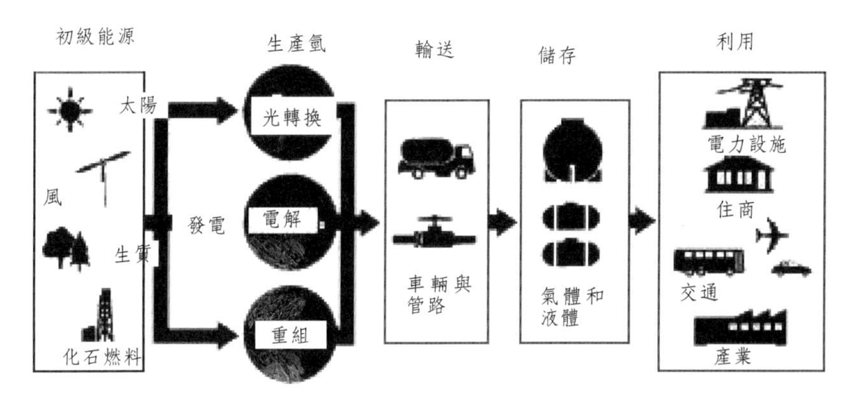

圖 14.1　氫能源系統的來龍去脈

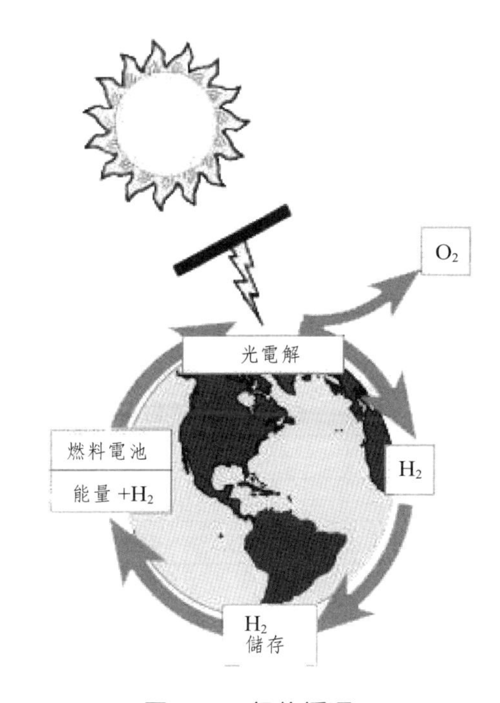

圖 14.2　氫的循環

氫的性質

表 14.1 所示為氫的一些重要性質的實驗數據。簡言之，氫具有以下特性：

- 無色，
- 無臭味，

- 嚐起來沒味道，
- 不刺激，
- 無毒，
- 可迅速上升並消散掉，
- 對環境不造成衝擊，且不排放任何會造成酸雨等的空氣物染物，以及
- 高度可燃並會產生火焰。

表 14.1　氫的一些重要性質的實驗數據

自動點燃溫度	520℃
沸點（一大氣壓）	-252.7℃
密度	0.08342 kg/m^3
擴散性	1.697 m^2/hr
火焰溫度	2318℃
火焰範圍	在空氣中的體積的 4% 至 74%
凝固點／熔點	-259.2℃
單位質量燃燒熱	28670 kCal/kg
點燃能源	0.02 毫焦耳
分子量	2.016
比重	0.0696（空氣＝1）
比容	11.99 m^3/kg
粘度	33.84×10^{-3} kg/m hr
常溫下體積能源密度	0.01079 MJ/L
常溫下質量能源密度	143 MJ/kg

表 14.2 所示為氫和其它通用燃料能源值的比較，可看出氫的熱值遠超過其它一般燃料的。

表 14.2　氫和其它燃料高、低熱值

	氫	汽油	二號柴油	丙烷	天然氣
高熱值 MMJ/kg	141.9	43.8-47.5	44.6-46.5	50.2	54.9
低熱值 MMJ/kg	119.9	41.9-44.2	41.9-44.2	46.1	49.6

氫的問與答

以下整理出一般針對氫的問題與簡答，藉以對氫作一初步介紹。

問：氫是什麼？

答：1. 氫是最豐富的元素，大約佔了宇宙質量的四分之三。水覆蓋了70%的地球表面，且水也存在於所有有機質當中，而氫也存在於水當中。

2. 氫是宇宙當中最簡單的元素，其由一個質子和一個電子所組成。

3. 氫是所有元素和氣體當中最輕的，比空氣還輕14倍。溢出的氫氣可立即逸散到空氣中，而不至於污染土壤和地下水。

4. 氫無色、無臭味、且無毒，它既不會造成酸雨、耗蝕臭氧層，也不會產生有害排放物。

問：何以氫是最有效率的燃料？

答：1. 相較於任何其它燃料，氫每單位重量燃燒所產生的能量最大。

2. 氫能夠提供比起絕大多數其它燃料高2至3倍的能量。它可很輕易的與氧結合，釋放出相當可觀的熱能。

問：何以氫是最乾淨的燃料？

答：不同於一般以碳為基礎的燃料，氫燃燒時不會產生有害副產品。

問：氫是如何產生的？

答：1. 將天然氣加熱、重組，是目前最經濟的產氫製程。

2. 藉由電流電解水分離氫和氧，也可產氫。

問：氫向來都是怎麼利用的？

答：1. 許多工業都在使用氣態或液態氫，包括化石業和製造業分別用它來產生化學品、食品和電子產品等。

2. 20世紀初期已使用50%的氫做為燃料，稱為城市氣（Towngas）。

3. 美國太空總署（NASA）以氫作為太空梭的燃料。

問：如今已經可以取得氫了嗎？

答：當今生產氫的基礎設施已相當齊備，其主要在於滿足工業應用所需，包括金屬加工、煉製化工、油脂生產，以及電子加工。全世界每年所生產的氫大約有450億公斤，足以供應25,000萬輛燃料電池汽車的燃料所需。

目前這其中有一部分也正是用作車輛的燃料。

問：當今和未來的氫是如何生產的？

答：1. 當今商業上用的氫，是藉由蒸汽與碳氫化合物或熱焦炭經過催化反應、或是藉由電解水、或是礦物酸與金屬反應所產生。預測未來氫的產生來源如圖14.3所示。從圖中可看出，氫將從目前絕大部分源自於天然氣，逐漸轉型成由低碳乃至零碳來源所取代。

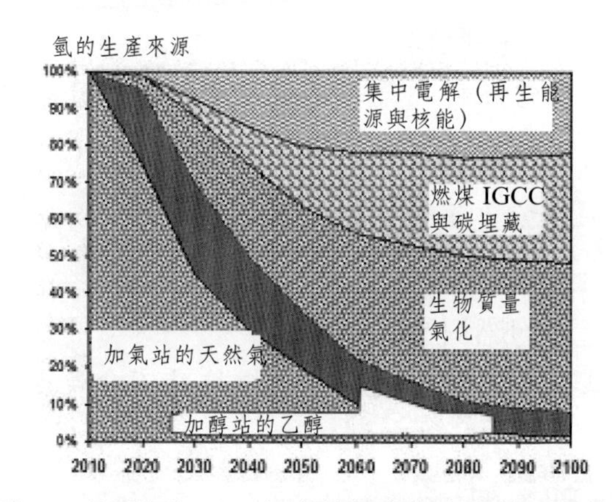

圖14.3 預測到2100年之前氫產生來源的發展情形

2. 大部分商用氫，是經過一種稱為蒸汽甲烷重組（steam methane reform, SMR）（或稱作轉化、重整）的加工過程所產生的。氫從高溫的催化反應器當中從天然氣等碳氫化合物和水產生。這氫通常會再經過加壓震盪吸附（pressure swing adsorption）加以純化。

3. 有些販售的商用氫是從工業製程中回收的。儘管這仍以化石燃料為基礎，在此我們卻能將氫回收直接應用在工業上，而倒不必由工業生產者燃燒取其熱值。

4. 全球所有生產出來的氫，當中大約有95%是在其生產所在用掉的。在中國，從煤所產生出來的氫，有很多都用來生產阿摩尼亞。

問：如何可以將氫交到客戶手中？

答：1. 氫可以用卡車以液態或壓縮氣體送達客戶手中，或者也可在現場生產。它也可用管路來輸送。

2. 將氫液化的主要理由是，如此可以有較高的儲存密度，而較易於運送。

3. 使用大量氫的工業大戶，往往也就將生產設施就地建立。至於另外很少數的使用者，也可就地採取電解方式產氫。

4. 未來，隨著小型重組產生器技術的改進，也跟著能夠對廣大使用者，另外提供在地來源的選擇。

問：氫的價格怎麼樣？

答：1. 氫的價格取決於生產技術、料源價格及所用動力。

2. 運送儲存和燃料運送設備，也是成本的一部分。工業用戶可能會面對差異相當大的價格，這要看他們的所在位置、運送的方法和用量而定。

3. 若將燃料電池的效率提升也納入考慮，我們相信氫是具有和汽油競爭潛力的。

4. 就相當能源基礎而言，目前從大型 SMR 產生氫的成本，大致上和煉油廠產生汽油相等。

問：氫在販賣時是以甚麼作為度量單位的？

答：1. 大多數工業氫，都是以規範立方米（Nm^3）或百標準立方英尺（cscf）或千標準立方英尺（mscf）作累進單位，來販售。當氫以液化冷凍劑販售時，更是如此。

2. 作為車輛的燃料添加物，以公斤或汽油加侖當量（GGE）來算。

問：氫可以用天然氣管路來輸送嗎？

答：1. 有些可以，但不是所有天然氣管路都能轉換成用於輸送氫。當今確已有氫是用管路輸送的。

2. 在改裝管路時有很多問題必須納入考慮，其中最重要的便是建造的材料和焊接程序。氫的管路該用的是低至中強度鋼，以便能夠降低氫脆的顧慮。有些天然氣管路為了減小管壁厚度，會採用較高強度的鋼或其它材料。

問：氫的基礎建設需要投入多少？

答：有許多企業和政府，正努力於了解要建立氫的基礎建設，有哪些可能的做法。氫的基礎建設不可能一蹴可及，就如同目前的汽油基礎建設一樣，也是一步步完成的。首先有些問題需要回答，像是：

1. 我們會暫時先從天然氣產氫作為過渡，之後再朝由再生能源生產氫嗎？
2. 到時我們給車輛添加燃料，會和目前在加油站加汽油不同嗎？會是在工作場所或家裡添加嗎？
3. 我們的車可以作為家裡的動力來源嗎？
4. 新的儲存技術可以帶來較為有效率的運送嗎？
5. 我們會需要建立大得多的管路基礎設施，才足以供應充足的燃料嗎？

問：我可以買到從再生資源所生產出的氫嗎？

答：1. 當今，一如大部分的動力都由煤和天然氣等化石燃料所產生，大部分的氫亦如此。確實也有些氫是從太陽、風和水力產生的，但一般都仍處起步階段而量都很小。

2. 有些從生質能產氫正在計畫當中。
3. 一旦客戶對再生燃料需求更加殷切，加上再生動力成本更具競爭力時，接著也就會有更多源自再生能源的再生氫（renewable hydrogen）問世。

RE小方塊——興登堡事件

德國齊柏林伯爵（Count Von Zeppelin）建造的興登堡號飛船，堪稱航空史上極重要里程碑。不幸，1937 年 5 月 3 日發生了震撼全球的興登堡號事件（如圖 14.4 所示）。興登堡號自德國法蘭克福開航，橫渡大西洋飛至美國紐澤西州雷克赫斯。正當準備停泊妥當時，突然間，飛船起火，整個飛船隨即形成一團大火球，在短短 60 秒鐘後化為烏有。不幸中的大幸，17 位乘客加上 44 位機員逃過浩劫，但是地面工作人員中有多位卻也因被飛船散落的殘骸擊中而慘遭傷害。當時將失事主因歸咎於氣球內氫氣漏洩，並遭靜電等來源的火花點燃。

但後來根據進一步調查所得到的可信證據顯示，飛船氣囊的鋁氧化物等易燃性蒙皮塗料才是引火導致劫難的關鍵因素。

氫的安全性

1937 年發生飛船興登堡號事件。當時歸咎失事起因於氣球內氫氣漏洩、點燃。儘管後來經過釐清，塗在飛船氣囊蒙皮上的易燃性塗料才是災難的關鍵因素，惟時至今日，氫在安全性方面的顧慮，仍是其推廣使用過程當中亟待克服的障礙。

圖 14.4　在降落過程當中突然發生火災事故的興登堡號飛船

包括氫在內的所有燃料都可燃燒，只不過氫的燃燒性質並不同於其它燃料。而其實只要嚴格遵守安全儲存、處理和使用的準則，氫也就可以和其它燃料同樣安全。

氣態氫

氫是無色、嚐起來無味、聞起來無臭、高度焰燃，同時也是最輕的氣體。由於氫本身並不具腐蝕性，其所用結構體並不需用到特殊材質。然而，當溫度和壓力上升時，有些金屬會因氫而脆化。因此固定的容器和管路在設計上，必須視其溫度和壓力，遵循例如美國機械工程師協會（ASME）和美國國家標準局（ANSI）等相關規範。而用來輸送的容器的設計，則須另外符合交通主管機關所訂的相關規範。

氣態氫可裝在槽車和氣瓶當中來供應所需。氫一般都是利用壓縮機壓縮到氣瓶裡頭。而氣瓶當中的氣體量，則取決於其壓力、溫度、氣瓶大小和氣瓶的額定壓力。

健康

儘管氫氣無臭、無毒，但卻能稀釋空氣當中的氧，使之低於能維繫生命的程度。因此，需特別注意的是，能造成大氣缺氧情況所需要的氫量，已達可燃的範圍。而火災與爆炸，也就成了大氣當中氫的主要相關危害。

燃焰性

氫的可燃範圍很廣，在空氣中介於4%到74%之間，加上點燃僅需要很小的能量，所以需要特別處理，以防不經意讓氫與空氣相混。而且必須很小心的消除，像是從電氣設備來的火花、靜電火花、開放火焰或任何極熱物體等點燃源頭。

氫與空氣的混合物只要是在可燃範圍內，便可爆炸，且也可以極淡的藍色，幾乎看不見的火焰燃燒。

第二節　氫的製造

氫的生產

圖 14.5　所示為氫的產生路徑。地球表面上 70% 的物質，都是由在有機物裡的和在水裡的氫鍵所組成的。若我們將這些氫鍵打斷，便可生產氫，進而用來作為燃料。至於打斷氫鍵的過程也有好幾種。以下所述為目前已經在使用，或正在研究發展當中的少數幾種方法。

氫主要是藉著蒸汽重組天然氣、電解水、阿摩尼亞分解，以及石油蒸餾與製氯的副產物等所產生。至於刻意專門生產的主要方法，為天然氣的蒸汽重組。其它的料源可包括乙烷、丙烷、丁烷，以及一般都不採用的輕、重揮發油（naphtha）。蒸汽重組過程會產生合成氣（syngas），即氫和一氧化碳的混合物。無論所採生產方法為何，所產生的蒸汽產物接著都會將其中成分分離，並將氫乾燥、純化，接著壓縮到氣瓶或管路內，準備運送。

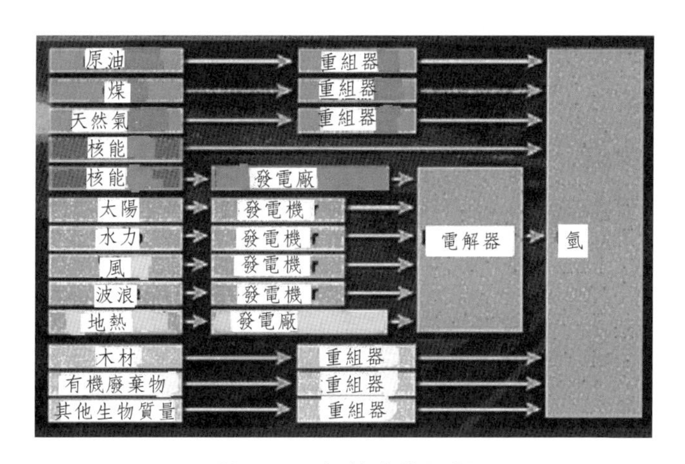

圖 14.5　氫的產生路徑

根據研究預測，2050 年美國每加侖氫的平均成本為 $3.68（當時的美元），與汽油相當。但在短期內，仍過高的天然氣價格將促使過渡到氫以外的其它能源料源，同時又推升氫的價格。

重組

目前大部分以工業規模生產的氫，都是透過所謂的蒸汽重組的過程，也就是石油提煉與化學品生產的副產品。在蒸汽重組的過程當中，利用熱能將甲烷或甲醇當中的氫與碳化合物分開，其中還包含這些燃料與蒸汽在觸媒表面上的反應。該反應的第一步，是將燃料分解成氫和一氧化碳。接下來的轉移反應（shift reaction），則是將這一氧化碳與水作用，變成二氧化碳和氫。這些反應須在 200℃以上進行。

電解

電解（electrolysis）是另一種生產氫的方式，也就是將水通上電流，將水當中的兩種元素一氫和氧分開。若在水當中添加鹽或直接採用海水增加這類的電解質，會提高水的導電性，而得以提升該過程的效率。通電會打斷氫和氧之間的化學鍵，而將原子成分分開，產生帶電荷的粒子，稱作離子。這些離子分別在帶正電的陽極（anode）和帶負電的陰極（cathode）形成。而氫和氧便分別在陰極和陽極聚集。在接近常溫（25℃）、常壓（1.03 kg/cm^2）下，將氫從純水當中的氧分開需要 1.24 伏特的電壓。所需要的電壓，會隨著溫度與壓力的改變而增減。

用來電解一莫爾水（25℃）所需要的電，最起碼要 65.3 瓦 - 小時。所以產生一立方米的氫需要 4.8 kWh 的電。

再生能源可提供電解水產氫所需要的電。例如，美國 Humboldt 州立大學的能源研究中心，就有一座獨立的太陽一氫系統。該系統利用一個 9.2 kW 的 PV 陣列，來供應電解水池曝氣壓縮機所需要的動力。

蒸汽電解

蒸汽電解（steam electrolysis）是另一種有別於傳統的電解過程。其中分解水所需要的能量，一部分由熱而非水來供應，如此效率可優於傳統電解。水在 2500℃會裂解成氫和氧。此熱可由一套集中太陽能（concentration solar energy）裝置提供。目前的問題在於如何防止在這過程中，在高溫下氫與氧的復合。

熱化學水裂解

熱化學水裂解（thermochemical water splitting）利用像是溴或碘等化學品再輔以熱，讓水分子裂解。其需要幾個步驟(一般是三個)，來完成整個過程。

光電化學

光電化學（photoelectrochemical）過程，採用兩種類型的電化學系統產氫。一種是利用可溶解金屬複合物（soluble metal complexes）作為催化劑，另一種用的則是半導體表面。可溶解金屬複合物在溶解時，該複合物會吸收太陽能，而補充足以驅使水解離反應進行的電力。這其實等於光合作用的翻版。

另一種方法是利用在光化學電池（photochemical cell）當中，半導電極（semiconducting electrodes）將光能轉換成化學能。該半導體表面具有吸收太陽能及作為電極兩種功能。但其中光所導致的腐蝕，限制了半導體的可用壽命。

生物和光生物

在生物和光生物（photobiological）過程當中，我們可利用藻類和細菌來產氫。某些特定的藻類當中的色素(pigments)，在特定條件下會吸收太陽能。其細胞當中的酵素則扮演催化劑的角色，將水分子解離。有些細菌也有能力產氫，但和藻類不同的是，其需要在培養基上才能生長。通常這類生物不僅可產氫，並且具備清除海上油污等污染的功能。

目前有一些研究，在於找出能讓藻類產生大量氫的機制。科學家在幾十年前，便知道藻類會產生微量的氫，只是一直找不出能增加產量的可行辦法。最近美國加州大學（UC Berkeley）和美國能源部（DOE）的國家再生能源實驗室（NREL）總算找到了當中的關鍵。他們先讓藻類在正常狀況下生長，接著將其中的硫和氧拿掉，讓藻轉換到另一個新陳代謝的產氫機制。經過幾天的產氫過程，藻類又會回到原本正常狀態。如此可重複數次，達到能夠成本有效的從太陽轉換出氫的目的。

另一個產氫的自然過程，是從甲烷和乙醇來的。甲烷是由我們環境當中，幾乎無所不在的厭氧菌（anaerobic bacteria）所產生的生物氣體當中的一部分。這些厭氧菌會將有機物在缺氧的狀態下分解或消化，產生向來都任其排放至大氣的生物氣體。所以垃圾掩埋場、家畜排泄物和污水處理廠等，都是生物氣體的重要來源。甲烷也是天然氣的主要成分，是億萬年前厭氧菌的產物。乙醇生產靠的則是生物質量的發酵。如今已不乏農業和能源產業結合，從事能源作物的生產活動，生產乙醇的實例。

從煤產氫

從煤生產氫有兩條途徑：

1. 中央生產途徑。在大型集中設施中氣化煤以生產氫。這些產氫廠可選擇是否發電或者生產其它產品。其設計並且在於收集極大量的二氧化碳，並注入地層或深海，進行最終儲藏（sequestration）。
2. 替代生產途徑。透過液化（liquefaction）煤生產費雪燃料，藉由既有的石油輸配網絡管路輸送到次中央或分散位址，如此得以在最終使用者附近進行重組。

第三節　氫的儲存

氫一旦產生，接下來的問題便是要如何儲存了。氫可以用各種方法儲存，各有利弊，而最終用來選擇採用何種方法的準則，在於安全和便於使用。以下所列，為當今除了還處於研發階段的一些技術以外，實際已經可以採用的各種方法。

壓縮氫

在常壓之下，一公克的氫氣佔了略少於 11 公升的空間。因此，實用上氫氣需壓縮到好幾百個大氣壓，並儲存在壓力容器當中。液態氫則只能儲存在極低的溫度下。而以上條件要在日常使用當中加以標準化，都不切實際。

儘管氫也可像天然氣一般，壓縮到高壓儲槽當中，只不過此過程需要加入能量才得以完成，而這些壓縮氣體所佔據的空間通常還都很大，以致相較於傳統儲槽中的汽油，其能量密度還是偏低。一個儲存能量和汽油儲槽相當的氫氣儲槽，可能要比汽油儲槽大上三千倍。

壓縮氫（compressed hydrogen）一如壓縮的天然氣，因為氫分子很小，而比一般傳統燃料都容易從桶子等容器和管路當中逸出，因此需要很好的密合。氫氣一般都壓縮在最大為 50 公升，主要材質為鋁或碳／石墨的壓力瓶當中。只不過這種壓縮儲存的方法，因為氫氣即使經過高度壓縮，密度仍很低，而使得所需壓力瓶重量很大，相較於其它選擇，並不具吸引力。

將氫壓縮或液化都很貴。氫壓縮到高壓儲槽當中，每增加一立方英尺壓縮到相同空間當中，需要另一大氣壓即 14.7 psi 的壓力。高壓儲槽內的壓力可高達 400 大氣壓，因此必須定期檢測以確保其安全。

液態氫

氫可以液態存在，但必須是在極冷溫度之下。因此，將此氣體壓縮至液態也就很貴。液態氫一般需儲存在 20 °K（或 -253℃）的環境當中。如此儲存液態氫的低溫需求，使得用來壓縮與冷卻氫成為液態所需要的能量亦隨之提升。冷卻與壓縮過程需要能量，導致儲存液態氫所具有能量當中的 30% 都損失了。該儲存槽須有極佳的加強隔熱以保存溫度，並特別加以強化。

針對液態氫儲存的主要安全顧慮關鍵，在於維持儲槽完善及保持液態氫所需要的低溫。將讓氫成為液態及維持儲槽的溫度與壓力所需能量加起來，相較於其它方法，液態氫儲存就變得很貴了。有關液態氫儲存的研究，主要著眼於複合儲槽材質的開發，期望能有更輕、更堅固的儲槽，以及更先進的液化氫的方法。

氫化物

理論背景

$$HM \rightarrow M + H \tag{1}$$

以上反應式可以是吸熱反應或放熱反應，端視 H-M 鍵的強度與類型而定。如果某已知金屬 M 的氫親和性（affinity）很高，則其 ΔH 為放熱吸收（absorbed exothermically），亦即其吸收的焓（enthalpy）的改變 ΔH 為負值。相反的，如果該金屬的氫親和性很差，則反應只有另外加入熱才會進行，亦即 ΔH 為正值或吸熱（endothermic）。幾乎所有實際的 M-H 系統皆屬放熱。氫的吸收／釋出（absorption/desorption）過程，最適合用壓力 - 組成 - 溫度輪廓圖（pressure-composition-temperature profiles），即 PCT 曲線來表示。依 M 與 H 原子之間的最主要化學鍵的特性，可形成許多類型的氫化物。圖 14.6 所示為一些理想化的 PCT 曲線。

在 α-phase 當中，氫的濃度 [CH] 是受壓力影響很大的函數，遵循壓力的近似平方根稱作西弗茨定律（Sieverts Law）：

$$CH = kP^{0.5} \tag{2}$$

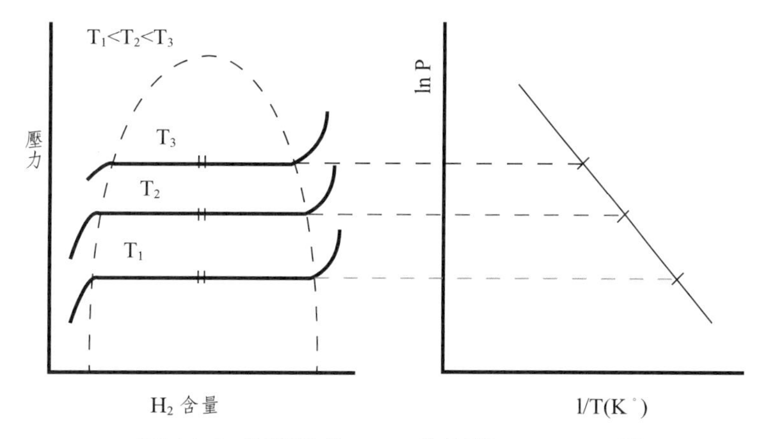

圖 14.6　理想化的 PCT 曲線和 van't Hoff 圖

其中的 k 為取決於溫度的常數。（2）式可以提供作為氫在金屬當中以單獨氫原子而非 H_2 分子存在，的實驗證據。亦即，（1）式的反應為一吸收的先驅物質（precursor）。而壓力與溫度之間的基本關聯性可以范托夫方程式（van't Hoff equation）方程式表示。如圖 14.6 所示，在所有的放熱氫化物生成者（exothermic hydride formers）當中，在某已知 H_2 含量的壓力隨溫度而增加，並為與如下氫化反應（hydriding reaction）有關的熱力學結果：

$$M + x/2\ H_2 \longleftrightarrow MH_x \qquad (3)$$

式中，焓的改變為 ΔH，而相關的熵（entropy）的變化則為 ΔS。在低壓下（低於 100atm, 或 10 MPa），H_2 的平衡壓力 P 與絕對壓力有關，可以有名的范托夫方程式方程式表示：

$$\ln P = \Delta H/RT - \Delta S/R \qquad (4)$$

式中的R為氣體常數。因此，如圖14.5中右側所示，點出lnP與1/T（van't Hoff plot）之間的關係，會呈現直線，其斜率為 ΔH，而其交點（$1/T = 0$）即為 ΔS 之值。隨著金屬的不同，作為 M-H 鍵強度測值的 ΔH 值的差異很大。ΔS 的變化就沒那麼大了。

傳統上，氫一般都是以壓縮氣體或一冷凍液體（cryogenic liquid）儲存。

目前要將氫當作氣體燃料廣泛使用，這兩種儲存方法都還存在著一些問題。而金屬氫化物技術，則堪稱這些問題的解答。在金屬氫化物儲存方法當中，氫以一低壓固態形式儲存，如此得以解決壓縮氣體與冷凍液態法所面對的一些問題。

許多人認為唯有以氫化物（hydrides）儲存氫（如圖 14.7 所示），才得以克服前述儲氫方法所遭遇的一些障礙。此氫化物是一種合金，其能夠吸收並透過化學結合形成氫化物，以保存大量的氫。一種理想的儲氫合金，必須能夠在不損及其本身結構的情形下，吸收和釋放出氫。目前幾種相互競爭的作法，包括液態氫化物、車上燃料加工（on-board fuel processing），以及富勒烯奈米管（Fullerenes nanotubes）。未來若發展成功，金屬氫化物可成為工業界的標準儲氫方式，而可應用於車輛等運輸方面，刺激燃料電池載具的進一步發展。

一般而言，氫化物可歸納為三種類型：離子（ionic）、共價（covalent）及金屬（metallic）氫化物。離子氫化物屬高度放熱（很穩定），由鹼金族（alkali）和鹼土族（alkaline earth）（groups IA and IIA）元素所組成，例如 LiH 和 CaH_2。在離子氫化物當中，金屬原子以正離子（M^+）存在，而氫則以 H^- 陰離子存在。

共價氫化物涉及相當弱的共用電子鍵。實例包括週期表上 IB 至 VB 金屬的氫化物。大多數都相當穩定，在常溫下為氣態，像是鍺（Ge）、錫（Sn）及鉛（Pb）的氫化物。共價氫化物在自然條件下可為聚合物（polymeric）、形成

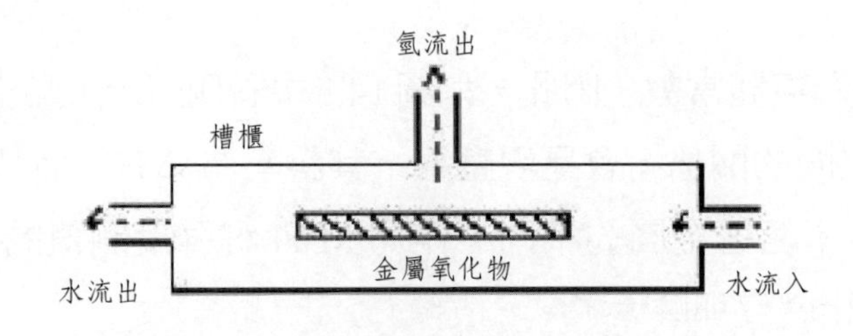

圖 14.7　以金屬氫化物儲存氫

（MH）$_x$、（MH_2）$_x$、和（MH_3）$_x$ 類型的氫化物，例如 AlH_3 便是。金屬氫化物一般都由金屬和半金屬（intermetallic）化合物轉換所形成的。在金屬氫化物當中，氫扮演的是一電子接受者，以氫原子從金屬的導電帶（conduction band）接受一個電子，填滿其第一道軌域。純離子氫化物一般會導致格子的收縮（lattice contraction），而金屬氫化物一般也都會伴隨著主金屬格子的膨脹。

金屬氫化物槽

金屬氫化物為合金的特定組成，其作用一如海綿之吸取水。金屬氫化物具有吸收氫，接著在常溫或透過加熱再釋出氫的特殊能力。氫化物槽所吸收的總氫量，一般為槽總重的 2% 到 4%。有些金屬氫化物可儲存達其本身重量的 5% 至 7%，但須加熱到 250℃或更高。雖然金屬能吸收氣體量所佔百分比仍然偏低，但氫化物畢竟還是提供了一個很有價值的儲氫方案。

金屬氫化物的優點，是能在常壓下安全的運送氫。而金屬氫化物儲槽的壽命，又直接和所儲存氫的純度有關。有如海綿，該合金雖吸收氫但也同時吸收任何透過氫所引進的雜質。其結果，雖然從儲槽所釋出的氫極純，但也由於留下來的雜質填充了金屬當中原來由氫所佔據的空間，而使儲槽的壽命與儲氫的能力隨之折損。

有關氫金屬系統的科學由來已久。早在 1866 年葛李翰便發現到，在接近常溫、常壓下，鉛金屬會「吸收」（"occlude"）大量的氫氣。自從當年對這些氫 - 鉛（H-Pb）系統進行研究以來，有關氫 - 金屬系統的領域就得到大幅進展。

如今，可填充式的金屬氫化物，提供了固態而且可靠的氣體與液體儲存選項，得以在常溫與常壓之下儲存大量的氫。其提供了一個安全、具能源效率且對環境友善的，可用於燃料電池的氫燃料儲存方法。金屬氫化物的另一優點，是其得以輸送很純的氫。這對質子交換模（proton exchange membrane, PEM）燃料電池來說特別重要。PEM 燃料電池採用鉑（Pt）觸媒，不允許氫當中存在某些特定污染物（像是一氧化碳）。此外，金屬氫化物在儲氫期間，幾乎完全不會有任何耗損，所以架上壽命（shelf life）極長。

有關氫讓金屬所吸收的一般機制如圖 14.8 所示。氫分子首先是微弱的在表面物裡吸收（physisorbed），接下來各個氫原子再以很強的化學鍵作化學吸收（chemisorbed）。氫原子是既輕且小，因此也就可以很快的就從表面擴散滲入（diffuse）金屬結晶格子當中的週期位置（periodic sites）當中。一旦來到結晶格子當中，氫原子便可成為某種隨機固體溶液形態，或者與金屬原子鮮明鍵合且高密度堆疊的有序氫化物結構形態。如圖 14.9 所示，其表面在氫分離或重新結合（dissociation and re-association）反應的催化上扮演重要角色。

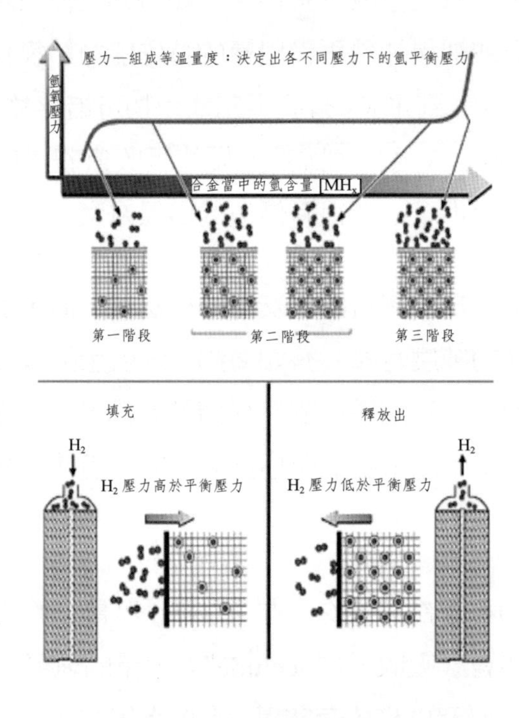

圖 14.8　金屬吸收氫的一般機制

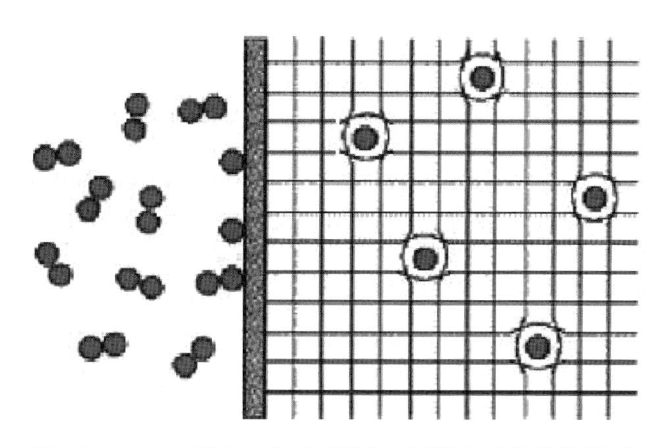

圖 14.9　由左至右，氫的吸附、脫離及氫化物的形成

輕質儲氫硬式複合材質

美國密西根大學（University of Michigan）的研究團隊最近完成了一套質輕硬型的複合材料（rigid polymers），可用來做為車輛上燃料電池所用氫的一種新型輕質儲氫器。其結果呈現在 2006 年 11 月 7 日的科學（Science）雜誌上。製造這種新材質的竅門稱作共價有機架構（covalent organic frameworks, COFs）。

化學儲存

由於氫是宇宙當中最豐富的元素，一般都可在各種化合物當中找得到。而這些化合物當中，就有很多都可用作氫的儲存。氫可在一化學反應當中，形成一穩定的含氫化合物，並在接下來的反應發生時釋出來，再藉由一燃料電池加以收集與使用。確切的反應隨各種不同的儲存化合物而異。

透過上述化學反應產氫的各種不同技術的一些實例，包括阿摩尼亞裂解、部分氧化、甲醇裂解等等。在這些方法當中，因為氫是應需求而產生出來，而也就省掉了原本產生氫所需要的儲存單元。

碳奈米管

碳奈米管（carbon nanotubes）為二奈米（十億分之一公尺）碳顯微管，將氫儲存在管子結構當中的顯微孔隙內。其機制類似金屬氫化物儲存與釋出氫的情形。碳奈米管的優點在於其所能儲存氫的量。碳奈米管具備儲存相當於其本身重量的 4.2% 至 70% 的氫的能力。

美國能源部曾表示，要能實際應用在運輸上，碳材質的儲氫容量須相當於其本身重量的 6.5%。碳奈米管及其儲氫容量仍處於研發階段。此一技術的研究著眼於系統性能與材質性質的最佳化、碳奈米管的製造技術的改進，以及成本的降低以促其商業化。

玻璃微球

微小中空玻璃球（glass microspheres）可用以安全的儲存氫。這些玻璃球經過加熱，其球壁的滲透性即隨之增加，當浸在高壓氫氣當中時，氫得以填充到球當中。接著再將球冷卻，便將氫閉鎖在玻璃球當中。接下來若升高溫度，即可將球中的氫釋出。上述微球可以很安全、抗污染，並能在低壓下保存住氫，而提高安全性。

液態載具（氫化物）儲存

這號稱當今最普通的，將氫儲存在化石燃料當中的一種技術。當以汽油、天然氣及甲烷等作為氫的來源時，該化石燃料需要的是重組。重組過程將氫從原來的化石燃料當中移出。重組之後所得到的氫，接著再將會毒害燃料電池的過剩一氧化碳清除後，即可用在燃料電池上。

液體氫化物為甲醇或環氧樹脂（cyclohexane）等物質。其就如同液態燃料那樣容易運送，但若要從其中釋出氫則還須進行重組或部分氧化（reformed or partially oxidized）。

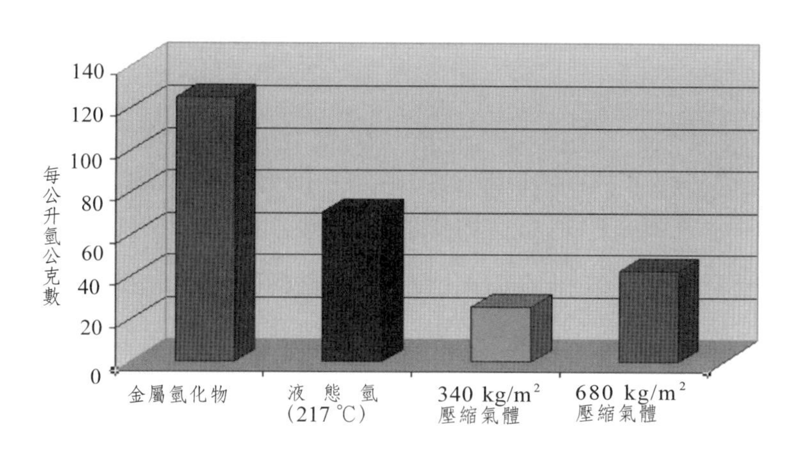

圖 14.10 比較不同方法每公升所儲存氫的公克數

甲醇在室溫下為液體。因此在既有的能源網絡當中是可以輸配的。甲醇有很高的氫原子與碳原子比率。目前從甲醇當中萃取氫的雛型，是在重組器（reformer）當中與水反應。相較於使用一般的汽油，採用甲醇可減少 30% 的二氧化碳排放。

設置在車上的甲醇轉換器，會使燃料電池反應程序複雜許多，而這方面的另一研究重點，便在於轉換是否會造成觸媒毒化（catalyst poisoning）的問題。甲醇同時也是具高腐蝕性的材質，會使得更換燃料槽成為頻繁且昂貴的問題，更遑論環境方面的因素了。圖 14.10 比較採用不同方法每公升所儲存氫的公克數。

第四節　氫燃料電池

氫燃料

氫從很多方面來看都堪稱完美的燃料。它可以燒得最乾淨，而且又最有效率。氫可發出電，而電又可產生氫，如此形成一個可以再生且又對環境無害的能源迴路。由於氫可以和絕大部分元素作化學結合，其長期以來便被工業界廣泛應用。圖 14.11 所示為含有 77% 氫和 23% 甲烷的混合氣體燃燒結果所呈現的火焰。

在車輛上，氫可以從兩個方向作為燃料。一種最乾淨的選擇，是在燃料電池當中產生電。或者也可以將氫直接用在內燃機當中燃燒，以產生能量。雖然總的來說，後者所產生的排放物，比起其它燃料所產生的還是低得多，然而由於其極高的燃燒溫度，在傳統引擎當中燃燒氫，會產生很高的氮氧化物（NOx）。而目前也有一些降低 NOx 排放的技術可用。例如，一些燃燒器藉著擴散可降低燃燒溫度，另外也會有靠觸媒轉換器來降低燃燒所產生的 NOx。

氫燃燒有可能成為一種有效的氫能源利用方式，然而在確保其所帶來的環境問題不致於比其所解決的問題更大之前，尚有許多議題亟待研發。例如與太陽能結合，當 PV 陣列所提供的電力不足時，氫會供應燃料到 1.5 kW 質子交換薄膜燃料電池，以提供電力給壓縮機。

美國 Argonne 國家實驗室針對當運輸系統改用氫燃料時，對氫的潛在需求、生產及成本進行分析。根據其結論，在 2030 年之前煤將與天然氣搭檔成為氫的最大來源，在 2050 年之前供應 26.5% 的運輸氫燃料。在 2050 年之前，從生物質量透過氣化所獲取的氫佔 23.9%，居第二位，接下來的是分散的水電解，占 17.6%。該報告對氫燃料電池車輛（fuel cell vehicles, FCVs）持樂觀態度，認為 FCVs 可在 2050 年之前佔所有輕型車輛的 50%。而美國的「總統的氫初步」（The President's Hydrogen Initiative）預估燃料電池車在 2050 年之前，可占市場達將近 100%。

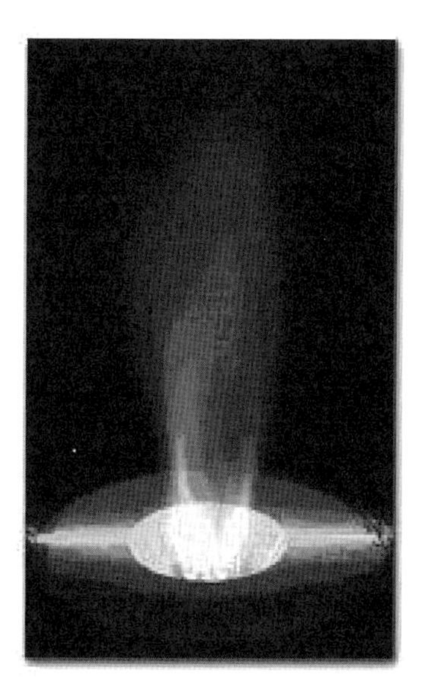

圖 14.11　含有 77% 氫和 23% 甲烷的混合氣體燃燒結果所呈現的火焰

RE 小方塊——甲醇燃料電池

日本東芝公司宣布，已研製出號稱全球最小巧、直接使用的甲醇燃料電池。

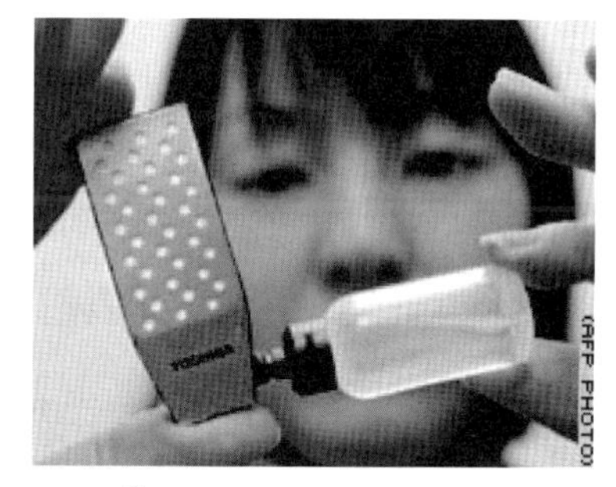

Source: www.cnn.com

新發明的甲醇燃料電池目前僅初具雛形，尚未量產，未來將用於小型的電子裝置，包括 MP3 隨身音樂播放機、行動電話等。含燃料儲存槽，這款「直接甲醇燃料電池」(direct methanol FC, DMFC) 一次注入 2 立方公分的甲醇之後，即可提供長達 20 小時的 100 毫瓦特的電力。以 DMFC 啓動的掌上型裝置在 2005 年之後已陸續上市。

DMFC 的一端儲存稀釋的甲醇，另一端儲存氧氣。兩者透過一層可滲透薄膜接觸，氫離子從甲醇端游離到氧這一端，隨即沿連結電池兩端的電路驅動電子流。甲醇和氧隨後轉化為二氧化碳和水。較新的原型電池則運用所謂「被動燃料供給系統」(passive fuel supply system) 技術，直接把甲醇填充到電池裡與水結合，營造出一種濃度梯度，讓燃料以甲醇和水分別占 10% 和 90% 的比例，在薄膜層交會。

燃料電池

燃料電池為一類似標準電池透過某化學反應，以產生電的裝置。不同於一般我們所用電池的是，燃料電池有一外在燃料來源（一般為氫氣），只要持續供應此燃料，即可發出電來，亦即永遠不需要充電。在大多數燃料電池當中，在一燃料槽內的氫和空氣當中的氧結合，便產生了電和熱水。燃料電池在將燃料轉換成為電的效率上，比起一般發電廠或內燃機都要來得高，而且也不會排放污染物或噪音。由於其屬非污染能源且可作為從發電廠到汽車，乃至行動電話等所有東西的能量來源，燃料電池為當今所發展最具潛力的乾淨能源技術。目前已有許許多多的醫院、辦公建築及工業設施，都已採用燃料電池。而汽車製造商們，也都對於利用它來作為其在世界上許多地方都被要求生產的「零排放車」（zero emissions vehicles）的動力，有著極高的興趣。

作動方式

燃料電池為能將化學能直接轉換成電能的電化學裝置，不僅發電效率高且對環境造成的衝擊也小。圖 14.12 所示為氫燃料電池的作動原理。燃料電池產生電所透過的化學反應，當中的化學成員相當簡單，只有氫和氧：

$$\text{陽極：} H_2 \rightarrow 2H^+ + 2e^-$$

$$\text{陰極：} 1/2O_2 + 2H^+ + 2e^- \rightarrow H_2O$$

燃料電池不同於電池的是其不致耗竭，只要不斷有燃料和空氣的供給，就可持續發電。燃料電池所需要的氧可由空氣供給，而目前其所需要的氫，則主要來自於像是天然氣等具有充沛氫的燃料。最終的目標，在於從本身當中有許多氫的植物或是水擷取氫。

既然燃料電池如此的乾淨，固定式的燃料電池箱（FC box）也就可很輕易的被接受，裝置在建築物當中。目前這些固定式燃料電池箱，先是從天然氣管路引進瓦斯（一如瓦斯爐），在同一個箱子裡，將其轉換成氫，再產生電。至於車上的燃料電池，所需要的氫燃料，則是儲存在從別處加到車上的壓力儲槽當中。大多數燃料電池發電系統都包含以下元件：

- 發生反應的電池單元，
- 個別電池電聯在一起所形成的電池堆（stacks），及
- 可包含燃料處理器（fuel processor）、熱管理（thermal management）、電力處理（electric power conditionings），及其它輔助功能的電廠平衡裝置。

其效率理論上可高達 80%。然而其中電阻的升高、反應物與產物移向和移自電極所分別遭遇到的阻力，以及反應過程等都在在降低了效率。

燃料電池的用途

美國於 1960 年代首先在太空計畫當中使用燃料電池，儘管至今尚未普及，但在很多日常用途上已可看到。即便燃料電池還相當貴，其相當低的運轉成本加上能產生很可靠的動力，使其在許多像是醫院和電腦實驗室等，必須確保電力不致中斷的高科技設施上，成為很好的投資。加上燃料電池既安靜又乾淨，其特別適用在不能接受傳統發電機的噪音和污染的居家周遭。尤有甚者，隨著製造數量趨於龐大，其成本已趨於下降。雖然要讓燃料電池廣泛用在車上還存在著許多挑戰，但只要在每年所銷售的幾百萬車輛當中，有一小部分採用燃料電池，即可望大幅降低這類車子的生產成本。

燃料電池種類

燃料電池依所用電解質，分為以下幾種類型：

- 鹼性燃料電池（alkaline fuel cell, AFC），
- 質子交換膜燃料電池或固體高分子型燃料電池（PEMFC 或 PEFC），
- 磷酸燃料電池（phosphoric acid fuel cell, PAFC），
- 熔融碳酸鹽燃料電池（molten carbonate fuel cell, MCFC），及
- 固態氧化物燃料電池（solid oxide fuel cell, SOFC）。

如圖 14.12 所示，燃料電池通常是將燃料供應到陽極，同時供應氧化物（通常是空氣中的氧）到陰極。氫是用得最廣的燃料，其對陽極反應具有高反

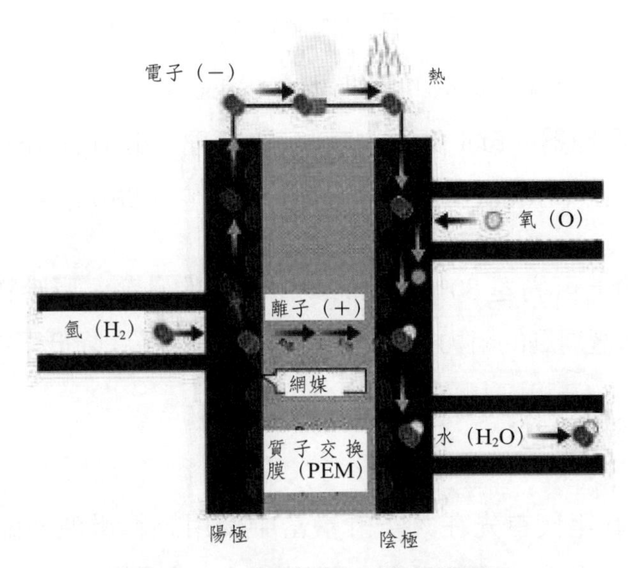

圖 14.12　氫燃料電池的作動原理

應性，且可以從許多種燃料透過化學反應產生。氫在陽極氧化，失去電子，電子流過電路到釋出氧的陰極。氫與氧也就在此結合成為水。

過去在開發 FC 的過程當中，對於其性能最佳化主要著重於例如，減少電解質的厚度，以及開發改進電極和電解質的材料，以擴大操作溫度範圍等。雖然以催化劑加速反應、作成孔隙狀以增加表面積、在高溫下反應，以及利用高導電性電線以連接電極等，都足以將前述障礙減至最低，但仍無以完全消除。

燃料電池的電解質在於將溶解的反應物輸送至電極，防止燃料與氧化物氣體相混，並傳導電極之間的離子，以完成燃料電池的整個電路。其電極在於傳導電子，收集電流並與其它電池相通，確保反應物氣體均勻分佈在整個電池，同時確保將反應產物，從反應處引開。

因此一塊能夠起作用的面，必須暴露在反應物當中與電極相接，同時與電解質以離子接觸，如此形成一三相介面。此外，其尚須含有充足的電催化劑，以使其在有效的速率下起反應。在液態電解質燃料電池當中，其反應物氣體在電解質薄膜當中擴散開來，接觸到多孔隙電極的一部分，而起反應。若電解質過多，會淹沒電極而阻礙質量傳遞（mass transfer），降低性能。因此，要使功能達最佳狀態，便必須維持平衡。對於固體電解質燃料電池（solid electrolyte fuel cell）的挑戰則不相同。其在於將催化劑分別設置於與電極和電解質以電和離子相接的介面當中，並暴露在反應物氣體當中。目前的研究，著眼於開發應用於運輸與輸配能源系統的低溫燃料電池。而目前開發燃料電池的亟待改進空間在於：

- 成本與可靠性，
- 高效率，
- 耐用性，
- 熱能利用，
- 起動時間，
- 電力與負載需求，及
- 例如質子交換膜、氧還原電極、先進觸媒等元件的性能。

運輸用燃料電池

比起較大型的PAFC、MCFC、和SOFC，AFC與PEM較適於運輸用途。

鹼性燃料電池

自 1960 年代以來，鹼性燃料電池（AFC），即被應用在阿波羅火箭和太空梭上。由於操作溫度低，其效率可高達 70%，為最有效率的發電裝置。AFC 採用的是多孔隙穩定陣列浸泡在液態氫氧化鉀溶液當中，其濃度隨操作溫度（65° 至 220℃）而異。

AFC 一般被用在人造衛星上，操作時所需溫度不高，能量轉換效率佳，可選擇之觸媒如銀、鎳等種類多且價廉，但在各種燃料電池開發的競爭當中，卻無法超前，主要障礙在於其電解質須為液態，且氫燃料純度要求甚高。而 AFC 的電解質卻又易於和空氣中的二氧化碳作用產生氫氧化鉀，以致不利於電解質品質並弱化發電性能。

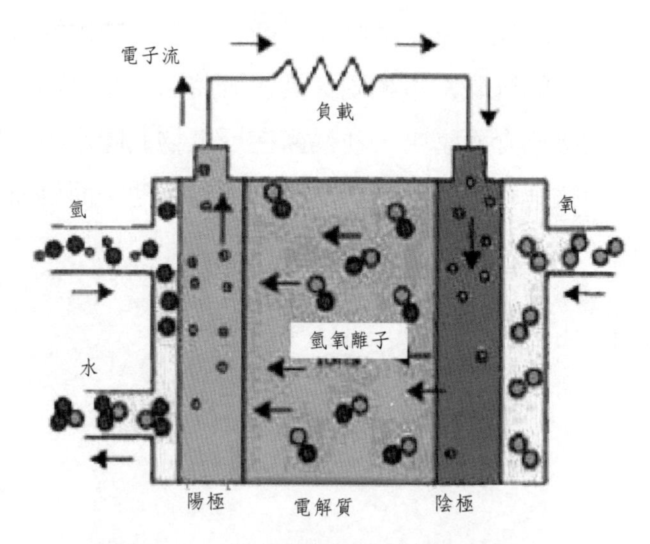

圖 14.13　鹼性燃料電池的作動情形

在 AFC 當中，氫氧離子（hydroxyl ion）從陰極移行到陽極，和氫作用產生水和電子。接著水從陽極移行回到陰極產生氫氧離子。電和熱於是產生。圖 14.13 所示為鹼性燃料電池的作動情形。

製作起來，鹼性燃料電池是最便宜的電池，因為其觸媒可採用好幾種不同不算貴的材質。不過該觸媒卻也對一氧化碳水和甲烷的毒性都很敏感。

二氧化碳會和電解質作用產生碳酸鹽，而毒化電池並降低其性能。結果，二氧化碳會與氫氧離子作用，降低氫氧化物的濃度提高電解質粘度並導致擴散率降低、碳酸鹽沉澱，並降低質傳，而氧的溶解度和電解質的導電性亦隨之降低。

由於 AFC 電池的敏感性，目前僅限用於封閉環境當中而尚無法考慮真正應用在車量上。不過，裂解的阿摩尼亞因為不含碳，而能夠直接饋入電池形成氫，如此可免去像是從含碳燃料來源所產生的氫，所必要的純化。或者，若是以液態氫做為燃料，可以熱交換器來將二氧化碳從電池當中凝結出來。

未來

有一種作法是採用與一外部吸收劑一道循環的電解質，以從燃料流當中去除二氧化碳。在操作過程當中，電解質持續循環以防止電池乾掉、提供熱管理、降低氫氧化物的濃度梯度、預防形成氣泡及凝聚碳酸鹽等雜質，使其易於在循環流當中濃縮加以去除。此外，該電池不需用到貴金屬觸媒，便可有高作用特性。

質子交換膜

質子交換膜（PEM）燃料電池可能是目前所能獲取的燃料電池系統當中最便宜的，尤其是自從後來其對於鉑（白金）的需求大幅減少以來。圖 14.14 所示為 PEM 作動原理，圖 14.15 所示為其製作情形。其採用的是有機聚合物聚過氟磺酸（polyperfluorosulfonic acid），類似鐵弗龍（teflon）的固態電解質，如此一來，比起採用液態電解質的燃料電池，腐蝕和安全方面的問題也得以減輕，而可以在較低的運轉溫度下運轉。該膜得以安全而簡單的處理，電池也得以迅速啟動。當應用在例如汽車等精實發電機需求，或是要將餘熱用於共生時，最好採用液體冷卻。

PEMFC 的電解質為離子交換膜，薄膜的表面塗有大多為鉑，可加速反應的觸媒，薄膜兩側分別供應氫與氧。其中氫原子分解為兩個質子與兩個電子，質子被氧所吸引，再和經由外部電路抵達此處的電子形成水分子。由於其中僅有水，腐蝕問題相當小，同時操作溫度介於 80° 至 100℃之間，安全顧慮低。其缺點是鉑觸媒成本高，若節約用量，操作溫度又將隨之上升。同時，鉑易與一氧化碳反應導致中毒，僅適合作為汽車動力來源，而不適用於大型發電廠。

PEMFC 在常溫情況下，三分鐘之後即可提供大約 50% 的最大出力。如此的運轉溫度，使其用作家庭電和熱水的供應，甚為理想。再加上其既輕且穩固，也很適用於汽車工業。

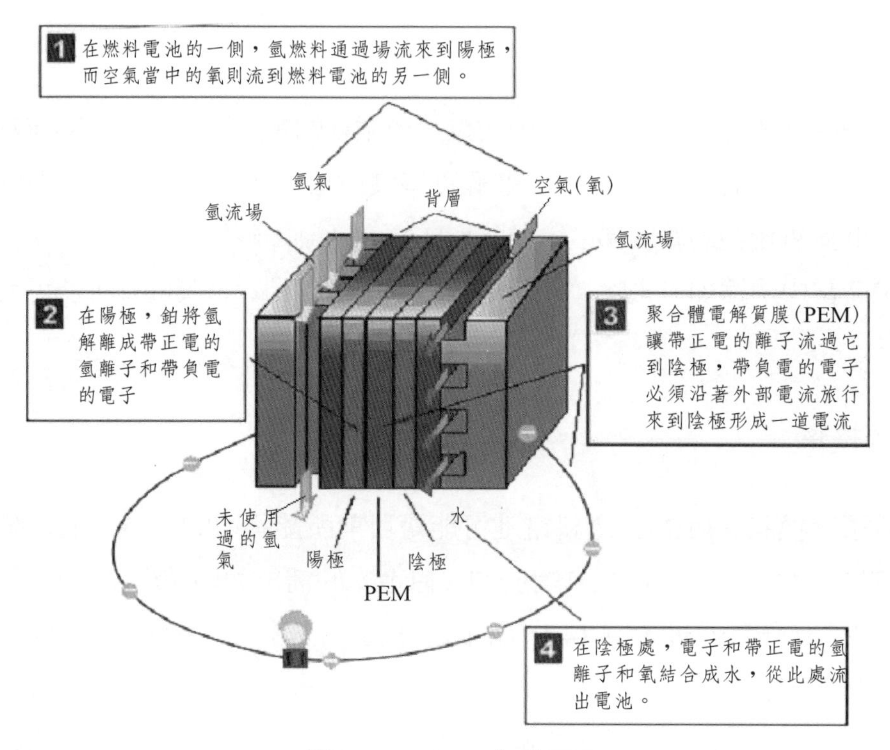

圖 14.14　PEM 作動原理

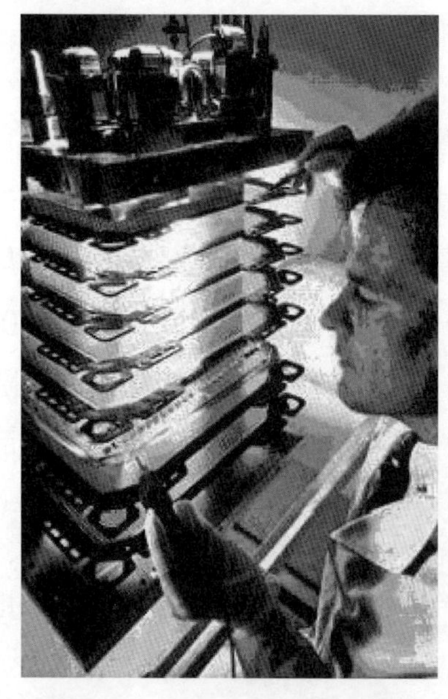

圖 14.15　PEM 燃料電池製作

PEM 燃料電池和 AFC 不同，其可以重組的氫燃料運轉，而並不需要將二氧化碳去除或再循環。至於燃料當中任何的一氧化碳，則仍然必須轉換成二氧化碳，而這也可以很容易藉著將一套催化過程，整合到燃料供應系統當中做到。

設計

該膜為一電子絕緣體，但卻是氫離子的良好導體。雖然磺酸群組（sulfonic acid groups）是固定在聚合體上，但質子卻可以穿過離子位置透過膜，自由移行。此離子的運行取決於與此位置有關的水。

未來

高溫 PEM 燃料電池需要較新或修改過的，像是聚苯咪坐（polybenximidizole, PBI）等離子交換膜，然而此膜需要用到磷酸，這又衍生出其它像是如何避免液態水和防止腐蝕等挑戰。另一個似乎比較可行的作法，就是將目前的膜加以修改。

目前在燃料電池當中的膜都既貴又有限，且對於鉑的需求也使其還不夠經濟。此外，陰極的性能也還需要改進以提升電流密度。而目前還不完全清楚的，電池降解方面的挑戰也必須面對。

固定型燃料電池

圖 14.16 所示為一與太陽能結合的固定型燃料電池發電系統。

PAFC

磷酸燃料電池（PAFC）所採用的是浸在液態磷酸當中與鐵弗龍接合的矽碳化物陣列。該陣列為多孔隙組織，可利用毛細管作用留住磷酸。在電極的陰極和陽極側，都有以鉑催化的多孔隙碳電極。燃料與氧化物氣體透過碳複合材料板溝槽組成供應到電極背後。這些板皆具導電性，而電子也就可以在相鄰電池之間，從陽極移到陰極。

圖 14.16　與太陽能結合的固定型燃料電池發電系統

水可藉由流過電極背後的過剩氧化物，在電極上以蒸汽的形態移除，但蒸汽的溫度須在 190℃左右。溫度太低，水將溶於電解質當中。

PAFC 已開發逾 20 年，為最成熟的燃料電池技術。PAFC 所使用之電解質為 100% 濃度之磷酸。操作溫度介於 150 至 220℃之間，具有能承受重組燃料與二氧化碳，以及所產生之廢熱可回收利用的優點，因此可廣泛利用源自於重組的天然氣，或是在垃圾掩埋場產生的氣體作為燃料。此外，其觸媒與 PEFC 同為鉑，因此也有成本過高的問題。目前正由於 PAFC 既大且重，多用於固定的大型發電機組，且已商業化。

MCFC

熔融碳酸鹽燃料電池（MCFC）的電解質為碳酸鋰或碳酸鉀等鹼性碳酸鹽，所採用燃料電極或空氣電極材質為多孔、具透氣性的鎳。操作溫度約 600° 至 700℃，廢熱可回收作為加熱之用。儘管其熱電共生的效率高達 85%，很適用於集中型發電廠，然其本身的效率偏低，僅 35% 至 45%。由於溫度相當高，在常溫下為白色固體狀的碳酸鹽熔融為透明液體，能發揮電解質的功用，而不需要貴金屬當觸媒。目前相關研究著眼於藉由提升其操作溫度及磷酸濃度，以改善電池性能。

SOFC

固態氧化物燃料電池（SOFC）的電解質為氧化鋯，因含有少量的氧化鈣與氧化釔，穩定度較高，不需要觸媒。一般而言，此種燃料電池的操作溫度約為 1000℃，廢熱可回收利用，大都用於中型規模發電機組。

燃料與燃料雜質

重組後的燃料含有一氧化碳（CO）、二氧化碳及尚未作用的碳氫化合物。二氧化碳和尚未作用的碳氫化合物屬化學遲鈍而不會對電池的性能造成太大的影響。然而，溫度和 CO 濃度會影響白金上的氫氧化。

CO 可使觸媒中毒，但操作溫度上升亦會增強 PAFC 對 CO 的容忍限度。硫化氫和硫化碳等雜質亦會降低催化的效力。硫必須在燃料重組之前加以去除，否則只要超過 50 ppm 即會迅速造成電池失效。因為高於此濃度，其將吸附在白金上，而阻凝氫的氧化。

氮分子作為稀釋劑，至於阿摩尼亞則是藉由與磷酸形成磷酸鹽，而降低氧的還原速率。結果氮分子也就必須限於 4% 以下。研究顯示，氧耗用的少可得到較佳的性能，但燃料的使用卻也就變得較差。

未來

在磷酸燃料電池足以和其它能源技術抗衡之前，其還必須更便宜些、較有效率些，並能延長其壽限。延長受限的措施包括採用一系列燃料，以減輕腐蝕、平衡儲池當中的孔隙尺寸以防止浸泡、並在陰觸媒上採用高抗腐蝕碳支架。

進一步開發觸媒可望降低成本使 PAFC 成為較具吸引力的能源。儘管 PAFC 可適用於不同的燃料，唯其陽極卻對污染物相當敏感。目前的作法是在燃料重組之前，先進行純化以去除硫化氫、COS 及 CO。若觸媒能夠承受硫化氫和 CO，便可大幅簡化系統並降低成本。

微燃料電池

隨著小型隨身電子產品日趨複雜，微燃料電池在電力上的需求，也會很快遠超過一般鋰電池所的。因此，高科技製造廠都很有興趣開發出，能夠提供更長電池壽命與電力更加精實的微燃料電池。

能自行發電的微燃料電池，並不同於一般需要從外部充電的鋰電池。目前最看好的雛型之一，所用的電力來源為甲醇。甲醇為一般所稱的木精，市面上可以買到用來填充裝置的小瓶裝。一個甲醇燃料電池（methanol micro fuel cells）若與鋰電池合併使用，可以讓一部筆記型電腦的工作時間，從三個小時拉長到 24 小時。其陰極與陽極當中的反應過程如下：

陽極：$CH_3OH + H_2O \rightarrow CO_2 + 6H^+ + 6e^-$

陰極：$6H^+ + 6e^- + 2/3\ O_2 \rightarrow 3H_2O$

只不過甲醇為毒性液體，因此並不那麼適合用在隨身電子產品上。而有些開發者倒是看上了一般含酒精飲料當中就有的乙醇。乙醇燃料電池一般都利用酵素來擷取氫，以產生電流。理論上，這類燃料電池確可由高粱酒或伏特加酒來驅動。

第十五章
再生能源的前景

第一節　全球現況與發展趨勢

現況

儘管近年全球經濟低迷，再生能源的發展卻仍維持強勁。相較於 2005 年初期的 55 國，到了 2011 年初至少又有十八國，在國家層級上訂定了再生能源政策目標。其中開發中國家，在較先進再生能源技術的使用上，所扮演的角色日趨重要，整個再生能源使用的地理版圖也隨之改變。比方說，商用風電在 1990 年代只是少數較先進國家的事，如今至少已有 83 國擁有。PV 的容量也在 2010 年當中，在超過 100 個國家都有成長。其中尤以中國大陸在許多市場成長指標上都居領先地位。其在 2010 年當中，吸引了全球逾三分之一對再生能源的投資，所設置的風機與太陽加熱系統及水力發電，都居世界之冠。至於在其他開發中國家的幾個具指標意義的實例包括：

- 印度的總風電容量目前居世界第五，其並快速發展生物氣和 PV 等適用於鄉村的再生能源；
- 全世界幾乎所有源自甘蔗的乙醇都產自巴西，其同時也大力擴增水力、生物質量、風電場及太陽加熱系統；
- 中東、北非及次撒哈拉等至少二十國，也都擁有相當熱絡的再生能源市場。

過去幾年再生能源製造領導廠商，持續從歐洲轉進到像是中國大陸、印度及南韓，同時帶動了這些國家本身的再生能源發展。全球再生能源的市場與製造在地理分不上的差異如此持續擴大，足以讓我們對再生能源愈來愈有信心。因為如此一來就不至於像過去那麼容易，因某些國家的政策或市場生變，讓整體都遭受嚴重打擊。表 15.1 所列，為根據 2011 年全球再生能源現況報告（Renewables 2011 Global Status Report），過去三年來幾個重要的再生能源指標前五名國家的加總數字。

表 15.1 重要再生能源指標前五名國家的加總數

重要指標	2008	2009	2010
全球再生能源新增年度投資，十億美金	130	160	211
既有再生能源（不含水力）容量，GW	200	250	312
既有再生能源（包含水力）容量，GW	1,150	1,230	1,320
既有水力發電容量，GW	950	980	1,010
既風力發電容量，GW	121	159	198
既有太陽光電容量，GW	16	23	40
年度太陽光電池產量，GW	6.9	11	24
既有太陽熱水容量，GWth	130	160	185
年度乙醇產量，十億公升	67	76	86
年度生質柴油產量，十億公升	12	17	19
定有政策目標國家數	79	89	96
定有饋入政策的州、省或國數	71	82	87
定有 RPS／配額政策的州、省或國數	60	61	63
對生質柴油定有強制規定的州、省或國數	55	57	60

維持強勁動力

各國能夠持續推動再生能源政策及其發展的一個重要動力來源，在於其創造新興工業與新工作機會的潛力。許多國家藉由再生能源所帶來的工作機會，就有好幾十萬個。而全球由再生能源工業所提供的直接工作，更多達三百五十萬以上，其中有一半屬生物燃料的。至於間接的相關工作就更多了。

另一個推動再生能源發展的，便是一些國營的多邊和雙邊開發銀行。其實為近幾年世界經濟困頓過程中，再生能源的支柱。在投資氣氛低迷的大環境當中，比起 2009 年的一千六百億，2010 年對再生能源的總投資金額，已進一步達到二千一百一十億美元。

表 15.2 所示，為世界能源評估（World Energy Assessment）針對各種再生能源技術，在 2001 年和預估未來，可能達到的能源成本。比較之下，傳統燃煤電廠的成本大約為每瓩 - 小時四美分（4 c/kWh）。而在八大工業化國家（G8）當中有些國家的燃煤發電成本，則可達到大約 15 c/kWh。再生能源要

進一步達到比表 15.2 當中所列更低的發電成本，所需要努力的不外：

- 進一步在技術上的開發，
- 市場的建立，
- 發電容量提升達量產水平，以及
- 排放交易企劃及／或碳稅的建立，用以將每單位碳排放的成本都納入計算；如此才得以反映以化石燃料產生能量的真實成本。而也唯有如此，才得以用來降低再生能源的每瓩 - 小時的成本。

表 15.2　各種再生能源技術的成本

能量類型	2001 年能源成本	未來可能達到的能源成本
發電		
風	4-8 ¢/kWh	3-10 ¢/kWh
太陽能電池	25-160 ¢/kWh	5-25 ¢/kWh
太陽熱能	12-34 ¢/kWh	4-20 ¢/kWh
大型水力	2-10 ¢/kWh	2-10 ¢/kWh
小型水力	2-12 ¢/kWh	2-10 ¢/kWh
地熱	2-10 ¢/kWh	1-8 ¢/kWh
生物質量	3-12 ¢/kWh	4-10 ¢/kWh
煤（相較）	4¢/kWh	¢/kWh
產生熱		
以地熱加熱	0.5-5 ¢/kWh	0.5-5 ¢/kWh
以生物質量加熱	1-6 ¢/kWh	1-5 ¢/kWh
低溫太陽加熱	2-25 ¢/kWh	2-10 ¢/kWh

可以預期，所有類型的再生能源接下來幾年仍將維持強勁成長趨勢，分別在世界各國進行不同階段的發展。例如光是中國大陸便在 2011 至 2012 年內，裝置了超過 30 GW 的風電容量。另外印度、美國、英國等國，也都將大幅增設其風電容量。美國在 2010 年底前新設置了超過 5.4 GW 的 PV 容量。同年全球新增了近 2.6 GW 的 CSP 發電容量，預計在 2014 年之前持續以此比率增加。地熱發電容量（及 CHP）在 2010 年底前也在全球 46 國大幅增加，並分別預計在接下來五年當中，持續增設新的地熱發電容量。同樣的，許多國家在水力發電、海洋能及其它再生能源技術方面，也都分別在近幾年有重大發展。

風機與生物燃料加工等再生能源技術發展，尤其是 PV 技術的成本降低，更帶動了生產方面的成長。同時值得注意的是相關產業的整合。最顯著的便是生物質量與生質燃油業者。一些傳統能源公司逐漸投入再生能源領域，同時有一些製造業也持續投入再生能源計畫的開發。

RE 小方塊——怎個「大」字了得

沒多久以前，幾千瓦以上的再生能源便算上相當大的了，1963 年出現在日本燈塔上，容量僅 242 W 的太陽能陣列，在當時便已經是世界上最大的。美國最早在加州 Altmont Pass 當時世界上最大的風力電場，其風機為 150 kW。後來增大到 3.5 MW、5 MW，如今甚至還要更大。太陽能計畫也從原來離網家用，擴大到工商建築，再到如今電場規模的太陽能場。如今運轉中十億瓦（gigantic Watt）級的再生能源系統，已能和傳統化石燃料火力電廠與核能電廠的規模匹敵。但何以這些再生能源計畫，終究還是與傳統能源競爭的如此辛苦呢？這些再生能源電場會趨向更大嗎？

最顯而易見的解釋不外成本了。另個一重要理由，則還是政府的政策。當國家和地方政府都為再生能源定下了遠大目標，並創造誘因來鼓勵，自然就會跑出更大的電力規模計畫。中國大陸便是個明顯的例子，其積極的建立很大的計畫，很多都是百萬瓦規模，預計沒幾年內就會一一完成。

新建風場

根據世界兩大風能專業機構「歐洲風能協會」（EWEA）和「全球風能委員會」（GWEC）最新發布的數據，2009 年全球風電市場發展迅速，增長率高達 31%，風力發電機總裝機容量達到 37,500MW，相當於 23 座第三代核子反應爐的核電機組（EPR）發電量。世界風能市場裝機建設資金達 450 億歐元，提供了 50 萬個就業機會。此外，風能這種清潔能源每年還可減少 2.04 億噸的二氧化碳排放量。

出人意料的是，2009年美國風能發電增長了39%，總量達到35,159MW。這主要得益於歐巴馬政府的刺激經濟計劃以及對綠色經濟的大量補貼，激勵了美國風能發電的發展。印度風能發電增加了1,270MW。歐洲風能發電也增長了23%，大約有130億歐元投入風能發電建設，其中15億歐元用於海域風能發電建設。其風能發電新裝機容量，連續兩年超過天然氣和太陽能新發電裝機容量。

截至2009年底，歐盟國家有4.8%的電力供應來自風能發電。德國是歐盟風力發電第一大國，總量達到25,777MW，超過西班牙、義大利和法國。英國是歐盟第五大風能發電國家，準備在今後十年投資1,150億歐元，在北海建設風電場。到2010年底，北海沿岸國家將共同出資300億歐元，建立海上風能發電網。法國2009年風能發電增長31%，總量達4,492MW。但法國從2011年開始，因旅遊景觀和候鳥遷徙路線等原因，在法國安裝中型或大型風能發電機組（高度超過12米），可能會因審核手續更嚴格，而限制風電順利推展。

2009年中國風能發電翻倍，新裝機容量佔到世界新裝機容量的三分之一，總量達到25,104MW，僅次於美國和德國，位居世界第三名。若維持這樣的發展速度，中國可望提前達到所預定的2020年風電達150,000MW的目標。

新建太陽能電場

圖15.1所示為西班牙的11 MWPS10太陽發電塔，以624座稱為日光反射裝置（heliostats）的大型可移動鏡子，從太陽發出電。在美國內華達州Boulder City歷時15年建造的世界最大太陽熱發電場即將完成。繼美國加州Mojave沙漠的354 MW SEGS太陽熱電場（圖15.2）之後，此一64 MW的內華達太陽一號（Nevada Solar One）發電場，所發出的電可供應40,000戶家庭電力所需。加州的這個太陽熱電場在過去二十年當中，已產生了數十億瓩-小時的電，而內華達州的太陽一號將可從太陽擷取更多能量。

圖 15.1　西班牙的 11 MWPS10 太陽發電塔

圖 15.2 美國加州 Mojave 沙漠的 SEGS 太陽熱電場

CSP 在經過多年的停滯之後，其市場在 2007 年到 2010 年間再度恢復生機，增加了將近 740 MW。其中一半以上的容量，都是在 2010 年間新裝設的。市場當中以拋物面缽型槽板（parabolic trough）占最大優勢。但同時由於 PV 成本巨幅下降，卻對原本成長中的 CSP 市場構成挑戰。這至少在美國可看出，其有好幾個原已相當確定的計畫，卻重新設計改用電場規模的 PV 技術。

同時這類計畫的開發，也從美國西南部和西班牙移往其他地區和國家。

美國前加州州長阿諾史瓦辛格（Arnold Schwarzengger）在任期間所訂的百萬太陽屋頂計畫（Million Solar Roof Program）當中的一部分，預計在2017年之前達到從太陽發出3,000 MW的目標，讓加州進入一潔淨能源的未來，同時協助降低消費者所需承擔的太陽能系統的成本。

加州太陽初步（California Solar Initiative）提供了每瓦最高2.5美元，作為太陽能PV系統的誘因。這些誘因，加上中央的聯邦賦稅誘因，足可以支應達50%的PV成本。在美國其它州，也都有許多用來支持使用再生能源的財務誘因。

德國的薩克森（Saxon）區建造的40 MW Waldpolenz太陽能園區（Waldpolenz Solar Park）有大約550,000個薄膜太陽能模組。從模組所發出的直流電，經過轉換成交流電後會全部饋入電網。這是全世界最大的太陽能發電計劃之一。目前最大的PV電場的輸出容量大約是12 MW。

如圖15.3所示的葡萄牙Serpa太陽能電場位於歐洲最陽光普照的地區。這個1,100萬瓦的電場涵蓋了60公頃土地，包含有52,000個架在離地面2公尺的太陽能板，可滿足8,000戶人家用電需求，每年可減少30,000公噸的二氧化碳排放。

澳州的太陽系統（Solar System）公司在維多利亞建造一座經費高達42,000美元，可望成為全世界效率最高的154 MW大型太陽能發電站。其特點在於將太陽能與空間技術充分整合，並將太陽重複聚焦500次到太陽電池上，以獲取超高電力輸出。此一溫室氣體零排放的發電廠可滿足45,000戶人家的電力需求。

圖 15.3　位於葡萄牙 Serpa 的 11 MW 太陽能發電廠

大，倒不是這些太陽能等再生能源的重點。而是這些能夠與建築整合的太陽電池或就地擷取能源的PV，能夠因地制宜，充分配合能源使用的實際需求。

用乙醇來運輸

巴西擁有全世界最大的再生能源計畫，包括源自於甘蔗的乙醇燃料，目前供應巴西全國汽車燃料的 18%。如此一來，原本還需仰賴進口石油的巴西，如今已能在能源上完全自給自足。當今汽車對乙醇的接受情形，以美國為例，大多數在路上跑的汽車都可以燒混入不超過 10% 乙醇的汽油。

第二節　未來潛力

雖然目前全球再生能源僅供應所使用初級能源的百分之十六（大部分為生物質量），未來的開發潛力還是很大的。如表 15.2 所示，再生能源的技術潛力超過目前全球所使用初級能源的 18 倍，而且高出原本預測 2100 年能源使用量的好幾倍。

表 15.2 各類型再生能源基礎的潛力

再生能源基礎（每年 Exajoules）		
能源類型	技術潛力	理論潛力
水力發電	50	147
生物質量能源	>276	2,900
風能	640	6,000
太陽能	>1,575	3,900,000
地熱能	5,000	140,000,000
海洋能	未估計出	7,400
總計	>7,600	>144,000,000

註：

1. 目前能源使用以初級能源當量計算
2. 相較之下，2001 年當中全球初級能源使用為 402 EJ
3. 資料來源：World Energy Assessment 2001

評估能源潛力的方法有許多。在此所稱的理論潛力（theoretical potential）指的是：理論上可以用作能源目的的能源。例如以太陽能而言，其指的是照到地球表面上的太陽輻射。至於技術潛力（technological potential）則屬較為務實的估計，其將所能用得上的技術當中的轉換效率及可供使用的土地面積一併納入考慮，估計出究竟有多少能源是實際可供人類使用的。例如，在估算太陽能時，會先假設全世界尚未使用的土地當中，僅 1% 可用作太陽能發電。

技術潛力一般不將經濟層面或環保層面的限制包含在內，因而在目前狀況下和在短時間範圍內的一個經濟競爭水準上，所能夠掌握的潛力還是偏低的。

有利於再生能源的趨勢

當成本效率（cost efficiency）趨近於相競爭的能源時，再生能源市場即可望蓬勃發展。以下僅舉幾個再生能源市場趨於足以和化石燃料競爭的實例：

- 除了市場力量以外，再生能源產業通常都需要政府贊助，才能在市場當中產生足夠的動力。許多國家中央或地方政府都落實了誘因，例如政府的賦稅補貼、分攤企劃（partial copayment scheme）及購入再生能源的各種退費，以鼓勵消費者改用再生能源。政府也可對再生能源技術的研究提供經費補助，促使再生能源能生產得更便宜和更有效率。

- 建立能夠刺激有利於再生能源市場力道，以及具吸引力的報酬率（return rate）的貸款計劃，能舒緩初始投資成本，並實質鼓勵消費者願意考慮並購買再生能源技術。一個著名的實例，便是聯合國環境計畫（UNEP）資助印度十萬人使用太陽能系統。在印度獲得成功的太陽能計劃，得以進一步將類似的計劃引進其它開發中世界，像是突尼西亞、摩洛哥、印尼及墨西哥等國。
- 對高化石燃料消耗徵收碳稅，並轉用於資助再生能源開發，許多世界級的智囊團都警告世人，必須緊急開創一個具競爭力的再生能源基礎設施與市場。已開發世界可對研究進行更大、更多的投資，以找出更具成本效率的技術，並將製造工廠移轉到開發中國家，以利用其低廉的勞力等各項成本。再生能源市場可因此快速成長，進而取代並降低化石燃料的優勢，而全世界也可因而在氣候異常上和石油危機上都得到舒緩。
- 最重要的是，再生能源正逐漸獲得私人投資者的青睞，而具有成長成為下一個大產業的潛力。很多大公司和投資企業，都正對 PV 的開發與生產進行投資。如此趨勢在美國矽谷與加州、歐洲和日本，都已經很明顯。

侷限和機會

有些批評認為再生能源的應用可能會造成污染、可能有危險、佔用大量土地，要不然就是無法產生大量的淨能源（net energy）。而支持者則主張使用適當的再生能源，亦即所謂軟能源技術（soft energy technologies），因為其存在著如下所述諸多優點。

可獲取性

地球上源自於太陽的能源並不會有短缺的問題。而的確在地球上的能源無論是儲存著的或是流通當中的，事實上都遠超過人類所需要的。

- 例如地球每分鐘所攔截到的太陽能比全世界每年所耗用化石能燃料的能量還多，
- 熱帶海洋每年從太陽吸收 560 兆焦耳（GJ）的能量，相當於全世界每年所用能量的 1,600 倍。

針對一些批評認為再生能源有間斷性的缺陷，其實正可以藉著各種不同再生能源的結合運用，而獲得克服。即如 Amory Lovins 所解釋的：

「暴風雨的天氣或許不利於直接擷取太陽能，但一般卻有利於風力和小水力；乾燥、烈日天氣或許不利於水力，但對於光伏卻是再理想不過了。」

針對各種來源電力供應的挑戰，還可進一步藉由能源儲存獲得解決。可以用上的儲存選擇包括抽蓄水力系統、蓄電池、氫燃料電池、熱質量等。對這類儲能系統的初始投資會偏高，但該成本可望在該系統壽限當中回收。

觀感

太陽能和風能發電站給人的觀感，向來有諸多詬病。然而，如今針對再生能源技術的設置，已經有一些能有效率且不造成妨礙的方法和機會：例如目前已有一些固定的太陽收集器，可沿著公路、街道、停車場和屋頂等架設，以兼作隔音牆；非晶矽太陽能電池板也可用來遮掩窗戶，同時產生能量。

環境與社會考量

儘管絕大多數再生能源都不會直接造成污染，但其所用材料、工業製程，以及用來生產和建構的設備，都不免產生廢棄物和污染。而有些再生能源系統，實際上是會導致環境問題的。例如一些舊型風機便會危及飛鳥。

土地需求

另一環境議題，特別是針對生物質量和生物燃料的，便是用來獲取能源所需要的大量本來可用於其它目的或保留不開發的土地。然而，必須指出的是，這類替代燃料可望減少對用來擷取非再生能源土地的需求，例如大片進行表面開採煤和焦石的山坡、核能電廠周遭的緩衝安全地帶，以及用來開採石油砂（oil sand）動輒數百公頃的土地。不過這些都還未將為了乙醇作物，特別是甘蔗，所犧牲的極大量生物多樣性（biodiversity）和本土性（endemism）納入評估。

水力發電水壩

水力發電系統的最大好處，便是省去了發電的燃料成本。其它優點還包括比起火力電廠，壽命較長、營運成本低及附帶提供了水上活動等水利價值。抽蓄儲存發電廠，得以改進發電系統的每日負載因子（daily load factor）。整體而言，水力發電比起從火力或核能發電，要便宜得多。

不過水電系統也有許多缺點。這些包括：居住在水庫預定地內的居民的重新安置、在建造和水庫淹沒期間所排放的二氧化碳、水中和鳥類生態的破壞、對溪河環境造成的負面衝擊、惡意破壞和恐怖行動的風險，以及少見的壩體崩解等。

如今在已開發國家，水力發電廠廠址已很難覓得，主要是因為一方面大多數可能的廠址都已然開發，要不然就是基於環境考量等理由，而不再適宜興建水庫。

壽終議題

縱然再生能源可以說能支撐數十億年，但終究再生能源的基礎設施，像是水力發電廠的水壩等，是不可能永久使用下去，而必須在適當時後拆除重建的。至於像是河床的變更或者像是氣候形態的改變，都可能進而改變水力發電廠水壩的功能，而縮短能夠用來發電的期限。

再說地熱能源，雖然地熱場址有可能供熱幾十年，某特定場址終究是要冷下來的。然而往往在這些位址的地熱系統，都設計得太大了些。而也就因為畢竟在一定量地質當中，所能補充進去的能量終究有限，某地熱場址終告枯竭的實例也就屢見不鮮。

分散來源

台灣電力公司目前幾乎完全依賴包括燃煤、油、天然氣之火力，和核能與水力等大型、中央發電廠來供應全台電力。但若能在未來一、二十年當中積極採用再生能源，則可望分散整體的供電能源。最新的電力技術，已能夠在較接近需要電力的附近提供許多發電的選擇，省下輸配電力的成本，同時也使能源系統的效率和可靠性都獲得改進。

在能源效率上謀求改進是最立即，且往往也是減輕對石油依賴、改進能源安全性及降低能源系統對於人體健康和環境造成衝擊，的最有效方法。此外，改進能源效率，也可因為在經濟上降低了總能源需求，而得以使增加對再生能源的依賴，更為務實並且負擔得起。

其它相關議題

核融合發電

1983 年，物理學家 Bernard Cohen 提出了讓鈾足以有效提供用之不竭能源的作法。這正好符合再生能源的定義。只是一般（包括美國能源部），都不把當今的核分裂（nuclear fission）當作是再生的能源；至於核融合（nuclear fusion）發電則離實際還很遙遠。

永續性

再生能源一般被視為永續的或可持續的（sustainable），一方面是從它可用之不竭來看，另一方面是從它比起化石燃料對於環境和社會所造成的衝擊要緩和得多，來說的。然而，生物質量和地熱能源若未妥善管理，也都很容易趨於不永續。針對這些所謂的再生能源，其在實際的耗用率下，並不容易跟得上其在天然條件下所能補注的。

再生電力

所謂再生電力(renewable electricity),指的是主要從再生能源(太陽、風等)所發出的電。其一般也可稱為綠色能源(green energy)。

假設再生能源和分散發電趨於廣泛,電力傳輸和輸配電系統也可能就此不再是電能的主要配送方式,而可能主要是用於平衡地方電力需求,只要一有過剩的能源就會賣到有需求的地區。也就是說,網絡的操作必須從原本的「被動管理」("passive management"),亦即發電機都接上,而系統的運轉也在於將電送到下游消費者手上,轉而成為所謂的「主動管理」("active management"),也就是發電機分散在一網絡當中,而輸入與輸出也就必須隨時監測,以確保系統當中隨時保持一定的平衡。

然而,若是在規模較小的情形下,採用當地所產生的再生能源可以為輸配電系統減輕負擔。而目前的系統,雖然很少是結合經濟效率的,卻已然顯示出具備適當尺寸太陽能陣列和能源儲存系統的家戶,每個禮拜只有很少幾個小時需要從外部來源供電。

再生熱能市場的建立

再生熱能指的是從再生能源產生的熱。當今在討論再生能源時,大多數都著眼於發電,卻罔顧在許多寒帶國家或地區,其實在熱上面所消耗的能源,比起在電上面所消耗的為多的事實。

目前有很多情形,再生能源電力已經變得相當便宜且使用起來也很方便。相反的,再生熱能的市場大多由於供給不便加上投資成本過高,而對消費者尚處未開發情況。因此儘管像是地熱能的熱泵已經可以廣泛應用,但卻可能幾乎完全不經濟。

第三節　商業化與成本的估算

如今全球再生能源新電場規模計畫（風力電場、太陽電場及生物燃料與太陽熱場）的資產財務，占全部能源近六成，為最大投資類別。而投資在小型分散發電計畫（以 PV 為主）的總計達六百億美元，占對再生能源總投資金額逾 25%。開發中國家對再生能源公司和電場規模發電和生物燃料計畫的投資，於 2010 年首度超越了已開發國家的。

再生能源的未來首先面對的是相當廣泛且差異性很大的一系列技術問題，而目前的情況各類型能源也大異其趣。有些技術已然成熟且在經濟上具競爭力（例如有些國家和有些地方的地熱和水力），其它有些則還有待開發，才能在沒有補貼的情況下具競爭力。

一如其它能源，使用者對於再生能源應用所最關切的議題，仍在於其經濟性，而其中最關鍵的就是成本。即使再生能源可以無償取得（陽光、風、水、波浪等天然資源是免費的），但將這些資源轉換為可以使用的能源 - 太陽能、風能、水力、波浪能等，仍需要投入設備、人力及其它運轉成本。

不論是利用化石能源（石油、煤、天然氣）或是核能，或是再生能源，在估算能源生產成本時，都需考慮四件事：

- 資本投入，包含利息等資金取得成本，
- 燃料成本，
- 運轉與維護成本，以及
- 除役成本。

對多數再生能源而言，資本投入是最重大的成本，且就發電而言，目前再生能源發電的資本投入，仍遠高於其它傳統化石能源發電（火力）的。多數再生能源生產的燃料成本是零。當然生質能源的燃料成本是正數，因為種植、收成、運送能源作物都需要投入一些成本，不過一般而言，是遠低於石油的。而如果是利用廢棄物產生能源（例如焚化爐的熱回收或是掩埋場的沼氣），則其

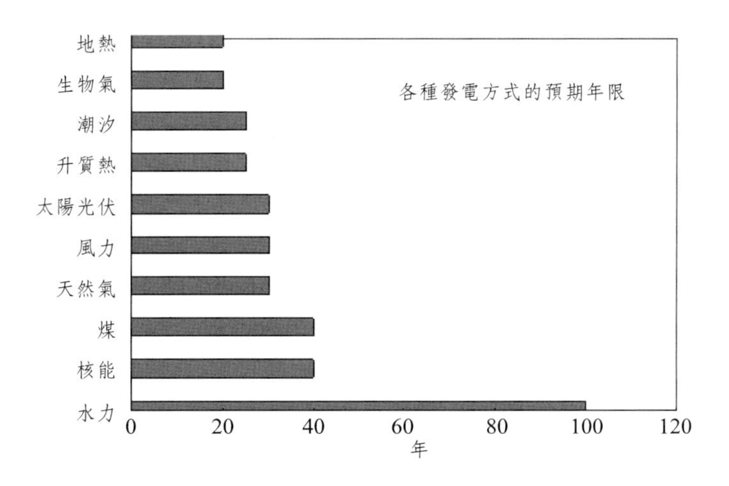

圖 15.4 各種發電方式的預期年限

資料來源：整理自 Building Tomorrow's Electricity System, Canadian Electricity Association。

燃料成本可能應該是負數，因為如果不作為再生能源利用，其它方式仍要產生廢棄物處理成本。同樣的，大多數再生能源生產所需的運轉維護成本與除役成本，也都相對較低。圖 15.4 所示，為各種發電方式的預期年限。

資本投入成本

再生能源的資本投入成本，係指建立再生能源產出系統的投入成本，且應包括廠址、建築物、設備等從規劃、申請、取得，到可以正式運轉的所有資本性成本。換言之，除了最直接的建築或購買成本，資本投入成本還應包括真正開始進入採購或建構之前的規劃或申請程序的成本。尤其近二十年來，有關能源的投資或建廠已成為最敏感的社會與環境議題，多數國家都有越來越嚴格的申請規範，包括不同型式的營運許可（operating permits）且往往要求進行環境影響評估（environmental impact assessment），台灣也不例外。而環境影響評估通常成本都很高且非常耗時，因此已成為絕對不容忽視的投入成本。而就直接的建築或購買成本而言，如果部分技術或設備係自國外進口，則尚須納入國外技術費用、國際運費與保險，以及進口稅費等。此外，建立再生能源產出系統的投入成本，還應包括設備從取得到正式運轉前的安裝與試車成本。有些系統的試車時間較長，因此可能衍生可觀的技術費用、人力、耗材等試運轉，所必須用到的成本。

另一項常被忽視但卻同樣重要，應該納入資本投入成本的是資金成本。資金成本指的是籌措或取得資本投入所需資金，所須負擔的成本，最簡單的例子便是利息。企業或發電廠在投入建立再生能源產出系統時，往往向銀行貸款取得資金，貸款期間需支付的利息費用，就是這項資本投入的資金成本。有時企業或發電廠以發行公司債券或股票方式籌措資金，那麼資金成本就包括發行成本以及需支付的利息或股利。但是，即使企業並不需舉債取得所需資金，投入建立再生能源產出系統卻會排擠這些資金以作為其它利用的機會，或者最少是排除了將這些資金存在銀行賺取利息的機會，因此資金成本至少應該是被放棄的利息收入。

成本估算方法

在估算再生能源的產出成本時，通常希望能表示成單位能源產出的成本，例如產出電力的單位成本，或是每瓩 - 小時的成本、每焦耳的成本等，以和其它能源產出方式比較。但一如所有涉及資本支出的產出系統，成本發生於不同時間，亦即資本投入全在運轉前發生，燃料與運轉維護成本在運轉期間持續發生，至於除役成本則是在停止運轉後發生，而使得原本簡單的平均成本計算變得相當複雜。常用來處理這類產出成本的方法包括：

- 回收期法（Payback Period Method），
- 簡單年金法（Simple Annual Method），
- 折現年金法（Discounted Cash Flow Method）。

嚴格來說，前兩種方法並未考慮資金成本，但是較為簡單易於了解，且也某種程度的解決了，前述成本發生時間不同的技術性問題。折現法是一般運用上認為較為合理精確的方法，至於合適折現率的選擇則是一個需進一步討論的議題。

回收期間法

此方法係以再生能源產出系統的回收期間，作為與其他能源產出系統比較的依據。回收期間指的是能源系統正式運轉之後，其產出所賺取的淨現金流量能達到回收原始資本投入的時間，通常以「年」作為表達單位。淨現金流量係指現金流出扣除現金流入的淨額，換言之，必須自產出收入扣除燃料成本及運轉維護成本，且以現金進出金額為計算依據。回收期間的計算公式如下（見範例 1）：

$$\text{回收期間} = \frac{\text{原始資本投入現金流量}}{\text{每年產出之現金流量}}$$

簡單年金法

簡單年金法係以年為基礎，計算單位能源產出的成本。首先，原始資本投入成本需「年金化（annuitized）」，也就是依據再生能源產出系統的使用年限換算成等額年金。在簡單年金法下，年金化的資本投入，就等於原始資本投入總額除以使用年限。年金化資本投入再和每年燃料與運轉維護成本相加，以計算每年總成本。然後，單位能源產出的成本即可以如下公式計算：

$$\text{單位能源成本} = \frac{\text{年金化原始資本投入} + \text{平均每年燃料與運轉維護成本}}{\text{平均每年能源產出量}}$$

針對小規模風力發電的範例 1，即提供了簡單年金法的例子。

範例 1　小型風力發電系統的成本評估——不考慮資金成本

假設一個小型風力發電系統的資本投入成本為 $2,000,000，一年的運轉與維護成本為 $20,000。此系統預計每年發電量為 50,000 瓩小時(kWh)，使用年限為 25 年。市場電價為每瓩小時 5 元。

1. 回收期

首先計算每年淨現金流入，等於銷售電力一年的收入減去一年的現金支付項目。既然風力免費，此範例也就只需考慮運轉與維護成本。

每年淨現金流入＝(\$5×50,000 － \$20,000) = \$230,000

因此，回收期＝\$2,000,000 / \$230,000 = 8.70 年

2. 單位能源成本（簡單年金法）

首先將資本投入年金化。在不考慮資金成本情形下，年金化就只是將資金成本平均分攤在所有使用期間：

年金化資本投入＝\$2,000,000 / 25 年＝\$80,000 ／年

$$單位能源成本=\frac{\$80{,}000+\$20{,}000}{50{,}000\text{kWh}}=\$2.0/\text{kWh}$$

折現年金法

折現年金法的基本意義與簡單年金法一致，都需將原始資本投入「年金化」，亦即依據再生能源產出系統的使用年限換算成等額年金，只是折現年金法還要考慮到資金成本。因此在折現年金法下，年金化原始資本投入應按如下公式計算：

$$年金化原始資本投入=\frac{原始資本投入總額}{\sum_{i=1}^{n}\frac{1}{(1+k)^t}}=\frac{原始資本投入總額}{\frac{1}{k}-\frac{1}{k(1+k)^n}}$$

其中，k 為資金成本利率，n 為再生能源產出系統的使用年限。然後，單位能源產出的成本即可以一如簡單年金法的公式計算出。

要理解上面換算年金的計算公式，可能需要先引介所謂「貨幣的時間價值」的觀念。如果可以選擇現在就有一塊錢或是未來（譬如一年之後）才能拿到那一塊錢，一般人通常會寧可現在就拿到那一塊錢。現在的這一塊錢可以存在銀行或是借給別人，一年以後這一塊錢應該可以成長為一元再加上利息，也就是大於一元！換言之，貨幣隨著時間的過去是會成長的，是具有時間價值的。舉例來說，如果年利率是 5%，現在的 100 元，一年後的價值應該是 105 元（100 ×(1+5%)），到了十年以後應該是 163 元（$100\times(1+5\%)^{10}$）。用經濟學的說法：100 元在十年後將產生 163 元的未來價值（future value），而十年後的 163 元

的現在價值（present value）則僅只 100 元。現在價值與未來價值的關係可以表達如下：

$$現在價值=未來價值\times\frac{1}{(1+k)^n}$$

$$100=163\times\frac{1}{(1+5\%)^{10}}$$

有了這樣的觀念，上面的年金化原始成本的計算公式就可以利用相同的觀念理解。此處原始資本投入成本，正是在使用年（t = n）限期間，所有年金化成本的現值的加總：

$$原始資本投入=年金化資本投入\times\left[\frac{1}{(1+k)^1}+\frac{1}{(1+k)^2}+\cdots+\frac{1}{(1+k)^n}\right]$$

$$=年金化資本投入\times\sum_{t=1}^{n}\frac{1}{(1+k)^t}$$

因此，移項之後可以得到：

$$年金化原始資本投入=\frac{原始資本投入總額}{\sum_{i=1}^{n}\frac{1}{(1+k)^t}}。$$

事實上，目前一般的工作簿軟體（例如 Microsoft Excel）都已內建公式，可以很方便的計算出年金化成本，例如 Excel 內建的 PMT 函數。如下範例 2 即針對小型風力發電系統，在考慮資金成本的情形下評估其成本。

範例 2　小型風力發電系統的成本評估——考慮資金成本

單位能源成本（折現年金法）

仍舊採用範例 1 中的小型風力發電系統的例子，但這次考慮資金成本，利用折現年金法將原始資本投入成本年金化，假設折現利率為 10%。因此依據上面的公式：

$$年金化原始資本投入=\frac{\$2{,}000{,}000}{\sum_{t=1}^{25}\frac{1}{(1+10\%)^t}}=\frac{\$2{,}000{,}000}{\frac{1}{10\%}-\frac{1}{10\%(1+10\%)^{25}}}=\$220{,}336$$

$$因此，單位能源成本=\frac{\$220{,}336+\$20{,}000}{50{,}000\text{kWh}}=\$4.806/\text{kWh}$$

第四節　促進再生能源普及

再生能源可透過許多不同方式推廣。最簡單的是提高相關研究發展資訊，和實際採行再生能源經驗的曝光率，而讓潛在的使用者（產業、政府單位等）對最新的再生能源科技有所了解。

再生能源與能源節約

在考慮能源相關的投資，選擇欲採用的能源形態時，固然可以從不同的再生能源中作選擇，或考慮以不同型式，結合不同種類的再生能源與傳統能源；但更應將能源節約或提升能源效率一併納入考慮。其中後者尤其不容忽視，因為節約能源或提升能源效率的措施，往往具有高成本有效性的絕對優勢。也就是說，以每單位能源產出來衡量，節約能源或提升能源效率的相關措施所需的單位成本，往往遠低於用來投資於再生能源上。許多節約能源措施其實成本都相當低，或者根本無須耗費成本。

替代能源與能源效率二者息息相關。The Solar Electric House 的作者，同時也是 Solar Design Associates 的所有者 Steven Strong 常說：「建築物必須能夠格接受太陽電力系統」。換言之，一棟建築物必須先經過精心設計，使其在能源使用上很有效率之後，才能接受太陽能系統。效率第一（Efficiency First），這個原則同樣適用於風能等替代能源所帶動的系統。任何人意圖安裝一套替代能源系統，首先該做的，便是將能源效率提高到最大，如此方得以降低該替代能源系統的尺寸及相關投資。

能源效率為使用較少的能源，以產生相同照明、加熱、輸送及其它能源服務的能力。對於一個家庭或生意而言，保存能源即等於減輕能源開銷。對於一個國家整體而言，提升能源效率，可以讓國內的能源得以充分利用、減少能源短缺的可能、降低國家對進口能源的依賴、舒緩高能源價格的衝擊，並且得以減輕污染。當能源極貴時，改進能源效率，尤其得以有效降低對能源的需求。而對於仍處於引進初步階段，面臨傳統能源強大競爭的再生能源而言，能源節約與效率提升即等同於對再生能源降低門檻與提供機會。甚至，節省下來的能源成本，還可用於投資在加速將目前還太貴，但長遠可更持久供應的再生能源引進市場。

自 1973 年以來，美國的經濟成長大約是能源成長的五倍（126% 相對於 26%）。假使美國持續以 1970 年當時的能源密度使用能源，其在 2005 年一年當中所消耗的能源可達 177 千兆（quadrillion, 10^{15}）Btu，相對於實際所消耗的 99 千兆 Btu。

透過科技與較佳實務，很有機會得以改進住家與建築的能源效率。有關如何將能源效率與再生能源整合，成為一個新房屋理想的一個了不起例子，是「零能源房屋」觀念。也有人稱此觀念為「淨零能源之家」。建屋者將最有效率的建築技術與最有效率的設備結合，所蓋成的房子，其產生的能源與消耗的幾近一致。這種房屋在加裝上太陽能電力系統後，就有可能成真了。實際上，一棟真正的淨零能源房屋，在今天還只能當作是個目標，而尚未得以實現。但只要太陽能電池系統的成本持續降低，同時，傳統能源成本繼續攀升，終有一天，保存並產生自己的能源，也得以成本有效。

RE 小方塊——我的夏日節能方案

炎炎夏日，在家和研究室都不吹冷氣、不洗熱水，早已不在話下。一早起來，看到這炫目溫暖的太陽，便急著把昨晚和洗澡一併洗好、滴完水的衣服晾到陽台上。心想，一整天下來，這些衣服也就可以變得既乾爽，又有太陽的芬芳了。

如今的學校，尤其是大學，冷氣已成為教室的必要配備。不過好在，我們的這棟系館，十九年前規劃之初便融入了綠建築的概念，不但將主要實驗室全配置在地下一樓，且每間都往外伸出了三米寬的天井，並全面開了大窗。平時除了實驗，我也充分利用它來上課。

即便七月期間的上課，藉著天井的自然採光，教室裡只開二分之一的燈就已光線充足。教室裝了回收來的冷氣機，頭一堂課學生一進教室便順手啓動冷氣，吹了一陣子，我以喉嚨痛不能和冷氣機鬥大聲為由「建議」先關掉冷氣，打開所有門窗和自行安裝的大型吊扇，另外再將走廊上的窗户打開，增加對流。吹著順著長廊加速吹進教室的涼風，享受著沒有冷氣運轉的寧靜，我問她／他們感覺如何？還熱嗎？接著下來的學期，學生也就都「從善如流」，進了教室不再開冷氣而開窗户了。而我給她／他們的實質鼓勵是，偶而，配合上課內容，帶到學校後山樹蔭下上課。

最近為了徹底節能，同時能充分利用價格不低的腳踏車，我結合腳踏車，組裝了一套「人力發電系統」，並和孩子們約定「要看電視，自己發電」，視個人踩腳踏車發電量，配給主導看電視的時間。

對經濟因素與環境因素的權衡

就環境面而言，再生能源有不少優於傳統能源的地方，例如：

- 降低二氧化碳排放，
- 降低對進口能源的依賴，增加能源供應的多元化，
- 減少導致酸雨的空氣污染介質 - 硫氧化物、氮氧化物等的排放。

當然，再生能源也並非全然沒有負面環境效果。表 15.3 所示，為各種發電方式對環境造成的影響。因此，當談到再生能源在環境顧慮上的優勢時，指的是相較於傳統能源而言。有些再生能源也許沒有上述環境顧慮，但卻有其它形態的負面環境影響。選擇能源形態時，應很實際的權衡不同面相的環境因素，儘可能選擇整體而言環境顧慮較小，而經濟上亦具有可持續性的能源形態。這當然不是一件很容易的事，尤其當某一個環境議題在社會上特別受重視

時（例如全球暖化），常常引導決策者只著重於解決或避免導致該環境議題，而忽視其它環境顧慮。

表 15.3　各種發電方式對環境造成的影響

發電方式		主要空氣污染物	溫室氣體	用水影響	開礦	廢棄物	其他
水力	水壩儲存	無	無	水流改道	無	無	淹沒生態、文物等
	溪河水流	無	無	微小	無	無	
海洋	潮汐	無	無	無	無	無	可能干擾遊憩等活動
	海流	無	無	無	無	無	
	波浪	無	無	無	無	無	
核能（第 III 代）		無	無	熱排水	有	放射性	核安等嚴重爭議
天然氣	單循環	低	中	熱排水	有	有	
	複合循環	低	中	熱排水	有	有	
燃油		高	高	熱排水	有	有	
燃煤	傳統	高	高	熱排水	有	有	冷卻水需求大
	複合循環	中	中	熱排水	有	有	
	熱電共生	視情況而定	視情況而定	熱排水	視情況而定	有	
	淨煤	低	中	熱排水	有	有	
	碳補集／儲藏	低	中		無	有	
生質能	液態燃料	低	低	低	無	無	土地開發、農藥、肥料、水資源等的使用
	生物氣体	低	低	低	無	無	
	植物廢料	低	低	低	無	無	
地熱		無	低	低	無	有	
風		無	無	無	無	無	打死飛禽／蝙蝠、噪音
太陽	光伏	無	無	低	用於製造	無	製造階段耗能高
	熱能	無	無	無	無	無	
	太陽塔	無	無	低	無	無	
燃料電池初期		無	無	用於生產氫	無	無	

資料來源：整理自 Building Tomorrow's Electricity System, Canadian Electricity Association

水力發電即是一個很典型的例子。水力是很好的再生能源，而且是所謂的潔淨能源，也就是既不造成空氣污染，也不會排放二氧化碳等溫室氣體。然而，水力電廠亦有極負面的環境顧慮：新建水庫必然導致自然環境的大幅破壞，危及生物多樣性乃至大自然的均衡；而那些被淹沒的植物腐朽後所排放的大量甲烷，更是另一個環境議題（也是溫室氣體）。這也是何以水力電廠，儘管亦計入為再生能源，除了在既有廠址發展外，卻鹹少被列為值得大力推動的再生能源項目。

來自能源作物的生質能源，是另一個常引起討論的例子。在糧食豐富的已開發國家，能源作物是值得大力推動的再生能源，除了能生生不息的提供有效能源，它具有提高農業產值，富裕農業的優點。但是從環境層面考量，生產能源作物很有可能仍需消耗化石能源，以生產種植能源作物所需的肥料及運轉收成與輸送所需的機具或車輛。而就開發中國家甚或貧窮國家而言，發展能源作物尚有可能排擠糧食作物的生產，導致人民更為負擔不起日趨上漲的糧食價格。

在衡量究竟哪一種再生能源最適於發展時，應納入各面相的「成本」與「效益」- 包括經濟面或環境面的。然而，計算各面相的「成本」與「效益」並不是一件容易的事。有些可以具體以貨幣單位衡量：像是生產或運轉成本 - 人員薪資、設備、原物料等；但另有一些卻是無法或通常不納入計算的外部成本（external costs），指的也就是生產者無須負擔，而由社會中的其它成員負擔的成本。環境污染的成本即是一種典型的外部成本：例如火力電廠可能帶來的酸雨問題，可能造成其它地區農作物的產出問題，繼而造成農民的損失；或是其可能形成的區域性空氣污染問題，造成鄰近區域居民的健康威脅。此類皆屬於外部成本 - 電廠本身無須負擔這些成本，而是由電廠以外社會中的其它成員（農民、鄰近居民）承擔損失。外部成本只能採取估計，因為很難如生產或運轉成本一樣，有客觀的市場數據。針對環境外部成本，目前較可行的估計方法，便是以減量成本（abatement costs）作為外部成本的估計值；也就是以防治或清除污染的成本代表外部成本，不過這種方法僅只提供了最起碼的成本，如果考慮健康威脅的潛在醫療成本，則外部成本的數字應該更大。

經濟誘因

近年來台灣的經濟及生活水準顯著提升，相對地大眾對環境品質的要求也日漸抬頭，台灣的企業經營者也因此必須同時重視環境與資源保護。但是，對社會整體而言，絕對的環境與資源保護倒不一定是理想的環保策略。環境與資源保護問題應可從資源分配的角度來看待，不論是國家的環境政策或是企業的經營策略，皆應追求其有最佳化，以期環境保護的理念與經濟成長共存共榮。

近年國內外有關能源與環保的政策與管理即朝向此一理念演進。和能源與環境相關的議題，已不可避免的成為企業經營必須妥善考量的因素，而近年興起的經濟誘因性能源與環保政策（如排放許可交易與我國已實施的空氣污染防制費）更增加了企業資本投資決策的彈性與複雜性。因此有效將能源與環境議題的相關成本效益納入企業決策資訊，建立企業因應政府能源與環保政策變化及評估潛在能源與環境成本的分析模式也成為當務之急。

各國針對鼓勵再生能源發展提供的經濟誘因包括：

- 能源稅減免，
- 再生能源發展之投資補助，
- 再生能源供應合約，
- 再生能源採購義務，
- 再生能源電力保證採購價格。

基於環境保護以及全球暖化的考量，近年許多歐洲國家紛紛開徵能源稅。典型的能源稅係按電力供應量或按石油、煤或天然氣消費量，徵收一定費率稅額。能源稅減免便是以再生能源發電產生的電力減少或免除能源稅，藉此對電力業者採用再生能源發電提供經濟性誘因。英國於 2001 年起實施的氣候變遷稅（Climate Change Levy）即為典型的例子。

有些國家則是以提供投資補助（capital grants）鼓勵民間投入再生能源發展。例如英國即以競賽方式對優良而具潛力的海域風力發電、種植能源作物、太陽能集熱或光電系統新技術的開發，提供投資補助。

再生能源供應合約，通常包括兩部分的協定：一方面政府對電力業者在再生能源發電上的資本投資提供補助（補助財源通常來自能源稅），而另一方面電力業者承諾以一定的費率供應能源（通常採競標方式，由費率最低的電力業者得標）。政府對有些這類合約並未提供直接的投資補助，而是保障業者在一定期間內享有一定的市場佔有率，足以讓業者回收其在再生能源上的投資。英國在 1990 年至 2002 年之間實施的「非化石燃料發電義務（Non-Fossil Fuel Obligation, NFFO）」即為一例。

再生能源採購義務則屬於強制性的機制，明確規定電力業者每年度必須購買源自再生能源電力的最低比例，且通常此比例將隨時間逐步調高。2002 年後英國實施的「再生能源義務（Renewables Obligation）」，以及 1997 年起美國個別州政府紛紛採行的「再生能源配比標準（Renewable Energy Portfolio Standard, RPS）」，即屬於這類機制。

再生能源電力保證採購價格，則是另一種型式的誘因機制。在這類鼓勵性措施當中，政府允諾以一定價格（通常為高價）保證收購從再生能源產生的電力。丹麥、德國及西班牙即成功以此措施鼓勵該國在再生能源發電上的發展，例如所謂的「再生能源饋入優惠收購電價（Renewable Feed-in Tariff`, REFIT）」，即屬於此類。

第五節　未來展望

歐洲預計在 2020 年之前將風力發電容量增加到 265 GW；在 2030 年之前達 400 GW，包括源自海域的 150 GW；在 2050 年之前達 600 GW，包括源自海域的 350 GW，到時將滿足全歐用電的一半。如此往海域發展的趨勢，一方面靠的是更先進的技術和電力基礎設施，另一方面表示風機尺寸和風場發電容量，都要比目前大得多。而所有進行當中的研發工作，則都共同著眼於降低發電成本。

在降低成本上的努力主要朝向兩大方向，首先在於累積創新，即在於持續改進製造與設置方法及產品，以增加主流產品的市場數量，進而帶來經濟規模和成本降低。其次在於，包括專用於海域而大幅增大尺寸，甚至追求 20 MW 風機等的創新產品。

多變的再生能源政策

一如過去十幾年，未來仍有賴長遠而穩定的再生能源政策，方足以推動再生能源發展。目前全世界有 96 國，都訂定了再生能源發展目標。這些目標大致尚包括再生能源所占發電比重（一般為 10-30%）、總初級或最終能源、供熱、某特定能源技術的裝置容量、以及生物燃料在運輸用燃料當中所占比率。

有些國家分別在其州、省及地方層級尚各有其目標。雖然這些目標當中有些未能達成，但也有許多都已達成甚至超過的。瑞典遍已超過其所設定的 2020 年目標，另外像是芬蘭、德國、西班牙和台灣，也已提升了其原先的目標。

在相關政策當中，饋入補貼（The feed-in tariff, FIT）仍為全世界最廣為推行的政策。這些 FIT 相關活動主要著眼於更新既有政策，以回應超出預期的強勁市場，特別是 PV 的。

有十個國家都在國家層級上進行 Renewable Portfolio Standard（RPS）/ Quota 政策。其他有助於推動再生能源發電的政策還包括，直接投資補貼、獎勵或退費，稅賦誘因、能源生產付費或績效計點、及公共投資等。

包括義大利、日本、約旦、墨西哥、及美國等至少有十四個國家，都有淨電錶或淨電費（net metering, or "net billing,"）政策。而在歐、美、加、澳大利亞、日本也正發展綠色能源購買與標章計畫。

一般政府過去都靠直接投資獎勵與付稅績效等以促進對再生能源家熱系統的投資，但新的政策愈來愈傾向提供公共預算中立（public budget neutrality)。另外在新建築上強制採用太陽熱水也在國家和地方層級上，漸成趨勢。

城市與地方政府在推動在地產生與使用再生能源上所扮演的角色日趨重要。地方的推動政策包括再生能源目標、融入再生能源的都市計畫、強制或促進再生能源的建築規章、稅捐減免、對公共建設投資再生能源、補助或貸款、另外也透過社區進行一系列非正式的自願行動，以推動再生能源。

愈玩愈大

Desertec計畫跨越三大洲，可能是前所未有的最大再生能源計畫，其概念其實很簡單：在撒哈拉沙漠和北非及中東的多太陽地區，設置聚焦太陽熱，透過高電壓直流傳輸線路，供應整個該地區，包括歐洲、非洲和中東。另外，歐洲和非洲沿岸的風場，以及大部分位於歐洲的地熱、太陽光電、水力及生物質量計畫，也都將加入該電網。其中太陽熱計畫是最大的部份（100 GW），相當於十座一般的核能電廠。

將風力電場推離岸邊，不但在空間上可以更開闊，而且可充分利用更穩、更快的風。目前這方面最大的，即屬英國的 Dogger Bank 計畫。該計畫的裝置容量目標為 9 GW，甚至可能進一步提高到 13GW。到時可超過目前最大的風場，美國德州 Roscoe 於 2009 年完成 782 MW 岸上風場。雖然世界上最早的潮汐電廠，為法國於 1966 年完成的 La Rance 240 Mw 電廠，迄今仍居世界首位，然如今南韓卻已計畫在其仁川（Incheon）灣建立超過五倍大的潮汐電廠。

替代燃料車

歐盟在 2010 年，針對如何趨於永續並避免因為塞車、污染與意外事故，而造成太大的經濟損失，提出了一套永續交通政策白皮書。其中最主要訴求在於整合、技術導向、以及對人友善。該報告指出，目前的交通嚴重依賴石油，但顧及持續升高的石油需求及溫室氣體排放而必須尋求替代燃料。其指出，電或氫燃料電池及生物燃料為在交通上取代石油的主要選項。

天然氣與生物甲烷可做為後補，而人工合成燃料則可銜接從化石燃料過渡到再生能源。液化石油氣（LPG）可在 2020 年之前占到市場的一成。

一輛電動汽車比傳統汽車要多花約 1-1.5 萬歐元，並且還需要建立充電站網絡。而由於氫車技術尚未商業化，一輛中型尺寸的氫車目前比一般表準汽車貴約 15-20 萬歐元。另外，在 2020 年之前，每年需額外投資 30-50 億歐元，接著到 2050 年期間會降到約每年 25 億歐元，假設到那時在全歐路上會有七百億輛氫燃料電池汽車。

甲烷汽車的價格大約和柴油車相同。但在全歐設置十萬個甲烷添加站將耗費 250 億歐元。

顧及各類型替代燃料所需要的各種基礎設施，代燃料（fungible fuels）及生物燃料所用基礎設施僅需很少的改變，遠優於其他多數替代燃料。

以智慧型電網削低尖峰電力

根據世界能源委員會等的估測，智慧型電網技術得以將區域的尖峰電力需求削低十五至二十個百分點。如此可少建好幾個火力或核能發電廠，這無論是對大眾健康、地球及電力業者本身，都是一大好事。

但人們可能要問，既然電廠未建，又如何知道其價值，及斥資建立智慧型電網所可能帶來的效益？

這幾年來另一大新聞，便是遠超乎預期便宜的天然氣及其未來好幾年都可望維持廉價。這對於風力發電和太陽能發電的發展固然可能形成挑戰，但對於目前在新建燃煤火力電廠與核能電廠，都因成本與安全等因素而遭遇重大阻礙的電力業者，卻可望成為一大紓解。

美國能源資訊局預測未來五年內美國將會有 27 兆瓦的燃煤電場除役。由於核電繼日本福島災難之後貴得無以負擔，取而代之的會是一些太陽能和風能電場以及大多數的天然氣火力電場。而透過提升能源效率，降低用電戶的需求，將會是是否得以有效釋壓的關鍵。

許多實例已然證明，智慧型電網技術得以有效削減尖峰用電並提升整體能源效率，尤其是其還可避免興建於今幾乎無地容納的新發電廠。問題是，究竟投資在智慧型電網上面又有甚麼好處？在過去對於發電，賣電的台電來說，要說服他們花錢來讓他們的顧客減少買電，應該是說不通的事。同時，某些類型的能源效率，也可能和發電業者自己的利益衝突。因此日本正大量輸入天然氣和渦輪機，以渡過後福島電廠危機。

風力和太陽光電需要更緊密的整合到電網運轉與電力市場當中。Black & Veatch 預測未來 25 年美國的再生能源，將倍數成長到占全國約百分之 13.3 的供電來源，但到時天然氣則會占到近百分之 55.4。

全球經濟不振，將持續讓廠商難以對新的 PV 技術進行投資，但同時卻使中國大陸願意繼續刺激國內 PV 的裝設。為刺激國內需求，其可能願意採用雖然不符合歐美認可標準，但成本卻較低的材料。長期下來，中國大陸可從這些供應當中獲取經驗並改進品質，而終於成為全球強勁的競爭者。

再生能源下鄉

即使是在一些最偏遠的地方，也有愈來愈多的各類形再生能源，成為包括照明、通信、烹飪、取暖、納涼及打水，進而促進其經濟成長的基本能源需求。在開發中國家，家庭 PV 系統、風機、小水電、或複合小型電網、生質能或太陽能水泵及其他再生能源技術，逐漸應用在家裡學校醫院、農場、小型工廠的鄉下和與電網脫離的地區。其數量仍難以估計。

離網的再生能源，愈來愈被認為是開發中國家鄉下，解決生活所需，最便宜且最為永續的辦法。這對於市場發展具有深遠的影響。

再生能源未來在對目前地球上依賴傳統能源的幾十億人提供能源服務上，將扮演日趨重要的角色。而同樣在這個星球上，還有十五億人至今還用不到電，一般都靠煤油燈或蠟燭提供照明，靠著對他們來說極昂貴的乾電池聽收音機與外界保持聯繫。同時有將近三十億人以薪材、草、木炭或煤炭來烹煮和取暖，既缺乏效率又傷身。而事實上，如今有別於傳統且能提供可靠而永續的替代能源已然存在。對於偏遠的鄉下地方，再生能源系統正可用以加速過渡到現代化能源服務的境界。

鄉下過渡到新再生能源系統

在開發中國家的鄉下，無論是在居家、通信傳播、乃至小型工業當中，都有可能用上現代化的能源。即便是最最偏遠的地方，一些再生能源技術，像是居家光伏系統、微型水力驅動的小型電網、以生物質量為基礎的能源系統、及太陽泵等，都能提供從優質照明到通訊、冷暖氣等服務到驅動電力等能帶動經濟成長的電力服務。表 15.4 所示，即這些能透過再生能源技術滿足鄉下地區能源服務需求的項目。

表 15.4　偏鄉（離網）地區的再生能源過渡情形

偏鄉能源服務	既有離網偏鄉能源	新再生能源技術實例
照明等小電力需求（家庭、學校、街燈、電話、手工具、儲存、冷凍冷藏	蠟燭、煤油、電池、小型柴油引擎、中央電池充電	・水力（極小型、微型、小型） ・源自家户型消化槽的生物氣 ・小型生物氣化器與燃氣引擎 ・村落型小電網與太陽、風、水力複合系統 ・陽光居家系統 ・極小型光伏系統，包含太陽燈
通信、傳播（電視、收音機、行動電話）	乾電池、小型柴油機、接電網的中央電池充電	・水力（極小型、微型、小型） ・源自家户型消化槽的生物氣 ・小型生物氣化器與燃氣引擎 ・村落型小電網與太陽、風、水力複合系統 ・陽光居家系統 ・極小型光伏系統，包含太陽燈

偏鄉能源服務	既有離網偏鄉能源	新再生能源技術實例
烹煮 (居家、商業爐灶)	開放燒柴、草與糞便，效率約 15%	・改良式爐灶，效率約 25% ・家庭型生物氣化器與燃氣爐 ・太陽烹煮器（solar cooker）
冷暖氣加熱器 (熱水與作物乾燥等農產加工)	絕大多數開放燒柴、草與糞便	・改良式加熱爐 ・中、小型生物氣化器 ・太陽作物乾燥器 ・太陽熱冷暖器 ・小型再生能源電網趨動風扇
動力加工用電 (小型工業)	柴油機與發電機	・小型與大型陽光居家系統 ・小型風機 ・源自複合系統的小型電網（例如結合微水力、氣化器、大型消化槽等再生能源系統）
水泵（農業與飲水）	柴油水泵與發電機	・機械風力水泵 ・太陽光伏泵 ・源自複合系統的微電網

居家照明與通訊傳播

偏鄉地區供電的最重要效益之一，便是居家照明。如今儘管有些家戶用不上電網的電，但仍能享用優質居家照明。這些技術都趨於更小、更便宜、且更有效率，因此也就更是用於一些開發中國家的家庭用戶。

居家照明所需電力很小，尤其如果用的是最新的照明技術像是發光二極體（LED）等。只不過最近有些研究報告指出，這類先進的照明技術對於鄉下居家照明仍有不足之處。各種再生能源技術當中，在居家照明上用得最多的便屬PV，這包括供應全家用的系統和太陽燈（solar lamp）。

烹煮與加熱

根據世界衛生組織 2009 年的聯合國發展計畫報告，全世界有近三十億人的烹煮尚依賴木材等各種固體燃料。而就像台灣早年，當今在許多國家的鄉下烹煮與取暖，用得最多的便是柴火燃燒，不僅沒效率且造成嚴重的健康問題。何況還往往為了採集薪柴，造成了生物質量無以永續的嚴重後果。有一種封閉的灶加上煙囪或排煙罩的設計，可改善這些情況，堪稱改良式爐灶。全世界已有分布在亞洲、非洲和拉丁美洲的約八億三千萬人使用它，這些除了靠各國政府，也靠許多企業贊助。

一般來講，這些爐都以耐用材質製成，可用上五至十年甚至更久，其價格低廉並附帶保固，在開發中國家有相當大的市場潛力。未來在這方面的努力，主要將著眼於開發技術並建立高能源效率爐灶的永續市場，而不在於補貼購買爐灶。

動力電力、灌溉及村落規模的系統

一些像是動力，電力及村莊電氣化等較大型的應用，都需要量身訂製的電力系統，以提供較前數家戶等小型獨立系統更大的輸出電力。常見的發電實例是由 PV、風、水力、及生物質量加上一套電池組成，並以柴油發電機作為備用的複合式系統。其可應用在泵送用水和海水淡化等需求上。

巴西已在最近達成常聽到的偏鄉電氣化的「最後一哩」目標。雖然其電網已遍及全國超過 95% 的家戶用電，巴西仍同時透過延伸電網及使用離網社區與家戶系統，以持續擴充其用電普及率。

資助離網再生能源的趨勢

在離網的偏鄉地區往往可看到高初期投資成本，導致再生能源推展遲緩的實際狀況。另外，難以掌握的法規架構、不良的賦稅或補貼結構，加上當地市場的難以建立，都造成私人投資的遲疑不前。

有些政府了解這些挑戰，並非單靠對電網延伸提供補貼便足以克服。而取而代之的趨勢，是將電網延伸與離網再生能源整合在同一個計畫當中。

總而言之，離網與偏鄉再生能源市場有幾個關鍵趨勢。其中最明顯的，便是愈來愈普遍認為離網再生能源對於偏鄉地區而言，是最便宜且最為永續的選項。長此以往，其將對於市場的建立造成影響。

展望台灣再生能源

這兩年台灣一些政治和學術領導者，都曾提出台灣應重新考慮核電，才比較明智。其邏輯不外面對地球暖化與能源危機，核電仍不失為沒有選擇中的選擇。另外，台電的赤字預計在 2013 年底前將累計超過 2,000 億。追究虧損的主因，不外長期依賴的化石燃料價格持續高漲。

基於能源安全與環保考量，將潔淨能源體系整合到經濟發展當中，早已成為各國努力落實的方向。未來台灣的能源選擇，在於準確掌握各類型節能與高效率及再生能源技術應用前景與發展進度的一套，兼具前瞻性與整體性的能源路徑圖及其落實。

舉例來說，過去二十年來，岸上風能成本降了十倍，目前在很多國家已足以和火力與核能發電競爭。而隨著國外多年實例證明，風機能適應海域，且世界主要風機製造廠都積極開發 2000 瓩以上的大型風機，這幾年海域風電在好幾個國家都已顯現輪廓。例如英國在 2030 年之前，將依靠海域風場供應其 40% 電力；荷蘭計畫在 2020 年之前完成 1500 百萬瓦的海域風電；丹麥預計在 2030 年之前，藉大幅擴充海域風電，使其風電達到 50% 的佔有率；德國在水域當中發展的風電計畫總共超過 30,000 百萬瓦；法國亦正規劃 500 百萬瓦的海域風電。這些計畫的一個共同點，便是都採用百萬瓦以上等級的風機，理由即在於，如此可從海洋較為穩定的風力資源當中，更經濟有效的發出更大量的電，以備在未來的世界潔淨電力舞台上站一席之地。根據歐盟執委會的評估，海域風場在水深達 50 公尺處，即可擷取達數倍於整個歐洲耗電量的電力。

享有現成且優越海洋環境的台灣，豈能不積極、長遠的將海洋上的風能一併納入考量。據歐盟評估，商業化海域風能產業與技術都尚屬開發初期，其市場具很大的開發空間，且風機與其支援基礎設施的建造與運轉，具龐大國家收益潛力。

然而，海域風電畢竟還須克服像是投資成本一般高於陸域，以及各種海上環境與社會層面利益間的競爭等挑戰。因此，對起步較晚的台灣而言，若非儘早著手鋪設海域風電之路，未來走起來恐怕仍會相當坎坷。從過去十幾年來在歐盟國家在再生能源上的相互競爭的過程當中可看出，贏家總歸屬於及早表達並實踐發展意願的國家，而成敗的最主要關鍵仍在於政府的政策。

從目前台灣的各種條件來看，政府所扮演的主要角色，應在於建立一個能維繫台灣再生能源產業所需要的架構，以提供一個具備應有技能、相關知識、生產力、創新及高度競爭力的人力資源。基於過去長期累積，台灣既有的基礎技能已相當完備，短缺的是特定應用於再生能源相關技能的應用與整合。

許再生能源一個未來——德國能源轉型啓示

過去談起地球暖化與氣候變遷議題，人們總寧可信其無，甚至質疑如此危言聳聽的動機。直到一場接著一場氣候浩劫的證實之後，我們也曾一度相信核電可作為解決氣候變遷的主要方案，至於其安全顧慮也可以靠技術與工程升級免除。直到 2011 年三月十一日之後，我們必須面對的事實是，繼續使用核電，不僅所帶來輻射廢料產量增加與災難意外風險都將持續，而且繼續花在核電上的每一塊錢，原本都可及早有效用來發展永續能源系統，同時對抗氣候變遷。至於過去核能政策所預期的廉價電力等相關效益，如今也已證明太過薄弱，而且不能確保台灣的未來。何況，將環境成本納入發電成本當中，也是在對未來作成決策時所不能迴避的。

實際上，符合台灣長遠整體利益的當務之急，恐怕還在於針對一套能提供台灣安全、可靠、成本有效且對社會與環境負責的能源組合，擬出全盤路徑圖，並全力追求轉型。近幾年，德國的能源轉型經驗當中出現了包括許多國際環保團體在內，不久前都還料想不到的結果，或許值得我們深入思考。

首先令人驚訝的是，蓬勃工業經濟體如德國，也能達成從原本的化石能源與核能，轉型達成再生能源與能源效率的目標。根據其經驗，再生能源愈趨成熟，也就比預期的來得可靠且便宜得多。德國的再生能源發電量所佔比例，僅在十年內便從6%提升到25%。而只要陽光普照又有風，其太陽能板和風機便足以滿足德國半數電力需求。最近估計，德國將在2020年之前讓源自再生能源的電力超過40%。

能源轉型，最讓人擔心的就是對經濟與就業機會的影響。德國在2011年之前，半數以上投資再生能源的不在事大企業而都屬於中小投資者，如此大大強化了中小企業的參與。同時地方的社區和民眾，也得以有能力生產屬於自己的再生能源。實際上，德國能源轉型所帶來的經濟效益，已超越若能源維持原狀所額外增加的成本。另外，德國在2005年至2011年間，不僅持續創造比傳統能源更多的就業機會，且估計在2020至2030年期間，所創造出的淨就業數，可從原本的大約八萬個，提升到十萬至十五萬個。主要理由之一，便在於其再生能源直接彌補了源自本來工作就很少的核能電廠的工作。這些技術員、裝配員、和建築師等工作，都在當地創造出來，而且都不外包。相較於其他許多國家，其實際上反倒幫助德國得以較平順的度過了經濟與財政風暴。

德國在2012年，風能和太陽能的電力價格降了超過一成。從鋼鐵到玻璃乃至水泥業等高耗能業者，也都因此受惠。至於對太陽能板、風力發電機、生質能與水力發電廠、電池與儲能系統、智慧型電網設備、以及能源效率技術的需求，都將持續上揚，而使相關業者受惠。不同於燃煤和核能發電，再生能源的成本無法隱瞞，既透明又即時，也不會加到後代身上。政府扮演好了設定目標與政策的角色，剩下的對再生能源所作的投資及電價的發展，則交由市場決定。

對抗氣候變遷和淘汰核能電廠，其實可以同步進行。德國即便在2011年已停了八座核電廠，其溫室氣體排放，卻仍較前一年減少2%，並以前所未有的穩定狀態供電，且有令人羨慕的的GDP成長，同時還持續對鄰國輸出電力。其除役的核電容量，靠著更多的再生能源、傳統式備用電廠、以及更高的效率，取而代之。整體來說，德國在2012年便已超越其在京都議定書當中的21%（相較於其1990年的）碳排放減量目標，目前正朝向2020年的40%減量目標邁進。

德國的電力公司也曾藉著拖延轉向再生能源，力圖維護其既得利益，但如今都一一轉向。包括其工業巨擘西門子，也在其全球性擘畫當中抽離了核電，改專注在風電與水電。

台灣必然會比德國更負擔得起能源轉型的代價。德國在 2006 年到 2012 年中，太陽能光電系統的裝置成本驟降了 66%。台灣未來對再生能源投資，也只會更便宜得多。值得提醒的是，台灣的的陽光資源，比德國的要好上許多，未來光靠本土的充足陽光，便可望從和德國相同的太陽能板，發出多得多的電力。

結論：如何真正愛地球？

儘管全球暖化、氣候變遷對人類的威脅已普遍經由科學證明無庸置疑，但同時卻也有相當份量的科學證據看似足以反駁前述結論，這可從前一陣子國內、外平面媒體讀者對 IPCC 所提出報告的反應看出。

對於不是專家的一般人，實在無從判別，同樣擺在她／他面前的觀點，究竟誰的思維是主流，誰是非主流。因此我們也可臆測在科學界，其實在這些事情上面也是有派別的。就拿香菸作例子，由於癌症通常都得暴露在致癌物好長一段時間才會顯現，而且又沒人能說得準究竟暴露在這麼多致癌物下的這麼多人當中，究竟誰才會被擊垮，情況也就因此變得更糟。這些香菸廠商也正是靠著製造對其產品與癌症之間關聯性的懷疑，好好持續享受了好幾十年的暴利，而多少人也就因而在此期間冤枉喪命。

氣候變遷這件事終究很難讓人冷靜的評估。因為這件事所牽扯的政、商意涵既深又廣，何況它還是從我們人類文明成就的核心發展過程當中，揚升上來的。也就是說，一旦我們去強調它，就同時製造出了贏家和輸家。而一些特定利益團體只要提出辯解，便很容易增殖出一連串的誤導故事。

不過終究情況還是樂觀的。而儘管絕大多數已開發國家領袖已在最近對此議題形成共識，暫時可置身其外的台灣，不能坐等別人為我們解決問題。特別值得注意的是，其實我們的確可以在不損及生活品質的前提下，做出一些改變，來對抗氣候變遷的。

最近一些最有力的證據顯示，我們需要在 2050 年之前，將我們的 CO_2 排放減少 70%。如果你願意將你的四輪傳動（SUV）大車換成油電混合小車，其實也就可讓你在一天之內達到這個減量目標。而如果我們選擇綠色電力來源，也等於是全家一起達到同樣大幅的減量效果。

我們常常聽到周遭人們對氣候變遷議題的反應是，這件事要再過幾十年以後才會對我們造成影響，所以沒有立即的威脅。對於這種說法，我們當然很難說對或不對。問題是，如果幾十年之後就有嚴重的變化或是變化的後果，那不正等於是一個比較長的明、後天以後的事？放遠來看，今天活著的人當中有大約 70%，到了 2050 年還會是活著的。也就是說，今天的氣候變遷及其效應，其實是會影響到當今每個家庭的。

從潔淨且低風險的能源當中，將真正負擔得起的能源服務提供給人們，並確保其生活水準，是永續能源體系的終極目標。而藉由結合從能源效率與再生能源所得到的效益，加以充分發揮，人類其實是有能力達成此一遠大目標的。

參考文獻

能源儲存

1. Air-Conditioning, Heating and Refrigeration Institute, Fundamentals of HVAC/R, Page 1263.

2. Auner, Norbert. Silicon as an intermediary between renewable energy and hydrogen, Frankfurt, Germany: Institute of Inorganic Chemistry, Johann Wolfgang Goethe University Frankfurt, Leibniz-Informationszentrum Wirtschaft, May 5, 2004, No. 11.

3. Clean Alternative Fuels: Fischer-Tropsch, Transportation and Air Quality, Transportation and Regional Programs Division, United States Environmental Protection Agency, March 2002.

4. Cowan, Graham R.L. Boron: A Better Energy Carrier than Hydrogen?, June 12, 2007]

5. Diane Cardwell (July 16, 2013). Battery Seen as Way to Cut Heat-Related Power Losses. *The New York Times*. Retrieved July 17, 2013.

6. Diem, William. Experimental car is powered by air: French developer works on making it practical for real-world driving, Auto.com, March 18, 2004. Retrieved from Archive.org on March 19, 2013.

7. Energy technology analysis, International Energy Agency. p.70.

8. Engineer-Poet. Ergosphere Blog, Zinc: Miracle metal?, June 29, 2005.

9. Fire and Ice based storage, DistributedEnergy.com website, April 2009.

10. Gies, Erica. Global Clean Energy: A Storage Solution Is in the Air, *International Herald Tribune*, October 1, 2012. Retrieved from NYTimes.com website, March 19, 2013.

11. Hellström, G. (19 May 2008), *Large-Scale Applications of Ground-Source Heat Pumps in Sweden,* IEA Heat Pump Annex 29 Workshop, Zurich.

12. Home heat and power: Fuel cell or combustion engine, GreenEnergyNews.com website, May 1, 2005, Vol.10 No.6.

13. Hubler, Alfred W. (Jan/Feb 2009). Digital Batteries. *Complexity* (Wiley Periodicals, Inc) 14 (3): 7-8.

14. Hydrogen and Fuel Cell News: 1994 - ECN abstract, HyWeb.com website.

15. Natural Resources Canada, 2012. Canadian Solar Community Sets New World Record for Energy Efficiency and Innovation. 5 Oct. 2012.

16. Oprisan, Morel. Introduction of Hydrogen Technologies to Ramea Island, CANMET Technology Innovation Centre, Natural Resources Canada, April 2007.

17. Quirin Schiermeier (April 10, 2013). Renewable power: Germany's energy gamble: An ambitious plan to slash greenhouse-gas emissions must clear some high technical and economic hurdles. *Nature*. Retrieved April 10, 2013.

18. Rodica Loisel, Arnaud Mercier, Christoph Gatzen, Nick Elms, Hrvoje Petric, Valuation framework for large scale electricity storage in a case with wind curtailment, Energy Policy 38(11): 7323-7337, 2010, doi:10.1016/j.enpol.2010.08.007.

19. Schmid, Jürgen. Renewable Energies and Energy Efficiency: Bioenergy and renewable power methane in integrated 100% renewable energy system (thesis), Universität Kassel/Kassel University Press, September 23, 2009.

20. Solar District Heating (SDH). 2012. Braedstrup Solar Park in Denmark Is Now a Reality! Newsletter. 25 Oct. 2012. SDH is a European Union-wide program.

21. Talbot, David (December 21, 2009). A Quantum Leap in Battery Design. *Technology Review* (MIT). Retrieved June 9, 2011.

22. Wald, Matthew L. Using Compressed Air To Store Up Electricity, *The New York Times*, September 29, 1991. Discusses the McIntosh CAES storage facility.

23. Wald, Matthew. Green Blog: The Convoluted Economics of Storing Energy, *The New York Times*, January 3, 2012.

24. Weeks, Jennifer (2010-04-28). U.S. Electrical Grid Undergoes Massive Transition to Connect to Renewables. Scientific American. Retrieved 2010-05-04.

25. White Paper: A Novel Method For Grid Energy Storage Using Aluminum Fuel, Alchemy Research, April 2012.

26. Wild, Matthew, L. Wind Drives Growing Use of Batteries, *The New York Times*, July 28, 2010, pp. B1.

27. Wong, B. (2011). *Drake Landing Solar Community.*

28. Wong, B. (2013). *Integrating solar & heat pumps.*

29. Zero Pollution compressed Air Car set for U.S. launch in 2010 Gizmag http://www.gizmag.com/compressed-air-car-set-for-us-launch-in-2010/8896/picture/4254

太陽熱能

1. 2005 Solar Year-end Review & 2006 Solar Industry Forecast Jesse W. Pichel and Ming Yang, Research Analysts, Piper Jaffray. 2006.

2. A Powerhouse Winery. *News Update*. Novus Vinum. 2008-10-27. Retrieved 2008-11-05.

3. American Inventor Uses Egypt's Sun for Power; Appliance Concentrates the Heat Rays and Produces Steam, Which Can Be Used to Drive Irrigation Pumps in Hot Climates

4. Appropriate Technology for Alternative Energy Sources in Fisheries: Proceedings of the ADB-ICLARM Workshop on Appropriate Technology for Alternative Energy Sources in Fisheries, Manila, Philippines, 21-26 February 1981 ed. by R. C. May, I. R. Smith and D. B. Thomson.

5. Apte, J. et al. Future Advanced Windows for Zero-Energy Homes. American Society of Heating, Refrigerating and Air-Conditioning Engineers. Retrieved 2008-04-09.

6. Artificial photosynthesis as a frontier technology for energy sustainability. Thomas Faunce, Stenbjorn Styring, Michael R. Wasielewski, Gary W. Brudvig, A. William Rutherford, Johannes Messinger, Adam F. Lee, Craig L. Hill, Huub deGroot, Marc Fontecave, Doug R. MacFarlane, Ben Hankamer, Daniel G. Nocera, David M. Tiede, Holger Dau, Warwick Hillier, Lianzhou Wang and Rose Amal. Energy Environ. Sci., 2013, Advance Article DOI: 10.1039/C3EE40534F http://pubs.rsc.org/en/content/articlelanding/2013/EE/C3EE40534F (accessed 11 March 2013)

7. Boyle, Godfrey. Renewable Energy. Oxford ; New York : Oxford University Press in association with the Open University, 2004.

8. Chambers, Ann. Renewable Energy in Nontechnical Language. Tulsa, Okla. : PennWell Corp., 2004.

9. Del Chiaro, Bernadette; Telleen-Lawton, Timothy. Solar Water Heating (How California Can Reduce Its Dependence on Natural Gas). Environment California Research and Policy Center. Retrieved 2007-09-29.

10. DOE's Energy Efficiency and Renewable Energy Solar FAQ.

11. Earth Radiation Budget Earth Radiation Budget. NASA Langley Research Center. 2006.

12. Earth Radiation Budget. NREL: Dynamic Maps, GIS Data, and Analysis Tools - Solar Maps. National Renewable Energy Laboratory, US. 2006.

13. Edwin Cartlidge (18 November 2011). Saving for a rainy day. *Science (Vol 334)*. pp. 922–924.

14. EPIA. 2012. Global Market Outlook for Photovoltaic until 2016, May 2012.

15. Exergy (available energy) Flow Charts 2.7 YJ solar energy each year for two billion years vs. 1.4 YJ non-renewable resources available once.

16. Future of power by Discovery http://dsc.discovery.com/tv-shows/other-shows/videos/powering-the-future-solar.htm

17. Gray HB. Powering the planet with solar fuel. Nature Chemistry 2009; 1: 7.

18. Hammarstrom L and Hammes-Schiffer S. Artificial Photosynthesis and Solar Fuels. Accounts of Chemical Research 2009; 42 (12): 1859-1860.

19. Handbook of Renewable Energies in the European Union II : Case Studies of All Accession States. Danyel Reiche (ed.); in collaboration with Mischa Bechberger, Stefan Korner, and Ulrich Laumanns ; foreword by Gunter Verheugen. Frankfurt am Main ; New York : P. Lang, 2003.

20. Household Water Treatment Options in Developing Countries: Solar Disinfection (SODIS). Centers for Disease Control and Prevention. Archived from the original on 2008-05-29. Retrieved 2008-05-13.

21. How to build your own solar panel: http://www.youtube.com/watch?v=EMCvzA4pJdg&feature=related

22. Isra Cast: ZINC POWDER WILL DRIVE YOUR HYDROGEN CAR, Wired News: Sunlight to Fuel Hydrogen Future and Solar Technology Laboratory: SynMet.

23. J. Murray. Investigation of Opportunities for High-Temperature Solar Energy in the Aluminum Industry, National Renewable Energy Laboratory report NREL/SR-550-39819 (USA).

24. K. Lovegrove, A. Luzzi, I. Soldiani and H. Kreetz. Developing Ammonia Based Thermochemical Energy Storage for Dish Power Plants. Solar Energy, 2003. http://engnet.anu.edu.au/DEresearch/solarthermal/pages/pubs/SolarEAmmonia4.pdf.

25. Masters, Gilbert M. Renewable and Efficient Electric Power Systems. Hoboken, NJ, John Wiley & Sons, 2004.

26. New Scientist issue 2577, 13 November 2006 Take a leaf out of nature's book to tap solar power by Duncan Graham-Rowe Nov 2006.

27. New Scientist report on greenhouse gas production by hydroelectric dams. International Water Power and Dam Construction Venezuela country profile.

28. NREL - Transpired Air Collectors (Ventilation Preheating)

29. NREL Map of Flat Plate Collector at Latitude Tilt Yearly Average Solar Radiation.

30. OECD. Environmental Impacts of Renewable Energy: the OECD COMPASS Project. Paris : Organisation for Economic Co-operation and Development, 1988.

31. Panasonic World Solar Challenge 21-28 October 2007 The World Solar Challenge. 2006.

32. Potts, Michael. The independent Home : Living Well with Power from the Sun, Wind, and Water. Post Mills, VT : Chelsea Green Pub. Co., 1993.

33. Potts, Michael. The New Independent Home : People and Houses that Harvest the Sun. White River Junction, Vt. : Chelsea Green Publishing, 1999.

34. Power Generation by Renewables / Organized by the Energy Transfer and Thermofluid Mechanics Group of The Institution of Mechanical Engineers (IMechE) ; co-sponsored by the Power Industry Division. Bury St. Edmunds : Professional Engineering Publishing, 2000.

35. Powering the Planet: Chemical challenges in solar energy utilization retrieved 7 August 2008

36. Quaschning, Volker. 2003. Technology Fundamentals: Solar thermal power plants (Reprint). Renewable Energy World: 109-113.

37. Renewable Energy Storage: Its Role in Renewables

and Future Electricity Markets. organized by the Research and Technology Committee of the Institution of Mechanical Engineers (IMechE) Bury St Edmunds : Professional Engineering Pub. for the Institution of Mechanical Engineers, 2000.

38. Renewable Energy Systems : Design and Analysis with Induction Generators. M. Godoy Simoes and Felix A. Farret.
39. Renewable Resources for Electric Power : Prospects and Challenges. Raphael Edinger, Sanjay Kaul. Westport, Conn.: Quorum Books, 2000.
40. Rosenfeld, Arthur; Romm, Joseph; Akbari, Hashem; Lloyd, Alan. Painting the Town White -- and Green. Heat Island Group. Archived from the original on 2007-07-14. Retrieved 2007-09-29.
41. Ryan Kellogg; Hendrik Wolff. 2007. Does extending daylight saving time save energy? Evidence from an Australian experiment. CSEM WP 163. University of California Energy Institute. http://www.technologyreview.com/read article.
42. Ryan Kellogg; Hendrik Wolff. 2007. Does extending daylight saving time save energy? Evidence from an Australian experiment. CSEM WP 163. University of California Energy Institute.
43. Shilton AN, Powell N, Mara DD, Craggs R (2008). Solar-powered aeration and disinfection, anaerobic co-digestion, biological CO(2) scrubbing and biofuel production: the energy and carbon management opportunities of waste stabilisation ponds. *Water Sci. Technol.* 58 (1): 253–258. doi:10.2166/wst.2008.666. PMID 18653962.
44. Solar Fuels and Artificial Photosynthesis. Royal Society of Chemistry 2012 http://www.rsc.org/ScienceAndTechnology/Policy/Documents/solar-fuels.asp (accessed 11 March 2013)
45. Solar Spectra: Standard Air Mass Zero. NREL Renewable Resource Data Center. 2006.
46. Solar Stirling system ready for production. 2006.
47. Sorensen, Bent. Renewable Energy : Its Physics, Engineering, Use, Environmental Impacts, Economy and Planning Aspects. Bent Sorensen. San Diego, Calif.; London : Academic, 2000.
48. Sun King Russell Flannery 27 March 2006. 2006.
49. Tadesse I, Isoaho SA, Green FB, Puhakka JA (2003). Removal of organics and nutrients from tannery effluent by advanced integrated Wastewater Pond Systems technology. *Water Sci. Technol.* 48 (2): 307–14. PMID 14510225.
50. The Real Goods Solar Living Sourcebook : the Complete Guide to Renewable Energy Technologies and Sustainable Living./ executive editor, John Schaeffer ; edited by Doug Pratt and the Real Goods staff. 1999.
51. Tremblay, Varfalvy, Roehm and Garneau. 2005. Greenhouse Gas Emissions - Fluxes and Processes, Springer, 732 p.
52. U.S. Climate Change Technology Program - Transmission and Distribution Technologies.
53. U.S. Department of Energy. 2006. New World Record Achieved in Solar Cell Technology. Press release.
54. Vaclav Smil - Energy at the Crossroads.
55. Vehicle auxiliary power applications for solar cells 1991 Retrieved 11 October 2008
56. Wasielewski MR. Photoinduced electron transfer in supramolecular systems for artificial photosynthesis. Chem. Rev. 1992; 92: 435-461.
57. Weiss, Werner; Bergmann, Irene; Faninger, Gerhard. Solar Heat Worldwide (Markets and Contributions to the Energy Supply 2005) (PDF). International Energy Agency. Retrieved 2008-05-30.
58. World Sales of Solar Cells Jump 32 PercentViviana Jiménez, 2004 Earth Policy Institute. 2006.

PV

1. Ariel, Yotam (25 August 2011) Delivering Solar to a Distribution-cursed Market. Renewableenergyworld.com. Retrieved on 3 June 2012.
2. AT&T installing solar-powered charging stations around New York Retrieved 28 June 2013
3. Barclay, Eliza (31 July 2003). Rural Cuba Basks in the Sun. islamonline.net.
4. BP Solar to Expand Its Solar Cell Plants in Spain and India. Renewableenergyaccess.com. 23 March 2007. Retrieved on 3 June 2012.
5. Branker, K.; Pathak, M.J.M.; Pearce, J.M. (2011). A Review of Solar Photovoltaic Levelized Cost of Electricity. *Renewable and Sustainable Energy Reviews* 15 (9): 4470. doi:10.1016/j.rser.2011.07.104. hdl:1974/6879.
6. Building Integrated Photovoltaics, Wisconsin Public Service Corporation, accessed: 23 March 2007.
7. Bullis, Kevin (23 June 2006). Large-Scale, Cheap Solar Electricity. Technologyreview.com. Retrieved on 3 June 2012.
8. Calculator for Overall DC to AC Derate Factor. Rredc.nrel.gov. Retrieved on 3 June 2012.
9. Chevrolet Dealers Install Green Zone Stations Retrieved 28 June 2013
10. Chinese PV producer Phono Solar to supply German system integrator Sybac Solar with 500 MW of PV modules *Solarserver.com*, April 30, 2012
11. Converting Solar Energy into the PHEV Battery. VerdeL3C.com (May 2009).
12. DSIRE Solar Portal. Dsireusa.org (4 April 2011). Retrieved on 3 June 2012.
13. Erickson, Jon D.; Chapman, Duane (1995). Photovoltaic Technology: Markets, Economics, and Development. *World Development* 23 (7): 1129–1141.
14. European Photovoltaic Industry Association (2013). Global Market Outlook for Photovoltaics 2013-2017.
15. Fraunhofer: 41.1% efficiency multi-junction solar cells. renewableenergyfocus.com (28 January 2009).
16. GE Invests, Delivers One of World's Largest Solar Power Plants. Huliq.com (12 April 2007). Retrieved on 3 June 2012.
17. Gipe, Paul (2 June 2010) Germany To Raise Solar Target for 2010 & Adjust Tariffs | Renewable Energy News. Renewableenergyworld.com. Retrieved on 12 December 2010.
18. Global Market Outlook for Photovoltaics until 2015. European Photovoltaic Industry Association (EPIA). May 2011. p. 39.
19. Global Solar PV installed Capacity crosses 100GW Mark. renewindians.com (11 February 2013).
20. Hoen, Ben; Wiser, Ryan; Cappers, Peter and Thayer, Mark (April 2011). An Analysis of the Effects of Residential Photovoltaic Energy Systems on Home Sales Prices in California. *Berkeley National Laboratory*.
21. Investing in Solar Electricity. What's the Payback?. energy.ltgovernors.com. Retrieved on 21 April 2012.
22. Jacobson, Mark Z. (2009). Review of Solutions to Global Warming, Air Pollution, and Energy Security. *Energy & Environmental Science* 2 (2): 148.
23. Luque, Antonio and Hegedus, Steven (2003). *Handbook of Photovoltaic Science and Engineering*. John Wiley and Sons. ISBN 0-471-49196-9.
24. Martinot, Eric and Sawin, Janet (9 September 2009). Renewables Global Status Report 2009 Update, *Renewable Energy World*.
25. Massachusetts: a Good Solar Market. Remenergyco.com. Retrieved on 31 May 2013.
26. Money saved by producing electricity from PV and Years for payback. Docs.google.com. Retrieved on 31 May 2013.
27. Napa Winery Pioneers Solar Floatovoltaics. Forbes

(18 April 2012). Retrieved on 31 May 2013.

28. Nieuwlaar, Evert and Alsema, Erik. Environmental Aspects of PV Power Systems.
29. Pearce, Joshua (2002). Photovoltaics – A Path to Sustainable Futures. *Futures* 34 (7): 663–674. doi:10.1016/S0016-3287(02)00008-3.
30. Philadelphia's Solar-Powered Trash Compactors. MSNBC (24 July 2009). Retrieved on 3 June 2012.
31. Photovoltaic Effect. Mrsolar.com. Retrieved 12 December 2010
32. REN21 (2011). Renewables 2011: Global Status Report. p. 22.
33. Renewable energy costs drop in '09 *Reuters*, 23 November 2009.
34. Renewable Energy Policy Network for the 21st century (REN21), Renewables 2010 Global Status Report, Paris, 2010, pp. 1–80.
35. Renewable Energy: Is the Future in Nuclear? Prof. Gordon Aubrecht (Ohio State at Marion) TEDxColumbus, The Innovators – 18 October 2012
36. Renewables Investment Breaks Records. *Renewable Energy World*. 29 August 2011.
37. Schultz, O.; Mette, A.; Preu, R.; Glunz, S.W. Silicon Solar Cells with Screen-Printed Front Side Metallization Exceeding 19% Efficiency. *The compiled state-of-the-art of PV solar technology and deployment. 22nd European Photovoltaic Solar Energy Conference, EU PVSEC 2007. Proceedings of the international conference. CD-ROM : Held in Milan, Italy, 3 – 7 September 2007*. pp. 980–983. ISBN 3-936338-22-1.
38. Shahan, Zachary. (20 June 2011) Sunpower Panels Awarded Guinness World Record. Reuters.com. Retrieved on 31 May 2013.
39. Sharp Develops Solar Cell with World's Highest Conversion Efficiency of 35.8%. Physorg.com. 22 October 2009. Retrieved on 3 June 2012.
40. Singh, Kartikeya (February 2008). In India's Sea of Darkness: An Unsustainable Island of Decentralized Energy Production. consiliencejournal.org
41. Smil, Vaclav (2006) Energy at the Crossroads. oecd.org. Retrieved on 3 June 2012.
42. Solar loans light up rural India. BBC News (29 April 2007). Retrieved on 3 June 2012.
43. Solar Photovoltaic Electricity Empowering the World. Epia.org (22 September 2012). Retrieved on 31 May 2013.
44. Solar Power 50% Cheaper By Year End – Analysis. *Reuters*, 24 November 2009.
45. Solar PV Module Costs to Fall to 36 Cents per Watt by 2017 Retrieved 28 June 2013
46. Solar Roads attract funding. ebono.org. 8 March 2008
47. Solar-Powered Parking Meters Installed. 10news.com (18 February 2009). Retrieved on 3 June 2012.
48. Solar-powered plane lands outside Washington D.C. Retrieved 28 June 2013
49. SolidWorks Plays Key Role in Cambridge Eco Race Effort. cambridgenetwork.co.uk (4 February 2009).
50. Study Sees Solar Cost-Competitive In Europe By 2015. Solar Cells Info (16 October 2007). Retrieved on 3 June 2012.
51. Swanson, R. M. (2009). Photovoltaics Power Up. *Science* 324 (5929): 891–2. doi:10.1126/science.1169616. PMID 19443773.
52. The photovoltaic effect. Encyclobeamia.solarbotics.net. Retrieved on 12 December 2010.
53. The PV Watts Solar Calculator Retrieved on 7 September 2012
54. U.S. Climate Change Technology Program – Transmission and Distribution Technologies. (PDF) . Retrieved on 3 June 2012.
55. UD-led team sets solar cell record, joins DuPont on $100 million project. *udel.edu/PR/UDaily*. 24 July 2007. Retrieved 24 July 2007.

56. Update: Solar Junction Breaking CPV Efficiency Records, Raising $30M. Greentech Media. 15 April 2011. Retrieved 19 September 2011.

57. Utilities' Honest Assessment of Solar in the Electricity Supply. Greentechmedia.com (7 May 2012). Retrieved on 31 May 2013.

58. Vick, B.D., Clark, R.N. (2005). Effect of panel temperature on a Solar-PV AC water pumping system, pp. 159–164 in: Proceedings of the International Solar Energy Society (ISES) 2005 Solar Water Congress: Bringing water to the World, 8–12 August 2005, Orlando, Florida.

59. Weather variability. Rredc.nrel.gov. Retrieved on 31 May 2013.

60. Winery goes solar with 'Floatovoltaics'. SFGate (29 May 2008). Retrieved on 31 May 2013.

61. World's largest solar-powered boat completes its trip around the world Retrieved 28 June 2013

風能

1. (18 June 2005) Wind turbines a breeze for migrating birds. New Scientist (2504): 21. Retrieved on 2006-04-21.

2. (6 April 2011) Report Questions Wind Power's Ability to Deliver Electricity When Most Needed John Muir Trust and Stuart Young Consulting, Retrieved 26 March 2013

3. *2010 Wind Technologies Market Report*. EERE, U.S. Department of Energy. p. 7.

4. Ahmad Y Hassan, Donald Routledge Hill (1986). *Islamic Technology: An illustrated history*, p. 54. Cambridge University Press. ISBN 0-521-42239-6.

5. Aldred, Jessica. Q&A: Wind Power, The Guardian, 10 December 2007.

6. American Wind Energy Association (2009). Annual Wind Industry Report, Year Ending 2008 p. 11

7. Annual Energy Review 2004 Report No. DOE/EIA-0384(2004). Energy Information Administration (August 15, 2005). Retrieved on 2006-04-21.

8. Archer, C. L.; Jacobson, M. Z. (2007). Supplying Baseload Power and Reducing Transmission Requirements by Interconnecting Wind Farms. *Journal of Applied Meteorology and Climatology* (American Meteorological Society) 46 (11): 1701–1717. Bibcode: 2007JApMC..46.1701A. doi:10.1175/2007JAMC1538.1.

9. Archer, Cristina L.; Mark Z. Jacobson. Evaluation of global wind power. Retrieved on 2006-04-21.

10. Archer, Cristina L.; Mark Z. Jacobson. Evaluation of global wind power. Retrieved on 2006-04-21.

11. Arnett, Edward B.; Wallace P. Erickson, Jessica Kerns, Jason Horn (June 2005). Relationships between Bats and Wind Turbines in Pennsylvania and West Virginia: An Assessment of Fatality Search Protocols, Patterns of Fatality, and Behavioral Interactions with Wind Turbines (PDF). Bat Conservation International. Retrieved on 2006-04-21.

12. Aslam, Abid (31 March 2006). Problem: Foreign Oil, Answer: Blowing in the Wind?. OneWorld US. Retrieved on 2006-04-21.

13. Atlas do Potencial Eólico Brasileiro. Retrieved on 2006-04-21.

14. Beurskens, J. Design limits and solutions – reaching the 20 MW turbine. Wind Technology. Pp. 21-23. Renewable Energy World May 2011.

15. Beyond the Bluster why Wind Power is an Effective Technology – Institute for Public Policy Research August 2012

16. BTM Consult (2009). International Wind Energy Development World Market Update 2009

17. Bullis, Kevin. Wind Turbines, Battery Included, Can Keep Power Supplies Stable Technology Review, May 7, 2013. Accessed: June 29, 2013.

18. Canada's Current Installed Capacity (PDF). Canadian

Wind Energy Association. Retrieved on 2006-12-11.

19. Carbon footprint of electricity generation. Postnote Number 268: UK Parliamentary Office of Science and Technology. October 2006. Retrieved 7 April 2012.

20. Cassandra LaRussa (30 March 2010). Solar, Wind Power Groups Becoming Prominent Washington Lobbying Forces After Years of Relative Obscurity . OpenSecrets.org.

21. Castellano, Robert (2012). *Alternative Energy Technologies*. p. 26. ISBN ISBN 978-2813000767.

22. Caution Regarding Placement of Wind Turbines on Wooded Ridge Tops (PDF). Bat Conservation International (4 January 2005). Retrieved on 2006-04-21.

23. China's on-grid wind power capacity grows. China Daily. 16 August 2012. Retrieved 31 October 2012.

24. Cohn, David (Apr 06, 2005). Windmills in the Sky. Wired News. Retrieved on 2006-04-21.

25. Cohn, Laura; Vitzhum, Carlta; Ewing, Jack (11 July 2005). Wind power has a head of steam. *European Business*.

26. Costs of low-carbon generation technologies May 2011 Committee on Climate Change

27. Danish Wind Industry Association. Danis Wind Turbine Manufacturer's Association (December 1997). Retrieved on 2006-05-12.

28. David Cohn. Windmills in the Sky. Wired News: Windmills in the Sky. San Francisco: Wired News. Retrieved on July 28, 2006.

29. David Danielson (14 August 2012). A Banner Year for the U.S. Wind Industry. *Whitehouse Blog*.

30. Demeo, E.A.; Grant, W.; Milligan, M.R.; Schuerger, M.J. (2005). Wind plant integration. *Power and Energy Magazine, IEEE* 3 (6): 38–46. doi:10.1109/MPAE.2005.1524619.

31. E. Lantz, M. Hand, and R. Wiser (13–17 May 2012) The Past and Future Cost of Wind Energy, National Renewable Energy Laboratory conference paper no. 6A20-54526, page 4

32. Eilperin, Juliet; Steven Mufson (16 April 2009). Renewable Energy's Environmental Paradox. *The Washington Post*. Retrieved 17 April 2009.

33. Electricity production from solar and wind in Germany in 2012. Fraunhofer Institute for Solar Energy Systems ISE. 2013-02-08. Archived from the original on 2013-03-26.

34. Enercon E-126 7.5MW still world's biggest. Windpowermonthly.com. 1 August 2012. Retrieved 2013-01-11.

35. ESB National Grid, Impact of Wind Generation in Ireland on the Operation of Conventional Plant and the Economic Implications, 2004. http://www.eirgrid.com/EirGridPortal/uploads/Publications/Wind%20Impact%20Study%20-%20main%20report.pdf

36. Financial Incentives for Renewable Energy. Dsireusa.org. Retrieved 2013-01-11.

37. Fisher, Jeanette. Wind Power: MidAmerican's Intrepid Wind Farm. Environmentpsychology.com. Retrieved 17 January 2012.

38. Fthenakis, V.; Kim, H. C. (2009). Land use and electricity generation: A life-cycle analysis. *Renewable and Sustainable Energy Reviews* 13 (6–7): 1465. doi:10.1016/j.rser.2008.09.017. edit

39. Global wind capacity increases by 22% in 2010 – Asia leads growth. Global Wind Energy Council. 2 February 2011. Archived from the original on 18 March 2012. Retrieved 14 May 2011.

40. Global Wind Energy Council (February 2, 2007). Global wind energy markets continue to boom – 2006 another record year (PDF). Press release. Retrieved on 2007-03-11.

41. Global Wind Map Shows Best Wind Farm Locations. Environment News Service (May 17, 2005).

Retrieved on 2006-04-21.

42. Gourlay, Simon. Wind Farms Are Not Only Beautiful, They're Absolutely Necessary, The Guardian, 12 August 2008.

43. Group Dedicates Opening of 200 MW Big Horn Wind Farm: Farm incorporates conservation efforts that protect wildlife habitat. Renewableenergyaccess.com. Retrieved 17 January 2012.

44. GWEC Global Wind Statistics 2011. Global Wind Energy Commission. Retrieved 15 March 2012.

45. Hamer, Mick (21 January 2006). The rooftop power revolution. *New Scientist* (Reed Business Information Ltd.) (2535). Retrieved 11 April 2012.

46. Hannele Holttinen, *et al.* (September 2006). Design and Operation of Power Systems with Large Amounts of Wind Power, IEA Wind Summary Paper. Global Wind Power Conference 18–21 September 2006, Adelaide, Australia.

47. Harvesting the Wind: The Physics of Wind Turbines. Retrieved 2013-01-11.

48. Helm, Dieter (October 2009). EU climate-change policy-a critique. *The Economics and Politics of Climate Change* (OUP).

49. Helming, Troy (February 2, 2004). Uncle Sam's New Year's Resolution. RE Insider. Retrieved on 2006-04-21.

50. Hill, Chris (30 April 2012). CPRE calls for action over 'proliferation' of wind turbines. *EDP 24*. Archant community Media Ltd. Retrieved 30 April 2012.

51. Hogan, Jesse. Fury over wind farm decision, The Age, 2006-04-05. Retrieved on 2006-08-18.

52. House of Lords Economic Affairs Select Committee (12 November 2008). Chapter 7: Recommendations and Conclusions. In: Economic Affairs – Fourth Report, Session 2007–2008. The Economics of Renewable Energy. UK Parliament website. Retrieved 6 September 2009.

53. Hurley, Brian. How Much Wind Energy is there? – Brian Hurley – Wind Site Evaluation Ltd. Claverton Group. Retrieved 8 April 2012.

54. Impact of Wind Power Generation in Ireland on the Operation of Conventional Plant and the Economic Implications. eirgrid.com. February 2004. Retrieved 22 November 2010.

55. Jacobson, M. Z.; Archer, C. L. (10 September 2012). Saturation wind power potential and its implications for wind energy. *Proceedings of the National Academy of Sciences*. pp. 15679–15684. doi:10.1073/pnas.1208993109.

56. Lake Erie Wind Resource Report, Cleveland Water Crib Monitoring Site, Two-Year Report Executive Summary. Green Energy Ohio. 10 January 2008. Retrieved 27 November 2008.

57. Lamb, John (2009). *The Greening of IT: How Companies Can Make a Difference for the Environment*. p. 261. ISBN ISBN 978-0-13-715083-0.

58. LBNL/NREL Analysis Predicts Record Low LCOE for Wind Energy in 2012–2013. *US Department of Energy Wind Program Newsletter*. Retrieved 10 March 2012.

59. Lomborg, Bjørn (2001). The Skeptical Environmentalist. New York City: Cambridge University Press.

60. Lucien Gambarota: Alternative energy pioneer, CNN, 16 April 2007.

61. Madsen & Krogsgaard. Offshore Wind Power 2010 *BTM Consult*, 22 November 2010. Retrieved 22 November 2010.

62. Magenn Power Inc. corporate website. Retrieved on August 18, 2006.

63. Mark Kurlansky, *Salt: a world history*,Penguin Books, London 2002 ISBN 0-14-200161-9, pg. 419

64. Massachusetts Maritime Academy - Bourne, Mass This 660 kW wind turbine has a capacity factor of about 19%.

65. 'Micro' wind turbines are coming to town, CNET , February 10, 2006, Martin LaMonica

66. Net Energy Payback and CO2 Emissions from Wind-Generated Electricity in the Midwest. S.W.White & G.L.Klucinski - Fusion Technology Institute University of Wisconsin (December 1998). Retrieved on 2006-05-12.

67. Olson, William (15 February 2010). An Urban Experiment in Renewable Energy. Archived from the original on 14 May 2012. Retrieved 8 March 2010.

68. Pasternak, Judy. Nuclear Energy Lobby Working Hard To Win Support, McClatchy Newspapers co-published with the American University School of Communication, 24 January 2010.

69. Pernick, Ron and Wilder, Clint (2007). *The Clean Tech Revolution: The Next Big Growth and Investment Opportunity*, p. 280.

70. Price, Trevor J (3 May 2005). James Blyth – Britain' s first modern wind power engineer. *Wind Engineering* 29 (3): 191–200. doi:10.1260/030952405774354921.

71. Realisable Scenarios for a Future Electricity Supply based 100% on Renewable Energies Gregor Czisch, University of Kassel, Germany and Gregor Giebel, Risø National Laboratory, Technical University of Denmark

72. Reg Platt. Wind power delivers too much to ignore, *New Scientist*, 21 January 2013

73. *Reinventing Fire*. Chelsea Green Publishing. 2011. p. 199.

74. REN21 (2011). Renewables 2011: Global Status Report. p. 11.

75. Renewable Electricity Production Tax Credit (PTC). Dsireusa.org. Retrieved 2013-01-11.

76. RENEWABLE ENERGY - Wind Power's Contribution to Electric Power Generation and Impact on Farms and Rural Communities (GAO-04-756) (PDF). United States Government Accountability Office (September 2004). Retrieved on 2006-04-21.

77. Shahan, Zachary (27 July 2012). Wind Turbine Net Capacity Factor – 50% the New Normal? Cleantechnica.com. Retrieved 2013-01-11.

78. Sinclair Merz *Growth Scenarios for UK Renewables Generation and Implications for Future Developments and Operation of Electricity Networks* BERR Publication URN 08/1021 June 2008

79. Source: Mestl, T. 2011. Facing the challenges – technology and transmission. Wind Technology. pp. 16-17. Renewable Energy World May 2011.

80. Standard Offer Contracts Arrive In Ontario. Ontario Sustainable Energy Association (March 21, 2006). Retrieved on 2006-04-21.

81. Swift Turbines. Better Generation: Swift Rooftop wind energy system discussion.

82. Tapping the Wind - India (February 2005). Retrieved on 2006-10-28.

83. Testing the Waters: Gaining Public Support for Offshore Wind

84. The 2010 Green-e Verification Report Retrieved on 20 May 2009

85. The Australia Institute (2006). Wind Farms The facts and the fallacies Discussion Paper Number 91, October, ISSN 1322-5421, p. 28.

86. The Costs and Impacts of Intermittency, UK Energy Research Council, March 2006. http://www.ukerc.ac.uk/component/option,comdocman/task,docdownload/gid,550

87. The Future of Electrical Energy Storage: The economics and potential of new technologies 2/1/2009 ID RET2107622

88. W. David Colby, Robert Dobie, Geoff Leventhall, David M. Lipscomb, Robert J. McCunney, Michael T. Seilo, Bo Søndergaard. Wind Turbine Sound and Health Effects: An Expert Panel Review, Canadian Wind Energy Association, December 2009.

89. Ward, Chip. Nuclear Power – Not A Green Option,

Los Angeles Times, 5 March 2010.

90. Watts, Himangshu (November 11 2003). Clean Energy Brings Windfall to Indian Village. Reuters News Service. Retrieved on 2006-10-28.

91. Wind energy Frequently Asked Questions. British Wind Energy Association. Retrieved on 2006-04-21.

92. Wind Energy: Rapid Growth (PDF). Canadian Wind Energy Association. Retrieved on 2006-04-21.

93. Wind farms. Royal Society for the Protection of Birds (14 September 2005). Retrieved on 2006-04-21.

94. Wind Power: Capacity Factor, Intermittency, and what happens when the wind doesn't blow?. Retrieved 24 January 2008.

95. WindpoweringAmerica.gov, 46. U.S. Department of Energy; Energy Efficiency and Renewable Energy 20% Wind Energy by 2030

96. World Energy Outlook 2011 Factsheet How will global energy markets evolve to 2035. IEA. November 2011. Archived from the original on 4 February 2012.

97. Zavadil, R.; Miller, N.; Ellis, A.; Muljadi, E. (2005). Making connections. *Power and Energy Magazine, IEEE* 3 (6): 26–37. doi:10.1109/MPAE.2005.1524618.

98. 能源國家型科技計劃離岸風力主軸計畫 http://conf.ncku.edu.tw/taiwanoffwind/index.php?action=plan&cid=23&id=83

99. 藍偉庭。2007。台灣風力發電發展現況。工研院產經中心。

海域風能

1. 17 EU countries planning massive offshore wind power *ROV world*, 30 November 2011. Accessed: 10 December 2011.

2. Abbot, I. H. and von Doenhoff, A. E. *Tl1eor2). of Wing Sectio11.s.* 1949 (McGraw-Hill, New York); reprinted as a student edition (Dover. London).

3. Abbot, I. H. and von Doenhoff, A. E. *Tl1eor2). of Wing Sectio11.s.* 1949 (McGraw-Hill, New York); reprinted as a student edition (Dover. London).

4. Academic Study: Matching Renewable Electricity Generation with Demand: Full Report. Scotland.gov.uk.

5. Accommodation Platform *DONG Energy*, February 2010. Retrieved: 22 November 2010.

6. Applied Ocean Research: *Deep ocean wave energy conversion using a cycloidal turbine* (April, 2011).

7. Belmont, M. R., Morris, E. L., Horwood, J. M. K. and hurley, R. W. T. Deterministic wave prediction linked to wave energy absorbers. In Third European Wave Conference, Patras, October 1998. pp. 153-161.

8. Budal, K. and Falnes, J. The Norwegian wave-power buoy project. In Second International Symposium on *Wace E~zergy Utilisation,* Trondheim, June 1992, pp. 323-344 (Tapir, Trondheim).

9. Caldwell, N. J. and Taylor, J. R. M. Design and construction of elastomeric parts for the Azores oscillating water colun~n. In Third European Wave Conference, Patras, October 1998, pp. 318-323.

10. Caldwell, N. J. PhD thesis. Edinburgh University (to appear).

11. Cameron, A. 2005. Offshore account - European wind heads for the sea. Renewable Energy World, 8(5): 46-59.

12. Cameron, A. 2006. Offshore in the North Sea – An update on the Beatrice offshore wind farm. Renewable Energy World, 9(6):86-93.

13. Cameron, A. 2007. On the cusp? - An update of the state of the offshore wind market. Renewable Energy World, 10(2): 22-35.

14. Clerk, R. C. The prestressed laminated flywheel and its hydrovac ambience. In Flywheel Technology Synposium, San Francisco, California, 1977, CONF 77, 1053. pp. 167-180.

15. Coininercial literature from Innogy plc Harwell. From regenesys@innogy.com.

16. Count, B. M. On the hydrodynamic characteristics of wave energy absorption. In Second Iilternational Symposium on *Wane Energy Utilisation,* Trondheim. June 1982, pp. 155-174 (Tapir, Trondheim).

17. Critzos, C. C., Heyson, H. H. and Boswinkle, P. W. Aerodynamic characteristics of NACA 00 12 airfoil section at angles of attack from 0 to 180. NACA TN 3361, 1955.

18. Cruz J.; Gunnar M., Barstow S., Mollison D. (2008). Joao Cruz, ed. *Green Energy and Technology, Ocean Wave Energy*. Springer Science+Business Media. p. 93. ISBN 978-3-540-74894-6.

19. Danish Wind Turbine Manufacturers Association web site, www.windpower.dk. The page http://www.windpower.dk/tour/econ/offshore.htm and the preceding calculator pages allow calculations of parameters variations and sensitivity analysis on these calculations.

20. E.ON finishes Rødsand II *Business Week*, 14 July 2010. Retrieved: 11 September 2010.

21. Embedded Shoreline Devices and Uses as Power Generation Sources *Kimball, Kelly, November 2003*

22. Falnes, J. (2007). A review of wave-energy extraction. *Marine Structures* 20 (4): 185–201. doi:10.1016/j.marstruc.2007.09.001.

23. Feld, T et al., (Denmark) Structural and economic optimization of offshore wind turbine support structure and foundation.

24. French, M. and Bracewell, R. H. PS Frog: a point absorber wave energy converter workii~g in pitchisurge mode. In International Conference on *Energy Ol~tion,*U~n. iversity of Reading. 1987.

25. Gareth P. Harrison, and A. Robin Wallace Climate sensitivity of marine energy Renewable Energy Volume 30, Issue 12, October 2005, Pages 1801-1817.

26. Goda, Y. (2000). *Random Seas and Design of Maritime Structures*. World Scientific. ISBN 978-981-02-3256-6.

27. Hays, Keith. 2005. Southern success - European wind overcomes its north-south divide. Renewable Energy World, 8(4): 178-187.

28. Heather Clancy (December 30, 2009). Wave energy's new pearl: University begins testing Oyster tech off Scottish coast. *ZDNet*. Retrieved 2010-11-13.

29. Henriques, J. C. C. and Gato, L. M. C. Adaptive control of the high-speed stop valve of the Azores plant. In Fourth European Wave Energy Conference, Aalborg, December 2000. paper J6.

30. Holthuijsen, Leo H. (2007). *Waves in oceanic and coastal waters*. Cambridge: Cambridge University Press.

31. Jeremy Firestone and Willett Kempton Public opinion about large offshore wind power: Underlying factors Energy Policy Volume 35, Issue 3, March 2007, Pages 1584-1598

32. Joao Lima. Babcock, EDP and Efacec to Collaborate on Wave Energy Projects *Bloomberg*, September 23, 2008.

33. Justin Wilkes et al. The European offshore wind industry key 2011 trends and statistics *European Wind Energy Association*, January 2012. Accessed: 26 March 2012.

34. Justino, P. A. P. and Falcao, A. F. de 0. Active relief valve for an OWC wave energy device. 111 Fourth European Wave Energy Conference, Aalborg. December 2000, paper 52.

35. Levelized Cost of New Generation Resources in the Annual Energy Outlook 2011. Released December 16, 2010. Report of the US Energy Information Administration (EIA) of the U.S. Department of Energy (DOE).

36. Lindvig, Kaj. The installation and servicing of offshore wind farms p6 *A2SEA*, 16 September 2010.

Accessed: 9 October 2011.

37. Madsen & Krogsgaard. Offshore Wind Power 2010 *BTM Consult*, 22 November 2010. Retrieved: 22 November 2010.

38. Mestl, Thomas. 2011. Facing the challenges – technology and transmission. Wind Technology. Pp. 16-17. Renewable Energy World May 2011.

39. Offshore wind development hits a snag in Ontario *Alberta Oil Magazine*, April 2011. Accessed: 29 September 2011.

40. OFFSHORE WIND ENERGY: FULL SPEED AHEAD. KROHN, Soren Danish Wind Turbine Manufacturers Association Copenhagen, Denmark

41. Operational offshore wind farms in Europe, end 2009 *EWEA*. Retrieved: 23 October 2010.

42. Phillips, O.M. (1977). *The dynamics of the upper ocean* (2nd ed.). Cambridge University Press. ISBN 0-521-29801-6.

43. R. G. Dean and R. A. Dalrymple (1991). *Water wave mechanics for engineers and scientists*. Advanced Series on Ocean Engineering 2. World Scientific, Singapore. ISBN 978-981-02-0420-4. See page 64–65.

44. S.F. Lin, T.Y. Tang, S. Jan, and C.-J. Chen. Taiwan strait current in winter Continental Shelf ResearchVolume 25, Issue 9, June 2005, Pages 1023-1042.

45. Salter, S. H. and O'Dwyer, D. Analysis of the reduction of fragment velocity from shell bursts achieved by water bags. *J. Inst. Esl~lo.vice,sE ngrs,* September 1999, 5.

46. Salter, S. H. and Rampen, W. H. S. The wedding cake multi-eccentric radial piston hydraulic machine. In Tenth International Conference on *Fluid Po\ ver.* Brugge, April 1993, pp. 47-64 (Mechanical Engineering Publications, London).

47. Salter, S. H. and Taylor, J. R. M. The design of a highspeed stop valve for oscillating water-columns. In Second European Wave Power Conference, Lisbon. November 1995, 1996, pp. 337-344 (CEC. Luxembourg).

48. Salter, S. H., Rea, M. and Clerk, R. C. The evolution of the Clerk tri-link machines. In Eighth Symposium on *Fluid Po\ver.* Birmingham, 1988. pp. 61 1-632 (BHRA, Bedford).

49. Steven Hackett:*Economic and Social Considerations for Wave Energy Development in California* CEC Report Nov 2008 Ch2, pp22-44 California Energy Commission Retrieved 2008-12-14

50. Stock Markets Review Finavera Renewables To Sell Finavera Renewables Ocean Energy – Quick Facts. Stockmarketsreview.com (July 2, 2010).

51. Streamline Renewable Energy Policy and make Australia a World Leader *Energy Matters*, 11 August 2010. Retrieved: 6 November 2010.

52. Taylor, J. R. M. and Caldwell, N. J. Design and construction of the variable-pitch air turbine for the Azores wave energy plant. In Third European Wave Conference. Patras. October 1998. pp. 328-337.

53. UK reaches 5GW of installed wind landmark *New Energy Focus / BWEA*, 23 September 2010. Retrieved: 8 November 2010.

54. Underwater Cable an Alternative to Electrical Towers, Matthew L. Wald, *New York Times*, 2010-03-16. Retrieved 2010-03-18.

55. van Dijk, J. Hydraulics with a little extra. In *Europeur7 Oil- Hydraulics urzd Pizeuinutics,* February 1992, pp. 3 1-34; also technical information from Hydraudyne, http://www.hydraudyne.nl/enge1s/ hydraudyne/ceran1axcims

56. Vries, E. 2005. Up, up and away. Stretching the boundaries -wind energy technology review 2004-2005. Renewable Energy World, 8(4): 100-113.

57. Vries, E. 2006. Forward thinking - future concepts for wind turbines. Renewable Energy World, 9(3): 98.

58. Vries, E. 2006. Market predictions - wind energy study 2006. Renewable Energy World, 9(3): 112-123

59. Vries, E. 2007. A solid foundation - technological developments from the DEWEKConference. Renewable Energy World, 10(1): 38-46.

60. Weisbrich, A.L., Rainey, D.L; Olson, P.W.; Gordes, J.N. 2000. Offshore WARPTM Wind Power with Integral H2-Gas Turbines or Fuel Cells: Leaving the Fossil Age at Warp Speed for a First Step to a Hydrogen Economy. Proceedings of the Offshore Wind Energy in Mediterranean & Other European Seas - OWEMES 2000 - Conference.

61. Whittaker, T. Operation of the Islay Shoreline Wavepower Plant as marine test bed for turbine generators. Project Phase 5, ETSU Vl02100 17 1IREP.

62. Wind farm's first turbines active. BBC News. 2008-05-07. Retrieved 2013-07-06.

63. Wittrup, Sanne. First foundation *Ing.dk*, 8 March 2011. Accessed: 8 March 2011.

64. World's biggest offshore wind farm opens off Britain as new minister admits high cost. *The Telegraph*. 2012-02-09. Retrieved 2012-02-09.

65. Xinhuanet: Pilot project paves way for China's offshore wind power boom. News.xinhuanet.com. 2012-01-03. Retrieved 2013-07-06.

66. Yemm, R. W., Henderson, R. M. and Taylor, C. A. E. The OPD Pelamis wave energy converter. Current status and onward programme. In Fourth European Wave Energy Conference. Aalborg, December 2000. paper E3.

波浪能

1. ASME (American Society of Mechanical Engineers), 1996. Hydro Power Technical Committee, Guide to Hydropower Mechanical Design.

2. Bernshtein, L.B., Wilson, E.M. and Song, W.O., 1997. Tidal Power Plants, Korea Ocean Research and Development Institute, Seoul, Korea.

3. BFTPRB (The Bay of Fundy Tidal Power Review Board), 1977. Reassessment of Fundy Tidal Power.

4. BoFEP (Bay of Fundy Ecosystem Partnership), 1966-1. Sandpipers and Sediments, Shorebirds in the Bay of Fundy, Fundy Issues #3.

5. BoFEP (Bay of Fundy Ecosystem Partnership), 1966-2. Right Whales Wrong Places? North Atlantic Right Whales in the Bay of Fundy, Fundy Issues #6.

6. DiCerto, JJ (1976). *The Electric Wishing Well: The Solution to the Energy Crisis*. New York: Macmillan.

7. Dorf, Richard (1981). *The Energy Factbook*. New York: McGraw-Hill.

8. Evans, Robert (2007). *Fueling Our Future: An Introduction to Sustainable Energy*. New York: Cambridge University Press.

潮汐發電

1. Chang, Jen (2008), *Hydrodynamic Modeling and Feasibility Study of Harnessing Tidal Power at the Bay of Fundy* (PhD thesis), Los Angeles: University of Southern California, retrieved 2011-09-27

2. Cheng, Xuemin, 1985. Tidal Power in China, Water Power and Dam Construction, February 1985.

3. Cheng, Xuemin, 1986. Tidal Power in China, an elaborated version of (Cheng 1985), not published.

4. Clark, R.H., 1993. Tidal Power, a chapter in Energy Technology and the Environment, Wiley Encyclopedia Series in Environmental Science Volume 4.

5. Daborn, G.R., 1985. Environmental implications of the Fundy Bay tidal power development, Water Power & Dam Construction, April 1985, 15-18.

6. Dadswell, M.J., 1994. Macrotidal estuaries: a region of collision between migratory marine animals and tidal power development, Biological Journal of the Linnean Society 51: 93-113.

7. Dadswell, M.J., Rulifson, R.A., Daborn, G.R., 1986. Potential Impact of Large-Scale Tidal Power Developments in the Upper Bay of Fundy on Fisheries Resources of the Northwest Atlantic, Fisheries, Vol. 11, No. 4, 26-35.

8. Douglas, C. A.; Harrison, G. P.; Chick, J. P. (2008). Life cycle assessment of the Seagen marine current turbine. *Proceedings of the Institution of Mechanical Engineers, Part M: Journal of Engineering for the Maritime Environment* 222 (1): 1–12. doi:10.1243/14750902JEME94.

9. George E. Williams (2000). Geological constraints on the Precambrian history of Earth's rotation and the Moon's orbit. *Reviews of Geophysics* 38 (1): 37–60. Bibcode:2000RvGeo..38...37W. doi:10.1029/1999RG900016.

10. Gibson, A.J.F., Myers, R.A., 2002. Effectiveness of a High-Frequency-Sound Fish Diversion System at the Annapolis Tidal Hydroelectric Generating Station, Nova Scotia, North American Journal of Fisheries Management 22-770-784.

11. Haws, E. T., 1997. Tidal power - a major prospect for the 21st century (Royal Society Parsons Memorial Lecture}, Proceedings Institution of Civil Engineers, Water, Maritime & Energy, 1997, 124, pp. 1 - 24, Paper 11285.

12. Heaps, N.S., 1968. Estimated effects of a barrage on the tides in the Bristol Channel, Proc. Instn. Civ. Engrs. 40(4): 495-509.

13. India plans Asian tidal power first. *BBC News*. January 18, 2011.

14. Kraus, S.D., Prescott, J.H., Turnbull, P.V. and Reeves, R.R., 1982. Preliminary notes on the occurrence of the North Atlantic right whale, Eubalaena glacialis, in the Bay of Fundy, Report of the International Whaling Commission, 28: 407-411.

15. Marine Current Turbines. 2005. EDF Energy powers Marine Current Turbine's First Commercial Prototype. http://www.marineturbines.com/home.htm.

16. McConnell, J. Comparative fatigue tests on 3-core 22 kV A.C. submarine cable for floating wave energy converters. Pirelli Report 8526, WESC (80) GT 125 (from UK ETSU).

17. Morris-Thomas et al.; Irvin, Rohan J.; Thiagarajan, Krish P. (2007). An Investigation Into the Hydrodynamic Efficiency of an Oscillating Water Column. *Journal of Offshore Mechanics and Arctic Engineering* 129 (4): 273–278. doi:10.1115/1.2426992.

18. Mueller, M. A., Baker, N. J. and Spooner, E. Electrical aspects of direct drive wave energy converters. In Fourth European Wave Energy Conference, Aalborg. December 2000, paper H4.

19. Ocean Energy Council (2011). Tidal Energy: Pros for Wave and Tidal Power.

20. The United Kingdom Parliament. 2001, Appendix 6 – Wave and Tidal Energy. http://www.parliament.the-stationery-office.co.uk/pa/cm200001/cmselect/cmsctech/291/291ap07.htm.

21. Tidal energy system on full power. *BBC News*. December 18, 2008. Retrieved March 26, 2010.

22. Tidal Energy, Ocean Energy. Racerocks.com. Retrieved 2011-04-05.

23. TPC (Tidal Power Corporation, Halifax, NS, Canada), 1982. Fundy Tidal Power Update.

24. Turcotte, D. L.; Schubert, G. (2002).. *Geodynamics* (2 ed.). Cambridge, England, UK: Cambridge University Press. pp. 136–137. ISBN 978-0-521-66624-4.

25. Van Walsum, Walt, 1999. Offshore Engineering for Tidal Power, Proceedings of the Ninth International Offshore and Polar Engineering Conference, Brest, France, Volume 1: 777- 784 (Published by ISOPE, Cupertino, CA, USA).

26. Whitehouse, Richard; Soulsby, Richard; Michener, Helen; 2000. Dynamics of estuarine muds, a manual for practical application, Thomas Telford Ltd.,

London, U.K.

27. Wilmington Media, International Water Power and Dam Construction. 2004. Barriers against Tidal Power. http://www.waterpowermagazine.com/story.asp?storyCode=2022354.

28. World Energy Council. 2001. 2001 Survey of Energy Resources – Tidal Energy. http://www.worldenergy.org/wec-geis/publications/reports/ser/tide/tide.asp.

海洋熱能與鹽差

1. Brauns, E. Toward a worldwide sustainable and simultaneous large-scale production of renewable energy and potable water through salinity gradient power by combining reversed electrodialysis and solar power? *Environmental Process and Technology*. Jan 2007. 312-323.

2. Jones, A.T., W. Finley. Recent developments in salinity gradient power. Oceans. 2003. 2284-2287.

3. 30 November 2009, itnsource.com: NORWAY: World's first osmotic power plant opens in Tofte

4. A. Seppala and M.J. Lampinen, Thermodynamic optimizing of pressure-retarded osmosis power generation systems, *J. Membrane Science*, 1999, vol. 161, pp. 115-138.

5. A.T. Jones and W. Rowley, Global Perspective: Economic Forecast for Renewable Ocean Energy Technology, *Marine Technology Society Journal*, 2003. vol. 36, pp. 85-90.

6. Achievements in OTEC Technology. National Renewable Energy Laboratory.

7. Aftring RP, Taylor BF (October 1979). Assessment of Microbial Fouling in an Ocean Thermal Energy Conversion Experiment. *Appl. Environ. Microbiol.* 38 (4): 734–739. PMC 243568. PMID 16345450.

8. Avery, William H. and Chih Wu. Renewable Energy From the Ocean: A Guide to OTEC. New York: Oxford University Press. 1994.

9. Berger LR, Berger JA (June 1986). Countermeasures to Microbiofouling in Simulated Ocean Thermal Energy Conversion Heat Exchangers with Surface and Deep Ocean Waters in Hawaii. *Appl. Environ. Microbiol.* 51 (6): 1186–1198. PMC 239043. PMID 16347076.

10. Bruch, Vicki L. (April 1994). *An Assessment of Research and Development Leadership in Ocean Energy Technologies* (PDF). SAND93-3946. Sandia National Laboratories: Energy Policy and Planning Department.

11. Burnham, L., Johansson, T.B., Kelly, H., Reddy, A.K.N. and Williams, R.H. (Eds.) 1993. Renewable Energy: Sources for fuels and electricity, Island Press.

12. Chiles, James (Winter 2009). The Other Renewable Energy. *Invention and Technology* 23 (4): 24–35.

13. Coxworth, Ben (November 26, 2010). More funds for Hawaii's Ocean Thermal Energy Conversion plant. Retrieved December, 2010.

14. D. Brogioli, *Extracting renewable energy from a salinity difference using a capacitor*, Phys. Rev. Lett. 103 058501-1-4 (2009).

15. Da Rosa, Aldo Vieira (2009). Chapter 4:Ocean Thermal Energy Converters. *Fundamentals of renewable energy processes*. Academic Press. pp. 139 to 152. ISBN 0-12-374639-6.

16. Daly, John (December 5, 2011). Hawaii About to Crack Ocean Thermal Energy Conversion Roadblocks. *OilPrice.com*. Retrieved 28 March 2013.

17. Daniel Cusick (May 1, 2013). CLEAN TECHNOLOGY: U.S.-designed no-emission power plant will debut off China's coast. *ClimateWire E&E Publishing*. Retrieved May 2, 2013.

18. David Alexander (April 16, 2013). Lockheed to build 10-megawatt thermal power plant off southern China. *Reuters*. Retrieved April 17, 2013.

19. Deep Pipelines for Ocean Thermal Energy Conversion. Retrieved 2009-02-16.

20. Design and Location. *What is Ocean Thermal Energy Conversion?* National Renewable Energy Laboratory. Retrieved 22 January 2012.

21. DiChristina, Mariette (May 1995). Sea Power. *Popular Science*: 70–73. Retrieved Nov 2011.

22. Eldred, M. last2=Landherr (July 2010), Comparison Of Aluminum Alloys And Manufacturing Processes Based On Corrosion Performance For Use In OTEC Heat Exchangers, *Offshore Technology Conference 2010 (OTC 2010)*, Curran Associates, Inc., doi:10.4043/20702-MS, ISBN 9781617384264, retrieved May 28, 2010

23. Emren, A. and Bergstrom, S. 1977. Salinity Power Station at the Swedish West Coast: Possibility and energy price for a 200 MW plant, In: Proc. Int. Conf. on Alt. Energy Sources, Miami Beach, December.

24. Emren, A. and Bergstrøm, S. 1977. Salinity Power Station at the Swedish West Coast: Possibility and energy price for a 200 MW plant, In: Proc. Int. Conf. on Alt. Energy Sources, Miami Beach, December.

25. Final Environmental Impact Statement for Commercial Ocean Thermal Energy Conversion (OTEC) Licensing. *U.S. Dept of Commerce, National Oceanic and Atmospheric Administration*. Retrieved 27 March 2013.

26. Finney, Karen Anne. Ocean Thermal Energy Conversion. Guelph Engineering Journal. 2008.

27. G.L. Wick and J. Isaacs. Utilization of the energy from Salinity Gradients, Wave and Salinity Gradient Energy Conversion Workshop, University of Delaware, 1976.

28. G.L. Wick and J.D. Isaacs. Mineral Salt – Source of Costly Energy, *Science*, 1978, vol. 199, pp. 1436. See also W.G. Williams Mineral Salt: a source of costly energy? *Science* 1979, vol. 203, pp. 376-377.

29. G.L. Wick and W.R. Schmitt, Prospects for Renewable Energy from the Sea, *Marine Technology Society Journal*, 1977, vol. 11, pp. 16-21.

30. Gava, P. 1979. Energy from Salinity Gradients, European pre-study, Eurocean, Association, Europeenne Oceanique, Monaco.

31. Grandelli, Pat. Modeling the Physical and Biochemical Influence of Ocean Thermal Energy Conversion Plant Discharges into their Adjacent Waters. *US Department of Energy – Office Scientific and Technical Information*. Retrieved 27 March 2013.

32. Green Tech. Copenhagen's Seawater Cooling Delivers Energy And Carbon Savings. 24 October 2012. Forbes.

33. Hartman, Duke (October 2011), Challenge And Promise Of OTEC, *Ocean News*, retrieved June 2012.

34. IDEA. Makai Ocean Engineering to add 100kW turbine generator to Kona, Hawaii OTEC test facility. *International District Energy Association*.

35. Israel Patent Application 42658 of July 3, 1973. (see also US patent 3,906,250 granted September 16, 1975. Erroneously shows Israel priority as 1974 instead of 1973).

36. J.D. Isaacs and W.R. Schmitt, Ocean Energy: Forms and Prospects, *Science*, 1980, vol. 207, pp. 265-273.

37. J.E. Cavanagh, J.H. Clarke, and R. Price, Ocean Energy Systems, In: Renewable Energy: Sources for fuels and electricity. T.B. Johansson, H. Kelly, A.K.N. Reddy and R.H. Williams (eds.) Washington, DC: Island Press, pp. 513-547.

38. Jellinek, H.H. and Masuda, H. 1981. Osmo-power: Theory and performance of an osmo-power plant, Ocean Engng., vol. 8, 2, 103.

39. Jellinek, H.H. and Masuda, H. 1981. Osmo-power: Theory and performance of an osmo-power plant, Ocean Engng., vol. 8, 2, 103.

40. John Gartner (2009-11-24). World's First Osmotic Power Plant Opens. Reuters. Retrieved 2011-04-25.

41. L. Meyer, D. Cooper, R. Varley. Are We There Yet? A Developer's Roadmap to OTEC Commercialization. *Hawaii National Marine Renewable Energy Center*.

Retrieved 28 March 2013.

42. L.Vega, C.Comfort. Environmental Assessment of Ocean Thermal Energy Conversion in Hawaii. *Hawaii National Marine Renewable Energy Center*. Retrieved 27 March 2013.

43. Lee, C. K. B.; Ridgway, Stuart (May, 1983), Vapor/ Droplet Coupling and the Mist Flow (OTEC) Cycle, *Journal of Solar Energy Engineering* 105

44. Lee, K.L., Baker, R.W., and Lonsdale, H.K. 1981. Membranes for Power Generation by Pressureretarded Osmosis, J. of Mem. Sci. vol. 8, 141.

45. Lockheed Martin awarded another $4.4M for OTEC work in Hawaii. November 22, 2010. Retrieved December, 2010.

46. Loeb, S. 1998. Energy Production at the Dead Sea by Pressure-retarded Osmosis: Challenge or chimera? Desalination, 120, 247-262.

47. M. Olsson, G. L. Wick and J. D. Isaacs, *Salinity Gradient Power: utilizing vapour pressure differences*, Science 206 452--454 (1979)

48. Metha, G.D. 1982. Fur ther Resul t s on the Performance of Present-day Osmotic Membranes in Various Osmotic Regions, J. of Mem. Sci. vol. 10, 3.

49. Mitsui, T.; Ito, F.; Seya, Y.; Nakamoto, Y. (September 1983). Outline of the 100 kW OTEC Pilot Plant in the Republic of Nauru. *IEEE Transactions on Power Apparatus and Systems*. PAS-102 (9): 3167–3171. doi:10.1109/TPAS.1983.318124.

50. Montague, C., Ley, J. A Possible Effect of Salinity Fluctuation on Abundance of Benthic Vegetation and Associated Fauna in Northeastern Florida Bay. Estuaries and Coasts. 1993. Springer New York. Vol.15 No. 4. Pg. 703-717

51. Nanotubes boost potential of salinity power as a renewable energy source. Gizmag.com. Retrieved 2013-03-15.

52. Nickels JS, Bobbie RJ, Lott DF, Martz RF, Benson PH, White DC (June 1981). Effect of Manual Brush Cleaning on Biomass and Community Structure of Microfouling Film Formed on Aluminum and Titanium Surfaces Exposed to Rapidly Flowing Seawater. *Appl. Environ. Microbiol.* 41 (6): 1442–1453. PMC 243937. PMID 16345798.

53. NREL: Ocean Thermal Energy Conversion Home Page. Nrel.gov. Retrieved 2012-06-12.

54. O. Levenspiel and N. de Vevers, The osmotic pump, *Science*, 1974, vol.183, pp. 157.

55. Ocean Thermal Energy Conversion: Information Needs Assessment. *National Oceanic and Atmospheric Administration (NOAA) Office of Response and Restoration (ORR) and the Environmental Research Group at the University of New Hampshire (UNH)*. Retrieved 27 March 2013.

56. R. J. Seymour and P Lowrey, State of the Art in Other Energy Sources in: Ocean Energy Recovery: The State of the Art, R.J. Seymour (ed.). New York: ASCE, pp. 258-275.

57. R.W. Norman, Water Salination: a source of energy, *Science*, 1974, vol. 186, pp. 350.

58. Reignwood Ocean Engineering. Reignwood Group. Retrieved April 17, 2013. http://www.otecnews.org/2013/05/otec-testing-in-okinawa/

59. Rocheleau, Greg; Pat Grandelli (22). Physical and biological modeling of a 100 megawatt Ocean Thermal Energy Conversion discharge plume. *Institute of Electrical and Electronics Engineers*: 3. Retrieved 27 March 2013.

60. S. Loeb, Energy production at the Dead Sea by pressure-retarded osmosis: challenge or chimera? *Desalination*, 1998 vol. 120, pp. 247-262.

61. S. Loeb, Large-scale power production by pressureretarded osmosis, using river water and sea water passing through spiral modules, *Desalination*, 2002, vol. 143, pp. 115-122. See also *Desalination*, 2002, vol. 150, pp. 205.

62. S. Loeb, One hundred and thirty benign and renewable megawatts from Great Salt Lake? The possibilities of hydroelectric power by pressureretarded osmosis, *Desalination*, 2001 vol. 141, pp. 85-91. See also *Desalination*, 2001 vol. 142, pp. 207.

63. S. Loeb, Production of energy from concentrated brines by pressure-retarded osmosis, 1. Preliminary technical and economic correlations, *J. Membrane Science*, 1976, vol. 1, pp. 49-63.

64. S. Loeb, T. Honda and M. Reali, Comparative mechanical efficiency of several plant configurations using a pressure-retarded osmosis energy converter, *J. Membrane Science*, 1990, vol. 51, pp. 323-335.

65. Staff. Makai Ocean Engineering working with Navy on Big Island OTEC project. Retrieved 28 March 2013.

66. Takahashi, Masayuki Mac; Translated by: Kitazawa, Kazuhiro and Snowden, Paul (2000) [1991]. *Deep Ocean Water as Our Next Natural Resource*. Tokyo, Japan: Terra Scientific Publishing Company. ISBN 4-88704-125-X.

67. Tapping Into the Ocean's Power: Lockheed Martin signs agreement for largest ever OTEC plant. Lockheed Martin. Retrieved April 17, 2013.

68. Thermodynamic and Energy Efficiency Analysis of Power Generation from Natural Salinity Gradients by Pressure Retarded Osmosis

69. Thomas, Daniel. A Brief History of OTEC Research at NELHA. NELHA. August 1999. Web. 25 June 2013. available at: http://library.greenocean.org/oteclibrary/otecpapers/OTEC%20History.pdf

70. Thorsen, T. 1996. Salinity Power, SINTEF Report STF66 A96001, SINTEF Applied Chemistry, Trondheim (in Norwegian).

71. Trimble, L.C.; Owens, W.L. (1980). Review of mini-OTEC performance. *Energy to the 21st century; Proceedings of the Fifteenth Intersociety Energy Conversion Engineering Conference* 2: 1331–1338. Bibcode:1980iece..2.1331T.

72. Trulear, MG; Characklis, WG (September 1982). Dynamics of Biofilm Processes. *Journal of the Water Pollution Control Federation* 54 (9): 1288–1301.

73. Vega, L.A. (1999). Open Cycle OTEC. *OTEC News*. The GreenOcean Project. Retrieved 4 February 2011.

74. Weinstein and Leitz, Electric Power from Differences in Salinity: the Dialytic Battery, *Science*, 1976, vol. 191, pp. 557-559.

地熱能

1. Allan Clotworthy, Allan. Response of Wairakei geothermal reservoir to 40 years of production, 2006. Proceedings World Geothermal Congress 2000.

2. Armstead, H.C.H., 1983. Geothermal Energy. E. & F. N. Spon, London, 404 pp.

3. Axelsson, G. and Gunnlaugsson, E., 2000. Background: Geothermal utilization, management and monitoring. In: Long-term Monitoring of High- and Low Enthalpy Fields under Exploitation, WGC 2000 Short Courses, Japan, 3-10.

4. Axelsson, Gudni; Stefánsson, Valgardur; Björnsson, Grímur; Liu, Jiurong (April 2005), Sustainable Management of Geothermal Resources and Utilization for 100 – 300 Years, *Proceedings World Geothermal Congress 2005* (International Geothermal Association), retrieved 2010-01-17

5. Barbier, E. and Fanelli, M., 1977. Non-electrical uses of geothermal energy. Prog. Energy Combustion Sci., 3, 73-103.

6. Bargagli1, R.; Catenil, D.; Nellil, L.; Olmastronil, S.; Zagarese, B. (1997), Environmental Impact of Trace Element Emissions from Geothermal Power Plants, *Environmental Contamination Toxicology* 33 (2): 172–181, doi:10.1007/s002449900239

7. Beall, S. E, and Samuels, G., 1971. The use of warm water for heating and cooling plant and animal

enclosures. Oak Ridge National Laboratory, ORNL-TM-3381, 56 pp.

8. Benderitter, Y. and Cormy, G., 1990. Possible approach to geothermal research and relative costs. In:Dickson, M.H. and Fanelli, M., eds., Small Geothermal Resources: A Guide to Development and Utilization, UNITAR, New York, pp. 59-69.

9. Bertani, Ruggero (2009), Geothermal Energy: An Overview on Resources and Potential, Proceedings of the International Conference on National Development of Geothermal Energy Use, Slovakia

10. Bertani, Ruggero (September 2007), World Geothermal Generation in 2007, *Geo-Heat Centre Quarterly Bulletin* (Klamath Falls, Oregon: Oregon Institute of Technology) 28 (3): 8–19, retrieved 2009-04-12

11. Bertani, Ruggero; Thain, Ian (July 2002), Geothermal Power Generating Plant CO2 Emission Survey, *IGA News* (International Geothermal Association) (49): 1–3, retrieved 2010-01-17

12. Bloomquist, R. Gordon (December 1999), Geothermal Heat Pumps, Four Plus Decades of Experience, *Geo-Heat Centre Quarterly Bulletin* (Klamath Falls, Oregon: Oregon Institute of Technology) 20 (4): 13-18, retrieved 2009-03-21

13. Brown, K. L., 2000. Impacts on the physical environment. In: Brown, K.L., ed., Environmental Safety and Health Issues in Geothermal Development, WGC 2000 Short Courses, Japan, 43-56.

14. Buffon, G.L., 1778. Histoire naturelle, generale et particuliere. Paris, Imprimerie Royale, 651 p.

15. Bullard, E.C., 1965. Historical introduction to terrestrial heat flow. In : Lee, W.H.K., ed. Terrestrial Heat Flow, Amer. Geophys. Un., Geophys. Mon. Ser., 8, pp.1-6.

16. Cassino, Adam (2003), Depth of the Deepest Drilling, *The Physics Factbook* (Glenn Elert), retrieved 2009-04-09

17. Cataldi, Raffaele (August 1992), Review of historiographic aspects of geothermal energy in the Mediterranean and Mesoamerican areas prior to the Modern Age, *Geo-Heat Centre Quarterly Bulletin* (Klamath Falls, Oregon: Oregon Institute of Technology) 18 (1): 13–16, retrieved 2009-11-01

18. Combs, J. and Muffler, L.P.J., 1973. Exploration for geothermal resources. In: Kruger, P. and Otte, C., eds., Geothermal Energy, Stanford University Press, Stanford, pp.95-128.

19. Cothran, Helen (2002), *Energy Alternatives*, Greenhaven Press, ISBN 0737709049

20. Davies, Ed; Lema, Karen (June 29, 2008), Pricey oil makes geothermal projects more attractive for Indonesia and the Philippines, *The New York Times*, retrieved 2009-10-31

21. Deichmann, N.; Mai; Bethmann; Ernst; Evans; Fäh; Giardini; Häring; Husen; et al. (2007), Seismicity Induced by Water Injection for Geothermal Reservoir Stimulation 5 km Below the City of Basel, Switzerland, *American Geophysical Union* (American Geophysical Union) 53: 08.

22. Dickson, Mary H.; Fanelli, Mario (February 2004), *What is Geothermal Energy?*, Pisa, Italy: Istituto di Geoscienze e Georisorse, retrieved 2010-01-17

23. DLR Portal – TerraSAR-X image of the month: Ground uplift under Staufen's Old Town. Dlr.de (2009-10-21). Retrieved on 2013-04-24.

24. Entingh, D. J., Easwaran, E. and McLarty, L., 1994. Small geothermal electric systems for remote powering. U.S. DoE, Geothermal Division, Washington, D.C., 12 pp.

25. Erkan, K.; Holdmann, G.; Benoit, W.; Blackwell, D. (2008), Understanding the Chena Hot flopë Springs, Alaska, geothermal system using temperature and pressure data, *Geothermics* 37 (6): 565–585, doi:10.1016/j.geothermics.2008.09.001

26. Fridleifsson, I. B., 2003. Status of geothermal energy amongst the world's energy sources. IGA News,

No.52, 13-14.

27. Fridleifsson, I.B., 2001. Geothermal energy for the benefit of the people. Renewable and Sustainable Energy Reviews, 5, 299-312.

28. Fridleifsson, Ingvar B.; Bertani, Ruggero; Huenges, Ernst; Lund, John W.; Ragnarsson, Arni; Rybach, Ladislaus (2008-02-11), O. Hohmeyer and T. Trittin, ed., *The possible role and contribution of geothermal energy to the mitigation of climate change*, IPCC Scoping Meeting on Renewable Energy Sources, Luebeck, Germany, pp. 59–80, retrieved 2009-04-06

29. Garnish, J.D., ed., 1987. Proceedings of the First EEC/US Workshop on Geothermal Hot-Dry Rock Technology, Ghothermics 16, 323-461.

30. *Geothermal Economics 101, Economics of a 35 MW Binary Cycle Geothermal Plant*, New York: Glacier Partners, October 2009, retrieved 2009-10-17

31. Glassley, William E. (2010). *Geothermal Energy: Renewable Energy and the Environment*, CRC Press, ISBN 9781420075700.

32. Gudmundsson, J.S., 1988. The elements of direct uses. Geothermics, 17,119-136.

33. Hanova, J; Dowlatabadi, H (9 November 2007), Strategic GHG reduction through the use of ground source heat pump technology, *Environmental Research Letters* 2 (4): 044001, Bibcode:2007ERL...2d4001H, doi:10.1088/1748-9326/2/4/044001

34. Hochstein, M.P., 1990. Classification and assessment of geothermal resources. In: Dickson, M.H. and Fanelli, M., eds., Small Geothermal Resources: A Guide to Development and Utilization, UNITAR, New York, pp. 31-57.

35. Holm, Alison (May 2010), *Geothermal Energy: International Market Update*, Geothermal Energy Association, p. 7, retrieved 2010-05-24

36. How Geothermal energy works. Ucsusa.org. Retrieved on 2013-04-24.

37. Huttrer, G.W., 2001. The status of world geothermal power generation 1995-2000. Geothermics, 30, 7-27.

38. In the Netherlands the number of greenhouses heated by geothermal energy is increasing fast. Reif, Thomas (January 2008), Profitability Analysis and Risk Management of Geothermal Projects, *Geo-Heat Centre Quarterly Bulletin* (Klamath Falls, Oregon: Oregon Institute of Technology) 28 (4): 1–4, retrieved 2009-10-16

39. International Geothermal Association, 2001. Report of the IGA to the UN Commission on Sustainable Development, Session 9 (CSD-9), New York, April.

40. Khan, M. Ali (2007), *The Geysers Geothermal Field, an Injection Success Story*, Annual Forum of the Groundwater Protection Council, retrieved 2010-01-25

41. Lindal, B., 1973. Industrial and other applications of geothermal energy. In: Armstead, H.C.H., ed., Geothermal Energy, UNESCO, Paris, pp.135-148.

42. Lubimova, E.A., 1968. Thermal history of the Earth. In: The Earth's Crust and Upper Mantle, Amer. Geophys. Un., Geophys. Mon. Ser., 13, pp.63-77.

43. Lumb, J. T., 1981. Prospecting for geothermal resources. In: Rybach, L. and Muffler, L.J.P., eds., Geothermal Systems, Principles and Case Histories, J. Wiley & Sons, New York, pp. 77-108.

44. Lund, J. (September 2004), 100 Years of Geothermal Power Production, *Geo-Heat Centre Quarterly Bulletin* (Klamath Falls, Oregon: Oregon Institute of Technology) 25 (3): 11–19, retrieved 2009-04-13

45. Lund, J. W., 2003. The USA country update. IGA News, No. 53, 6-9.

46. Lund, J. W., and Boyd, T. L., 2001. Direct use of geothermal energy in the U.S. – 2001. Geothermal Resources Council Transactions, 25, 57-60.

47. Lund, J. W., and Freeston, D., 2001. World-wide direct uses of geothermal energy 2000. Geothermics 30, 29- 68.

48. Lund, J. W., Sanner, B., Rybach, L., Curtis, R.,

Hellstrom, G., 2003. Ground-source heat pumps. Renewable Energy World, Vol.6, no.4, 218-227.

49. Lund, John W. (June 2007), Characteristics, Development and utilization of geothermal resources, *Geo-Heat Centre Quarterly Bulletin* (Klamath Falls, Oregon: Oregon Institute of Technology) 28 (2): 1–9, retrieved 2009-04-16

50. Lund, John W.; Boyd, Tonya (June 1999), Small Geothermal Power Project Examples, *Geo-Heat Centre Quarterly Bulletin* (Klamath Falls, Oregon: Oregon Institute of Technology) 20 (2): 9–26, retrieved 2009-06-02

51. Lund, John W.; Freeston, Derek H.; Boyd, Tonya L. (24–29 April 2005), World-Wide Direct Uses of Geothermal Energy 2005, Proceedings World Geothermal Congress, Antalya, Turkey

52. Lunis, B. and BreckenridgeE, R., 1991. Environmental considerations. In: Lienau, P.J. and Lunis, B.C.,eds., Geothermal Direct Use, Engineering and Design Guidebook, Geo-Heat Center, Klamath Falls, Oregon, pp.437-445.

53. McLarty, Lynn; Reed, Marshall J. (1992), The U.S. Geothermal Industry: Three Decades of Growth, *Energy Sources, Part A* 14 (4): 443–455, doi:10.1080/00908319208908739

54. Meidav,T.,1998. Progress in geothermal exploration technology. Bulletin Geothermal Resources Council, 27, 6,178-181.

55. Muffler, P. and Cataldi, R., 1978. Methods fhn regional assessment of geothermal resources. Geothermics , 7, 53-89.

56. Nicholson, K., 1993. Geothermal Fluids. Springer Verlag, Berlin, XVIII-264 pp.

57. Pahl, Greg (2007), *The Citizen-Powered Energy Handbook: Community Solutions to a Global Crisis*, Vermont: Chelsea Green Publishing

58. Pollack, H.N., Hurter, S.J. and Johnson, J.R.,1993. Heat flow from the Earth's interior: Analysis of the global data set. Rev. Geophys. 31, 267-280.

59. RESPONSE OF WAIRAKEI GEOTHERMAL RESERVOIR TO 40 YEARS OF PRODUCTION, 2006 (pdf) Allan Clotworthy, Proceedings World Geothermal Congress 2000. (accessed 30 March)

60. Rfferty, K., 1997. An information survival kit for the prospective residential geothermal heat pump owner. Bull. Geo-Heat Cented , 18, 2, 1-11.

61. Rybach, Ladislaus (September 2007), Geothermal Sustainability, *Geo-Heat Centre Quarterly Bulletin* (Klamath Falls, Oregon: Oregon Institute of Technology) 28 (3): 2–7, retrieved 2009-05-09

62. Sanner, B., Karytsas, C., Mendrinos, D. and Rybach, L., 2003. Current status of ground source heat pumps and underground thermal energy storage. Geothermics, Vol.32, 579-588.

63. Sanner, B., Karytsas, C., Mendrinos, D. and Rybach, L., 2003. Current status of ground source heat pumps and underground thermal energy storage. Geothermics, Vol.32, 579-588.

64. Sanyal, Subir K.; Morrow, James W.; Butler, Steven J.; Robertson-Tait, Ann (January 22–24, 2007), Cost of Electricity from Enhanced Geothermal Systems, Proc. Thirty-Second Workshop on Geothermal Reservoir Engineering, Stanford, California

65. Stacey, F.D. and Loper, D.E., 1988. Thermal history of the Earth: a corollary concerning non-linear mantle rheology. Phys. Earth. Planet. Inter. 53, 167 - 174.

66. Staufen: Risse: Hoffnung in Staufen: Quellvorgänge lassen nach. badische-zeitung.de. Retrieved on 2013-04-24.

67. Stefansson,V., 2000. The renewability of geothermal energy. Proc. World Geothermal Energy, Japan. On CD-ROM

68. Tenzer, H., 2001. Development of hot dry rock technology. Bulletin Geo-Heat Center, 32, 4, 14-22.

69. Tester, Jefferson W.; et al. (2006), *The Future of Geothermal Energy*, Impact of Enhanced Geothermal

Systems (Egs) on the United States in the 21st Century: An Assessment, Idaho Falls: Idaho National Laboratory, Massachusetts Institute of Technology, pp. 1–8 to 1–33 (Executive Summary)

70. Tiwari, G. N.; Ghosal, M. K. (2005), *Renewable Energy Resources: Basic Principles and Applications*, Alpha Science, ISBN 1-84265-125-0

71. Weres, O., 1984. Environmental protection and the chemistry of geothermal fluids. Lawrence Berkeley Laboratory, Calif. , LBL 14403, 44 pp.

72. White, D. E., 1973. Characteristics of geothermal resources. In: Kruger, P. and Otte, C.,eds., Geothermal Energy, Stanford University Press, Stanford, pp. 69-94.

73. Wright, P.M., 1998. The sustainability of production from geothermal resources. Bull.

74. Zogg, M. (20–22 May 2008), History of Heat Pumps Swiss Contributions and International Milestones, 9th International IEA Heat Pump Conference, Zürich, Switzerland

生物能

1. Alaimo, Peter & Amanda-Lynn Marshall (2010). Useful Products from Complex Starting Materials: Common Chemicals from Biomass Feedstocks Chemistry – A European Journal 15 4970–4980.

2. Alan D. MacNaught, Andrew R. Wilkinson, ed. (1997). *Compendium of Chemical Terminology: IUPAC Recommendations (the Gold Book)* (2nd ed.). Blackwell Science. ISBN 0865426848.

3. Barley, Chemistry and Technology, MacGregor & Bhatty editors Iowa State University, Department of Agronomy Factsheet, Biomass: Miscanthus

4. Baxter, L. (2005). Biomass-coal co-combustion: Opportunity for affordable renewable energy. Fuel 84(10): 1295–1302.

5. Biodiesel Will Not Drive Down Global Warming. Energy-daily.com (2007-04-24). Retrieved on 2012-02-28.

6. Biomass: Can Renewable Power Grow on Trees?. Scientificamerican.com. Retrieved on 2012-02-28.

7. Breaking the Biological Barriers to Cellulosic Ethanol: A Joint Research Agenda. June 2006. Retrieved 2010-08-02.

8. Burning trees for energy puts Canadian forests and climate at risk: Greenpeace Greenpeace Canada. November 2, 2011

9. Chheda, Juben N.; Rom?n-Leshkov, Yuriy; Dumesic, James A. (2007). Production of 5-hydroxymethylfurfural and furfural by dehydration of biomass-derived mono- and poly-saccharides. *Green Chemistry* 9 (4): 342. doi:10.1039/B611568C.

10. Edmunds, Joe; Richard Richets; Marshall Wise, Future Fossil Fuel Carbon Emissions without Policy Intervention: A Review. In T. M. L. Wigley, David Steven Schimel, *The carbon cycle*. Cambridge University Press, 2000, pp.171–189.

11. Enrique C. Ochoa, The Costs of Rising Tortilla Prices in Mexico, February 3, 2007. http://www.zmag.org/content/showarticle.cfm?SectionID=59&ItemID=12030.

12. European Environment Agency (2006) How much bioenergy can Europe produce without harming the environment? EEA Report no. 7.

13. Financial Times, London, February 25 2007, quoting Jean-François van Boxmeer, chief executive.

14. Forest volume-to-biomass models and estimates of mass for live and standing dead trees of U.S. forests. (PDF) . Retrieved on 2012-02-28.

15. Frauke Urban and Tom Mitchell 2011. Climate change, disasters and electricity generation. London: Overseas Development Institute and Institute of Development Studies

16. Frauke Urban and Tom Mitchell 2011. Climate change, disasters and electricity generation. London:

Overseas Development Institute and Institute of Development Studies

17. Gustafsson, O.; Krusa, M.; Zencak, Z.; Sheesley, R. J.; Granat, L.; Engstrom, E.; Praveen, P. S.; Rao, P. S. P. et al. (2009). Brown Clouds over South Asia: Biomass or Fossil Fuel Combustion? *Science* 323 (5913): 495–8. doi:10.1126/science.1164857. PMID 19164746. |displayauthors= suggested (help)

18. Heinimö, J.; Junginger, M. (2009). Production and trading of biomass for energy – an overview of the global status. *Biomass and Bioenergy* 33 (9): 1310. doi:10.1016/j.biombioe.2009.05.017.

19. Huber, George W.; Iborra, Sara; Corma, Avelino (2006). Synthesis of Transportation Fuels from Biomass: Chemistry, Catalysts, and Engineering. *Chemical Reviews* 106 (9): 4044–4098. doi:10.1021/cr068360d.

20. Kobayashi, Hirokazu; Yabushita, Mizuho; Komanoya, Tasuku; Hara, Kenji; Fujita, Ichiro; Fukuoka, Atsushi (2013). High-Yielding One-Pot Synthesis of Glucose from Cellulose Using Simple Activated Carbons and Trace Hydrochloric Acid. *ACS Catalysis* 3 (4): 581–587. doi:10.1021/cs300845f.

21. Kunkes, E. L.; Simonetti, D. A.; West, R. M.; Serrano-Ruiz, J. C.; Gartner, C. A.; Dumesic, J. A. (2008). Catalytic Conversion of Biomass to Monofunctional Hydrocarbons and Targeted Liquid-Fuel Classes. *Science* 322 (5900): 417–421. doi:10.1126/science.1159210.

22. Laiho, Raija; Sanchez, Felipe; Tiarks, Allan; Dougherty, Phillip M.; Trettin, Carl C. Impacts of intensive forestry on early rotation trends in site carbon pools in the southeastern US. United States Department of Agriculture. Retrieved 11 August 2010.

23. Learning About Renewable Energy. *NREL's vision is to develop technology*. National Renewable Energy Laboratory. Retrieved 4 April 2013.

24. Liu, G., E. D. Larson, R. H. Williams, T. G. Kreutz and X. Guo (2011). Making fischer-tropsch fuels and electricity from coal and biomass: Performance and cost analysis. Energy & Fuels 25: 415–437.

25. Luyssaert, Sebastiaan; -Detlef Schulze, E.; Börner, Annett; Knohl, Alexander; Hessenmöller, Dominik; Law, Beverly E.; Ciais, Philippe; Grace, John (11 September 2008). Old-growth forests as global carbon sinks. *Nature* 455 (7210): 213–215. doi:10.1038/nature07276. PMID 18784722.

26. Marshall, A. T. (2007) Bioenergy from Waste: A Growing Source of Power, Waste Management World Magazine, April, p34-37.

27. Martin, Marshall A. (1 November 2010). First generation biofuels compete. *New Biotechnology* 27 (5): 596–608. doi:10.1016/j.nbt.2010.06.010.

28. Mulbry, W., Kangas, P., & Kondrad, S. (2010, April). Toward scrubbing the bay: Nutrient removal using small algal turf scrubbers on Chesapeake Bay tributaries. Ecological Engineering, 36(4), 536–541. doi:10.1016/j.ecoleng.2009.11.02

29. Naik, S.N.; Goud, Vaibhav V.; Rout, Prasant K.; Dalai, Ajay K. (2010). Production of first and second generation biofuels: A comprehensive review. *Renewable and Sustainable Energy Reviews* 14 (2): 578–597. doi:10.1016/j.rser.2009.10.003.

30. Rajvanshi, A. K. Biomass Gasification. Alternative Energy in Agriculture, Vol. II, Ed. D. Yogi Goswami, CRC Press, 1986, pp. 83–102.

31. Scheck, Justin; *et al.* (July 23, 2012). Wood-Fired Plants Generate Volations. *Wall Street Journal*. Retrieved September 27, 2012.

32. T.A. Volk, L.P. Abrahamson, E.H. White, E. Neuhauser, E. Gray, C. Demeter, C. Lindsey, J. Jarnefeld, D.J. Aneshansley, R. Pellerin and S. Edick (October 15–19, 2000). Developing a Willow Biomass Crop Enterprise for Bioenergy and Bioproducts in the United States. *Proceedings of Bioenergy 2000*. Adam's Mark Hotel, Buffalo, New York, USA: North East Regional Biomass Program.

OCLC 45275154. Retrieved 2006-12-16.

33. U.S. Energy Information Administration (April 2010). *Annual Energy Outlook 2010* (report no. DOE/EIA-0383(2010)). Washington, DC. National Energy Information Center. http://www.eia.gov/oiaf/aeo/pdf/0383(2010).pdf. Retrieved September 27, 2012.
34. Use of biomass by help of the ORC process. Gmk.info. Retrieved on 2012-02-28.
35. Zhang, J.; Smith, K. R. (2007). Household Air Pollution from Coal and Biomass Fuels in China: Measurements, Health Impacts, and Interventions . *Environmental Health Perspectives* 115 (6): 848–855. doi:10.1289/ehp.9479. PMC 1892127. PMID 17589590.

水力

1. History of Hydropower. U.S. Department of Energy.
2. Hydroelectric Power. Water Encyclopedia.

氫燃料電池

1. A. Kulkarni, FT Ciacchi, S Giddey, C Munnings, SPS Badwal, JA Kimpton, D Fini (2012). International Journal of Hydrogen Energy. *International Journal of Hydrogen Energy* 37 (24): 19092–19102. doi:10.1016/j.ijhydene.2012.09.141.
2. AD. Hawkes, L. Exarchakos, D. Hart, MA. Leach, D. Haeseldonckx, L. Cosijns and W. D'haeseleer. EUSUSTEL work package 3: Fuell cells, 2006.
3. Adamson, Karry-Ann and Clint Wheelock. Fuel Cell Annual Report 2011. 2Q 2011, Pike Research, accessed 1 August 2011
4. Alternative Fueling Station Locator. U.S. Department of Energy Energy Efficiency and Renewable Energy Alternative Fuel & Advance Vehicle Center. 14 January 2010.
5. An energy revolution, a new pathway to a 100% renewable powered Europe, Renewable Energy World, 2010 13(5):83-86.
6. Anne-Claire Dupuis, Progress in Materials Science, Volume 56, Issue 3, March 2011, pp. 289–327
7. APFCT won Taiwan BOE project contract for 80 FC scooters fleet demonstration
8. Apollo Space Program Hydrogen Fuel Cells. Spaceaholic.com. Retrieved 2009-09-21.
9. Appropriate Technology for Alternative Energy Sources in Fisheries: Proceedings of the ADBICLARM Workshop on Appropriate Technology for Alternative Energy Sources in Fisheries, Manila, Philippines, 21-26 February 1981 ed. by R. C. May, I.R. Smith and D. B. Thomson.
10. Aqueous Solution. Merriam-Webster Free Online Dictionary
11. Ballard fuel cells to power telecom backup power units for motorola. Association Canadienne de l' hydrogene et des piles a combustible. 13 July 2009. Accessed 2 August 2011.
12. Ballard Power Systems: Commercially Viable Fuel Cell Stack Technology Ready by 2010. 29 March 2005. Archived from the original on 27 September 2007. Retrieved 2007-05-27.
13. Batteries, Supercapacitors, and Fuel Cells: Scope. Science Reference Services. 20 August 2007. Retrieved 11 February 2009.
14. Beurskens, J. Design limits and solutions – reaching the 20 MW turbine. Wind Technology. Pp. 21-23. Renewable Energy World May 2011.
15. Boeing Successfully Flies Fuel Cell-Powered Airplane. Boeing. 3 April 2008. Accessed 2 August 2011.
16. Bossel, Ulf. Does a Hydrogen Economy Make Sense? Proceedings of the IEEE Vol. 94, No. 10, October 2006.
17. Boyd, Robert S. Hydrogen cars may be a long time

coming. McClatchy Newspapers, 15 May 2007, accessed 13 August 2011.

18. Boyle, Godfrey. Renewable Energy. Oxford; New York : Oxford University Press in association with the Open University, 2004.
19. Brian Warshay, Brian. The Great Compression: the Future of the Hydrogen Economy, Lux Research, Inc. January 2013.
20. Brinkman, Norma, Michael Wang, Trudy Weber and Thomas Darlington. Well-To-Wheels Analysis of Advanced Fuel/Vehicle Systems – A North American Study of Energy Use, Greenhouse Gas Emissions, and Criteria Pollutant Emissions. General Motors Corporation, Argonne National Laboratory and Air Improvement Resource, Inc., May 2005, accessed 9 August 2011
21. Bryant, Eric (21 July 2005). Honda to offer fuel-cell motorcycle. autoblog.com. Retrieved 2007-05-27.
22. Bullis, Kevin. Q & A: Steven Chu, *Technology Review*, 14 May 2009
23. Chambers, Ann. Renewable Energy in Nontechnical Language. Tulsa, Okla. :PennWell Corp., 2004.
24. Chemical Could Revolutionize Polymer Fuel Cells. Georgia Institute of Technology. 24 August 2005. Retrieved 2007-05-27.
25. Chu, Steven. Winning the Future with a Responsible Budget. U.S. Dept. of Energy, 11 February 2011.
26. Comparison of Fuel Cell Technologies. Departement of Energy Energy Efficiency and Renewable Energy Fuel Cell Technologies Program. February 2011.
27. Dezember 2007. Hydrogen Fuel Cell electric bike. Youtube.com. Retrieved 2009-09-21.
28. Early Markets: Fuel Cells for Material Handling Equipment. U.S. Department of Energy Fuel Cell Technologies Program, February 2011, accessed 2 August 2011
29. Eberle, Ulrich and Rittmar von Helmolt. Sustainable transportation based on electric vehicle concepts: a brief overview. Energy & Environmental Science, Royal Society of Chemistry, 14 May 2010, accessed 2 August 2011
30. Efficiency of Hydrogen PEFC, Diesel-SOFC-Hybrid and Battery Electric Vehicles (PDF). 15 July 2003. Retrieved 2007-05-23.
31. EG&G Technical Services Under Contract No. DE-AM26-99FT40575 for U.S. Department of Energy. Fuel Cell Handbook 7th Edition. November 2004.
32. Energy Sources: Electric Power. U.S. Department of Energy. Accessed 2 August 2011.
33. Environmental Activities: Nissan Green Program 2016. Nissan. Retrieved 5 March 2012.
34. European Fuel Cell Bus Project Extended by One Year. DaimlerChrysler. Retrieved 2007-03-31.
35. Fact Sheet: Materials Handling and Fuel Cells. Fuel Cell and Hydrogen Energy Association. Accessed 2 August 2011.
36. Faur-Ghenciu, Anca (April/May 2003). *Fuel Processing Catalysts for Hydrogen Reformate Generation for PEM Fuel Cells* (PDF). FuelCell Magazine. Retrieved 2007-05-27.
37. Frano Barbir (2005). *PEM Fuel Cells-Theory and Practice*. Elsevier Academic Press.
38. From TechnologyReview.com Hell and Hydrogen, March 2007. Technologyreview.com. Retrieved 2011-01-31.
39. Fuel Cell Applications. Fuel Cells 2000. Accessed 2 August 2011
40. Fuel Cell Basics: Applications. Fuel Cells 2000. Accessed 2 August 2011.
41. Fuel Cell Basics: Benefits. Fuel Cells 2000. Retrieved 2007-05-27.
42. Fuel cell buses. Transport for London. Archived from the original on 13 May 2007. Retrieved 2007-04-01.

43. Fuel Cell Efficiency. World Energy Council, 17 July 2007, accessed 4 August 2011

44. Fuel Cell Handbook, 5th edition, 2000.

45. Fuel cell improvements raise hopes for clean, cheap energy

46. Fuel Cell Industry is Poised for Major Change and Development in 2011, Pike Research, 2 February 2011, accessed 1 August 2011.

47. Fuel Cell Powered UAV Completes 23-hour Flight. Alternative Energy: News. 22 October 2009. Accessed 2 August 2011.

48. Fuel Cell Technologies Program: Glossary. Department of Energy Energy Efficiency and Renewable Energy Fuel Cell Technologies Program. 7 July 2011. Accessed 3 August 2011.

49. Fuel Cell Test and Evaluation Center. www.fctec.com.

50. Fuel Cell Today. www.fuelcelltoday.com.

51. Fuel Economy: Where The Energy Goes. U.S. Department of Energy, Energy Effciency and Renewable Energy, accessed 3 August 2011

52. FY 2010 annual progress report: VIII.0 Technology Validation Sub-Program Overview. John Garbak. Department of Energy Hydrogen Program.

53. Garbak, John. VIII.0 Technology Validation Sub-Program Overview. DOE Fuel Cell Technologies Program, FY 2010 Annual Progress Report, accessed 2 August 2011

54. Garcia, Christopher P. et al. (January 2006). *Round Trip Energy Efficiency of NASA Glenn Regenerative Fuel Cell System*. Preprint. p. 5. Retrieved 4 August 2011.

55. German Government announces support for 50 urban hydrogen refuelling stations

56. Global Fuel Cell Market by Technology, Application, Component, Installation, Cost, Geography, Trends and Forecasts (2011–2016). May 2011, MarketsandMarkets.com, accessed 1 August 2011.

57. GM CEO: Fuel cell vehicles not yet practical, *The Detroit News*, 30 July 2011; and Chin, Chris. GM's Dan Akerson: Fuel-cell vehicles aren't practical yet. Car Tech, 1 August 2011, accessed 27 February 2012.

58. GM's Fuel Cell System Shrinks in Size, Weight, Cost. General Motors. 16 March 2010. Retrieved 5 March 2012.

59. Gregor Hoogers (2003). *Fuel Cell Technology – Handbook*. CRC Press.

60. Grove, William Robert On a Gaseous Voltaic Battery, *Philosophical Magazine and Journal of Science* vol. XXI (1842), pp. 417–420.

61. H.I. Onovwiona and V.I. Ugursal. Residential cogeneration systems: review of the current technology. Renewable and Sustainable Energy Reviews, 10(5):389 – 431, 2006.

62. H2 Nation vol1 issue 3 July/August 2004, p8-9.

63. Handbook of Renewable Energies in the European Union II : Case Studies of All Accession States. Danyel Reiche (ed.); in collaboration with Mischa Bechberger, Stefan Korner, and Ulrich Laumanns ; foreword by Gunter Verheugen. Frankfurt am Main ; New York: P. Lang, 2003.

64. Hill, Michael. Ceramic Energy: Material Trends in SOFC Systems. *Ceramic Industry*, 1 September 2005.

65. Honda Develops Fuel Cell Scooter Equipped with Honda FC Stack. Honda Motor Co. 24 August 2004. Retrieved 2007-05-27.

66. Honda FCX Clarity – Fuel cell comparison. Honda. Retrieved 2009-01-02.

67. Honda unveils FCX Clarity advanced fuel cell electric vehicle at motor show in US. Honda Worldwide. Retrieved 5 March 2012.

68. Horizon Fuel Cell Powers New World Record in UAV Flight. Horizon Fuel Cell Technologies. 1 November 2007.

69. Horizon fuel cell vehicles: Transportation: Light

Mobility. Horizon Fuel Cell Technologies. 2010. Accessed 2 August 2011.

70. Howard Schneider (May 8, 2013). World Bank turns to hydropower to square development with climate change. *The Washington Post*. Retrieved May 9, 2013.

71. Hydrogen and Fuel Cell Vehicles Worldwide. TÜV SÜD Industrie Service GmbH, accessed on 2 August 2011

72. Hydrogen Fueling Stations Could Reach 5,200 by 2020. Environmental Leader: Environmental & Energy Management News,20 July 2011, accessed 2 August 2011

73. Hydrogen-powered unmanned aircraft completes set of tests. www.theengineer.co.uk. 20 June 2011. Accessed 2 August 2011.

74. India telecoms to get fuel cell power Ingram, Antony. RIP Hydrogen Highway? California Takes Back Grant Dollars, *Green Car Reports*, 5 June 2012

75. Ingram, L.O. et al. 1999. Enteric bacterial catalysts for fuel ethanol production. Biotechnology Prog. 15(5):855-66.

76. James Larminie; Andrew Dicks (2003). *Fuel Cell Systems Explained* (Second ed.). Hoboken: John Wiley and Sons.

77. Jin, H. & Ishida, M. 2000. A novel gas turbine cycle with hydrogen-fueled chemical- looping combustion. International Journal of Hydrogen Energy 25 (2000) 1209-1215.

78. Johnson, R. Colin (22 January 2007). Gold is key to ending platinum dissolution in fuel cells. EETimes. com. Retrieved 2007-05-27.

79. Kakati B. K., Deka D., Differences in physico-mechanical behaviors of resol and novolac type phenolic resin based composite bipolar plate for proton exchange membrane (PEM) fuel cell, *Electrochimica Acta* 2007, 52 (25): 7330–7336.

80. Kakati B. K., Mohan V., Development of low cost advanced composite bipolar plate for P.E.M. fuel cell, *Fuel Cells* 2008, 08(1): 45–51

81. Kakati, B. K., Deka, D., Effect of resin matrix precursor on the properties of graphite composite bipolar plate for PEM fuel cell, *Energy & Fuels* 2007, 21 (3):1681–1687.

82. Korzeniewski, Jeremy (27 September 2012). Hyundai ix35 lays claim to world's first production fuel cell vehicle title. *autoblog.com*. Retrieved 2012-10-07.

83. Kreis, Steven (2001). The Origins of the Industrial Revolution in England. *The history guide*. Retrieved 19 June 2010.

84. Kuo, Iris. Coca-Cola, Walmart sign up for Bloom's new fuel-cell electricity service. venturebeat.com. Retrieved 13 January 2012.

85. Laine Welch (18 May 2013). Laine Welch: Fuel cell technology boosts long-distance fish shipping. *Anchorage Daily News*. Retrieved 19 May 2013.

86. Lammers, Heather (17 August 2011). Low Emission Cars Under NREL's Microscope. *NREL Newsroom*. Retrieved 2011-08-21.

87. Lane, K. (September 2009). Y-carbon? because it has so many applications! NanoMaterials Quarterly, Retrieved from http://www.y-carbon.us/Portals/0/docs/Media/NewsletterSeptember2009.pdf

88. Larminie, James (1 May 2003). *Fuel Cell Systems Explained, Second Edition*. SAE International. ISBN 0-7680-1259-7.

89. LEMTA – Our fuel cells. Perso.ensem.inpl-nancy.fr. Retrieved 2009-09-21.

90. Lienert, Anita. Mercedes-Benz Fuel-Cell Car Ready for Market in 2014. *Edmunds Inside Line*, 21 June 2011.

91. Lovers introduces zero-emission boat (in Dutch). NemoH2. 28 March 2011. Accessed 2 August 2011.

92. Lower & Lock-In Energy Costs. Bloom Energy, accessed 3 August 2011

93. Masters, Gilbert M. Renewable and Efficient Electric

Power Systems. Hoboken, NJ, John Wiley & Sons, 2004.

94. Matthew L. Wald (7 May 2009). U.S. Drops Research into Fuel Cells for Cars. *The New York Times*. Retrieved 2009-05-09.

95. Matthew M. Mench (2008). *Fuel Cell Engines*. Hoboken: John Wiley & Sons, Inc.

96. Maynard, Frank (November 1910). Five thousand horsepower from air bubbles. *Popular Mechanics*: Page 633.

97. Measuring the relative efficiency of hydrogen energy technologies for implementing the hydrogen economy 2010.

98. Meyers, Jeremy P. Getting Back Into Gear: Fuel Cell Development After the Hype. The Electrochemical Society *Interface*, Winter 2008, pp. 36–39, accessed 7 August 2011

99. Milewski, J., A. Miller and K. Badyda. The Control Strategy for High Temperature Fuel Cell Hybrid Systems. *The Online Journal on Electronics and Electrical Engineering*, Vol. 2, No. 4, p. 331, 2009, accessed 4 August 2011

100. Molten Carbonate Fuel Cell Technology. U.S. Department of Energy, accessed 9 August 2011.

101. Molten Carbonate Fuel Cells (MCFC). FCTec.com, accessed 9 August 2011.

102. Motavalli, Jim. Cheap Natural Gas Prompts Energy Department to Soften Its Line on Fuel Cells, *The New York Times*, 29 May 2012.

103. Nice, Karim and Strickland, Jonathan. How Fuel Cells Work: Polymer Exchange Membrane Fuel Cells. How Stuff Works, accessed 4 August 2011.

104. Nice, Karim. How Fuel Processors Work. HowStuffWorks, accessed 3 August 2011.

105. Noriko Hikosaka Behling (2012). *Fuel Cells: Current Technology Challenges and Future Research Needs* (First ed.).

106. OECD. Environmental Impacts of Renewable Energy: the OECD COMPASS Project. Paris : Organisation for Economic Co-operation and Development, 1988.

107. Online, Science (2 August 2008). 2008 – Cathodes in fuel cells. Abc.net.au. Retrieved 2009-09-21. http://pubs.acs.org/doi/abs/10.1021/ja1112904?journalCode=jacsat

108. Potts, Michael. The New Independent Home : People and Houses that Harvest the Sun. White River Junction, Vt. : Chelsea Green Publishing, 1999.

109. Power Generation by Renewables / Organized by the Energy Transfer and Thermofluid Mechanics Group of The Institution of Mechanical Engineers (IMechE); co-sponsored by the Power Industry Division. Bury St. Edmunds : Professional Engineering Publishing, 2000.

110. Prabhu, Rahul R. (13 January 2013). Stationary Fuel Cells Market size to reach 350,000 Shipments by 2022. *Renew India Campaign*. Retrieved 2013-01-14.

111. Roger Billings Biography. International Association for Hydrogen Energy. Retrieved 2011-03-08.

112. S. Giddey, S.P.S. Badwal, A. Kulkarni, C. Munnings (2012). A comprehensive review of direct carbon fuel cell technology. *Progress in Energy and Combustion Science* 38 (3): 360–399. doi:10.1016/j.pecs.2012.01.003.

113. Sorensen, Bent. Renewable Energy : Its Physics, Engineering, Use, Environmental Impacts, Economy and Planning Aspects. Bent Sorensen. San Diego, Calif.; London : Academic, 2000.

114. Squatriglia, Chuck. Hydrogen Cars Won't Make a Difference for 40 Years, *Wired*, 12 May 2008.

115. Stambouli, A. Boudghene. Solid oxide fuel cells (SOFCs): a review of an environmentally clean and efficient source of energy. *Renewable and Sustainable Energy Reviews*, Vol. 6, Issue 5, pp. 433–455, October 2002.

116. Subash C. Singhal; Kevin Kendall (2003). *High Temperature Solid Oxide Fuel Cells-Fundamentals, Design and Applications*. Elsevier Academic Press.

117. Takahashi, S. 2003. Hydrogen internal combustion sterling engine. JSME International Journal Series B, Vol. 46, No. 4 (2003) 633-642.

118. Transportation Fleet Vehicles: Overview. UTC Power. Accessed 2 August 2011.

119. Tremblay, Varfalvy, Roehm and Garneau. 2005. Greenhouse Gas Emissions - Fluxes and Processes, Springer, 732 p.

120. Types of Fuel Cells. Department of Energy EERE website, accessed 4 August 2011.

121. U Montana. http://www.h2education.com/index.php/fuseaction/about.main.htm.

122. U.S. Fuel Cell Council Industry Overview 2010, p. 12. U.S. Fuel Cell Council. 2010.

123. Vielstich, W., et al, ed. (2009). *Handbook of fuel cells: advances in electrocatalysis, materials, diagnostics and durability*. Hoboken: John Wiley and Sons.

124. Von Helmolt, R.; Eberle, U (20 March 2007). Fuel Cell Vehicles:Status 2007. *Journal of Power Sources* 165 (2): 833. doi:10.1016/j.jpowsour.2006.12.073.

125. Wang, J.Y. (2008). Pressure drop and flow distribution in parallel-channel of configurations of fuel cell stacks: U-type arrangement. *Int. J. of Hydrogen Energy* 33 (21): 6339–6350. doi:10.1016/j.ijhydene.2008.08.020.

126. Wang, J.Y.; Wang, H.L. (2012). Discrete approach for flow-field designs of parallel channel configurations in fuel cells. *Int. J. of Hydrogen Energy* 37 (14): 10881–10897. doi:10.1016/j.ijhydene.2012.04.034.

127. Wang, J.Y.; Wang, H.L. (2012). *Flow field designs of bipolar plates in PEM fuel cells: theory and applications, Fuel Cells,* 12 (6). pp. 989–1003. doi:10.1002/fuce.201200074.

128. Wipke, Keith, Sam Sprik, Jennifer Kurtz and Todd Ramsden. Controlled Hydrogen Fleet and Infrastructure Demonstration and Validation Project. National Renewable Energy Laboratory, 11 September 2009, accessed on 2 August 2011

129. Yen, T.J. et al. 2003. A micro methanol fuel cell operating at near room temperature. Applied Physics Letter, 83(19): 4056-4058.

130. 加滿氫再上路科學人雜誌網站 http://sa.ylib.com/read/readshow.asp?FDocNo=1011&DocNo=1599

131. 左峻德，燃料電池之特性與運用，2001 年。

132. 鄭耀宗等著，現場型磷酸燃料應用於大用戶之可行性研究，1995 年。

中英文詞彙對照表

第一章 能源與永續

氫經濟 Hydrogen Economy
化石燃料 fossil fuel
永續性 sustainability
永續 sustainable
溢油 oil spill
布倫特蘭委員會 Brundtland Commission
硫氧化物 SO_x
氮氧化物 NO_x
二氧化碳 CO_2
溫室氣體 greenhouse gases, GHG

第二章 綜觀再生能源

非可再生 non-renewable
再生能源 renewable energy
核燃料 nuclear fuel
生物能 bioenergy
水力 hydropower
化石能源 fossil energy
能量流通 energy flow
全球氣候變遷 global climate change
酸雨 acid rain
生物質量 biomass
模組廠 modular plant
光伏 photovoltaic, PV
半導體 semi-conductor
模組 module
發電廠 power plant
陣列 array
聚集式太陽發電系統 concentrating solar power system
太陽收集器 solar collector
太陽輻射 solar radiation
太陽能板 solar panel
風機 wind turbines
二氧化硫 SO_2
氮氧化物 NO_x
二氧化碳 CO_2
地球暖化 global warming
氣候異常 climate change
固體廢棄物 solid wastes
熱污染 heat pollution
水力發電 hydropower
水輪機 hydro-turbine
機械能 mechanical energy
波浪能 wave energy
生質能 biomass energy
生物質量 biomass
生物燃料 biofuel
能源作物 energy crops
溫室氣體 greenhouse gas
灰 soot
共燃 co-firing
木粒 pellets
氫 hydrogen
地熱能 geothermal energy
潮汐能 tidal energy
洋流渦輪機 marine current turbine
重力收縮 gravitational contraction
掩埋廠氣體 landfill gas
廢水處理廠的氣體 wastewater treatment plant gas
減量 reduce
重複使用 reuse
回收 recycle
堆肥 composting
初級能源 primary energy

燃料電池　fuel cell, FC
零碳排放　zero carbon emission

第三章　能源的儲存與傳遞

微渦輪機　microturbines
冷卻、加熱、及動力　cooling, heating, and power, CHP
燃料附加產品　by-products fuels
公共電力規範政策法　Public Utilities Regulatory Policy Act, PURP
燃氣技術　gas-fueled technologies
電池　batteries
壓縮空氣　compressed air
飛輪　flywheel
抽蓄水力　pumped hydro
超電容　supercapacitors
超導磁能　superconducting magnetic energy
獨立系統操作器　The Independent System Operator, ISO
鎳氫　nickel metal hydride
鋰聚合物　lithium polymer
鋰離子　lithium-ion
硫化鈉　sodium sulfur
電解質　electrolyte
流電池　flow batteries
儲存槽　reservoir
電池堆　battery cell stack
負載平衡應用　load-leveling applications
鉛酸電池　lead-acid batteries
調整閥鉛酸電池　valve-regulated, VRLA
壓縮空氣能量儲存　compressed air energy storage, CAES
儲存能量與發電的混合式　storage /power hybrid
飛輪　flywheel
複合轉子　composite rotor
過電容　ultracapacitors
電化學雙層電容器　electrochemical double-layer capacitors
靜電力場　electrostatic field
超導磁能儲存　superconducting magnetic energy storage, SMES
超冷卻　super cooled
超冷技術　cryogenics
系統解聯　outages
熱能儲存　aquifer thermal energy storage
鑽孔儲存　borehole storage
洞穴儲存　cavern storage
坑洞儲存　pit storage
顯熱熱能儲存　sensible heat energy storage
塑膠結　plastic nodule, STL
醋酸鈉　trihydrate
分散能源　distributed energy, DE
能源組合　energy portfolio
基本負載電力　base load power
尖峰電力　peak power
備用電力　backup power
偏遠電力　remote power
負載伴隨能力　load-following capability
熱泵　heat pump
替代燃料　alternative fuels
生物燃料　biofuels
氣體燃料　gaseous fuels
氣體轉成液體燃料　gas-to-liquid fuels
電　electricity
生物柴油　biodiesel
壓縮天然氣　compressed natural gas, CNG
液化天然氣　liquefied natural gas, LNG
氫燃料電池車　hydrogen FC vehicle

費雪燃料　Fischer-Tropsch fuel
插電混合電動車　plug-in hybrid electric vehicles
燃料電池堆　FC stack
集中的　centralized
分散的　distributed
工作站　workstations
主系統電腦　mainframe

第四章　太陽能與太陽加熱

光子　photons
太陽輻射　solar radiation
奈米　nanometer
波　waves
兆瓦　tetrawatts
千兆瓦　petawatts
電力密度　power density
末端使用再生技術　end-of-use recycling technologies
淨電表　net metering
時間淨電表　time-of-use net metering
太陽帆　solar sail
光車輪　light mill
生物質量　biomass
太陽熱能發電　ocean thermal energy production
熱梯度　thermal gradients
玻璃　glazing
被動太陽能　passive solar
主動太陽能　active sola
太陽收集器　solar collector
直接獲取　direct gain
自然對流　natural convection
日照採光　daylighting
採光室　sunroom
被動太陽加熱　passive solar heating
Trombe 牆　Trombe walls
翼牆　wing walls
熱煙囪　thermal chimney
天窗　skylights
明樓聯窗　clerestory windows
鋸齒狀屋頂　sawtooth roofs
光柵　light shelves
採光管　light tubes
太陽設計　solar design
永續設計　sustainable design
混合日照　hybrid solar lighting, HSL
日光節約時間　daylight saving time, DST
主動太陽加熱技術　active solar heating
太陽收集器　solar collector
泵送　pumping
熱虹吸　thermosyphon
太陽熱水系統　solar hot water systems
批次系統　batch systems
主動系統　active systems
熱虹吸系統　thermosiphon systems
被動系統　passive systems
吸收板　absorber plate
簡單平板收集器　simple flat-plate collector
加熱盤管　heating coil
真空管收集器　evacuated tube collectors
集中型收集器　concentrating collector
蒸散型太陽收集器　transpired solar collector
太陽熱機　solar thermal engine
太陽能鍋　solar cookers
低溫殺菌　pasteurization
水果裝罐　canning
批次加熱器　batch heater
麵包盒　bread box
集中式太陽能　concentrating solar power

集中收集器　concentrating collector
缽型拋物線收集器　trough collectors
動力塔　power tower
吸收管　absorber tube
太陽追蹤器　sun tractor
蒸汽渦輪機　steam turbine
太陽發電系統　solar electric generating systems, SEGS
向日鏡　heliostats
太陽追蹤鏡　sun-tracking mirrors
太陽一號　Solar One
太陽二號　Solar Two
流體改用融鹽　molten salt
碟/引擎系統　dish/engine system
史德林引擎　Stirling cycle engine
熱機　heat engine
開放布雷登循環　open Brayton cycle
太陽能使德林　solar Stirling
太陽電池　solar cell
太陽上抽塔　solar updraft tower
太陽煙囪　solar chimney
能源塔　energy tower
太陽池塘　solar pond
太陽化學　solar chemical
光電析　photoelectrolysis
鈮　niobium
鉭　tantalum
聚集器　concentrators
高分子薄膜　polymer films
通風空氣預熱　ventilation air preheating
太陽加工加熱　solar process heating
太陽冷卻　solar cooling
蒸散收集器　transpired collector
蒸發式冷卻器　evaporative cooler
乾燥劑冷卻　desiccant cooling
燥劑蒸發冷卻系統　desiccant evaporative cooling
電力退費　utility rebates
稅率優惠　tax credits
世界太陽挑戰　World Solar Challenge

第五章　太陽能電池

半導體材料　semiconducting materials
光伏　photovoltaic, PV
陰極保護　cathodic protection
離網　off grid
擴散　diffusion
大氣層　upper atmosphere
國際能源總署　International Energy Agency, IEA
全球黯淡無光　global dimming
模組　PV modules
電池　cells
光伏陣列　PV arrays
電池　battery
單結晶矽太陽電池　single crystal
多結晶矽太陽電池　polycrstal
非結晶矽太陽電池　amorphous
薄膜光電池　thin film PV
薄膜非結晶太陽能板　amorphous-silicon-based solar panels
摻雜　doping
電場　electrical field
質子　protons
電子　electrons
中子　neutrons
原子　atom
原子核　nucleus
殼　shells
晶體結構　crystalline structure
二極體　diode
光伏板　PV panel
轉換效率　conversion efficiency
波段間隙　energy band gap

逐出　dislodging
p 型矽　p-type silicon
n 型矽　n-type silicon
薄膜光伏電池　thin film PV
晶體 PV　crystalline PV
表面與氫作用　surface passivation
抗反射塗佈　antireflection coatings
包覆　encapsulation
矽晶　crystalline silicon, c-Si
單矽晶　single-crystalline or monocrystalline silicon
多矽晶　multicrystalline or polycrystalline silicon
帶　ribbon
片　sheet
薄層矽　thin-layer silicon
浮區法　float-zone, FZ method
精密壓鑄　casting and die
拉線　wire pulling
化學熱處理　gettering
太陽能級矽料源　solar-grade silicon feedstock
發射器包覆　emitter wrap-through, EWT
自動對齊選擇發射器　the self-aligned selective-emitter, SASE
電子等級　electronic grade
砷化鎵　gallium arsenide
矽晶圓　wafers
矽帶與矽片　silicon ribbons and sheets
矽鎔融　silicon melt
化合物半導體　compound semiconductor
硒化銅銦　copper indium diselenide, CIS
第三至五族技術　Group III-V Technologies
光電化學電池　photoelectrochemical cells
矽球　silicon spheres
第三代 PV 電池　third generation PV cells
高效率多介面裝置堆　high-efficiency multijunction devices stack
磷化銦鎵　gallium indium phosphide, GaInP
雙界面電池　two-junction cells
三介面　thyristor
銜接技術　intermediately technologies
系統的平衡　balance of system
平架　flat mounting
架子　rack
柱子架設　pole mounting
追蹤結構　tracking structures
單軸與雙軸　one-axis & two axis
光伏聚集系統　PV concentrator systems
聯網　grid-connected
互動　utility-interactive
點數　credits
淨電表　net metering
逆流轉換器　inverter
饋入配電盤　distribution panel
充電調整器　charge controller
混合系統　hybrid system
整流器　rectifier
系統平衡　balance of system, BOS
菲涅耳透鏡　Fresnel lens
建築整合的光伏　building-integrated photovoltaics, BIPV
天井窗　atrium roofs
天窗　skylights
簾牆　curtain walls
屋瓦　roof tiles & shingles
雨蓬　awnings
離網　off-the-grid
獨立光伏系統　stand-alone photovoltaic

systems
直接聯結系統　direct-coupled systems
混合系統　hybrid system
電網介面系統　grid interface systems
染料浸漬　dye-impregnated
染料敏化太陽能電池　dye-sensitized solar cells
二氧化鈦層　titanium dioxide
封裝材料　EVA、tedlar
層壓機　laminate
歐洲 PV 工業協會　European Photovoltaic Industry Association, EPIA
太陽等級　Solar-grade
聲寶　Sharp Corporation
三洋　Sanyo
晶磁　Kyocera
三菱　Mitsubishi
綠色和平組織　Greenpeace
2020年之前十億人和二百萬份工作的太陽電力　Solar Generation: Solar Electricity for over 1 Billion People and 2 Million Jobs by 2020
起飛計畫　Plan for Takeoff
備轉容量　spinning reserve
打平成本　break-even cost
打平距離　break-even distance
稅率優惠　tax credits

第六章　風能

風機　wind turbine
燃氣渦輪機　gas turbine
蒸汽渦輪機　steam turbine
風車　wind mill
可獲取因子　availability factor
一百萬瓦　megawatt, MW
風場　wind plant
容量因子　capacity factor
葉片　blades
低壓空氣　low pressure air pocket
拉扯　drag
風機　wind turbine
變動性　variability
容量因子　capacity factor
全容量　full capacity
額定動力　power rating
動力場　power plant
效率　efficiency
機械效率　mechanical efficiency
熱效率　thermal efficiency
電氣效率　electrical efficiency
損失　losses
全容量　full capacity
間歇性　Intermittency
可獲取因子　availability factor
可獲取性　availability
質量流　mass flow
Betz 限制　Betz limitation
Weibull 分佈　Weibull Distribution
發電場規模　utility-scale
瓦　Watts, W
千瓦　Kilowatt, kW
百萬瓦　Megawatt, MW
十億瓦　Gigawatt, GW
千瓦小時　kilowatt-hours, kWh
風機　Turbine
葉輪　blades
轉輪　rotor
機艙　nacelle, enclosure
塔架　tower
軸能　shaft energy
塔架　tower
輪轂　hub
齒輪箱　gear box

電力供應網路　utility power grid
風場　wind power plants, wind farms, wind park
模組　modules
狂風　gust
裝在塔上的風速儀　anemometers
聲波雷達　SODAR
風地圖　Wind maps
風的統計資料　Wind Statistics
長期平均風速　long-term mean wind speed
主要風向　prevailing wind direction
擾動密集度　average turbulence intensity
標準差　standard deviation
風剪　wind shear
風力定律　power law
數據百分比　gross data recovery percentage
數據百分比　net data recovery percentage
風速時間系列　wind speed time series
均風速　diurnal average wind speeds
擾動密集度　turbulence intensity
狂野　gustiness
風玫瑰　wind rose
全球風能協會　Global Wind Energy Council, GWEC
英國風能協會　British Wind Energy Association
預繳投資成本　up-front investment cost
只要不在我家後院　Not in my back yard, NIMBY
選定　siting
聯網供給面　grid-tied supply side
離網　off-grid
消費面　consumer side
便利性　accessibility
風地圖　wind atlas
傳遞容量　transmission capacity
風輪廓次冪定律　wind profile power law
風場效應　park effect
岸上　onshore
地形加速　topographic acceleration
微選址　micro-siting
近岸　near-shore
陰極保護　cathodic protection
空中　airborne
歐洲風能協會　The European Wind Energy Association (EWEA)
海域風電　offshore wind power
世界一般耗電　general electricity consumption
美國風能協會　American Wind Energy Association
根據美國能源部　US Department of Energy
奇異電氣　General Electric
電網能源儲存　grid energy storage
間歇的動力　intermittent power
無壽限軸承　lifetime bearings
空氣彈性葉片　aeroelastic blades
翼　vane
動力煞車阻尼　dynamic braking resistor
動力煞車　dynamic braking
世界風能協會　World Wind Energy Association
能源投資的回收　energy return on investment, EROI
淨能源收入　net energy gain
回收率　payback ratio
時間尺度　timescales
需求管理或是卸載　demand management or load shedding
收入　revenue

調節　arbitrage
直接足跡　footprint
離岸　offshore
再生能源政策　Renewable Energy Policy
上風風機　up-wind turbines
搖　yaw
切入風速　cut-in speed
脱開風速　cut-out wind speed
變速風機　variable-speed turbines
可變葉片螺距　variable blade pitch
水平軸線　horizontal axis
滲透　penetration

第七章　海域風能

離岸式（或稱為海域）風力發電場　offshore wind farm
積價瓦　Giggawatt, GW
歐洲風能地圖　European Wind Atlas
德國風能研究所　DEWI
起重駁船　crane barge
聰明的混血　clever hybrid
中速同步型永久磁鐵發電機　PMG
雙饋式感應發電機　DFIG
海域接近系統　offshore accessing system, OAS
黑鳧，海番鴨　Scoter
獲取性　availability
生產税抵減　Production Tax Credit, PTC
再生能源組合標準　Renewable Portfolio Standard, RPS
補償　compensation
管轄範圍　jurisdiction
海洋禁入區　ocean sanctuaries
剛性　rigidity
搖擺控制系統　yaw control system
分散系統　decentralised system
載具　carrier
能量來源　energy source
雙向載具　two-way carrier
興登堡　Hindenburg
質子交換膜　PEM

第八章　波浪能

波浪能　wave energy
世界能源協會　World Energy Council
蘇格蘭再生能源訂單　Scottish Renewables Order
1999年再生能源回顧　UK Review of Renewables 1999
出力　power
能量　energy
衝動　surge
共振水柱　OWC
起伏　heaving
縱搖　pitching
轉換器　converter
終端器　terminators
漸弱器　attenuators
點吸收器　point absorbers
繫泊　tethered
入射波前鋒　incident wave front
振盪水柱　oscillating water column, OWC
沿岸波能裝置　shoreline devices
繞射　diffraction
折射　refraction
內聚水道　convergent channel, TAPCHAN
鐘擺　PEDULOR
軸向流井型　axial flow well type
自動整流　self-rectifying
低潮範圍　low tidal range
海域裝置　offshore devices

絞鍊 hinge
浮艇 pontoons
線性液壓泵 linear hydraulic pump
浮動波力船 floating wave power vessel
活塞泵 piston pump
丹麥波能浮動泵裝置 Danish Wave Power float-pump device
鴨子 Duck
蛤仔 Clam
海蛇 Pelamis
天鵝 Swan DK3
漂浮波力船 Floating Wave Power Vessels, FWPV
後彎通道浮筒 Backward Bent Duct Buoy, BBDB
波龍 Wave Dragon
浮筒 the Hosepump
反射臂 reflector arms
壓電 piezo-electric
同步 real-time
動力產生器 power generators
動力平穩系統 power-smoothing systems
波能系統 Wave Energy System
聰明浮筒 smart buoy
里斯本技術大學 Technical University of Lisbon
歐洲波能地圖 European Wave Energy Atlas
歐洲波能研究項目 European Wave Energy Research Programme
愛爾蘭海洋研究院 Irish Marine Institute
大力鯨 Mighty Whale
太平洋盆 Pacific Rim
海洋動力輸送 Ocean Power Delivery, OPD
成本中心 cost center

第九章 潮汐能與海流能

水閘 barrage
球型渦輪機 bulb turbines
干擾力 disturbing force
高潮 high tide
半天潮 semidiurnal tides
春潮 spring tides
小潮 neap tide
科氏力 Coriolis force
潮汐發電廠 tidal power plant, TPP
潮池合作同意書 Tidal Lagoon Cooperation Agreement 俄羅斯聯邦設計 The Russian Federation Design
低水頭水輪機 low-head hydroturbine
藍能工程 Blue Energy Engineering
潮籬 tidal fence
潮汐發電 tidal turbines
概念的證實 proof of concept
潮汐渦輪機場 tidal turbine farms
潮塘 tidal lagoons
退潮發電 ebb generation
海水濁度 turbidity
鹽度 salinity
漂沙 suspended sediment
底泥 sediments
侵蝕 erosion
打樁 pilings
海岸水流 coastal current
生物分解 biodegradable

第十章 海洋熱能與鹽差能

比熱 specific heat
海洋熱能轉換 ocean thermal energy conversion, OTEC
天然熱梯度 thermal gradient
蒸發器 evaporator

渦輪機　turbine
發電機　generator
冷凝器　condenser
工作流體泵浦　working fluid pump
表層海水泵浦　surface water pump
生物污損　biofouling
封閉循環　close cycle
開放循環式　open cycle
太陽能研究院　Solar Energy Research Institute
國立再生能源實驗室　National Renewable Energy Laboratory, NREL
垂直噴管　vertical-spout
驟餾蒸發　flash evaporation
淡化水　desalinated water
深層海水　deep ocean water, DOW
冷土壤農業　chilled-soil agriculture
微藻　microalgae
電場船　grazing plantships
鹽度　salinity
鹽分梯度　salinity gradient
滲透能　osmotic energy
逆滲透膜　reverse osmosis, RO
逆電析　reverse electrodialysis, RED
壓力遲滯滲透膜　pressure retarded osmosis, PRO
鹽水　brackish water
選擇性離子膜　ion selective membranes
歐盟執委會　EU commission
污損　fouling

第十一章　生物能源

輪作與休耕　rotation and fallow
連續作物　continuous crops
樹薯　cassava
能源平衡　energy balance
菜籽油　canola
疏理　thinning
黍餅　tortillas
世界能源展望　World Energy Outlook
國際能源總署　International Energy Agency, IEA
IEA 生物能源　IEA Bioenergy
支持生物氣項目　Biogas Support Programme, BSP
甜掃帚高梁　sweet broomcorn
黃蓮　Chinese goldthread
排放績效點數　emissions credits
對抗依賴石油小組　Commission Against Oil Dependence
農業顆粒　agropellets
歐洲生物質量產業協會　European Biomass Industry Association
歐洲生物燃料技術平台　European Biofuels Technology Platform
歐盟生物燃料策略　EU Strategy for Biofuels
生物質量行動計畫　Biomass Action Plan
木粒爐　pellet stove
複合式循環　combined cycle
共燃　co-firing
生物電力　biopower
生質電力　biomass power
加密　densification
生產液化燃料　liquid fuel production
水解作用　hydrolysis
厭氧消化　anaerobic digestion
樹薯　cassava
氣化　gasification
碳化　carbonization
維生成氣　producer gas
無煙碳球　briquettes
生物廢棄物　biowastes
生物分解廢棄物　biodegradable waste

木料能源計畫　Wood Energy Plan
木片碎屑　wood residue
鋸木粉屑　saw dust
木粒　pellet
永續性　sustainability
熱分解　pyrolysis
合成氣　synthesis gas 或 syngas
氣化　gasification
生物油　bio-oil
熱化學轉換　thermochemical conversion
熱處理　severe heat treatment
桔桿　stover and straw
藻油　oilgae
藻類燃料　algae fuel
生物甲醇　biomethanol
催化脫水　catalytic dehydration
濕生物質量　wet biomass stock
生物氫　BioHydrogen
生物二甲醚　Bio-DME di-methyl ether
生物甲醇　Biomethanol
高溫升級柴油　HTU Hydro Thermal Upgrading diesel, HTU diesel
費雪柴油　Fischer-Tropsch diesel
掩埋場氣體　landfill gases
機械生物處理系統　mechanical biological treatment systems
厭氧菌　anaerobic bacteria
厭氧消化器　anaerobic digesters
高溫解聚　thermo-depolymerization, TDP
綠燃料技術公司　GreenFuel Technologies Corporation
纖維乙醇　cellulosic ethanol
添加劑　oxygenator
破壞性熱解　destructive pyrolysis
尤加利樹　eucalyptus
通用汽車　General Motors
福斯　Volkswagen
閃火點　flashpoint
蟻酸　formic acid
甲醛　formaldehyde
甲醇經濟　methnol economy
抗爆指數　Anti-Knock Index
壓縮比　compression ratio
辛烷值　octane rating
添加劑　octane-boosting additives
生物質量至液體　biomass-to-liquid
乙醇　ethnol
甲醇　methnol
丙醇　propanol
丁醇　butanol
彈性燃料引擎　flexible fuel enging
直接生物燃料　direct biofuels
微藻　microalgae
碳中和　carbon neutral
厭氧消化　anaerobic digestion
油菜子　rapeseed
亞麻子　flaxseed
生物（質）燃料　biofuel
生物丁醇　biobutanol
生物乙醇　bioethanol
生物柴油　biodiesel
生物氣　biogas
熱與電力結合的設施　combined heat and power, CHP
汽醇　gasohol
地球之友　Friends of the Earth
氣候變遷法案　Climate Change Bill
維京大西洋航空　Virgin Atalantic
巴巴蘇油　babassu oil
白楊　poplar
風傾草　switchgrass
麻　hemp
淨儲存　net sequestration

長期固定　fixation
有機質　organic matter
生物提煉　biorefinery
生物能源　bioenergy
生物質量能源　biomass energy

第十二章　水力能

水力能　hydroenergy
水力發電　hydroelectricity
水頭　head
抽蓄水電　pumped storage hydroelectricity
河川奔流　run-of-the-river
瓦　Watt
米　m
每秒立方米　m^3/sec
小鮭魚　salmon smolt
魚梯　fish ladders
埃及阿斯旺水壩　Aswan Dam
三峽水壩　Three Gorges Dam
滿水區　flooded areas
厭氧　anaerobic
世界水壩協會　World Commission on Dams
波瑞爾水庫　boreal reservoirs
伊離蘇水壩　Ilisu Dam
客來得水壩　Clyde Dam

第十三章　地熱能源

焓　enthalpy
壓力控制　pressure-controlling
強化地熱系統　Enhanced Geothermal Systems, EGS
地熱系統　geothermal system
迸入岩漿　magnetic intrusion
蓄存庫　reservoir
天水　meteoric water
地熱發電　geothermal power
大氣排汽渦輪機　atmospheric exhaust turbines
乾蒸汽井　dry steam well
濕井　wet well
二元流體　binary fluids
二次工作流體　secondary working fluid
郎肯循環　Rankine cycle
閃化　flash
二元循環　binary cycle
總流　total flow
汽水分離器　steam/water separators
間歇泉　The Geysers
空間與區域加熱　space and district heating
尖峰站　peaking stations
空間冷卻　space cooling
吸收機器　adsorption machine
吸收循環　adsorption cycle
吸收劑　Absorbent
熱泵　heat pump
排大氣廠　discharge-to-the-atmosphere plant

第十四章　氫與燃料電池

載具　carrier
城市燃料　Towngas
加壓震盪吸附　pressure swing adsorption
合成氣　syngas
揮發油　naphtha
蒸汽重組　steam reforming
能源料源　feedstocks
轉移反應　shift reaction
電解　electrolysis
陰極　cathode
陽極　anode

蒸汽電解　steam electrolysis
集中太陽能　concentration solar energy
熱化學水裂解　thermochemical water splitting
光電化學　photoelectrochemical
溶解金屬複合物　soluble metal complexes
光化學電池　photochemical cell
半導電極　semiconducting electrodes
光生物　photobiological
色素　pigments
厭氧菌　anaerobic bacteria
儲藏　sequestration
液化　liquefaction
重組　reform
壓縮氫　compressed hydrogen
親和性　affinity
放熱吸收　absorbed exothermically
焓　enthalpy
吸熱　endothermic
吸收/釋出　absorption/desorption
壓力-組成-溫度輪廓圖　pressure-composition-temperature profiles
放熱氫化物生成者　exothermic hydride formers
先驅物質　precursor
冷凍液體　cryogenic liquid
氫化物　hydrides
富勒烯奈米管　Fullerenes nanotubes
離子　ionic
共價　covalent
金屬　metallic
半金屬　intermetallic
導電帶　conduction band
格子的收縮　lattice contraction
架上壽命　shelf life
滲入　diffuse
化學吸收　chemisorbed
物裡吸收　physisorbed
期位置　periodic sites
分離或重新結合　dissociation and re-association
複合材料　rigid polymers
共價有機架構　covalent organic frameworks, COFs
碳奈米管　carbon nanotubes
微小中空玻璃球　glass microspheres
環氧樹脂　cyclohexane
重組或部分氧化　reformed or partially oxidized
重組器　reformer
觸媒毒化　catalyst poisoning
直接甲醇燃料電池　Direct Methanol FC, DMFC
被動燃料供給系統　passive fuel supply system
燃料電池　fuel cell
零排放車　Zero Emissions Vehicles
燃料電池箱　FC box
電池堆　Stacks
燃料處理器　fuel processor
熱管理　thermal management
電力處理　electric power conditionings
磷酸燃料電池　phosphoric acid fuel cell, PAFC
固態氧化物燃料電池　solid oxide fuel cell, SOFC
質子交換膜燃料電池或固體高分子型燃料電池　proton exchange membrane fuel cell, PEMFC 或 PEFC
熔融碳酸鹽燃料電池　molten carbonate fuel cell, MCFC
鹼性燃料電池　alkaline fuel cell, AFC

第十五章　再生能源的前景

世界能源評估　World Energy Assessment
全球風能協會　Global Wind Energy Council, GWEC
太陽系統　solar system
成本效率　cost efficiency
分攤企劃　partial copayment scheme
回收率　return rate
軟能源技術　soft energy technologies
本土性　endemism
生物多樣性　biodiversity
石油砂　oil sand
每日負載因子　daily load factor
壽限議題　Longevity issues
分散來源　diversification
核分裂　nuclear fission
可持續的　sustainable
再生電力　renewable electricity
綠色能源　green energy
傳遞　transmission
主動管理　active management
被動管理　passive management
運轉許可　operating permits
環境影響評估　environmental impact assessment
回收期法　payback period method
簡單年金法　simple annual method
折現年金法　discounted cash flow method
年金化　annuitized
未來價值　future value
現在價值　present value
外部成本　external costs
減量成本　abatement costs
投資補助　capital grants
非化石燃料發電義務　Non-Fossil Fuel Obligation, NFFO
再生能源義務　Renewables Obligation
再生能源配比標準　Renewable Energy Portfolio Standard, RPS
再生能源饋入優惠收購電價　Renewable Feed-in Tariff, REFIT

國家圖書館出版品預行編目資料

再生能源概論／華健, 吳怡萱編著. 一一二版. 一一臺北市：五南, 2013.12
面； 公分
ISBN 978-957-11-7375-7 (平裝)
1.再生能源 2.能源開發 3.能源技術
400.15 102020829

5E51

再生能源概論（第二版）

Introduction to Renewable Energy (2nd ed)

編　者 — 華　健(498)吳怡萱(63.5)
發 行 人 — 楊榮川
總 編 輯 — 王翠華
主　編 — 穆文娟
責任編輯 — 王者香
文字編輯 — 施榮華
封面設計 — 簡愷立
出 版 者 — 五南圖書出版股份有限公司
地　址：106台北市大安區和平東路二段339號4樓
電　話：(02)2705-5066　傳　真：(02)2706-6100
網　址：http://www.wunan.com.tw
電子郵件：wunan@wunan.com.tw
劃撥帳號：01068953
戶　名：五南圖書出版股份有限公司
台中市駐區辦公室/台中市中區中山路6號
電　話：(04)2223-0891　傳　真：(04)2223-3549
高雄市駐區辦公室/高雄市新興區中山一路290號
電　話：(07)2358-702　傳　真：(07)2350-236
法律顧問　林勝安律師事務所　林勝安律師
出版日期　2008年 8 月初版一刷
2009年10月初版二刷
2013年12月二版一刷
定　價　新臺幣580元

凝煉知識品味閱讀

凝煉知識品味閱讀